天地一体化信息网络丛书

国家出版基金项目
NATIONAL PUBLICATION FOUNDATION

Space-ground

Integrated

Information

Network

天地一体化
信息网络架构与技术

■ 汪春霆 等 编著

人民邮电出版社
北京

图书在版编目（CIP）数据

天地一体化信息网络架构与技术 / 汪春霆等编著
. -- 北京：人民邮电出版社，2021.12
（天地一体化信息网络丛书）
ISBN 978-7-115-55986-9

Ⅰ．①天… Ⅱ．①汪… Ⅲ．①通信网—研究 Ⅳ.
①TN915

中国版本图书馆CIP数据核字(2021)第037187号

内 容 提 要

天地一体化信息网络作为未来推动各行各业数字化、移动化、网络化、智能化发展的普适性基础设施，将以极强的渗透性和带动性，极大地加快全球社会的转型与创新发展。针对天地一体化信息网络，本书首先介绍了其概念、发展历程以及发展趋势，然后对网络架构、传输技术、链路预算、网络技术、管理控制技术、空间节点技术、信关站技术以及工程保障等方面的内容进行了深入的介绍。

本书适合卫星通信及地面移动通信行业从业人员、相关专业的高等院校师生以及需要了解天基信息网络领域的普通大众读者和金融、法律、咨询、战略研究等方向的从业人员阅读。

◆ 编　著　汪春霆　等
　　责任编辑　刘华鲁
　　责任印制　陈　犇

◆ 人民邮电出版社出版发行　　北京市丰台区成寿寺路 11 号
　　邮编　100164　电子邮件　315@ptpress.com.cn
　　网址　https://www.ptpress.com.cn
　　三河市中晟雅豪印务有限公司印刷

◆ 开本：787×1092　1/16
　　印张：31.5　　　　　　　　2021 年 12 月第 1 版
　　字数：582 千字　　　　　　2021 年 12 月河北第 1 次印刷

定价：269.80 元

读者服务热线：(010)81055493　印装质量热线：(010)81055316
反盗版热线：(010)81055315

前　言

　　天地一体化信息网络贯穿海洋远边疆、太空高边疆、网络新边疆。因其地位重要，世界各航天大国纷纷制定发展战略和投入巨资，布局以高轨高通量卫星通信系统、低轨卫星互联网星座为重点的卫星通信网络建设，谋求在新技术、新产业和空间频率轨位资源方面的领先优势。当前，天地一体融合发展作为未来 6G 网络的一个重要特征已经获得了广泛的共识，拟通过天地一体化设计和多维立体覆盖来实现全球泛在通信服务能力。在此背景下，3GPP、ITU 等国际组织都积极开展卫星与地面融合方面的技术研究、标准制定和实验验证工作。以 Starlink、OneWeb 为代表的新一代卫星互联网工程推进迅速，而以 5G、物联网、工业互联网、卫星互联网为代表的通信网络基础设施已纳入我国新基建的范畴。未来，天地一体化信息网络作为推动各行各业数字化、移动化、网络化、智能化发展的普适性基础设施，将以极强的渗透性和带动性，加快全球社会的转型与创新发展。

　　本书由汪春霆负责章节和内容大纲确定、统编统稿。全书分为 9 章，其中第 1 章由汪春霆、翟立君编写；第 2 章由汪春霆、翟立君、黄照祥、梅强、刘建东、刘华峰编写；第 3 章由张景、王静贤、魏肖、崔司千编写；第 4 章由汪春霆、翟立君、于力编写；第 5 章由黄照祥、刘建东编写；第 6 章由陆洲、赵晶、赵伟程编写；第 7 章由周家喜、杨双根编写；第 8 章由肖永伟编写；第 9 章由肖永伟、兰峰、刘晓东、韩湘编写。

　　第 1 章介绍了天地一体化信息网络的基本概念，卫星通信网、地面互联网、地面移动通信网以及天地融合网络的发展历程，分析了天地一体化信息网络发展趋势；

第 2 章介绍了天地一体化信息网络的组成，给出了架构、传输、组网、服务、运维以及安全方面的概念和主要技术途径；第 3 章介绍了卫星通信传输技术，包括信道编译码、数字载波调制、自适应编码调制以及多址技术等内容；第 4 章针对微波和激光两种链路，分别介绍了链路基本概念、信号传播特性、卫星和地球站主要特性，给出了工程设计链路预算方法；第 5 章从融合组网、泛在移动性管理、网络资源管理与控制、网络计算与服务、安全防护等方面对网络技术进行了阐述；第 6 章介绍了管理控制技术体系、协议、代理实现和管控中心的实现以及管控新技术；第 7 章介绍了大型卫星、中小型卫星、电推进卫星、临近空间等平台技术及高通量、多波束相控阵、激光通信以及太赫兹通信等核心载荷技术；第 8 章介绍了海事卫星、铱星星座等典型卫星通信系统信关站，对 GEO 高通量信关站以及卫星地面网络虚拟化等关键技术进行了重点叙述；第 9 章介绍了卫星轨道设计方法以及典型的轨道构型，对频率规划与协调涉及的相关国际规则和条款进行了描述，对运载火箭、发射场以及航天器测控进行了简要介绍。

在本书的编写过程中，得到了潘沐铭、徐晓帆、虞志刚、李康宁、王妮炜、马雪峰、成俊峰、杨居沃、白宝明、巴特尔、康海龙、田建召、杨阳、窦志斌、赵伟松、高璎园、崔越、肖飞等人的大力帮助，在此表示衷心的感谢！

在此书编写过程中，作者参考了很多国内外著作和文献，在此对这些文献的作者表示感谢！

由于作者水平有限，书中难免存在疏漏和错误，敬请读者批评指正。

作　者

2021 年 1 月

目　录

概述

给出了天地一体化信息网络的基本概念，叙述了卫星通信网、地面互联网、地面移动通信网以及天地融合网络的发展历程，介绍了铱星、Starlink、OneWeb、ViaSat 以及量子卫星等若干当前具有代表性的卫星系统情况，分析了天地一体化信息网络发展趋势。

|1.1 概念内涵|

广义的天地一体化信息网络由通信卫星、导航卫星、遥感卫星、天地信息互联设施与地面信息网络构成，通过一体化融合设计，为天空地海不同应用场景的用户提供全球定位、导航、授时、遥感、通信（PNTRC）综合信息服务。狭义的天地一体化信息网络由位于不同轨道的多个通信卫星星座、地面信关站、测控站和地面通信网络构成，通过一体化融合设计，为天空地海不同应用场景的用户提供全球泛在的通信服务。本书主要论述的是狭义的天地一体化信息网络。

|1.2 发展历程|

1.2.1 卫星通信网

1. 国外卫星通信网络

（1）早期探索和实验

卫星通信的概念最早可追溯到英国空军雷达军官阿瑟·C·克拉克于1945年10月在《无线世界》杂志上发表的《地球以外的中继站》，首次论述了利用人造地球卫星作为中继站实现远距离微波通信的可行性，提出了著名的基于 3 颗地球静止轨道（Geostationary Earth Orbit，GEO）卫星实现全球通信覆盖的设想。

1958 年美国国家航空航天局（NASA）发射了"斯科尔（SCORE）"广播试验卫星，进行了磁带录音的传输。1963 年，美国发射了第一颗 GEO 通信卫星 Syncom-3 号，成功向美国提供了 1964 年东京奥运会电视实况转播，标志着卫星通信的早期实验工作基本完成，奠定了未来商业化发展的技术基础。

（2）模拟卫星通信

1965 年，国际通信卫星组织（International Telecommunications Satellite Organization，INTELSAT）将 Intelsat-1 卫星送入静止轨道，开通了欧美大陆间国际商业通信业务，标志着采用模拟通信技术的第一代卫星通信进入大规模应用阶段。1976 年，由 3 颗 GEO 卫星构成的 MARISAT 系统成为第一个提供海事卫星移动通信服务的卫星系统。随后，1979 年成立了国际海事卫星组织（International Maritime Satellite Organization, INMARSAT），1982 年海事卫星 INMARSAT-A 开始提供移动电话服务。

（3）数字卫星通信

20 世纪 80 年代，数字传输技术开始大规模应用在卫星通信中。面向固定卫星业务（Fixed Satellite Service，FSS）甚小口径无线终端（Very Small Aperture Terminal，VSAT）的出现，为卫星通信专网发展提供了条件，开拓了卫星通信应用的新局面。1989 年发射的 Intelsat VI 系列卫星采用数字调制技术、Ku 频段可控点波束设计，总容量达到了 36000 个话路，并首次采用了星载交换时分多址（SS-TDMA）技术，强化了波束间的交链能力。1992 年发射的国际通信卫星 VII 号，采用了可变点波束技术，其 4 个业务波束可根据地面指令进行指向调整，全球波束和点波束实现了频率的二重复用，同时运用空间波束隔离和极化隔离技术保障干扰在可控范围。

同期，基于数字通信技术的移动卫星业务（Mobile Satellite Service, MSS）能力得到了拓展。1993 年，Inmarsat-C 卫星成为第一个陆地卫星移动数据通信系统。1996 年，Inmarsat-3 卫星开始支持便携型电话终端。

（4）第一次低轨卫星通信热潮：窄带星座组网

20 世纪 90 年代，由多颗低地球轨道（Low Earth Orbit，LEO）卫星构成的通信星座迎来了第一个发展的高潮。针对当时第一代地面模拟移动通信系统标准林立、难以实现国际漫游、信号质量差的缺点，Motorola（摩托罗拉）公司于 1990 年 6 月宣布提供全球移动通信服务的铱星计划，其星座示意图如图 1-1 所示。

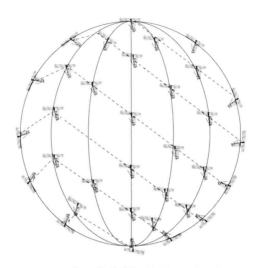

图 1-1　采用近极轨道构型的铱星星座示意图

铱星系统由运行在 780km 的 6 个轨道面上的 66 颗卫星构成，采用近极轨道构型，轨道倾角 86.4°。每颗铱星采用 48 个 L 频段波束实现对地覆盖，技术体制上参考了 GSM，并采用了 Ka 频段星间链路和星上处理技术实现天基组网。铱星系统在全球设立 12 个信关站实现业务落地，系统网络控制中心位于美国华盛顿州。但在地面移动通信迅猛发展的态势下，Motorola 公司没有及时调整系统的定位和运营策略，加上系统初期话务质量难以令人满意、用户使用成本高等因素影响，铱星公司于 2000 年 3 月正式宣布破产。然而，商业上的失败不能掩盖其技术上的成功，经过重组后，铱星依靠军事、政府等大客户采购扭转了经营局面，并在近期顺利完成了其二代铱星 Next 系统的升级改造。升级改造后的铱星 Next 星座仍然采用了一代星座构型，卫星上搭载了 L 频段数字相控阵天线，对地形成 48 个波束、蜂窝状的覆盖区，覆盖区直径约为 4700km，采用时分双工（Time-Division Duplex，TDD）。用户语音业务速率可达到 2.4kbit/s，手持型终端数据业务速率可达到 64kbit/s，其载体型终端 Iridium Port 终端速率最高可达到 1.5Mbit/s。

与此同时，美国劳拉和高通公司建设了全球星（Global-Star）系统。全球星系统由位于轨道高度 1414km、8 个轨道面内的 48 颗卫星构成，采用倾角 52°的倾斜圆轨道星座构型。全球星系统每颗卫星采用透明转发器方案，利用 16 个 L/S 频段点波束形成对地覆盖，在体制上采用扩频技术，参考了 IS-95 标准。全球星系统同样经历了经营困境，于 2004 年 4 月破产重组后运营至今。

（5）高通量卫星通信

进入 2000 年，高通量卫星（High Throughput Satellite，HTS）成为卫星通信发展的热点。HTS 是指使用相同带宽的频率资源，而数据吞吐量是传统卫星固定通信数十倍甚至数百倍的通信卫星。目前主流的 GEO-HTS 通过采用 Ku、Ka 等高频段传输，密集多点波束，大口径星载天线等技术，通信容量可达数百 Gbit/s 乃至 Tbit/s 量级，每比特成本大幅降低，逐渐逼近地面网络，显著地提升了卫星通信的竞争力。2004 年，世界首颗 HTS Thaicom 4 （IPSTAR 1）发射入轨道，提供 87 个 Ku 转发器以及 10 个 Ka 转发器，设计容量约为 45Gbit/s。2011 年 10 月发射的 ViaSat-1 是全球首颗总吞吐量超过 100Gbit/s 的 Ka 频段宽带通信卫星，采用 72 个 Ka 频段点波束覆盖美国和加拿大地区，总容量达到 140Gbit/s。2017 年 2 月发射的 ViaSat-2 卫星（如图 1-2（a）所示），总容量提升至 300Gbit/s。ViaSat-3 卫星预计在 2022 年完成部署，共计划发射 3 颗 GEO 卫星，每颗卫星预计可提供 1Tbit/s 容量。2015 年 7 月，欧洲航天局与欧洲通信卫星（Eutelsat）公司签署合同，共同研制"Eutelsat-Quantum（量子）"卫星（如图 1-2（b）所示），拟形成由 3 颗 GEO 卫星构成的通信网络。"量子"卫星作为全球首颗采用软件定义载荷的卫星，更强调服务的灵活性，可实现覆盖区域、频段、带宽和功率的在轨重新配置。

(a) ViaSat-2 卫星   (b) "量子"卫星

图 1-2 主要的 GEO 高通量卫星

（6）第二次低轨卫星热潮：宽带星座组网（卫星互联网）

GEO-HTS 虽然在带宽成本上有了显著改善，但 GEO-HTS 传输时延大，不能服务高纬度地区和极地。2019 年，全球互联网渗透率超过了 50%，但增长已经乏力，进入了平台期。为了争夺剩下一半人口的互联网市场，自 2007 年开始，随着 O3b 等计划的提出，中低轨卫星星座迎来了新一轮发展高潮。

O3b 系统目标是让全球缺乏上网条件的"另外 30 亿人"能够通过卫星接入互联

网。O3b 的初始星座包括 12 颗卫星（其中 3 颗作为备份），于 2014 年 12 月底发射完毕。卫星运行在轨道高度 8062km 的赤道面中地球轨道（Medium Earth Orbit，MEO）上，传输端到端时延约为 150ms。卫星采用 Ka 频段，提供 10 个用户波束和 2 个馈电波束，波束指向随着卫星运动可调整，用户在多个卫星/波束中切换。单个用户波束传输速率可达到 1.6Gbit/s、系统总设计容量达到 84Gbit/s。O3b 的卫星采用透明转发器，无星间链路，业务交换在地面信关站进行。2017 年 11 月，O3b 公司向美国联邦通信委员会（FCC）提出申请新增了 30 颗 MEO 卫星，将运行在两种轨道上。其中，20 颗卫星运行于赤道轨道，被称为 O3bN，采用 Ka 和 V 频段。O3bN 星座中 8 颗卫星已获批，并已有 4 颗卫星于 2018 年 3 月发射，这 4 颗卫星运行频率与初始星座的 12 颗卫星相同。O3bI 的 10 颗卫星运行于倾斜轨道，即高度 8062km、倾斜角度为 70° 的两个圆形轨道面上，用于支持纬度更高地区的用户。除 8 颗已获批的卫星 O3bN 以外，剩余 12 颗 O3bN 和 10 颗 O3bI 卫星属于第二代 O3b 卫星星座，采用了更先进的卫星平台技术，采用全电推进，搭载数字信道化器，有灵活的波束成形能力，单星容量相较一代提升 10 倍。

2017 年 6 月，美国 FCC 批准了卫星互联网创业公司"一网（OneWeb）"提出的星座计划。OneWeb 规划了三代星座。第一代星座于 2018 年启动部署，采用近极轨道构型，共发射 882 颗（648 颗在轨，234 颗备份）LEO 卫星，轨道高度 1200km，分布在 18 个圆轨道面上，每个轨道面 49 颗卫星，倾角 87.9°。OneWeb 采用简单的透明转发器和固定波束天线，每颗卫星提供 16 个 Ku 频段用户波束，单星容量约 8Gbit/s，整个系统容量达到 7Tbit/s，无星间链路和星上处理，业务就近落地到地面信关站进行处理。OneWeb 较好地融合了卫星通信和地面移动通信的研究成果，在用户下行链路采用数字视频广播（Digital Video Broadcasting，DVB）-S2 波形，而在上行采用了类似 LTE 的 DFT-S-OFDM 波形。OneWeb 第一代星座计划为 0.36m 口径天线终端提供 50Mbit/s 的互联网接入服务。OneWeb 第二代星座原计划于 2021 年启动，将直接向使用轻便小型天线的农村家庭提供高达 2.5Gbit/s 的超高速宽带服务，整个系统容量提升至 120Tbit/s。第三代星座计划于 2023 年启动，目标是到 2025 年为全球超过 10 亿用户提供宽带服务，整个系统容量达到 1000Tbit/s。由于融资受挫、竞争加剧等一系列原因，2020 年 3 月，OneWeb 公司在发射第三批（1 箭 34 星）后宣布了破产保护。

"星链（Starlink）计划"是由 SpaceX 公司于 2015 年提出的下一代卫星互联网，

是一个多个轨道高度混合、近极轨道和倾斜轨道混合的星座系统。Starlink 计划建设分三步走：首先发射 1600 颗卫星完成初步的全球覆盖，其中前 800 颗卫星满足美国及北美洲的天基高速互联网需求；接着用 2825 颗卫星完成全球组网，Starlink 计划前两步的卫星采用 Ku 和 Ka 频段；最后用 7518 颗采用 Q/V 频段的卫星组成其低地球轨道（Very Low Earth Orbit，VLEO）星座。Starlink 卫星采用了有源相控阵天线、数字处理转发、氪工质全电推进等关键技术，后期将进一步支持星间链和空间组网。1.0 版本的 Starlink 卫星上下行均可提供 8 个用户点波束，单星设计容量超过 20Gbit/s。SpaceX 宣称 Starlink 星座的定位为地面网络的补充者而非竞争者，主要为全球几乎无法获取网络连接的人群提供快速、可靠的互联网服务，包括农村地区及现有网络服务过于昂贵或不可靠的地区，服务人群规模为全球人口的 3%～5%（2.3 亿～3.8 亿）。国外主要低轨道星座系统的卫星如图 1-3 所示。

(a) 铱星 Next 卫星　　(b) Starlink 卫星　　(c) OneWeb 卫星

图 1-3　国外主要低轨道星座系统的卫星

　　加拿大"Telesat"公司提出的星座计划包含 117 颗卫星，分布在两组轨道面上：第一组轨道面为近极轨道，由 6 个轨道面组成，轨道倾角 99.5°，高度 1000km，每个平面 12 颗卫星；第二组轨道面为倾斜轨道，由不少于 5 个轨道面组成，轨道倾角 37.4°，高度 1200km，每个平面 10 颗卫星。Telesat 卫星搭载数字直接辐射阵列（Direct Radiating Array, DRA）和数字通信处理载荷，具有调制、解调和路由功能。DRA 在上/下行均能实现 16 个波束，具有波束成形（Beam-Forming）和波束调形（Beam-Shaping）功能，其波束功率、带宽、大小和指向可动态调整，具有很强的灵活性。Telesat 卫星搭载激光星间链，倾斜轨道和近极轨道星座内和星座间均可组网。采用"近极+倾斜"混合构型轨道的 Telesat 星座示意图如图 1-4 所示。

　　2019 年 4 月，美国亚马逊公司（Amazon）首次向国际电信联盟提交柯伊伯（Kuiper）低轨星座部署申请，旨在为当前无法接入基本宽带互联网的用户提供服务，包括向农村和难以到达的地区提供固定宽带通信服务以及为飞机、船舶和地面车辆提供高通量移动宽带服务。Kuiper 计划在 3 个轨道高度一共部署 3236 颗 Ka 频段

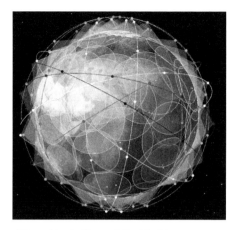

图 1-4 采用"近极+倾斜"混合构型轨道的 Telesat 星座示意图

NGSO 卫星，服务赤道南北纬 56°之间的区域。其星座建设分为 5 个阶段，在 578 颗卫星部署完成之后开始商业运营，实现 39°N～56°N 和 39°S～56°S 区域范围内的全时服务。Kuiper 星座的用户链路采用多波束相控阵列天线，可通过软件定义指令进行控制，实现基于用户需求和业务类型的灵活频率与容量分配，但其卫星暂不支持星上处理。亚马逊将"地面站即服务"纳入亚马逊 Web 服务（Amazon Web Services，AWS），推出托管地面站（AWS Ground Station）服务。作为全球首例全托管的地面站服务，AWS Ground Station 集成天线、地面调制解调等地面站设备，支持卫星运营商获取卫星数据、监控卫星运行状态及通过软件控制卫星的运行。卫星数据将传输到 AWS 服务器，用户可直接使用 AWS 的其他云服务对数据进行处理分析，包括数据存储、数据处理等 PaaS 及天气预测、自然灾害图像分析等 SaaS。卫星运营商无须耗费大量成本建设地面站及服务器、数据存储设施，可按照自身需要使用 AWS Ground Station，按使用时间付费即可。

2. 国内卫星通信网络

1958 年 5 月 17 日毛泽东主席提出"我们也要搞人造卫星"。中国科学院制订了一个分三步走的发展规划：第一步，实现卫星上天；第二步，研制回收型卫星；第三步，发射静止轨道通信卫星。

1970 年 4 月 24 日，我国成功发射了"东方红 1 号"卫星，卫星重约 173kg，外形为直径 1m 的类球形多面体，运行在近地点 441km、远地点 2368km 的轨道上，进行了《东方红》乐曲广播等实验，为我国后继卫星设计和研制奠定了坚实的基础。

为了纪念这一时刻，2016 年，我国正式将 4 月 24 日定为"中国航天日"。

1975 年 3 月 31 日，毛泽东主席批准了国家计划委员会（2003 年改组为国家发展和改革委员会）等 8 个部委联合起草的《关于发展我国通信卫星问题的报告》，我国卫星通信工程由此正式启动，工程代号为 331。该工程包含通信卫星、地球站、火箭、测控系统及发射场五大系统。

1984 年 4 月，我国成功发射了第一颗静止轨道试验通信卫星"东方红 2 号"，配置 4 个 C 波段转发器，可转发电视、广播、数据、传真等模拟和数字通信信号，揭开了我国自主卫星通信的序幕。1984 年 4 月 17 日，北京、石家庄、乌鲁木齐、昆明和南京等地球站通过卫星成功地进行了电视、电话和广播节目等传输试验，标志着中国成为世界上第五个能够独立研制、发射静止通信卫星并完成通信任务的国家。在此基础上，我国又进一步研制了四颗"东方红 2 号甲"卫星，这是我国首批实用的同步轨道通信卫星。该系列第一颗卫星于 1988 年 3 月 7 日发射，不久相继发射了第二、第三颗卫星，分别位于东经 87.5°、110.5°、98°。第四颗卫星由于火箭第三级故障未能进入预定轨道。

1986 年我国启动了第二代自主通信卫星"东方红 3 号"研制工作，1997 年成功发射了采用东方红 3B 平台的"中星 6 号"卫星。该卫星具有 24 个 C 波段转发器，采用了当时许多先进技术。该卫星的成功投入使用，使我国卫星通信实现了跨越式发展，并带动了中继卫星的发展。以此为依托，我国形成了型谱化的卫星平台，此后发射的"中星 22 号""鑫诺三号""嫦娥一号"、北斗导航卫星等也都采用了"东方红 3 号"卫星平台。

进入 21 世纪，我国卫星通信发展进入了快车道。2008 年 6 月，我国发射了第一颗直播卫星——"中星 9 号"卫星，作为一颗大功率、高可靠、长寿命的广播电视直播卫星，服务于"村村通"工程，可为西部边远地区免费传输 47 套免费的标清数字电视节目。2016 年 8 月，我国发射了第一颗自主移动通信卫星——"天通 1 号"，采用 S 频段、109 个波束覆盖我国内陆及沿海区域，支持语音、短信和中低速数据业务。2017 年 4 月，我国发射了首颗高通量通信卫星——"中星 16 号"，通信总容量达到 20Gbit/s，超过了之前我国研制的所有通信卫星容量的总和。其通过 26 个用户 Ka 频段点波束和 3 个馈电波束，能够覆盖我国除西北、东北的大部分陆地和近海约 300km 海域。2020 年 7 月 9 日，我国发射了"亚太 6D 通信卫星"，采用 Ku/Ka 频段进行传输，共 90 个用户波束，单波束容量可达到 1Gbit/s，通信总容量达到 50Gbit/s，可以为用户提供高质量的语音、数据通信服务。亚太 6D 通信卫星如图 1-5 所示。

图 1-5　亚太 6D 通信卫星

在国际上低轨通信卫星星座井喷式发展的背景下，我国相关企业相继提出了一系列低轨通信星座发展计划。中国航天科技集团公司建设的"鸿雁星座"由 324 颗卫星构成，2018 年 12 月完成首颗实验星发射。中国航天科工集团有限公司建设的"虹云工程"计划发射 156 颗卫星，于 2018 年 2 月完成首颗实验星发射。银河航天计划在 2023 年前完成 144 颗卫星星座建设，其首颗低轨试验卫星于 2020 年 1 月搭载发射。除了宽带星座之外，航天科工、九天微星、国电高科和时空道宇等公司纷纷提出了物联网星座系统发展计划。

1.2.2　地面互联网

互联网的历史可追溯到 20 世纪 60 年代，美国国防部高等研究计划署创建了 ARPANET，实现了多个计算机节点之间的连接。到 1971 年年底，ARPANET 的规模达到了 15 个节点。1974 年，TCP/IP 被提出。其提供了点对点链接的机制，将封装、定址、传输、路由和接收加以标准化，是互联网的基础协议。基于 TCP/IP，试验人员于 1975 年实现了美国斯坦福大学和英国伦敦大学两个网络间的通信；1977 年完成了美国、英国、挪威 3 个网络间的测试。最为大众熟知的 IPv4 于 1981 年 9 月发布（IETF 的 RFC791 文件）。IPv4 是一种无连接的协议，使用 32 位地址进行路由寻址。1986 年，美国国家科学基金会（NSF）基于 TCP/IP 技术，创建了骨干网络 NSFNET。

自 NSFNET 建立后，越来越多的局域网接入 NSFNET，1986—1991 年，并入的子网从 100 个增加到 3000 余个。1990 年 3 月，NSF 在康奈尔大学和欧洲核子研究组织（CERN）之间架设了 T1 高速连接，并接入了 NSFNET。然而，彼时的互联网还仅局限于研究机构间。1995 年 4 月，美国政府机构停止对 NSFNET 的管理，转由私营企业经营，NSFNET 骨干网逐步由若干商用骨干网替代，因特网服务提供者（Internet Service Provider，ISP）逐渐涌现。1998 年 6 月，美国政府发布白皮书，并于 10 月成立非营利性组织——互联网名称与数字地址分配机构（The Internet Corporation for Assigned Names and Numbers，ICANN），负责互联网的技术管理，全球性质的互联网正式形成并迅速规模化部署。

　　随着互联网规模的迅速扩大，IPv4 有限的网络地址资源问题日益凸显，新一代互联网协议的部署迫在眉睫。1995 年 12 月，IETF 发布了 RFC1883，定义了 IPv6，后于 1998 年 12 月发布 RFC2460 对其进行了更新。IPv6 采用了新的分组格式，最小化路由器需要处理的分组头信息，并支持 128 位的地址，编码地址空间较 IPv4 有了很大的提升。但由于早期路由器、防火墙等系统均采用 IPv4，IPv6 的替换过程相对缓慢，技术上长时间存在双栈形态。2003 年 1 月，IETF 发布了 IPv6 测试性网络 "6bone"，用于测试 IPv4 网络向 IPv6 网络迁移的可行性，起初采用 IPv6-over-IPv4 隧道过渡技术，并逐步扩展为纯 IPv6 连接。2012 年 6 月 6 日，全球 IPv6 网络正式启动，Google、Yahoo 等网站支持 IPv6 访问。

　　随着 IPv6 的规模化部署，下一代网络技术的研究在不断推进。2009 年，斯坦福大学的科学家提出了软件定义网络（SDN）的概念，通过将控制平面和转发平面分离，网络设备可集中式软件管理及可编程，进而降低了网络运营费用，加快了新业务引入的速度，同时简化了网络的部署。2018 年 7 月，ITU 成立网络 2030 焦点组（Focus Group on Network 2030，FG-NET-2030），旨在探索面向 2030 年及以后的网络技术发展。2020 年年初，华为等向 ITU 提出 "New IP" 提案，能够更好地支持 VR/AR、全息通信、IoT 网络、卫星网络及新兴网络应用，从根本上支持网络层长度可变、多语义地址以及用户定制网络。

1.2.3　地面移动通信网

　　自 20 世纪 70 年代，贝尔实验室提出蜂窝概念、频率复用和小区分裂等技术以来，地面移动通信从 1G 演进到了 5G，服务能力有了质的飞跃。

　　1G 蜂窝移动通信系统采用模拟信号频率调制、频分双工（FDD）和频分多址

（FDMA），基于电路交换技术，主要提供低速语音业务服务。1G 典型系统如 1983 年美国推出的高级移动电话系统（Advanced Mobile Phone System，AMPS）、1985 年英国开发的全接入通信系统（Total Access Communications System, TACS）。由于各国在开发 1G 时只考虑了本国当时可用的频率资源，彼此的频率并不相同，标准也不统一。

为了提升频谱效率以及实现用户漫游，20 世纪 90 年代欧美相继推出了基于数字传输技术的 2G 移动通信技术，可提供语音、短信和低速数据传输服务。1982 年，欧洲邮电行政会议成立了"移动专家组"，并于 1990 年完成了采用时分多址（TDMA）第一版全球移动通信系统（Global System for Mobile Communications，GSM）标准制定。同一时期，美国借鉴军事通信技术，由高通公司于 1993 年提出了基于码分多址（CDMA）的 IS-95 标准。此后，为了进一步提升数据业务能力，又发展了 2.5G 的移动通信系统，如 GPRS、EDGE 和 IS-95B，最高速率超过 384kbit/s。

3G 移动通信技术较 2G 具有更高的传输速率，并开始支持图片、视频、音乐等多媒体业务，体制上则均采用了扩频传输技术。1998 年，日本、欧洲等采用 GSM 标准的国家和地区联合成立 3GPP 组织，制定了 WCDMA 标准。1999 年，美国联合韩国，成立了 3GPP2 组织，制订 CDMA-2000 标准。同期，我国独立发展了 TD-SCDMA 标准。3G 在网络结构上开始引入承载和控制分离的理念，将用户的实际业务数据和用于管理的信令等数据分开，网元设备功能开始细化，最高下行传输速率可达到 14.4Mbit/s（HSDPA）。

2005 年 10 月的 ITU-R WP8F 第 17 次会议上给出了 4G 蜂窝移动通信系统技术第一个正式名称——IMT-Advanced。2012 年，正式确定了 4G 两大标准，分别为 LTE-Advanced 和 IEEE 802.16m，我国提出的 TD-LTE-Advanced 成为国际标准。4G 采用了正交频分复用（Orthogonal Frequency Division Multiplexing，OFDM）、多输入多输出（Multiple Input Multiple Output，MIMO）、基于分组交换的无线接口以及载波聚合等关键技术，R10 的最高下行速率可达到 1Gbit/s。

5G 移动通信技术是目前最新一代的移动通信系统，以更高的数据速率、更低的时延、节省能源、降低成本、提高系统容量和支持大规模设备连接为主要发展目标。5G 三大场景包括增强型移动宽带（Enhanced Mobile Broadband，eMBB）、大连接物联网（massive Machine Type of Communication，mMTC）、低时延高可靠通信（Ultra-Reliable & Low-Latency Communications，URLLC）。3GPP 于 2017 年 12 月完成了 5G 非独立（Non-Stand Alone，NSA）组网标准，以支持在现有 4G 核心网的基础上开展 5G 业务。2018 年 6 月，3GPP 全会（TSG#80）批准了 5G R15 独立（Stand Alone，SA）组网标准，标志着 5G 完成了第一阶段全功能标准化的工作。5G 在网络架构上通过 SDN（Software Defined Network）实现数据面和控制面的分离；利用 NFV（Network Functions Virtualization）实现软件和硬件的解耦。在无线传输技术上，5G 采用了大规模 MIMO（Massive MIMO）、Polar 编码、非正交多址接入（Non-Orthogonal Multiple-Access，NOMA）、毫米波通信等关键技术，使传输速率进一步提升至数十 Gbit/s。在 5G 标准化过程中，3GPP 在非地面网络（Non-Terrestrial Network，NTN）的部署场景中提出了星地融合的 4 种网络架构初步模型，包括使用透明转发器以及星上部署基站的方案，将 5G 延伸到了卫星通信领域。

2019 年 3 月，在 IEEE 的发起下，全球第一届 6G 无线峰会在芬兰召开，标志着下一代移动通信的竞争已经启动。预计 2030 年前后实现商用的 6G 网络的流量密度和连接密度较 5G 将提升 10～1000 倍，支持用户移动速度将大于 1000km/h，峰值速率可达到 Tbit/s 量级，时延进一步下降至 0.1ms 量级。为了实现上述指标，卫星通信将承担更重要的角色、实现天空地海一体化立体覆盖已成为普遍的共识。2018 年 7 月 ITU 成立了 Network 2030 焦点组，将卫星接入作为未来网络的一个重要特征。我国科学技术部于 2019 年启动的 6G 专项研究将卫星作为未来网络的重要组成部分，天地融合已成为大势所趋。

1.2.4　天地融合网络

卫星通信业界对天地融合的探索已接近 20 年。早在 21 世纪初，为了适应"网络中心战"的要求，美国提出了转型通信体系结构（Transformational Communications Architecture，TCA），拟提供一个受保护的安全通信系统，将天空地海网络整合在一起。TCA 的空间段称为转型通信卫星（TSAT），由 5 颗静止轨道卫星构成。TSAT 计划采用星载激光通信、IP 路由、大口径天线等一系列先进技术，形成空间高速数据骨干网，从空基和天基情报、侦察和监视信息源头获取数据，实现大容量的信息共享，从而将美国全球信息网格（Global Information Grid，GIG）延伸到缺乏地面基础设施的区域。出于技术、经费等一系列因素的考虑，TSAT 计划于 2009 年搁置。2005 年，欧洲成立了一个名为 ISI（Integral Satcom Initiative）的技术联盟组，提出了 ISICOM（Integrated Space Infrastructure for Global Communication）构想。ISICOM 在设计方面不仅瞄准与未来全球通信网络尤其是未来互联网的融合，而且将通过对 Galileo 导航系统和 GMES 全球环境安全监测系统提供补充来实现增值服务。ISICOM 的空间段以 3 颗地球静止轨道卫星或地球同步轨道（GEO/GSO）卫星为核心，结合中轨/低轨（MEO/LEO）卫星、高空平台（HAP）、无人机（UAV）等多种节点，通过采用多重及可重配置轨道系统设计、空间激光通信技术、多频段射频接入、对地虚拟波束成形等一系列关键技术，完成天地一体化信息网络构建。与此同时，美国 SkyTerra 卫星引入了辅助地面组件（Ancillary Terrestrial Component, ATC）概念来解决卫星在城市及室内覆盖不佳的问题，通过共用频率资源和相似的空中接口波形设计，实现天地资源对用户的协同服务。

地面移动通信网络从 5G 阶段开始探索卫星和地面融合的技术途径。2017 年 6 月，欧洲 16 家企业及研究机构联合成立了 SaT5G（Satellite and Terrestrial Network for 5G）组织，旨在研究与地面 5G 融合技术，开发具有高经济效益的"即插即用"5G 卫星通信解决方案，并推进相关内容的国际标准化工作，使电信运营商和服务提供商能够加速所有区域的 5G 部署，同时为卫星通信及相关行业创造新的和不断增长的机会。

SaT5G 组织的研究内容包括在卫星 5G 网络中实施 NFV 和 SDN 技术、卫星/5G 多链路和异构传输技术、融合卫星/5G 网络的控制面与数据面、卫星/5G 网络一体化的管理和运维以及 5G 安全技术在卫星通信中的扩展。以 5G 的 eMBB 使用场景为重点，SaT5G 组织选择了以下 4 种 eMBB 卫星用例作为工作重点：

- 多媒体内容和多址接入边缘计算/虚拟网络功能（MEC/VNF）软件的边缘分发与分流，通过多播和缓存来优化 5G 网络基础设施运行和配置；
- 5G 固定回传，特别是为难以或无法部署地面通信的地区提供 5G 服务；
- 5G 到户，通过地面–卫星混合宽带连接为欠服务地区的家庭/办公场所提供 5G 服务；
- 5G 移动平台回传，为移动平台（如飞机、舰船和火车）提供 5G 服务。

依托 SaT5G 组织项目研究成果，其成员在 3GPP 中推动了多项卫星 5G 融合的标准化工作，其中包括 TR38.811、TR22.822 等重要报告。3GPP 组织从 R14 阶段开始研究卫星与 5G 融合的问题，并在后继 R15、R16 研究中进一步深化。TS22.261 规范给出了卫星 5G 基础功能和性能需求，然后在 TR38.811 研究了非地面网络（Non-Terrestrial Network，NTN）信道模型以及对新空口（New Radio，NR）设计的影响，提出了 NTN 部署场景及相关的系统参数，研究了多个可能传输频段上信道模型以及移动性管理问题。TR38.821 重点分析了 NTN 对 5G 物理层设计的影响，提出了 MAC、RLC 和 RRC 层的可选改进方案。

R17 作为 5G 标准的第三阶段，除了对 R15、R16 特定技术进一步增强外，将基于现有架构与功能从技术层面持续演进，全面支持物联网应用。在 2019 年 12 月 3GPP 公布了 R17 阶段的 23 个标准立项，其中 5G 非地面网络 NR 由法国公司泰雷兹（Thales）牵头，而 NB-IoT 与 eMTC 的非地面网络由中国联发科公司（MediaTek）和欧洲通信卫星公司（Eutelsat）共同牵头。在 R17 阶段，3GPP 将继续对非地面网络的 5G NR 增强的标准工作进行研究，以卫星与高空平台和 5G 的融合探索高精度定位、覆盖增强、多播广播等方向。根据 3GPP 的时间表，R17 RAN1 的工作已经启动，其中"NR over NTN"持续到 2021 年第一季度，"NB-IoT over NTN（基于非地面网络的窄带物联网）"于 2021 年年初启动。

表 1-1 给出了 3GPP 在 TR38.811 中定义的 5 种 5G 非地面网络典型部署场景，涵盖了 GEO 卫星、Non-GEO 卫星等多种形式的卫星。传输频率考虑了 S、Ka 等频段，传输带宽可达到 800MHz，考虑采用频分双工（FDD）模式，支持固定以及可移动点波束等多种卫星载荷形式，主要支撑室外条件下的 eMBB（场景）。3GPP 定义的 NTN 终端包括手持终端等小型终端和甚小口径天线终端（Very Small Aperture Terminal，VSAT）。其中手持终端由窄带或宽带卫星提供接入服务，频率一般在 6GHz 以下，下行速率为 1～2Mbit/s（窄带）。VSAT 一般作为中继节点搭载于船舶、列车、飞机等移动平台，由宽带卫星提供接入服务，频率一般在 6GHz 以上，下行速率约为 50Mbit/s。NTN 架构中的 5G 网元映射见表 1-2，根据表 1-2，在星地功能分割上，3GPP 只考虑了星上搭载完整基站 gNB 或者只有射频拉远头（Remote Radio Head，RRH）两种形式。图 1-6 和图 1-7 为 3GPP 提出的采用透明转发器与再生处理载荷的卫星 5G 网络架构。

表 1-1　5G 非地面网络典型部署场景

项目	部署场景				
	场景 1	场景 2	场景 3	场景 4	场景 5
轨道平台与高度	GEO（35786km）	GEO（35786km）	Non-GEO（最低 600km）	Non-GEO（最低 600km）	高度在 8～50km 的无人飞行系统

（续表）

项目	部署场景				
	场景1	场景2	场景3	场景4	场景5
载波（平台—终端）	（Ka频段）上行：约30GHz；下行：约20GHz	（S频段）上/下行：约2GHz	（S频段）上/下行：约2GHz	（Ka频段）上行：约30GHz；下行：约20GHz	约6GHz
波束模式	固定波束	固定波束	移动波束	固定波束	固定波束
双工模式	FDD	FDD	FDD	FDD	FDD
信道带宽（DL+UL）	最高2×800MHz	最高2×20MHz	最高2×20MHz	最高2×800MHz	最高2×80MHz（移动用户）；最高2×1800MHz（固定用户）
非地面网络架构选择（参考表1-2）	A3	A1	A2	A4	A2
非地面网络终端类型	VSAT（固定或移动）	UE（3GPP class 3）	UE（3GPP class 3）	VSAT（固定或移动）	UE（3GPP class 3）和VSAT
非地面网络终端分布	100%室外	100%室外	100%室外	100%室外	室内和室外
非地面网络终端速度	最高可达1000km/h（例如飞机）	最高可达1000km/h（例如飞机）	最高可达1000km/h（例如飞机）	最高可达1000km/h（例如飞机）	最高可达500km/h（例如高铁）
接入方式	GEO基于中继的间接接入	GEO的直接接入	Non-GEO的直接接入	Non-GEO基于中继的间接接入	支持3GPP移动用户的低时延服务（包含室内和室外）
支持用例	增强型移动宽带（eMBB）：多播，固定蜂窝连接、移动蜂窝连接，网络弹性，边缘网络传输，移动蜂窝混合连接，节点多播直连/广播	增强型移动宽带（eMBB）：区域公共安全、广域公共安全，移动广播直连，广域物联网服务	增强型移动宽带（eMBB）：区域公共安全、广域公共安全，广域物联网服务	增强型移动宽带（eMBB）：多归属，固定蜂窝连接、移动蜂窝连接，网络弹性，集群，移动蜂窝混合连接	增强型移动宽带（eMBB）：按需热点

表1-2 NTN架构中的5G网元映射

架构	NTN终端	航天器或高空平台搭载	NTN网关
A1：通过弯管卫星/空中平台为用户提供接入服务	用户终端（UE）	射频拉远头（RRH）	5G基站（gNB）
A2：通过搭载5G基站的卫星/空中平台为用户提供接入服务	用户终端（UE）	5G基站（gNB）或中继节点	连接核心网的路由

（续表）

架构	NTN 终端	航天器或高空平台搭载	NTN 网关
A3：通过弯管卫星/空中平台为中继节点提供接入服务	中继节点	射频拉远头（RRH）	5G 基站（gNB）
A4：通过搭载 5G 基站的卫星/空中平台为中继节点提供接入服务	中继节点	5G 基站（gNB）或中继节点	连接核心网的路由

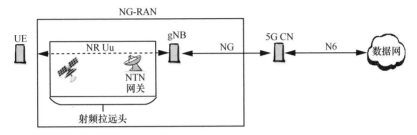

图 1-6　3GPP 提出的采用透明转发器的卫星 5G 网络架构

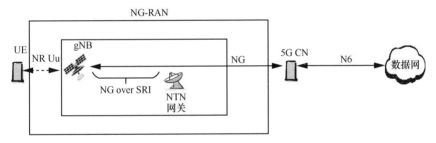

图 1-7　3GPP 提出的采用再生处理载荷的卫星 5G 网络架构

|1.3　未来发展趋势|

（1）天基信息网络成为下一代网络重要组成部分，并呈现快速发展态势

为了进一步弥合天地网络的容量和能力差距，天基网络规模持续扩大。SpaceX 公司 Starlink 星座计划包含高达 42000 颗卫星，亚马逊公司的 Kuiper 星座计划包含 3236 颗卫星。2019 年 9 月，美国联邦通信委员会（FCC）在 2017 年批准 OneWeb 公司运营 720 颗卫星星座基础上，又批准其增发 1280 颗卫星。

虽然未来巨型星座并不一定是发展空间网络的唯一路线，但其仍然展现了未来卫星从服务军事、政府等小众用户、特殊场景向针对大众消费类用户提供超大容量服务方面转变的趋势。在这个转变过程中，为了未来实现天地一体化立体覆盖、协同服务，迫切需要研究解决由多层轨道卫星、地面基站构成的超大规模、立体网络的融合接入、协同覆盖、协同组网、协调用频、一体化传输和统一服务等问题。

（2）透明转发和星上处理长期共存，在轨重构、软件定义为按需服务赋能

从当前发展趋势来看，透明转发和星上处理模式仍将长期共存。前者在技术路线上通过引入数字信道化器技术实现多个转发通道之间可变带宽、载频子带信号的提取和交换，且通过在轨重构、软件定义进行调整，实现资源与需求的精确匹配，极大地提升了高通量 GEO 卫星的服务能力。

当前，透明转发模式仍然需要解决高性能天线、射频和信号转发载荷设计问题。星上处理模式则需要解决在超宽带信号处理需求下，资源严重受限带来的高性能、低功耗计算处理问题。对低轨星座还需解决星地相对运动带来的网元功能星地分割与动态重构、网元移动性、用户移动性管理等问题。

（3）高低频、高低轨系统协同发展，持续提升容量和效益成为重要发展目标

除了常用的 L/S、Ku 频段，新一代卫星通信系统已经大量采用 Ka 频段，甚至 Q/V 频段来提升容量，未来还有可能使用太赫兹频段。虽然低轨道宽带星座是目前业界的热点，但高轨道卫星仍然具有终端无须跟踪卫星、用户使用成本低、网络运维难度低、网络建设快等突出优势，国内外仍然在积极发展下一代的高通量 GEO 卫星。

从应用的角度看，不论是为目前 5G 基站拉远提供大容量回传通道，还是为未来星地提供一致的服务质量，以及实现广域海量物联服务，都需要优化频谱的利用，引入先进编码调制、新型多址、多波束多链路协同、高速星间链路等先进传输技术，有效提升空中接口容量，促进多频段、高低轨卫星服务的有效协同。

（4）确定性的服务质量提供成为未来天地融合网络的重要特征

基于低轨道卫星星座的接入能够有效地提升容量和减小时延，但其本身面临着链路时延抖动大、用户和馈电链路切换频繁、承载网络不断动态重构等一系列不利于服务质量保障的因素。而未来星地多维多链路协同覆盖场景中，干扰协调的复杂性、传播模型的不同、平台处理能力的离差都将进一步加大服务质量保障的难度。

（5）人工智能为网络的有效管理和特色服务提供了新动力

未来天地一体多维融合网络将包含海量的网络节点、复杂的业务需求、多种异

质的接入媒介，是一个复杂巨系统，其管理难度远超常规的单星组网系统，必须引入人工智能、区块链、大数据分析等先进技术手段，促进管理从自动化向智能化转型，使网络能够感知、预测到服务需求，并能够提前优化部署适配的服务能力。

（6）天基计算、信息服务将重构卫星通信价值链

美国提出了"空间作战云"的架构和设想，拟实现一个全球泛在的数据分发和信息共享综合网络体系；俄罗斯航天系统公司正在研发天基信息流量自动处理技术；欧洲航天局（ESA）设立了"先锋计划"，并于 2019 年发射的卫星上搭载了可扩展轻量并行超算载荷；我国提出了构建天基信息系统在轨直接支持应用服务的概念。软件定义卫星、天基计算技术的发展为移动信息服务更贴近用户提供了途径。

（7）行业和技术的垂直与横向整合将带来巨大的成本优势及商业机遇

SpaceX 公司利用火箭、卫星制造到发射服务的垂直整合模式显著降低了成本，提高了应用效能，从而在商业市场上体现出了很强的竞争力。根据中金公司的研究报告，"Starlink 单颗卫星的发射+制造成本只有 153 万美元，是 OneWeb 的 46%，未来随着二级火箭再回收、卫星的轻量化生产，预计还能下降 30%以上"。行业和技术的垂直与横向整合将创造新的应用市场和商业机遇。

参考文献

[1] 李仰志, 刘波, 程剑. Intelsat 卫星系列概况（上）[J]. 数字通信世界, 2007(7): 88-90.
[2] 张颖, 王化民. 基于 GSM 的铱星通信系统[J]. 航海技术, 2013(3): 36-38.
[3] 吴廷勇, 吴诗其. 正交圆轨道星座设计方法研究[J]. 系统工程与电子技术, 2008, 30(10): 1966-1972.
[4] 张更新, 李罡, 于永. 卫星通信系列讲座之八, 全球星系统概况[J]. 数字通信世界, 2007(12): 84-87.
[5] 段少华, 张中兆, 张乃通. 区域性中低轨卫星移动通信系统星座设计[J]. 哈尔滨工业大学学报, 1999(6): 49-52.
[6] 沈永言. 全球高通量卫星发展概况及应用前景[J]. 国际太空, 2015(4): 19-23.
[7] ViaSat 推出新型全球宽带通信平台[J]. 数字通信世界, 2016, 135(3): 35.
[8] 陈建光, 王聪, 梁晓莉. 国外软件定义卫星技术进展[J]. 卫星与网络, 2018, 181(4): 50-53.
[9] 2019 年互联网趋势报告解读: 中国互联网模式引领全球[J]. 电子技术与软件工程, 2019.
[10] 张有志, 王震华, 张更新. 欧洲 O3b 星座系统发展现状与分析[J]. 国际太空, 2017(3).
[11] 翟继强, 李雄飞. 卫星系统及国内低轨互联网卫星系统发展思考[J]. 空间电子技术, 2017,

14(6): 1-7.

[12] JEFF F. SpaceX's space-internet woes: despite technical glitches, the company plans to launch the first of nearly 12,000 satellites in 2019[J]. Spectrum, IEEE, 56(1): 50-51.

[13] DEL P I , CAMERON B G , CRAWLEY E F . A technical comparison of three low earth orbit satellite constellation systems to provide global broadband[J]. Acta Astronautica, 2019, 159(6): 123-135.

[14] 高菲. 天通一号 01 星开启中国移动卫星终端手机化时代[J]. 卫星应用, 2016(8): 73.

[15] 周慧, 张国航, 东方星, 等. 中星 16 号叩开通信卫星高通量时代大门[J]. 太空探索, 2017(5): 20-22.

[16] 徐菁. "鸿雁"星座闪亮亮相移动通信或将全球无缝覆盖[J]. 中国航天, 2018(11): 35-36.

[17] 陈静. 虹云工程首星[J]. 卫星应用, 2019, 87(3): 79.

[18] HAFNER K. Where wizards stay up late: the origins of the internet[M]. Columbia: Simon & Schuster, 1998.

[19] BLANK A G. TCP/IP Foundations[M]. New Jersey: John Wiley & Sons, 2006.

[20] 汪春霆, 李宁, 翟立君, 等. 卫星通信与地面 5G 的融合初探 (一) [J]. 卫星与网络, 2018(9):14-21.

[21] 平良子. 美军转型通信卫星系统发展背景[J]. 电信技术研究, 2005(12): 51-53.

[22] 吴建军, 程宇新, 梁庆林, 等. 面向未来全球化网络的欧洲 ISICOM 卫星通信概念系统[J]. 卫星应用, 2010(5): 59-64.

[23] JOU B T, VIDAL O , CAHILL J, et al. Architecture options for satellite integration into 5G Networks[C]// 2018 European Conference on Networks and Communications (EuCNC). Piscataway: IEEE Press, 2018.

[24] 3GPP. Service requirements for next generation new services and markets: TS22.261[S]. 2017.

[25] 3GPP. Study on New Radio to Support Non-Terrestrial Network: TR38.811[S]. 2017.

[26] 3GPP. Solutions for NR to Support Non-Terrestrial Network (NTN) V16.0.0: TR38.821[S]. 2019. 12.

[27] 张世层. 星载柔性转发器的数字信道化器设计与实现[D]. 西安: 西安电子科技大学, 2015.

[28] 中国国际金融股份有限公司. 星链 (Starlink) 是泡沫还是革命? [Z]. 2020.

第 2 章

系统架构

描述了天地一体化信息网络的组成和架构，给出了其应用服务、安全防护以及运维管控的概念、组成和功能，介绍了传统的面向宽带通信、数据中继、移动通信的卫星网络架构、传输技术和卫星 ATM、IP 以及 MPLS 组网技术发展的情况。

| 2.1　系统组成 |

天地一体化信息网络由位于不同轨道的通信卫星星座、信关站、测控站、地面通信基础设施、一体化核心网、网络管理系统以及运营支撑系统组成，如图 2-1 所示。不同实体的功能如下。

- 通信卫星星座：由位于地球静止轨道（GEO）、中地球轨道（MEO）、低地球轨道（LEO）的多颗通信卫星以及临近空间飞行器等组成；卫星采用 L、Ku、Ka 乃至于 Q/V 频段，通过多点波束天线形成对地覆盖，为用户提供移动或者宽带服务；同轨和异轨卫星之间通过微波或者激光链路相连构成天基网络，卫星搭载星上处理载荷实现信号处理和业务、信令的空间路由转发。

- 信关站：通过馈电链路实现与卫星互联，解决天基网络承载用户信号、业务数据、网络信令、星上设备网管信息的落地问题。

- 测控站：依据工作任务要求，控制卫星的姿态和运行轨道，配置卫星载荷工作状态。

- 地面通信基础设施：地面移动通信基站、Wi-Fi 等无线接入设备，与卫星形成协同的覆盖。

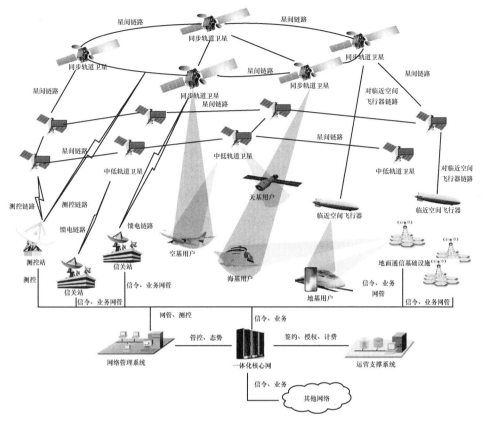

图 2-1　天地一体化信息网络组成

- 一体化核心网：与卫星、信关站和地面通信基础设施互联，一体化处理天基或者地基接入用户的入网申请、认证和鉴权、业务寻呼、呼叫建立、无线承载建立、呼叫拆除等流程信令；实现语音编码转换等网内业务处理功能；实现与其他网络互联，处理网络边界上的信令交互、业务路由、业务承载建立和管理、必要的业务格式转换；保存用户签约信息；在用户呼叫层面实现天地资源的统筹调度；进行用户业务信息统计，评估 QoS 和计费；进行网络性能统计。

- 网络管理系统：管理、监控全网的拓扑、路由；监控网络所有设备的运行状态，包括星载和地面设备；收集全网运行指标，向网络操作者反馈；根据网络操作者的指令，配置网内设备运行参数；处理异常和告警事件。

- 运营支撑系统：受理用户业务申请、管理用户和订单、进行业务计费和账务结算、处理投诉和咨询、提供网上营业厅等。

• 用户：包括天基、空基、海基、陆基等多种类型用户，在系统的管理下，在不同卫星、星地之间的覆盖区间切换。

| 2.2　网络架构 |

网络架构是网络体系的结构性表述，是对网络目标愿景、结构要素、协议规则的整体性设计，通常也称为网络体系结构。网络架构决定了网络体系发展蓝图和构建方式，已经成为网络体系创新发展的原动力。早在二十世纪七八十年代，互联网先驱 Bob Kahn 和 Vint Cerf 为了实现 ARPNET 中不同类型计算机互联，开发了著名的 TCP/IP，奠定了互联网体系架构的基础；国际标准化组织（ISO）在系统网络体系结构（SNA）、数字网络体系结构（DNA）等基础上，提出了开放系统互联参考模型（OSI/RM），成为现代网络信息系统设计的重要指南。近年来，随着互联网、物联网应用的蓬勃发展，国内外在推进 IPv6、4G/5G 等新一代地面网络技术大规模应用的同时，纷纷布局新一代天基网络系统建设，并积极谋划面向全场景应用的天地一体化信息网络发展，加速推进天基网络与地面网络深度融合，确保为用户提供泛在网络信息服务。目前，国际上天地网络建设基本采取"地面网络为依托、天基网络为拓展"的发展思路，分别针对宽带通信、数据中继、移动通信等应用场景，形成了 3 类各不相同的网络架构和技术体系，并不断与互联网技术体系融合。

2.2.1　面向宽带通信的网络架构

面向宽带通信的网络架构主要由国际电信联盟（ITU）、欧洲电信标准学会（ETSI）等机构提出，重点面向宽带卫星多媒体（BSM）系统。宽带卫星多媒体系统是以承载高速率、大容量、交互式宽带多媒体业务为主要目标的卫星通信或广播系统。该类系统通常采用 Ku、Ka 或者更高频段资源和时分复用/频分多址（TDM/FDMA）、时分复用/多频时分多址（TDM/MF-TDMA）等技术体制，基于透明或处理转发模式为用户提供高速宽带通信服务。该类系统容量大、运行效率高，无须铺设昂贵的地面基础设施即可实现网络快速部署，并能够与互联网无缝互联，实现端到端多媒体业务传输，典型系统案例如 SpaceWay-3、AmerHis、WINDS、WGS、ViaSat-1、Inmarsat-5 等。

（1）应用场景

宽带卫星多媒体系统可以采用透明转发器或再生（处理）转发器来构建。采用透明转发器的宽带卫星多媒体系统，星上仅对信号物理中继转发，不涉及信息处理；采用再生（处理）转发器的宽带卫星多媒体系统，星上不仅完成信号中继处理，还要完成物理层以上高层协议处理。ETSI 根据不同的转发器、回传信道、网络拓扑类型，将宽带卫星多媒体系统组网应用模式划分为透明星状（TSS）、透明网状（TSM）、再生网状（RSM）等类型。

基于透明转发器，宽带卫星多媒体系统可采取星状或网状组网应用模式。TSS组网模式下，系统通常由主信关站和若干用户终端组成，用户终端之间通信通过主信关站转发，主信关站采用集中管理模式，完成用户终端管理与控制、无线资源分配与管理、业务交换与路由以及与地面网络互联互通功能，系统实现简单但信关站要求高、业务传输时延长，可选标准主要包括 ETSI 的 DVB-S/RCS、美国通信工业协会（TIA）的 IPoS。TSM 组网模式下，系统仍然由信关站和若干用户终端组成，但用户终端之间通信无须经过信关站转发，信关站主要负责全网同步、无线资源分配与管理，所有信令（如资源申请信息）都由信关站处理，对用户终端要求较高，目前无统一标准。具体应用场景如图 2-2 所示。

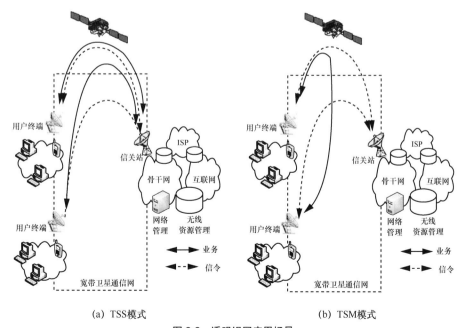

(a) TSS模式　　　　　　　　　　(b) TSM模式

图 2-2　透明组网应用场景

基于再生（处理）转发器，宽带卫星多媒体系统可实现更加灵活的网状组网应用模式。该模式下，卫星采用星上处理、交换和路由技术，实现系统内多终端全网状通信，无线资源管理（RRM）功能主要在星上完成。目前，美国休斯公司SpaceWay-3、欧洲 AmerHis 系统均采用此模式，ETSI 采纳了两个系统空中接口设计方案，分别定义为 RSM-A（SpaceWay-3）和 RSM-B（AmerHis）两种模式。其中，SpaceWay-3 空中接口基于 TDM/MF-TDMA 技术体制，上行链路采用 RS 编码/OQPSK 调制方式，下行采用 RS 级联卷积编码/QPSK 调制方式；AmerHis 空中接口也基于 TDM/MF-TDMA 技术体制，上行链路基于 DVB-RCS 标准，采用 Turbo编码/QPSK 调制方式，下行链路基于 DVB-S 标准，采用 RS 级联卷积编码/QPSK 调制方式。具体 RSM 模式和工作原理如图 2-3 所示。

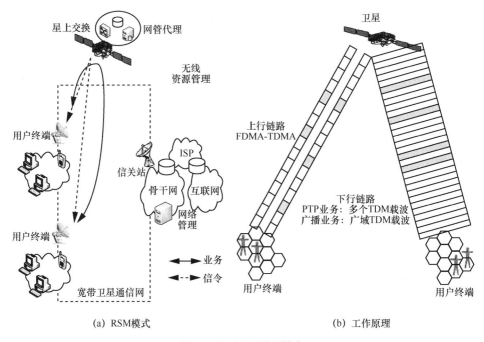

(a) RSM模式　　　　　　　　(b) 工作原理

图 2-3　再生组网应用模式

（2）网络架构

针对宽带卫星多媒体系统，国际电信联盟 ITU-R S.1709 建议给出了网络架构及空中接口的一般性描述，S.1711 建议给出 TCP 在系统中应用优化的解决方案。其中，ITU-R S.1709 定义了一个包含接入网、分发网、核心网实体的网络架构，接入网主要负责向终端用户提供服务，分发网主要负责将多媒体内容分发到网络边缘，核心网主要提供站点之间的数据中继，典型网络架构如图 2-4 所示。

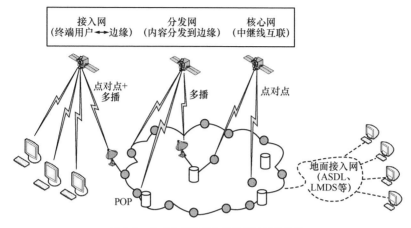

图 2-4 全球宽带卫星多媒体系统网络架构

ETSI 宽带卫星多媒体（BSM）工作组开发了一个处理标准 IP 地址、宽带卫星多媒体承载、底层无线传输承载 3 类业务的宽带网络功能结构。同时，为了将所有卫星系统通用功能与卫星专用功能业务区分开来，定义与卫星无关的业务访问点（SI-SAP）作为上下层之间接口和宽带卫星系统承载业务的端点，如图 2-5 所示。

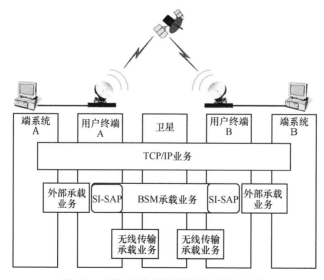

图 2-5 宽带卫星多媒体系统端到端业务架构

针对 IPoS 星状网络系统，网络由主站段、空间段、用户段 3 段组成。其中，主站段，支持大量远方终端通过卫星接入互联网，由大型地面站及相关数据处理设备组成；空间段，主要指地球同步轨道卫星上的弯管式转发器，允许在主站与终端之间双向传输数据；用户段，包括各类用户终端，每个终端都能够与地面站进行远程宽带 IP 通信，支持用户计算机间应用交互，网络架构如图 2-6 所示。

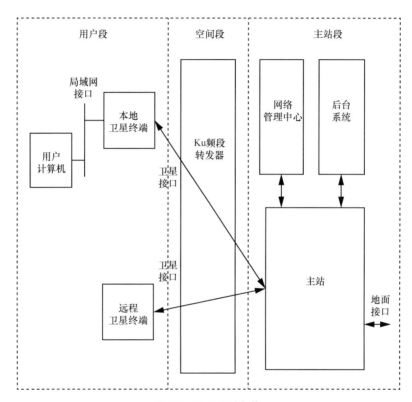

图 2-6　IPoS 网络架构

针对 DVB-S/RCS 系统，网络由用户终端（RCST）、业务网关（TG）、支线站、卫星、网络控制中心（NCC）等组成。其中，TG 接收 RCST 返回信号，向外部公共或专用业务提供者和网络提供计费、交互服务和连接功能。支线站采用卫星数字视频广播（DVB-S）标准传输前向链路信号，复用了卫星交互网络操作所需的用户数据和控制、定时信号。NCC 提供网络监视和控制功能，为网络产生由一个或多个支线站发送的控制和定时信号。网络架构如图 2-7 所示。

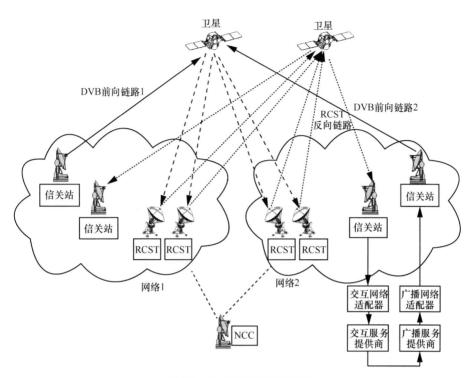

图 2-7　DVB-S/RCS 网络架构

（3）协议体系

针对宽带卫星多媒体系统用户终端与卫星之间的通信，ETSI 从分层角度设计了网络协议栈模型，分为卫星相关、卫星无关两部分协议，在适应卫星通信特点同时又与现有地面互联网兼容。其中，卫星相关协议设计与卫星通信系统特有的技术特征、工作模式有关，主要包括卫星物理（SPHY）层、卫星媒体接入控制（SMAC）层、卫星逻辑链路控制（SLLC）层等；卫星无关协议独立于卫星通信系统特有的传输环境，实现寻址、多播及服务质量（QoS）保证等功能，可直接采用较为成熟的地面网络协议簇，如 TCP/IP。两部分协议之间通过 SI-SAP 交互，需要在数据链路层实现卫星相关适配功能（SDAF），完成卫星相关协议到服务访问点的映射；在网络层实现卫星无关适配功能（SIAF），完成网络层以上协议到服务访问点的适配。卫星无关业务访问点及其相关适配功能在逻辑上可划分为用户面、控制面、管理面服务，以分别对应数据、控制、管理类信息传输和适配处理，进而增加上层应用灵活性。协议栈模型如图 2-8 所示。

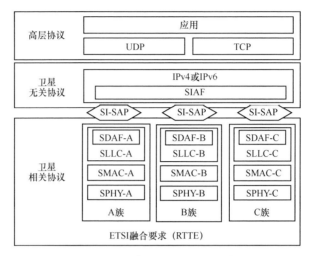

图 2-8　宽带卫星多媒体系统网络协议栈模型

卫星相关协议最早可追溯到 1994 年发布的第一版 DVB-S 标准 ETS300.42，后续 ETSI 从扩展双向交互通信、增强信道传输性能、提高频谱效率等角度，相继又制订了 DVB-RCS（2000 年）、DVB-S2（2005 年）、DVB-RCS2（2011 年）、DVB-S2X（2014 年）等标准，核心技术体制均为 TDM/MF-TDMA，类似标准还有美国的 IPoS、ETSI 的 RSM-A/B。基于统一的网络协议模型，不同组网应用模式可采用不同的 SPHY、SMAC、SLLC 层协议栈配置，实现不同类型的空中接口，以适应不同特点的卫星网络系统架构和业务类型，进而支持端到端业务传输，如图 2-9 所示。

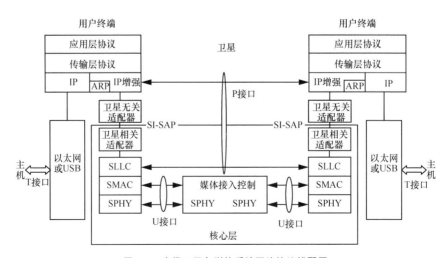

图 2-9　宽带卫星多媒体系统网络协议栈配置

按照上述协议架构，宽带卫星多媒体系统可与地面互联网较好地互联融合。基于宽带卫星多媒体系统的 IP 子网可以像全球互联网其他 IP 子网一样，部分端系统通过卫星 IP 子网连接到全球互联网。针对互联网业务，非卫星侧 IP 应该保持不变，协议适配由卫星子网边缘的 IP 互通功能实现，SI-SAP 为通用 IP 互通功能提供了标准框架，以确保卫星 IP 子网和非卫星 IP 子网之间的透明互操作能力。融合架构和协议栈配置如图 2-10 所示。

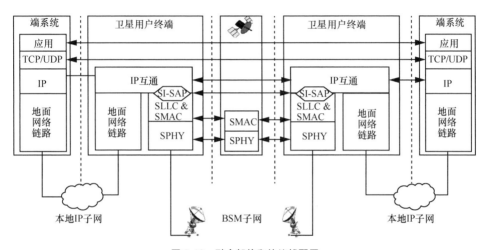

图 2-10　融合架构和协议栈配置

2.2.2　面向数据中继的网络架构

面向数据中继的网络架构主要由空间数据系统协商委员会（CCSDS）等国际组织提出，重点面向空间信息网络。空间信息网络是以航天器为主要载体，实现空间信息实时获取、传输、处理和分发的网络系统。作为空间关键信息基础设施，空间信息网络面向载人航天、深空探测、对地观测、海洋监视等应用场景，既可支持大量航天器信息实时高速传输，也可支持深空探测器超远程控制和数据回传，从而将人类活动拓展至太空乃至深空。目前，针对空间信息网络体系架构和协议技术，国际上相继开展了星际互联网（IPN）、互联网节点操作任务（OMNI）、空间通信与导航（SCaN）、转型通信卫星（TSAT）系统、容迟容断网络（DTN）等多项研究实践活动，逐步发展成为以 CCSDS 协议为主体的网络技术体系。

（1）应用场景

空间信息网络应用场景大致可分为近地、深空两大类应用。近地应用主要支持中低轨航天器、空中飞行器等节点互联和数据回传，典型案例如 TSAT 系统。TSAT 系统是美军全球信息栅格（GIG）转型通信体系的重要组成，原计划部署 5 颗高速激光互联的静止轨道卫星，建立类似地面的天基骨干网，实现陆海空天一体化互联，从根本上改善美军全球组网通信能力。通过天基组网，将传感器图像的传输时间由原先数小时缩短至数秒，转型通信卫星系统应用场景如图 2-11 所示。

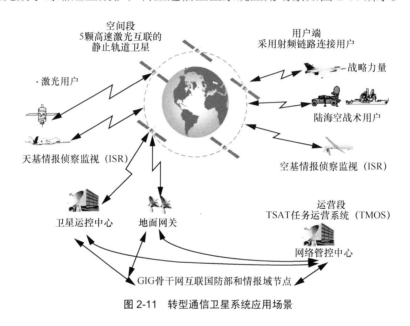

图 2-11　转型通信卫星系统应用场景

深空应用以 NASA 空间通信与导航（SCaN）项目为代表，将与 NASA 相关网络整合成由近地网络（NEN）、空间网络（SN）、深空网络（DSN）组成的太空互联网，旨在为整个太阳系内航天器飞行任务提供通信导航服务，包括跟踪、定位、授时及数据收发等。其中，近地网络主要为月球任务、轨道或亚轨道任务提供空间通信与导航服务；空间网络主要由地球同步轨道上的跟踪与数据中继卫星（TDRS）系统组成，实现与近地、深空网络互联；深空网络则主要通过全球分布的地面站大孔径天线，实现对地球同步轨道卫星乃至太阳系边缘深空探测器的有效覆盖，空间通信与导航应用场景如图 2-12 所示。

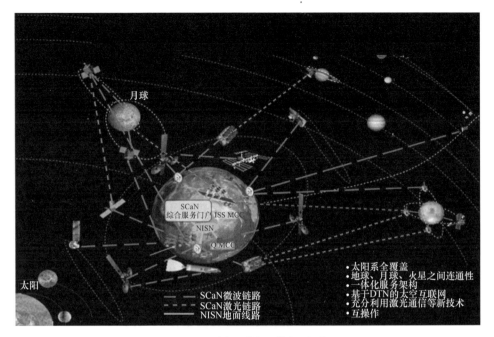

图 2-12　空间通信与导航应用场景

（2）网络架构

面向空间信息网络建设，CCSDS 等国际组织开展了体系架构及标准研究工作。例如，2003 年 5 月，CCSDS 发布下一代空间互联网（NGSI）报告，提出了基于 IP 的空间网络协议体系，确定了网络实现地面终端与在轨终端之间通信的体系架构，可看作空间网络体系架构的初步探索。2007 年 5 月，因特网工程任务组（IETF）发布"容迟网络（DTN）体系架构"标准建议，在网络层和传输层之间定义了一个全新的端到端覆盖层——Bundle 层，采用存储转发工作模式以支持在长时延、易中断的空间网络环境中传输信息。2007 年 6 月，机构间操作指导组（IOAG）决定成立空间互联网战略组（SISG），启动空间网络互操作研究。2008 年 11 月，SISG 提交空间互联网发展战略研究报告，阐述空间网络必要性、适用任务类型、发展时间表、路线图以及转型过程中需要考虑的具体问题，提出建立太阳系空间互联网（SSI）。2010 年 8 月，CCSDS 发布《空间容迟容断网络应用背景、场景及要求》绿皮书，规定了太阳系空间互联网各组成要素类型、位置和关系，从操作层面明确了空间互联网业务规则与实施流程。2014 年 7 月，CCSDS 发布《太阳系空间互联网体系架构》绿皮书，对空间互联网进行了完整描述和规定。

空间互联网是一个在太阳系范围内向空间任务用户提供端到端通信业务的网络，从交互角度，把地面交互支持服务扩展到空间，把空间交互支持服务放在端到端的网络层实现；从实现角度，不是将现有空间通信协议推倒重来，而是基于现有空间链路协议和地面网络协议实现。典型空间互联网架构如图 2-13 所示。

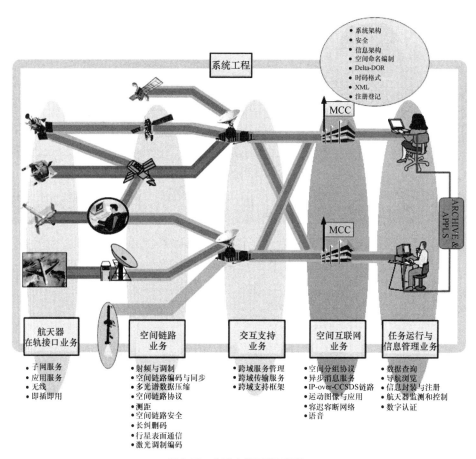

图 2-13　典型空间互联网架构

（3）协议体系

空间互联网具有链路误码率高、传输时延大、连接时断时续等特点，无法直接采用传统地面互联网 TCP/IP，需要进行适应性改进或创新。目前，可用于空间互联网的协议主要分为空间 IP、CCSDS 协议、DTN 协议 3 类。其中，CCSDS 协议是体系最完备、应用最广泛的空间互联网协议，由空间数据系统协商委员会组织开发和发布。该协议借鉴了 OSI/RM 分层协议模型和 TCP/IP 体系的思想，针对空间信息网络节点动态性高及链路传输距离远、时延大、间歇性、不对称等特点进行优化，设计了包含物理层、数据链路层、网络层、传输层、应用层的 5 层协议模型，每层又包括若干可供组合的协议。其中，物理层协议规定射频参数和调制格式，数据链路层协议又根据不同应用场景划分为 TM、TC、AOS、Proximity-1 等类型，网络层包括 SPP、SCPS-NP、IPv4/IPv6 等协议，高层协议则包括 CFDP、SCPS-FP、SCPS-TP、SCPS-SP 等类型。该体系包含空间信息网络特有的全栈协议，涉及物理传输、组网互联、业务支持、安全增强等方面，同时注重与地面互联网 TCP/IP 兼容，并开始扩展对 DVB 协议的支持。2012 年 9 月，空间数据系统协商委员会发布《IP over CCSDS Space Links》蓝皮书，规范在空间链路层协议（AOS、TC、TM、Proximity-1）上实现 IP 数据分组传输方式，以适应互联网应用快速发展，典型协议栈模型如图 2-14 所示。

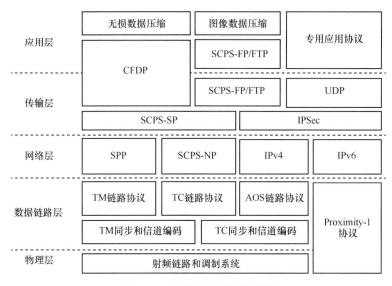

图 2-14　CCSDS 网络协议栈模型

此外，NASA 通过 OMNI 项目研究如何将地面互联网技术应用到航天器上，采用 IP 技术实现空间网络和地面网络互联，采用 TCP 实现地面用户与航天器间端到端连接。OMNI 采用分层分块协议设计思路，屏蔽空间网络特殊性，允许根据实际情况分块部署、独立更新各部分协议，如图 2-15 所示。该项目基于空间链路，进行了一系列地面试验及飞行搭载试验，证明了空间使用 IP 技术的可行性。

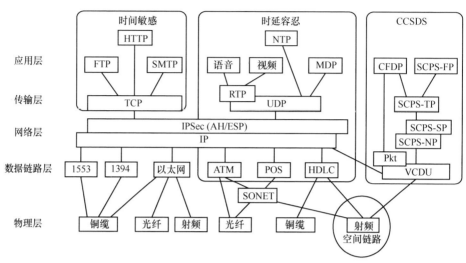

图 2-15 OMNI 协议栈模型

DTN 起源于 NASA 喷气推进实验室（JPL）1998 年发起的星际互联网（IPN）项目。星际互联网与地面互联网的最大区别在于：节点之间传输时延及变化非常大，天体遮挡导致网络连通性难以保证（出现间歇连接现象）等。为此，DTN 协议在 TCP/IP 基础上，针对上述特点进行增强设计，即在应用层和传输层之间引入新的 Bundle 层，通过存储转发、分段拼接方式克服网络间歇性连接问题。Bundle 层提供类似转发网关的功能，可与 CCSDS 协议、TCP/IP 互操作，如图 2-16 所示。

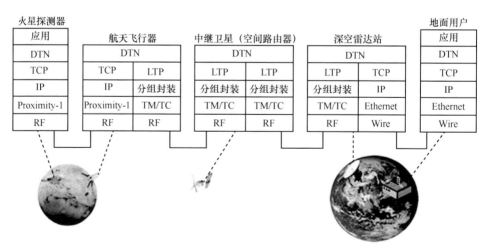

图 2-16 基于 DTN 的空间互联网协议栈配置

目前，NASA 在遥感、深空探测、空间站等应用领域开展了一系列 DTN 试验，对 DTN 自动存储转发机制、网络协议和软件实现等关键技术进行了探索和验证。

2.2.3　面向移动通信的网络架构

移动通信网络技术的持续发展和广泛应用，为地面用户提供了极大的便利性，催生了移动互联网、泛在物联网的新兴应用生态。随着人类活动范围不断从地面向海上、空中扩展，综合移动通信和卫星通信技术的优势，将地面蜂窝移动通信技术应用到卫星系统中，借助卫星网络覆盖范围广的特点，实现不受地理空间、气候条件限制的移动通信服务，越来越受到重视。从最早的 Iridium 系统开始，人们就在不断地研究地面移动通信向天基拓展、移动通信与卫星通信融合的途径，并不断付诸实践。例如，ETSI 相继发布了基于 GSM 的卫星空中接口标准（GMR-1/2）、基于 UMTS 的卫星空中接口标准（S-UMTS）以及基于补充地面组件（CGC）技术的星地一体化网络系统标准 DVB-SH、S-MIM，分别用于 Thuraya、Inmarsat-4 BGAN、ICO-G1 等卫星移动通信系统中；ITU-R 相继制订面向 IMT-2000 的卫星空中接口标准 M.1850、面向 IMT-Advanced 的卫星空中接口标准 M.2047，我国基于地面 LTE-Advanced FDD 提出了 LTE-Satellite 接口标准建议；3GPP 则启动面向 5G 非地面网络（NTN）的标准研究，欧洲航天局正在开展卫星 5G（SaT5G）相关项目研究。这些方案的共同特点就是对地面移动通信技术的适应性改进，以支持天地泛在的移动通信服务。

（1）应用场景

卫星移动通信系统可以在沙漠、海洋等地面网络无法覆盖的区域为用户提供移动通信服务，并且在地震、海啸等灾难性事件发生的时候满足应急通信的需求，是地面移动通信网的有效补充，是地面移动通信网向全域空间拓展并实现无缝覆盖的重要手段。国际电信联盟在制定早期的 IMT-2000 技术框架时，就明确建议将卫星通信手段纳入移动通信网络中，以实现全球范围内的个人移动通信。最近，针对卫星通信与地面 5G 网络融合问题，又提出了星地 5G 融合网络的 4 种应用场景，包括中继到站、小区回传、动中通、混合多播，并指出这些场景必须考虑的关键因素，包括多播支持、智能路由、动态缓存管理及自适应流支持、时延、一致的服务质量、NFV/SDN 兼容、商业模式灵活性等，如图 2-17 所示。

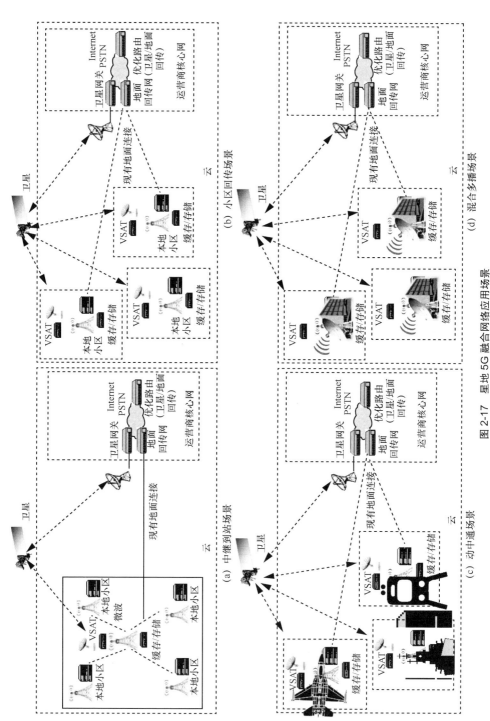

图 2-17 星地 5G 融合网络应用场景

　　例如，低轨卫星通信星座与 5G 网络融合，可支持移动用户在低轨星座网络与地面 5G 网络间无缝切换，通过在飞机、舰船、高铁、汽车等移动平台上安装具有低轨星座接入能力的通信终端，即可在移动过程中保持连续、不间断的网络接入服务。在有地面 5G 网络时，优先选用地面网络进行业务传输；当无地面网络时，优先选用低轨星座网络。移动终端在低轨和地面 5G 网络间自动切换，与漫游，保障信号不间断通信。星地 5G 融合应用服务模式如图 2-18 所示。

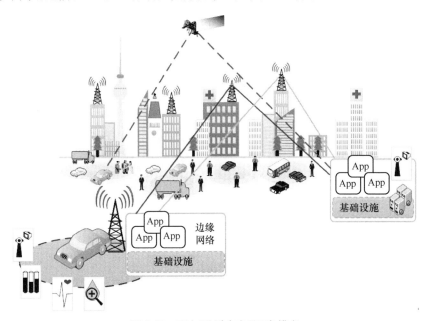

图 2-18　星地 5G 融合应用服务模式

（2）网络架构

　　星地移动通信融合网络架构伴随地面移动通信网技术演进发展而不断变化。例如，ETSI 基于 CGC 技术提出由卫星网络运营商主导的 S-MIM 架构，卫星和 CGC 采用同样的空中接口，共享卫星频谱资源。下行链路方向，CGC 充当卫星信号转发器角色，作为补充为室内室外环境提供覆盖。上行链路方向，CGC 充当用户信号收集器角色，将用户信号收集后通过地面网络转发至地面网关。卫星和地面部分采用一体化协议架构，在链路层实现互联互通，Hub 既可通过卫星也可通过地面网络给 CGC 馈送信号。S-MIM 网络架构和协议栈配置如图 2-19 所示。

　　ITU-R M.2047 建议提出了 IMT-Advanced 卫星空中接口，描述了基于 LTE-Advanced 技术的星地融合 BMSat 网络架构。BMSat 网络架构包括采用或不采用星

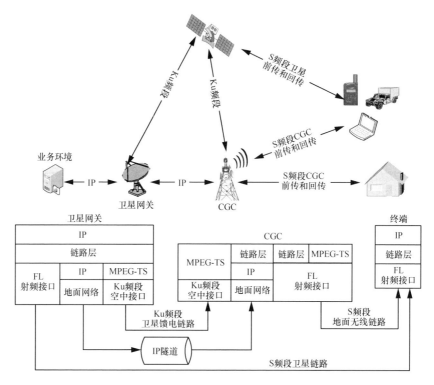

图 2-19　S-MIM 网络架构和协议栈配置

上处理功能的 GEO 卫星、卫星网关、卫星核心网以及地面补充部分。卫星网关是一个物理实体，可能含有多个逻辑实体，如卫星 eNodeB（SAT-eNB）。每个 SAT-eNB 在逻辑上控制一个或若干波束，每个波束在逻辑上接受一个 SAT-eNB 控制。CGC 在 BMSat 中发挥着转发功能，以填补卫星信号未覆盖区域（如室内）或提供更高业务质量。CGC 不是单纯的转发器，其拥有自己的波束标识、同步信道和参考符号，而且能够产生自己的波束。CGC 对前传链路信号进行解调解码，然后根据 CGC 与终端之间链路的质量，向终端发送新的调制编码类型信息。CGC 是一个固定节点，可以采用更先进的天线和其他技术，以改进 CGC-卫星链路发射效率。CGC 对终端而言是一个 SAT-eNB，对 SAT-eNB 而言是一个用户终端。BMSat 空中接口包括两种链路：终端–CGC 链路、终端–卫星链路。终端–卫星链路是根据卫星空间传输环境对地面 LTE-Advanced 标准的适应性改进，终端–CGC 链路可以采用地面 LTE-Advanced 标准。终端既支持 BMSat 方式，也支持 LTE-Advanced 方式。BMSat 网络架构和协议栈配置如图 2-20 所示。

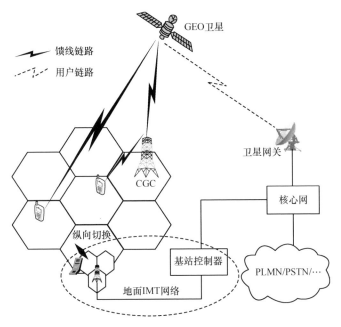

图 2-20　BMSat 网络架构和协议栈配置

3GPP 在 TR22.822、TR23.737、TR28.808 等技术报告中，对 5G 中与卫星相关的接入网协议及架构进行了评估，定义了 3 类卫星接入用例（连续服务、泛在服务和扩展服务），并从星上功能、星间链路、核心网络配置角度，提出 5 种非地面组网（NTN）架构，涉及卫星终端（如固定或车载宽带终端、物联终端）、搭载有效载荷的一颗或多颗卫星、地面信关站、数据中心等网元。其中，星上透明处理的融合架构，卫星等效于射频远程单元，仅对射频信号进行中继，对空中接口协议完全透明，用户数据通过卫星透明转发到地面处理；星上再生处理 + gNB 分布单元的融合架构，卫星有效载荷部署 gNB-DU 单元，支持部分空中接口协议处理，通过无线电接口（SRI）、F1协议与信关站 gNB-DU 单元交互；星上再生处理 + 全功能 gNB 的融合架构，卫星有效载荷实现完整的 gNB 功能，通过卫星无线电接口（SRI）、N1/N2/N3 接口与地面5G 核心网（CN）进行交互；星上再生处理 + gNB 分布单元 + 星间链路的融合架构，星上采用分布式 gNB，并引入星间链路，通过单个 5G 核心网提供全球或区域覆盖，非常适合 GEO 或 LEO 系统应用；星上再生处理 + 全功能 gNB + 星间链路的融合架构，星上部署分布式 gNB，并支持通过多个 5G 核心网访问，使用（或不使用）特定卫星无线电接口来处理控制和用户数据，如图 2-21 所示。

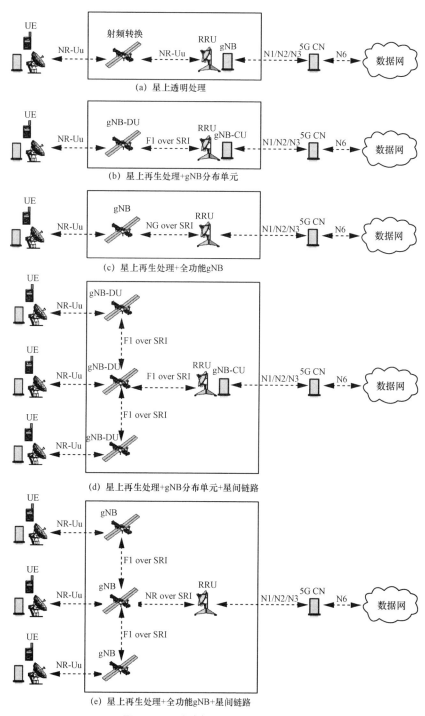

图 2-21 星地融合 5G 非地面组网架构

欧盟 SaT5G 项目面向 eMBB 应用，提出了一个卫星通信和移动边缘计算（MEC）相结合的 5G 融合网络架构，实现 5G 核心网和实际卫星系统整合，以及 5G 移动网运营商（MNO）、卫星网运营商（SNO）、内容提供商（CP）三方利益联合。系统充分利用了 5G 网络的灵活性以及卫星多播功能，基于 5G 服务化架构（SBA）实现。该框架下，SNO 将卫星信道带宽资源交付给 MNO，以便 MNO 将其用作地面链路之外的回传链路；MNO 将网络计算存储资源虚拟化并交付给 CP，使 CP 能够在 MEC 服务器中部署各自的虚拟网络功能（VNF），MEC 托管多个 VNF 执行保持等操作来补偿卫星回传性能。控制平面主要由 MNO 运营，接入和移动性管理功能（AMF）、会话管理功能（SMF）、策略控制功能（PCF）、网络开放功能（NEF）、应用功能（AF）等元素通过服务总线交互，实现较好的扩展性和开放性，支持第三方利益相关者（如 CP）更好地运营 AF，如图 2-22 所示。

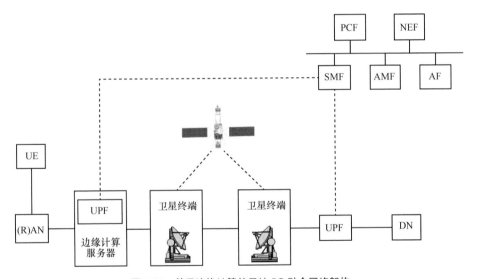

图 2-22　基于边缘计算的星地 5G 融合网络架构

SANSA（基于智能天线的星地共享接入网）项目提出一种频谱有效、可自主重配的卫星地面混合回传网络方案，将卫星部分无缝整合进地面回传网络中，能够根据流量需求重新配置地面无线网络拓扑，实现卫星和地面频谱共享。同时，在考虑容量和能耗条件下能够有效地路由移动流量，对链路故障或拥塞情况有较高弹性。SANSA 网络由地面节点（iBN）、移动基站（eNodeB）、卫星（SAT）、混合网络管理器（HNM）等关键要素组成，HNM 能够实现远程 eNodeB 节点的可控接入，以及对配置智能天线的地面节点信息进行收集和处理，同时不断监视卫星载波频率、信道带宽、数据速率、链路可用性等信息，实现卫星节点、地面节点资源的合理管控，实现频谱共享，如图 2-23 所示。

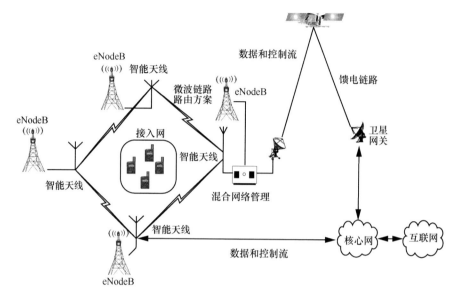

图 2-23　基于智能天线的星地共享接入网架构

（3）协议体系

星地融合网络架构下，卫星部分协议基本上采取与地面移动通信系统兼容方式实现，重点结合星地传输、处理环境特点对相关协议进行适应性改进。例如，参考 3GPP 卫星与 5G 融合的非地面组网架构，卫星空中接口协议由卫星用户终端、星载基站、地面信关站等节点支撑，在每个节点上部署相应的协议处理网元。5G gNB 部署在低轨卫星上，称为 S-gNB（卫星 5G 基站），基站间通过激光/微波连接形成 ISL（星间链路），S-gNB 之间的 S-Xn 接口承载到星间链路上。星载基站和卫星地面信关站通过 Ka 频段连接形成馈电链路，星载基站和用户终端通过 Ka、L 频段连接形成用户链路。S-gNB 作为基于 OFDM 传输体制的星载基站单元，具有完整的物理层与协议层信号处理功能，可以实现同一或不同波束下的多个地面卫星终端的空中接口资源分配和数据传输。地面卫星终端通过星载基站接入卫星地面信关站完成用户的移动性管理和业务通信。卫星 5G 网络协议栈部署示意图如图 2-24 所示。

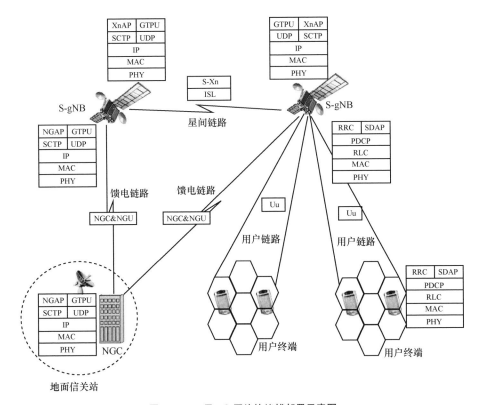

图 2-24 卫星 5G 网络协议栈部署示意图

其中，地面信关站实现 5G NGC 功能，与星载基站通过馈电链路协议栈通信，馈电链路承载 NGAP，包括控制面、用户面协议两部分。星载基站部署在每个低轨卫星上，实现用户链路空中接口协议，星载基站间通过星间链路上的 S-Xn 接口协议（XnAP）辅助 NGC 实现对卫星终端移动性管理，完成跨基站波束切换。卫星终端通过用户链路空中接口（Uu 口）实现与 S-gNB 之间协议交互和业务数据传输。

2.2.4 天地一体化信息网络架构

随着天基网络的快速发展，天基网络与地面网络形成了两大相对独立的网络，为了更高效地实现资源共享，天地一体化是未来发展的必然趋势。目前，实现天地一体化的途径主要是"天星地网"，"天网地网"则是未来发展选项。在"天网地网"架构中，天基网络主要由高中低轨卫星星座组网以及相关的地面信关站、支撑设施组成，地面网络主要包括地面互联网、移动通信网等。通过设置一体化网络互联中心，将天基网络和地面互联网、移动通信网互联互通和融合。天基网络既可作为独立系统存在，直接面向用户提供服务，也可作为地面网络的补充和增强，弥补地面网络覆盖范围及机动保障能力上的不足，如图 2-25 所示。

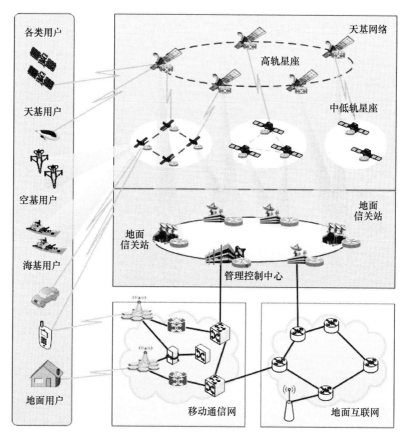

图 2-25　天地一体化信息网络组成结构

其中，高轨星座节点之间通常采用激光或微波链路互联组网，实现高速数据传输服务。中低轨包括宽带、物联等类型星座，用户可以根据实际需求，选择一个或多个网络进行接入。天基网络通过一体化资源管理，进行功率控制和干扰协调；通过联合接纳控制等方式，实现对接入资源整体优化配置管理。同时，地面信关站为各种天基网络提供灵活有效的互联。鉴于天基资源（计算、存储、带宽、功耗）有限性，以及地面设备强大的计算和处理能力，主要由地面信关站实现天基组网控制功能，对高、中低轨星座路由进行调控，避免庞大的地面路由信息对天基网络的冲击，以及屏蔽天基网络动态性可能带来的地面网络路由震荡。

从功能实现上，天地一体化信息网络在吸收借鉴互联网、移动通信网、卫星通信网等领域实践成果基础上，可按照"传输一体化、功能服务化、应用定制化"思路构建，逻辑上划分为传输组网、应用服务、用户系统 3 个层次，同时突出安全防护、运维管理的一体化保障支撑作用，形成"三层两域"网络架构。其中，传输组网层完成通信传输、路由转发等功能，主要由星地传输接入设备（载荷）、路由交换设备（载荷）组成；应用服务层完成业务处理、数据处理等功能，提供宽带通信、移动通信、数据中继、天基物联等应用服务；领域应用层面向军民商用户，实现天地一体化信息网络应用服务在各领域特色化实现；安全防护域提供网络整体安全保障功能，包括接入鉴权、安全监测、安全管理、密码管理等；运维管理域实现卫星系统和网络系统一体化管理，包括运行态势感知、资源配置管理、故障诊断处理、运营支撑服务等，具体功能架构如图 2-26 所示。

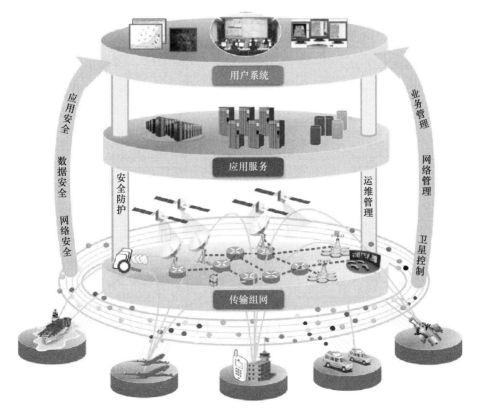

图 2-26　天地一体化信息网络功能架构

2.3 传输组网

2.3.1 传输技术

2.3.1.1 卫星宽带传输技术

目前在 C、Ku、Ka 频段的固定卫星业务（Fixed Satellite Service，FSS）领域，卫星通信常采用前传链路 TDM、回传链路 MF-TDMA 的技术方案。最具代表性的为 ETSI 发布的 DVB-S(2)/RCS 标准。目前主要宽带卫星采用的通信技术体制见表 2-1。

表 2-1　主要宽带卫星通信系统技术体制

系统厂商	产品名称	技术体制	卫星网络	时间
ViaSat	SurfBeam	DOCSIS	WildBlue（ANIK-F2） HOT BIRD 6（13°E）	2004 年 2002 年
	SurfBeam 2	DVB-S2/MF-TDMA	ViaSat-1 Ka-SAT	2011 年 2010 年
	LinkStar	DVB-S2/DVB-RCS	租用卫星网络	/
Huges	Spaceway	星上交换 RSM-A	Spaceway-3	2007 年
	HN 系统	DVB-S2/IPoS	租用卫星网络	2012 年
	HX 系统	DVB-S2/IPoS	租用卫星网络	2012 年
	Jupiter	DVB-S2X	Jupiter	2016 年
Gilat	SkyEdge II	DVB-S2/DVB-RCS	O3b	/
Advantech	SatNet	DVB-S/DVB-RCS	AmerHis	2004 年
		DVB-S2/DVB-RCS	O3b Hispasat AGI	2011 年 2012 年
iDirect	Evolution	DVB-S2/D-TDMA	O3b	2011 年
Newtech	Tripleplay	DVB-S2/satmode	Astra2Connect （SES Astra）	2007 年
IPStar	IPStar	OFDM-TDM/MF-TDMA	IPStar	2005 年
WINDS	WINDS	IP over ATM	WINDS	2008 年

20 世纪 90 年代初，为适应卫星广播电视的快速发展，数字视频广播（Digital Video Broadcast，DVB）标准开始得到研究和发展。从 1994 年欧洲电信标准组织（ETSI）发布 DVB-S 的第一个版本，DVB-S 标准在世界范围内得到广泛应用，成为卫星广播电视领域的主流传输标准。进入 21 世纪后，随着通信业务需求的快速变化，DVB-S 标准已不能满足客户的业务需求，亟待改进。比如，DVB-S 标准传输速率低，无法传输高清电视（HDTV）信号；无法进行 IP 组网等。为解决这些问题，2005 年 3 月，在 DVB-S 标准基础上，ETSI 发布了 DVB-S2 标准（即数字视频广播第二代标准），融合了 2000 年以来卫星通信技术领域发展的最新研究技术成果。DVB-S2 标准的指导思想是在合理的系统建设复杂程度下获得最优的链路传输性能并具备良好的可扩展性。

我国的数字视频广播技术发展基本沿用国际标准。1995 年，中央电视台完成我国首次卫星数字电视广播，通过卫星向全国播出数字压缩加扰电视节目，其技术标准采用了美国的 Digicipher 标准。目前，随着技术的发展，模拟卫星数字电视已经基本退出市场，我国各卫星电视频道基本都采用了 DVB-S 和 DVB-S2 技术。

DVB-S2 标准的技术特点如下。

（1）灵活丰富的信号输入接口匹配：DVB-S2 设备可接收如基本数据流、MPEG-2 传输复用流等多种格式的单输入流或多输入流、比特流、IP 流或 ATM 流，输入信号既可以是连续的数据流，也可以是离散的数据包。

（2）灵活高效的多编码率多调制传输技术：DVB-S2 系统支持 1/4～9/10 等 11 种编码率，支持 QPSK、8PSK、16APSK、32APSK 等高阶调制方式，可根据链路情况灵活选择，增加了用户的选择余地。

（3）高性能的前向纠错编码系统：DVB-S2 前向纠错编码采用内码与外码级联的方式，内码使用低密度奇偶校验码（Low Density Parity Check Code，LDPC），外码采用 BCH 码，这种内外码相结合的编码方案在距离理论上的香农极限 0.7～1dB 的情况下可得到准无误（Quasi Error Free，QEF）码的接收（DVB-S2 的 QEF 标准为在解码器接收 5Mbit/s 的单路电视节目时，每传输 1h 产生少于一次无法校正的差错）。

（4）自适应调制与编码（Adaptive Modulation and Coding，AMC）技术：DVB-S2 设备根据终端与信关站所处的不同信号传输环境，提供实时可变的自适应编码调制方式。在该方式下，可自动进行编码与调制优化，信号差的链路使用低阶调制，信号强的链路使用高阶调制，从而增强系统抗雨衰等干扰的能力，提高系统射频信号传输的可靠性。

（5）多种可选择的频谱滚降系数：在设定传输参数时，用户可自主选择 0.2、0.25、0.35 共 3 种滚降系数进行平方根升余弦滤波整形，用以满足用户音频、视频、数据等多类型传输业务需求。

通过采用上述先进的编码和调制技术，DVB-S2 系统具备以下优点：能够支持更多的传输业务类型及信源格式；更优的信道编码增益；更高的信道频谱利用率及传输效率（与第一代卫星传输标准 DVB-S 相比，其系统传输容量提高 30%左右，也就是说，DVB-S2 传输能节省 30%的带宽）；能够后向兼容 DVB-S 标准。这些显著的优点使得 DVB-S2 标准在世界卫星数字广播传输领域极具市场竞争力。

在 2005—2014 年，数字卫星电视广播行业发生了很大的变化，主要包括以下几个方面。

（1）需求变化。包括超高清电视（Ultra-High Definition TV，UHDTV）的卫星直播到户、基于电视广播卫星的"电视无处不在"、基于电视广播卫星的高速 IP 数据接入以及提供基于电视广播卫星的多/全业务服务以增加收入、在甚小口径天线终端（Very Small Aperture Terminal，VSAT）应用场景中增加用户数目以获得更多收益，同时以更高的服务等级协议来大幅提高用户体验。

（2）外部竞争形式的变化。引起上述需求变化的原因，一是卫星电视广播运营商自身的自然演进；二是外部竞争形式的变化（主要来自于地面的有线数据网络的大发展），使得越来越多的人认为地面的高速有线数据网络迟早会取代卫星通信；三是一些诸如 NS3 的非标准化的专有技术在频谱效率上较大程度（30%～60%）地超过了 DVB-S2。

在上述背景下，必须对 DVB-S2 标准进行升级，在更高频谱效率、更大接入速率、更好移动性能、更强健的服务能力提供、更小成本这 5 方面取得新的突破。为此，2012 年，由 Newtec 牵头，DVB 卫星电视行业的运营商、设备制造商、卫星专家等成员单位及成员（主要分布于欧洲、美国、远东地区）开始着手研究 DVB-S2X 标准。2014 年 2 月 27 日，在 DVB 指导委员会第 76 次大会上，DVB-S2X 标准被正式批准。DVB-S2X 不能与 DVB-S2 后向兼容，因此也可称为是 DVB 第三代数字卫星电视广播标准。采用 DVB-S2X 后，卫星直播到户业务的频谱效率可提高 20%～30%，某些专业应用的频谱效率甚至可提高 50%。

与 DVB-S2 相比较，DVB-S2X 的技术创新包括如下几点。

（1）更小的滚降系数，DVB-S2X 采用的滚降系数分别为 0.15、0.10、0.05。

（2）高级滤波技术，将频谱两侧的旁瓣滤除，结合滚降系数的调整使得 DVB-S2X 的频谱效率较 DVB-S2 提升幅度可达到 15%。

（3）支持 WBT（Wide Band Transponder）单载波传输技术，使用较大的载波配置，可实现较小的转发器功率回退；同时又通过"虚拟载波"技术将频谱占据整个转发器的单载波信号划分为若干个时间片，在多个业务之间实现时分复用，接收机只需要根据其所需时间片内的虚拟载波进行后继处理，减少了处理复杂度。

（4）重新定义了扰码序列，DVB-S2 仅有一个缺省扰码，DVB-S2X 则新定义了 6 个，可更好地解决同信道干扰（Co-Channel Interference，CCI）问题。

（5）更高阶调制和更小的编码调制分辨力粒度，DVB-S2X 采用了高达 256APSK 的调制方式，编码调制（MODulation and CODing，MODCOD）的分辨粒度从 DVB-S2 标准的 28 档提升至 112 档，且引入了噪声及预失真技术、面向移动接收的极低信噪比（Very Low Signal to Noise Ratio，VLSNR）接收以及非线性编码与调制等关键技术，其前向纠错（Forward Error Correction，FEC）编码较 DVB-S2 性能也有明显改进；据文献报道，综合多种措施，其频谱效率较 DVB-S2 提升可达 51%。

（6）采用了信道/转发器绑定技术来提高统计复用的频谱利用效率。

2.3.1.2　卫星移动通信传输技术

从 20 世纪 90 年代开始，随着移动卫星业务（Mobile Satellite Service，MSS）的发展，关于卫星与地面移动通信相互融合的讨论与尝试就从未停止。早期的 MSAT 系统采用地面模拟蜂窝网技术；Thuraya 系统在设计过程中采用了类似 GSM/GPRS 体制的 GMR（GEO-Mobile Radio）标准；低轨卫星星座铱星和 GlobalStar 的空中接口则分别是以 GSM 和 IS-95 作为蓝本。Inmarsat-4 卫星系统采用的 IAI-2 标准以及 ETSI 发布的 S-UMTS 标准均基于 WCDMA 框架设计。美国光平方公司的 SkyTerra 采用辅助地面组件（Ancillary Terrestrial Component，ATC）技术，卫星系统与地面基站复用同一频段，空中接口信号格式几乎相同，终端可以在卫星与地面基站间无缝切换，用户无须使用双模终端即可在全美国范围内使用 SkyTerra 提供的 WiMAX、LTE 等 4G 无线宽带网络。

在国内，从 2010 年开始，我国启动了一系列基于 LTE 标准的卫星移动通信技术研究，并于 2012 年 5 月向国际电信联盟提交了卫星通信系统 LTE 标准草案。2016 年发射的天通一号卫星在空中接口的设计上也借鉴并部分采用了 3GPP R6 的标准，但是在物理层上采用了窄带单载波传输体制。

随着 5G 技术的日益成熟，卫星与 5G 的融合也引起了许多关注。3GPP 从 R14 版本开始关注卫星通信与 5G 的融合，并重点分析了卫星可给 5G 移动通信带来的优势。其在 R15 中对卫星通信与地面 5G 的融合做了进一步的研究，主要成果集中在技术报告 TR38.811 与 TR22.822 两个文件中。前者阐述了 5G 系统中非地面网络（Non-Terrestrial Network，NTN）的作用与角色，并列举了卫星接入网服务于 5G 的用例，介绍了非地面网络候选架构以及 5 个非地面网络参考部署场景、传输特征和信道模型。后者对卫星融入 5G 的使用情形做了进一步的描述，并列出了 12 个具体用例，包括星地网络间漫游、卫星广播和多播、卫星物联网、卫星组件的临时使用、卫星的最优路由和指向、卫星跨界服务的连续、通过 5G 卫星的非直连、NR 和 5G 核心网间的 5G 固定回传链路等。3GPP 的 R16 阶段主要开展了针对卫星 5G 系统架构和新空中接口支持非地面网络的解决方案等方面的研究。在 2018 年 6 月的 3GPP RAN 全会上，3GPP 提交了新提案 TR38.821，重点关注 5G 中使用卫星接入的研究。包括针对典型场景的链路级和系统级性能仿真验证以及针对 NTN 对 5G 物理层的影响、层 2 和层 3 的可选解决方案以及无线接入网的框架和对应的接口协议的研究。

在 3GPP 的 NTN 体系中，卫星 5G 空中接口协议栈可以分为用户平面协议栈和控制平面协议栈，如图 2-27 所示。根据组网形态不同，基站可以布置在星上，也可以布置在地面上。

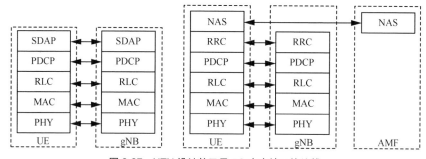

图 2-27　NTN 设计的卫星 5G 空中接口协议栈

（1）PHY 层

控制面和用户面共有协议。PHY 层负责与物理层相关的信道的接收发送功能。

主要完成基带信号接收/发送、调制/解调、编码/解码、测量、信道估计等工作。目前 NTN 研究倾向于下行采用 OFDM，上行采用 SC-FDMA 传输技术，结合 LDPC 编码和 Polar 编码技术，通过载波宽带等参数调整来适应卫星场景。

（2）MAC 层

控制面和用户面共有协议。MAC 层通过传输信道与其下的物理层连接，通过逻辑信道与其上的 RLC 层连接。因此 MAC 层可以在逻辑信道和物理信道间复用和解复用：处于发送侧的 MAC 层从通过逻辑信道接收到的 MAC SDU 中构造 MAC PDU，也称为传输块；处于接收侧的 MAC 层从通过传输信道接收到的 MAC PDU 中恢复 MAC SDU。MAC 层还具有混合自动重传请求（HARQ）功能，由一个 HARQ 实体来完成。另外，MAC 层还提供多种控制功能，如 DRX 控制、调度、RACH 信令处理、定时提前控制等，这些控制功能由一个控制器来完成。

（3）RLC 层

控制面和用户面共有协议。RLC 层位于 PDCP 层（"上层"）和 MAC 层（"下层"）之间。它通过业务接入点（SAP）与 PDCP 层通信，通过逻辑信道与 MAC 层通信。RLC 层重排 PDCP PDU 的格式使其适应 MAC 层指定的大小，即 RLC 发送机分块/串联 PDCP PDU，RLC 接收机重组 RLC PDU 来重构 RLC SDU。另外，如果 RLC PDU 由于 MAC 层进行 HARQ 过程而导致接收乱序，RLC 层将对这些 RLC PDU 重新排序。RLC 层的功能是通过 RLC 实体来实现的。RLC 实体可以配置 3 种数据传输模式：透明模式（TM）、非确认模式（UM）和确认模式（AM）。在 AM 中，为支持重传而定义了特殊的功能。当使用 UM 或者 AM 时，星载基站在无线承载建立过程中根据核心网承载的 QoS 要求来确定选择哪种模式。

（4）PDCP 层

控制面和用户面共有协议。PDCP 层主要完成 4 个功能，包括用户平面数据的压缩和解压缩、安全性功能（用户和控制平面协议的加密和解密、控制平面数据的完整性保护和验证）、切换支持功能（在切换时对向上层发送的 PDU 顺序发送和重排序，对映射到 RLC 应答模式下的用户平面数据的无损切换）、丢弃超时的用户平面数据。

（5）SDAP 层

用户面协议。SDAP 的主要服务和功能包括：QoS 流和数据无线承载之间的映射；标记下行和上行数据包中的 QoS 流 ID（QFI）；为每个单独的 PDU 会话配置

SDAP 的单个协议实体。

（6）RRC 层

控制面协议。RRC 层在接入层中起主要控制功能。RRC 协议支持"公共"NAS 信息（即适用于所有卫星终端的信息）和专用 NAS 信息（只适用于特定卫星终端的信息）的传输。除此之外，对于处于 RRC_IDLE 状态的终端，RRC 还支持被叫通知。RRC 协议涉及的功能领域很多，主要包括系统信息、RRC 连接控制、网络控制的 Inter-RAT 移动性、频带内/频间/Inter-RAT 移动性的测量配置和上报、NAS 信息传输、卫星终端无线接入能力信息的传输等。

（7）NAS 层

控制面协议。NAS 层协议主要负责移动性管理和会话管理。移动性管理主要包括用户注册、注销、寻呼、业务请求、位置区域更新、GUTI 重分配、鉴权和安全等功能；会话管理主要包括链路的建立、更改、释放以及 QoS 协商等功能。

值得提及的是，卫星通信系统与地面移动通信系统在部署环境、信道传播特征等方面存在很多差异，这些因素为直接利用 5G 协议支撑卫星服务带来了许多挑战，如由于星地之间的高时延低可靠特性，星地之间的接口可能无法直接使用 5G 蜂窝系统中的接口协议栈，包括 NAS 协议、NG-AP。底层传输协议可能也因为 LEO 场景中大多普勒频移、快速时延变化等特性无法直接使用，因此接口协议需要根据星地传输链路的特性进行适配或调整，例如调整 NAS 协议中的定时器时长设置等。在 2019 年 12 月西班牙锡切斯举行的会议上，3GPP 公布了 R17 阶段的 23 个标准立项。在 R17 阶段，3GPP 将继续非地面网络（NTN）的 5G NR 增强的标准工作研究，以卫星与高空平台和 5G 的融合探索高精度定位、覆盖增强、多播广播等方向。

2.3.1.3 卫星中继传输技术

CCSDS 协议体系专为空间链路设计，针对传输距离远、节点动态性高、链路时延变化大、链路不对称、间歇性的链路连接等问题进行优化，协议体系较为完善。在其 30 年的运行过程中，已开发推出了百余项建议，覆盖了空间数据系统的体系结构、信息传输、语义表述、信息管理等方面。

起初，CCSDS 针对当时大量在轨运行的常规航天器和地基常规航天测控网，制订了适用于低中速率的普通在轨系统（Common Orbiting System，COS）协议为适应新的系统和新的空间任务。20 世纪 90 年代后，CCSDS 与国际空间站共同开发了适用于中高数据速率的高级在轨系统（Advanced Orbiting System，AOS）。AOS 是针对具有多种业务数据处理空中测控通信平台提出的标准，目前在中继卫星空间站载人飞行器等中，已经有了相当多的应用。自 20 世纪 90 年代起，为适应地面互联网的快速发展，CCSDS 又针对性地对空间通信协议相继进行了多次修改和升级，允许在网络层使用地面互联网 IPv4 和 IPv6 数据包，并参考地面 IP 技术开发了一套涵盖网络层到应用层的空间通信协议规范：SCPS-FP（文件协议）、SCPS-TP（传输协议）、SCPS-NP（网络协议）、SCPS-SP（安全协议）等。

CCSDS 协议体系结构自下而上包括物理层、数据链路层、网络层、传输层和应用层。

（1）物理层

CCSDS 规定了射频与调制系统，用于空间飞行器与地面站之间链路的物理层标准。在调制上，CCSDS 支持 QPSK、8PSK、16APSK、32APSK 以及 64APSK，与链路层配合可实现 VCM（Variable Coding and Modulation）功能。输出成形滤波器为平方根升余弦滤波器，滚降系数支持 0.2、0.25、0.3 和 0.35。

（2）数据链路层

CCSDS 数据链路层定义了数据链路协议子层和同步与信道编码子层。数据链路协议子层规定了传输高层数据单元的方法。数据链路层以传送帧（Transfer Frame）为传输单元。同步与信道编码子层规定了在空间链路上传送帧的同步与信道编码方法。

CCSDS 开发了数据链路层协议子层的以下 4 种协议：TM 空间数据链路协议、TC 空间数据链路协议、AOS 空间数据链路协议以及 Proximity-1 空间链路协议。这些协议提供了在单条空间链路上的数据传输功能，统称为空间数据链路协议（Space Data Link Protocol，SDLP）。与之相对应，CCSDS 还开发了数据链路层的同步与信道编码子层 3 个标准：TM 同步与信道编码、TC 同步与信道编码以及 Proximity-1 空间链路协议的编码与同步层标准。TM 和 AOS 空间数据链路协议基于 TM 同步与信道编码标准，TC 空间数据链路协议基于 TC 同步与信道编码标准。Proximity-1 空间链路协议具有数据链路层和物理层的功能，其中，Proximity-1 空间链路协议的数据链路层基于 Proximity-1 编码与同步层。

TM 同步与信道编码在编码上支持卷积码、Reed-Solomon 码、Tubro 码和 LDPC 编码。其中卷积码是在码率 1/2、拘束长度 7 的基础编码上通过打孔获得 2/3、3/4、

5/6 以及 7/8 码率编码。Tubro 编码采用的码率为 1/2、1/3、1/4 和 1/6，信息位长度分别为 1784bit、3568bit、7136bit 和 8920bit。LDPC 编码支持两个集合：基础的（8176，7156）码，码率 1/2、2/3 和 4/5；在（8176，7156）码基础上截短、删除形成的码率 223/255 码率的（8160，7136）码，可与前面提到的 Reed-Solomon（参数（255，223））配合实现级联使用。

（3）网络层

网络层空间通信协议实现空间数据系统的路由功能，空间数据系统包括星上子网和地面子网两大部分。CCSDS 开发了两种网络层协议：空间分组协议（Space Packet Protocol，SPP）和空间通信协议规范–网络协议（Space Communication Protocol Specification-Network Protocol，SCPS-NP），网络层数据单元通过空间数据链路协议传输。SPP 的核心是提前配置 LDP（Logical Data Path），并用 Path ID 代替完整的端地址标识 LDP，从而提高空间信息传输效率，但只适合静态路由的通信场合。LDP 是单向的，可以是点到点或多播路由。不同用户（对应于不同的 LDP）可以利用复用/去复用方法共享逻辑信道。在某些情况下，SPP 的协议数据单元的源和目的地址可以标识为相应的应用进程，此时，该协议既作为网络层协议，又作为应用层协议。作为一种网络层协议，与标准 IP 相比，SCPS-NP 有 3 方面改进：NP 提供 4 种分组供用户在效率和功能之间选用，既支持面向连接的路由也支持面向无连接的路由；与 IP 的 ICMP（Internet Control Message Protocol）相比，SCMP（Space Control Message Protocol）提供了链路中断消息。IPv4 和 IPv6 分组可以通过空间数据链路协议传输，或与 SPP、SCPS-NP 复用或独用空间数据链路。

为适应地面互联网的快速发展、与 TCP/IP 协议族兼容，CCSDS 于 2012 年 9 月发布了 *IP over CCSDS Space Links* 正式推荐标准（蓝皮书），在其空间链路层协议（AOS、TC、TM、Proximity-1）上实现 IP 数据分组的传输。

（4）传输层

CCSDS 开发了传输层 SCPS-TP，向空间通信用户提供端到端传输服务。CCSDS 还开发了 CCSDS 文件传输的协议（CCSDS File Delivery Protocol，CFDP），CFDP 既提供了传输层的功能，又提供了应用层文件管理功能。传输层协议的 PDU 通常由网络层协议传输，在某些情况下，也可以直接由空间数据链路协议传输，互联网的 TCP、UDP 可以基于 SCPS-NP、IPv4 或 IPv6。

SCPS 安全协议 SCPS-SP 和互联网安全协议 IPSec 可以与传输协议结合使用，

提供端到端数据保护能力。

（5）应用层

应用层空间通信协议向用户提供端到端应用服务，如文件传输和数据压缩。CCSDS 开发了 3 个应用层协议：SCPS 文件协议 SCPS-FP、无损数据压缩、图像数据压缩。每个空间项目也可选用非 CCSDS 建议的特定应用协议，以满足空间项目的特定需求。应用层 PDU 通常由运输层协议传输，某些情况下，也可以直接由网络层协议传输。互联网中的应用协议也可以基于 SCPS-TP、TCP、UDP。其中，CCSDS 文件传输协议 CFDP 具有传输层和应用层功能。

目前，CCSDS 建议的大部分已转化为国际标准或各国航天机构的内部标准。CCSDS 已被较多的航天机构采纳和应用，并且经过了多次航天任务考验。据统计，国际上采用 CCSDS 建议的航天任务已超过 600 个。

2.3.2　组网技术

当前，卫星网络以"基于电路交换的组网方案"和"基于分组交换/路由技术的组网方案"为两个主要的发展方向。"基于电路交换技术"主要有星载交换时分多址（SS-TDMA）、基于数字信道化柔性交换等，电路交换方案虽然具有与上层协议无关、设备可靠性高以及易于体制更新等优点，但是其资源分配方式不够灵活，资源利用率低下，且难以适应空间多星协同组网应用需求。与此同时，"基于分组交换/路由技术的组网方案"通过统计复用、按需分配等关键技术提高了网络的资源利用率，更加适合用户业务具有多速率、复杂服务质量（Quality of Service，QoS）要求等特征的应用环境，获得了更为广泛的关注。从 20 世纪 90 年代开始，在该方向依次提出了卫星 ATM、卫星 IP 以及卫星 MPLS 等组网方案。

（1）卫星 ATM 组网技术

异步传输模式（Asynchronous Transfer Mode，ATM）是一种面向连接的网络技术，它采用如图 2-28 所示的 53byte 定长信元结构。ATM 是宽带综合业务数字网（Broadband Integrated Service Digital Network，B-ISDN）的核心，它为不同类型的业务提供了统一的传输平台。国际电信联盟（ITU）根据业务源、目的端之间的时间同步关系、业务的速率特性以及连接方式将业务分为固定比特率（Constant Bit Rate，CBR）业务、实时可变比特率（realtime Variable Bit Rate，rt-VBR）业务、非实时可变比特率（non-realtime Variable Bit Rate，nrt-VBR）业务、可用比特率（Available Bit Rate，ABR）业务以及未指定比特率（Unspecified Bit Rate，UBR）业务，制订了不同的 ATM 适配层协议（AAL1～AAL5）将不同形式的高层数据装载到统一的信元内传输。

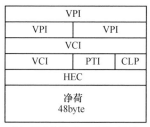

图 2-28　ATM 信元结构示意图

ATM 使用虚通道（Virtual Path，VP）进行信元传输。业务传输开始前，ATM 网络使用信令建立信元传输所需的 VP，配置虚通道标识符（Virtual Path Identifier，VPI）和虚信道标识符（Virtual Channel Identifier，VCI）。传输开始后，ATM 交换机根据信元包头中的 VPI/VCI 识别其所属的 VP，将其交换至相应的物理出端口。节点为隶属于不同 VP 的信元提供独立的资源调度，信元所享受服务之间的解耦保证了每个业务流的服务质量。为了使交换更具弹性，实现高速交换，ATM 支持两种粒度的虚连接：虚信道连接（Virtual Channel Connection，VCC）和虚通道连接（Virtual Path Connection，VPC），它与物理链路之间的关系如图 2-29 所示。ATM 为 VC 的建立提供两种可用的方式，分别为交换虚通道连接（Switched Virtual Connection，SVC）和永久虚通道连接（Permanent Virtual Connection，PVC）。前者由业务驱动，需要进行复杂的信令交换。后者由网络管理人员配置，信令过程比较简单，但是只能针对聚合业务流做比较粗糙的处理。

ATM 在业务流之间采用统计复用的资源分配方式，系统按照业务合同保障业务的服务速率、时延以及时延抖动等 QoS 参数。由于业务流的不可预测性可能导致网络出现拥塞，ATM 还引入了一整套复杂的业务量控制机制和拥塞处理机制，内容包括接纳控制、优先级控制、信元丢弃、业务量整形、拥塞指示以及网络资源管理等机制。

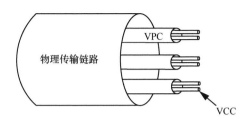

图 2-29　虚连接与物理链路之间的关系

ATM 具有端到端 QoS 保证、完善的流量控制和拥塞控制、灵活的动态带宽分配与管理、支持多种类型业务等突出优势。如何将它与卫星通信相结合成为 20 世纪 90 年代卫星网络研究的一个重要方向。经过一段时间的探索，卫星 ATM 技术形成了比较完备的方案，成果覆盖组网方案、协议架构、星上交换结构、信元设计、信令设计以及 IP 业务支持等问题。

从总体上看，卫星 ATM 技术并没有脱离地面 ATM 技术的基本框架，大部分研究只是针对卫星通信特点在某一个技术细节上进行了必要修改。由于 ATM 的信令机制比较复杂，现有的方案不倾向在星上搭载一个完整的 ATM 交换机，实现完整的 SVC 处理。但是，如果只支持 PVC，又丧失了 ATM 资源分配灵活的特点。此外，卫星 ATM 没有很好地解决 IP 业务的服务问题，沿用 UBR 对 IP 进行服务难以保证服务质量，对 IP 业务使用的 AAL5 方案进行重新定义又难以与地面系统相兼容。

与学术研究同步，各国也提出了一些卫星 ATM 的工程实施计划。表 2-2 给出一些具有代表性的卫星 ATM 系统，涵盖了多种形式的卫星轨道、星上处理结构以及用户业务。

表 2-2　典型的卫星 ATM 系统

系统名称	卫星轨道	星上处理结构	用户业务
Teledesic	LEO	星上 ATM 交换	以"空中因特网"为设计目标，它通过 IP over ATM 技术提供高质量的语音、数据和多媒体信息服务
Spaceway	GEO+MEO 混合轨道	透明转发器	支持高速数据、Internet 接入及为全球提供图像、电话及电视会议等宽带多媒体业务
Astrolink	GEO	星上 ATM 交换	业务速率覆盖到 16kbit/s～9.0Mbit/s 的区间
WINDS	GEO	星上 ATM 交换+透明转发器	接入速率覆盖 1.5Mbit/s～1.2Gbit/s，使用星上 ATM 交换为低速终端用户服务，透明转发器为高速中继用户提供交叉连接

尽管卫星 ATM 技术的学术研究和工程实践取得一些成就，但是发展前景却并不乐观。由于系统成本难以承受，一些中低轨道卫星系统的计划，如 Teledesic 和 Skybrideg 在中途或改变设计方案或进入暂停状态。而在同步轨道卫星方面，一些支持 ATM 业务的系统，如 Anik F2，多采用透明转发器，将卫星视为接入 ATM 网络的透明通道，没有体现 ATM 的优势。随着地面 ATM 系统的衰落，用户难以直接产生 ATM 业务，这些系统的后继卫星也逐渐边缘化了对 ATM 业务的支持。

（2）卫星 IP 组网技术

互联网协议（Internet Protocol，IP）为多网融合提供了一个综合平台，占据了当前数据业务的大部分流量，成为当前最为重要的一种组网技术。IP 位于网络分层模型中的网络层，它采用长度可变的数据包，其结构如图 2-30 所示。

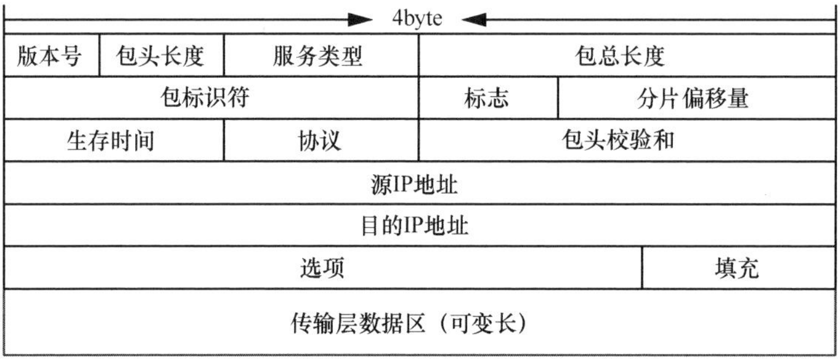

版本号	包头长度	服务类型	包总长度	
包标识符			标志	分片偏移量
生存时间		协议	包头校验和	
源IP地址				
目的IP地址				
选项				填充
传输层数据区（可变长）				

图 2-30   IP 数据包结构示意图

IP 技术具有很强的适应性，它可以运行在任何物理介质和二层网络上，可以保证异种网络的互通，即"IP over everything"。与 ATM 技术不同，早期的 IP 技术根据数据包内"地址信息"采用"逐跳转发"的"无连接模式"进行数据传输。这种模式的 QoS 保障采取端到端的原则，所有控制都由网外的终端控制，网内节点只进行简单的转发。由于终端只能被动地对网络状态进行响应，因而业务的传输过程具有很强的不确定性，QoS 保障难以实现。为了解决这个问题，IETF 提出了综合服务模型 IntSer 和差分服务模型 DiffServ。前者类似 ATM 的 SVC，终端使用资源预留协议（Resource Reservation Protocol，RSVP）在业务传输前建立一条传输所用的虚路径，路径上的所有节点在网络层为单个业务流分配和调度资源，网络层上其他业务流的状态不影响业务获得的服务。后者类似 ATM 的 PVC，将业务流分为若干类，节点在网络层上为每一类的聚合业务分配和调度资源，网络层上业务获得服务不受其他类业务的干扰。

单纯在网络层进行处理的 IntServ 和 DiffServ 模型无法从根本上解决 IP 业务的 QoS 保障问题，这是因为业务服务质量还受到链路层 ATM、帧中继乃至于 MAC 层技术的影响。因此，卫星 IP 网络通常结合下层承载技术的特性进行联合设计以获得一个优化的业务系统。"IP over ATM""IP over HDLC/帧中继"和"IP over DVB"是当前卫星 IP 技术的主要应用模式。在这些方案中，研究人员的注意力并不集中在如何设计一个星载 IP 路由器上，而是更加关心如何将具有 IP 业务的 QoS 需求与下层能够提供的服务结合在一起。

当然，也有在卫星上直接搭载 IP 路由器的尝试。英国萨里卫星公司于 2003 年发射了 UK-DMC 卫星，星上搭载实验性质的 Cisco IP 路由器，实现了星上观测设备与地面测控站之间的 IP 数据交换。

（3）卫星 MPLS 网络组网技术

多协议标签交换（Multi-Protocol Label Switching，MPLS）技术为 TCP/IP 框架中的网络层和链路层的结合提供了一套体系架构，使所有针对网络层的复杂操作都能映射为对标记的操作，解决了 IP 和承载网络的交互问题。与 ATM 不同，MPLS 不是一个完整的网络体制，它必须和 IP 结合在一起。

MPLS 技术的核心是标记，但其本身并没有对标记形式做严格的规定，这使 MPLS 能够使用 VPI/VCI 等链路层分组字段作为标记，进而将 ATM、帧中继等异构网络纳入一个统一的体制中。

在 MPLS 网络中，IP 层的路由信息和业务服务质量参数映射到链路层可以理解的信息，并利用标记来标识具有相同属性的业务流。数据传输开始前，网络首先根据业务的 IP 层信息进行转发等价类（Forwarding Equivalence Class，FEC）定义，然后为 FEC 建立类似 VCC/VPC 的标记交换路径（Label Switch Path，LSP），并为其预先分配资源。数据传输开始后，LSP 上的每个节点仅依据链路层分组的标记字段进行转发，而不需要提取 IP 层的任何信息，提高了转发效率。

MPLS 网络业务传输示意图如图 2-31 所示，业务在 LSP 入口边界标记路由器（Ingress Label edge Router，Ingress LER）上根据业务所属的 FEC 为 IP 数据包附加标记。在 LSP 上，LSR 按照标记进行分组转发和资源调度。业务沿 LSP 传输至 LSP 出口边界标记路由器（Engress LER）时，去除标记，恢复 IP 数据包，投递给终端用户。

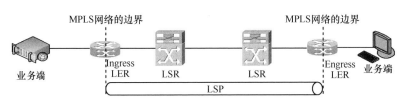

图 2-31　MPLS 网络业务传输示意图

　　MPLS 很好地实现了 IP 技术和二层网络技术的融合，2003 年以后，如何在卫星通信中实施 MPLS 技术成为一个新的卫星网络研究方向。当前，卫星 MPLS 网络的研究在以下几个问题上取得了一些成果：（1）卫星 MPLS 网络组网方案，包括地球静止轨道（Geostationary Earth Orbit，GEO）卫星系统方案和低地球轨道（Low Earth Orbit，LEO）卫星系统方案；（2）MPLS/IP 框架下 LEO 星座中业务的 QoS 路由方案；（3）卫星网络 IP 流量工程问题。

　　卫星 MPLS 网络包含 4 种通信节点：卫星节点、网络控制中心、卫星网络接入设备和网关站，每种节点的功能如下。

- 卫星节点：具有星上交换能力的 GEO 卫星。卫星不是一个完整的 LSR，它只处理业务的传输，而不处理信令。
- 网络控制中心：与卫星一起构成一个完整的 LSR，处理 MPLS 网络的信令，这个网元分担了卫星处理的压力，减轻了星上载荷处理的压力。
- 卫星网络接入设备：地面用户 IP 子网到卫星 MPLS 网络的接入点，担任 LER 的功能。卫星 MPLS 系统不能延伸至业务终端。因此，卫星用户接入设备应该连接具有一定规模子网的地面设备，可能是卫星地面站，也可能是机载、车载或者船载卫星网络接入设备，但一般不可能是手机等小型用户设备。
- 网关站：网关站有两种类型，一种连接地面 MPLS 网络，称为 MPLS 网络网关站；另一种连接地面异构网络（如 ATM、帧中继等），称为异构网络网关站。前者是 LSR，处理边界上的传输分组格式转换、标记格式转换、QoS 协商以及 LSP 的维护任务；后者是 LER，主要功能是通过 MPLS 隧道 LSP 为二层异构网络数据分组提供点到点的"电路"传输服务。

　　图 2-31 的架构特别适合于未来大规模空间网络的组网应用。在 LEO、MEO 星座蓬勃发展的当下，如何处理星座的动态路由特性成为一个难点问题。由于轨道较低，LEO 和 MEO 星座的卫星之间以及卫星与地面终端之间存在动态时变的拓扑互联关系，地面 IP 路由协议往往难以收敛。图 2-32 给出了王俊峰等在参考文献[28]中对地面常见

OSPF 和 RIP 在铱星星座中的收敛情况的研究成果，在 LEO 卫星星座网络中，RIP 和 OSPF 协议的收敛速率均表现出很长的拖尾特征，在最恶劣的情况下甚至无法在下一次 ISL 切换发生前收敛。Iridium 星座中不同路由协议的收敛速率分布如图 2-33 所示。

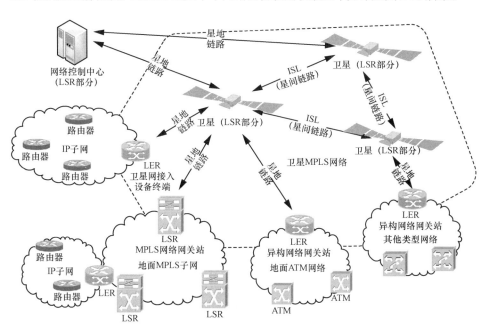

图 2-32　卫星 MPLS 网络的组网方案示意图

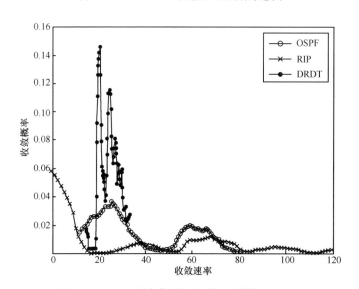

图 2-33　Iridium 星座中不同路由协议的收敛速率分布

在 MPLS 架构中，LSP 的配置可以是路由协议驱动的，也可以是通过预先计算配置的。这使得 MPLS 很容易与当前星座系统普遍采用的"快照序列路由"算法结合在一起。Gounder 等提出的在"快照序列路由算法"中，将一个卫星系统周期内的卫星网络的动态拓扑结构分离成一系列的静态拓扑结构，卫星系统在某一个特定时刻的网络拓扑都有一个已经定义的卫星网络"快照"与之对应，而且每当 ISL 发生变化（新增或断开）时，则认为是一个新的快照。这样，卫星网络的拓扑结构就可以表示为一系列拓扑结构快照的循环，循环周期就是卫星系统周期。卫星拓扑快照的生成属于卫星网络拓扑结构的抽取，运算量是随着卫星网络中的节点数的增加而指数增加的，但这些计算可以离线在地面网络的计算中心完成，然后再上传到卫星上使用。在这个过程中可同步更新 MPLS LSP 的配置，从而保证在拓扑变化时，任意两个终端或者终端与信关站（MPLS LER）之间的交换路径仍然能够维持、业务传输不中断。

| 2.4　应用服务 |

2.4.1　概念

卫星应用是将卫星及其开发的空间资源用于国民经济建设、社会发展等领域所形成的各类技术、产品和服务的统称。卫星应用服务系统是航天工程的主要分系统之一，是面向空间航天器应用目标与使用者，实现航天工程既定的应用服务功能性能与任务目标而构建的系统，有时也简称为应用系统、服务系统。

应用服务系统按照不同的维度，有多种分类方式。以信息类别的方式，可以分为：通信应用系统、遥感应用系统、导航应用系统等；以用户类别的方式，可以分为：科研应用系统、军事应用系统、民商应用系统等；以服务范畴的方式，可以分为：专用应用系统、通用应用系统与综合应用系统等。

应用服务系统在不同的航天工程发展历史时期有不同的内涵。随着科技发展和需求的牵引，航天工程逐渐由最初的科学研究，发展到军事科研专用，再到目前广泛的民用和商业应用，在这一过程中应用服务系统的内涵与形态也随之逐步演进。

传统应用服务系统是指负责接收、处理、管理、研究航天器有效数据，形成面向应用与服务能力的专用系统。传统应用服务系统大多是由固定设备和若干移动卫星终端组成的地面系统，特点表现为专业化，其业务类型和服务模式较为单一，大多是孤立的业务管理系统和流水线式的数据处理系统，且与各类用户网络及信息系统的融合度不足。

现代应用服务系统是指基于通信、导航、遥感等各类天基信息，与用户信息系统相融合，提供应用与服务能力的分布式系统，是卫星技术和业务运营结合的依托载体。现代应用服务系统的特点是"信息化"和"自动化"，包括用户需求接收和筹划、天基数据传输和处理、终端用户服务的全流程的信息服务。

天地一体化信息网络是卫星网络发展的高级形态，卫星通信、导航、遥感等功能一体化运行，打破了传统通信、导航、遥感卫星系统自成体系、孤立发展的局面，实现了各类天基信息的自由流动和按需服务，其应用服务系统也有了更深层次的内涵和外延。天地一体化信息网络应用服务系统的特点是网络化、综合化与智能化，通过类型丰富的用户终端、功能强大的应用信息节点、广域安全的通信网络，实现信息获取、处理、传输在网络环境下的协同运行，并通过天地一体化信息网络自身资源及用户终端直接向用户提供按需服务。

2.4.2 功能

天地一体化信息网络应用服务系统围绕"通信、数据、服务、用户端"四大核心要素构建，以应用服务需求为牵引，以共用基础设施为依托，以统筹服务应用、汇聚服务资源为主线，实现天地一体化信息网络的应用服务任务。其基本功能是：统筹各类通信、数据、计算、服务等天地资源，实现天基信息的需求统一筹划、资源统一调度、信息统一服务，为各类用户提供在线、多元、透明、一站式的网络服务。天地一体化信息网络在广义概念上是一个包含通信、组网、服务等多个层面的综合信息系统，其应用服务功能必须从基本通信业务功能与网络信息体系功能两个方面加以理解。

在基本通信业务方面，天地一体化信息网络的业务侧重于用户节点所需的组网与数据传输通信，根据应用场景的不同需求，主要包括以下几类通信业务。

（1）移动通信业务：是指利用卫星的 L/S 等频段移动通信载荷，实现地表用户手持、便携、车载、船载、铁路、航空等移动用户通信业务，其具体服务形式包括：语音、短消息与窄带数据。移动通信业务用户群主要包括公共安全、应急救灾、交通、民政、林业、渔业等政府和行业用户以及大量的企业与个人用户。

（2）宽带接入业务：是指利用卫星的 Ku/Ka 等频段宽带通信载荷，实现地表固定、便携、车载、船载、铁路、航空等宽带用户通信业务，其具体服务形式包括：互联网接入、IP 语音、宽带数据、高清视频等。宽带接入业务的用户群主要是政府和行业用户、驻外企业、电信与网络运营商以及部分个人用户。

（3）天基中继业务：是指利用卫星的激光及微波中继载荷，实现航天器、地表特殊用户高带宽全球数据回传业务。天基中继业务的用户群体主要包括政府行业部门的资源卫星、环境减灾卫星、极轨气象卫星以及各类商用遥感卫星。

（4）天基物联业务：是指利用卫星物联网通信载荷，实现陆地、海洋、极区、荒漠等地表区域的窄带数据感知和传输，与地面物联网共同构成全球无缝的万物互联业务。天基物联的用户群体主要包括：海洋、地质、应急、气象等部门布设的监测单元与站点，交通运输与物流体系对运输载体、集装箱、货物信息的准实时监测，森林火灾监测、野生动物等自然资源的野外监测，电力能源行业的远程数据采集和监测以及部分特殊用户的物联专网等。

在网络信息体系方面，天地一体化信息网络的服务侧重于涵盖各要素、全链路的系统应用功能，主要包括链路、数据、服务与应用 4 个层面。

（1）联网通链路：联网通链路是应用服务的基础，要实现天地一体化信息网络的应用服务，其基础条件就是将用户节点以网络的架构进行联通，使之成为一个能够在统一协议框架下通信交互的体系。

（2）共享汇数据：共享汇数据是应用服务的特色，数据是天地一体化信息网络一切应用服务活动承载的主体，实现数据的共享、汇聚与安全有序流动是实现网络综合服务的主要任务，也是天地一体化信息网络与一般的通信、导航、遥感应用的重大区别。

（3）组云聚服务：组云聚服务是应用服务的关键，天地一体化信息网络应用服务系统遵循科学的体系架构，实现网络、数据、服务与应用的解耦是这个架构的核心思想。服务的通用化、云化、可汇聚性是构建天地一体化信息网络应用服务系统的关键。

（4）前端统应用：前端统应用是应用服务的重点，应用端是任何应用服务系统的重点与核心内容，是航天应用服务系统与最终用户之间的"最后一米"，是应用效能体现的前端系统。天地一体化信息网络用户端的发展，在"统型、统应用"的基础上提供"订制应用"，提高用户的个性化服务满意度，降低用户应用的服务成本，缩短用户应用的开发周期。

2.4.3　组成

基于网络化服务体系的理念,天地一体化信息网络应用服务系统遵循先进的网络信息架构构建,以综合服务节点与用户终端为重点,体系开放、层次分明、功能完备。

2.4.3.1　体系架构

天地一体化信息网络应用服务按照"网-云-端"的总体架构,其体系架构如图2-34 所示。基于高轨节点、中低轨节点、地基节点组成的一张通信网,按照区域部署具备多源异构信息处理和分发能力的地面信息港,形成数据汇聚、逻辑一体、服务综合的服务云,通过与用户业务系统高度融合的各类终端提供各类应用服务。在体系上形成资源联网、服务入云、应用到端的总体架构。

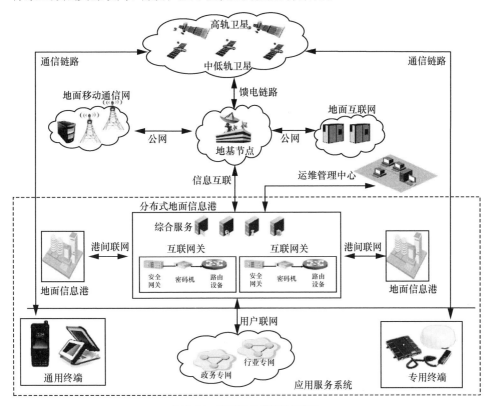

图 2-34　应用服务系统体系架构

2.4.3.2　系统组成

应用服务系统由地面信息港、应用网络、用户终端等组成，主要包括用户统一服务、应用需求筹划、系统资源管理、应用数据管理、综合信息服务、终端应用、支撑保障、共用与基础设施等分系统，组成示意图如图 2-35 所示。

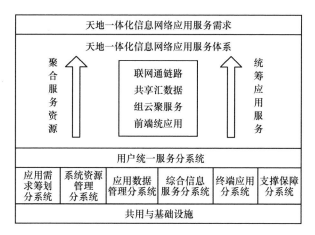

图 2-35　应用服务系统组成示意图

用户统一服务分系统：统一接收来自网络的用户应用服务需求，进行用户应用需求汇总及任务下发，并汇总服务向用户提供统一的服务分发。

应用需求筹划分系统：接收来自用户统一服务分系统下发的各类用户应用需求，计算实现用户需求所需的网络资源；参考来自资源管理分系统的天地一体化信息网络的已有资源占用情况，对用户需求进行合理编排。

系统资源管理分系统：统筹管理与天地一体化信息网络应用服务系统相关的各类通信、存储、处理等资源，包括资源的占用情况、利用率等信息，并对这些资源进行全局调度管理，保证资源的高可利用性。

应用数据管理分系统：统筹管理天地一体化信息网络的各类数据资源，包括天地一体化信息网络自身获取的通信、导航、遥感等数据资源及外部系统的多源异构数据资源等，实现各类数据的分类汇总、高效存储与检索、安全管理、容灾备份等功能。

综合信息服务分系统：针对用户所需的信息服务，利用天地一体化信息网络的各类处理资源，实现对数据的加工处理，生成用户所需的最终信息。通过天基物联、宽带接入、移动通信、天基中继等手段，为用户提供随遇接入的通信服务；通过导航增强、精密授时、单星定位等手段，为应用服务系统及用户提供统一的时间和空间基础，通过通导遥信息融合处理，为用户提供个性化综合信息服务。

终端应用分系统：以物联网、手持、便携、车载等各类用户终端的形式，与用户信息系统高度集成，主要功能包括接收用户需求输入，直接向用户提供最终服务。

支撑保障分系统：保障应用服务系统的安全保密及健康运行。通过终端、信息港及通信网络等安全保密设备，实现用户接入认证、用户鉴权、信息安全审计等功能；通过状态监测、故障预测、故障诊断、故障定位、故障隔离、故障重构等手段，实现应用服务系统的健康管理功能。

共用与基础设施：支持应用服务系统工作的各类基础通信、计算、存储、网络、处理等资源，包括天地一体化信息网络的通信功能、地面信息港的处理和存储功能等。

2.4.3.3　应用终端

（1）应用终端型谱

天地基一体化信息网络应用终端主要分为通用终端、专用终端、扩展终端 3 类。应用终端型谱如图 2-36 所示。

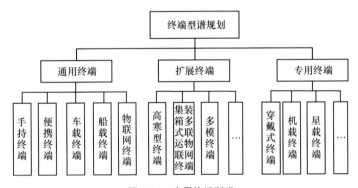

图 2-36　应用终端型谱

通用终端指为用户提供各种通用场景下基本信息通信能力的终端，体现出用户普适化、场景通用化、体制标准化、型号系列化等特征，包括手持终端、便携终端、车载终端、船载终端以及物联网终端模块。

专用终端是根据使用平台或者用户特殊要求，对重要部件、体制协议进行适应性更改的终端。专用终端包括穿戴式终端、机载终端、星载终端等。

扩展终端是指在通用终端基础上，保持核心部件、协议体制方面与通用终端一致，根据用户特殊需求，进行多模体制增强、环境适应性增强与信息安全增强。

（2）应用终端组成

天地一体化用户终端的核心组成是卫星通信终端。随着超大规模集成电路技术、新材料技术的发展，天地一体化信息网络用户终端必然朝着芯片化、模组化与小型化的方向发展，但是在技术原理上，其主要部分仍然与典型的卫星通信终端类似，由天线分系统、射频分系统（含高功放、上下变频器、低噪声放大器）、调制解调器、网络管理分系统等组成，典型的卫星通信终端组成如图 2-37 所示。

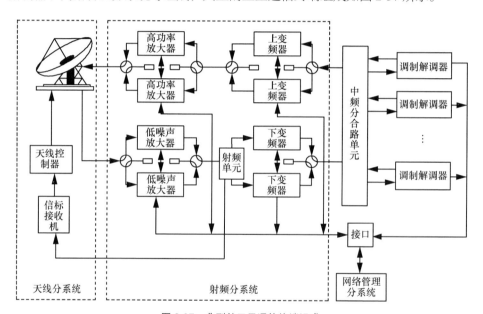

图 2-37　典型的卫星通信终端组成

- 天线分系统：天线分系统将卫星通信终端的电磁信号变换成自由空间传输的电磁波，实现电磁波的定向发射或接收。天线主要由天线面、馈源网络、伺服跟踪等部分组成，其通过天线反射面进行电磁波辐射和收集，通过馈源网络实现对收发信号的合成与分离，伺服跟踪系统完成天线对卫星的指向和跟踪。

- 射频分系统：射频分系统主要包括发射设备和接收设备。发射设备将已调制的信号经过变频、放大等处理之后，输送给天线系统，发往卫星。发射设备一般由高功率放大器和上变频器组成。接收设备将来自卫星的射频信号，经过放大、变频等处理之后传输到解调器进行解调。接收设备一般由低噪声放大器和下变频器组成。

- 调制解调器：调制解调器是用于完成信号调制解调过程的设备，由调制器和解调器两大部分组成。调制器用于发射端，将来自用户的视频、语音等各类数据经过加扰、编码、载波调制等处理后，将数据调制到中频载波上，从而适应卫星通信信道的传输要求；解调器用于接收端，通过解调、译码、解扰等手段，实现从经过信道传输后的已调载波信号中恢复出数字信号。

- 网络管理分系统：网络管理分系统是保障卫星通信系统高效、有序运行的重要手段，其实现卫星通信网集中监控、资源综合调配、设备状态实时获取，为故障定位、诊断等提供决策依据，从而提升系统自动化管理的水平。

2.4.3.4　信息港

综合信息服务节点是天地一体化信息网络服务的一种重要手段，地面信息港是地面节点网承载的综合应用服务节点形式。依托天地一体化信息网络，基于"物理分布、逻辑统一"的地面服务体系，接入并聚合海量多源异构数据资源，提供"存-算-管-用"全生命周期的支撑能力，将数据资源转变为数据资产，发挥数据核心生产要素的价值，开展战略性信息服务产业应用，如应急救灾保障、生态监测、智慧城市、智慧交通等。同时，打造"数据开放、服务开放和应用开放"的生态环境，促进产业链上下游相关企业的协同发展。

地面信息港遵循"打牢共用、整合通用、开放应用"的理念，依据数据集中、能力开放、云原生化、可移植、可扩展、高可用、高安全等原则，将架构设计为"三层三纵"，即基础设施层、服务开放层、应用服务层，以及纵向贯穿三层的运维管理、安全管理、数据管理。地面信息港技术架构如图 2-38 所示。

（1）基础网络

综合信息服务节点是天地一体化信息网络服务的一种重要手段，地面信息港是地面节点网承载的综合应用服务节点形式。依托天地一体化信息网络，基于"物理分布、逻辑统一"的地面服务体系，接入并聚合海量多源异构数据资源，提供"存-算-管-用"全生命周期的支撑能力，转变数据资源为数据资产，发挥数据核心生产要素的价值，开展战略性信息服务产业应用，如应急救灾保障、生态监测、智慧城市、智慧交通等。同时，打造"数据开放、服务开放和应用开放"的生态环境，促进产业链上下游相关企业的协同发展。

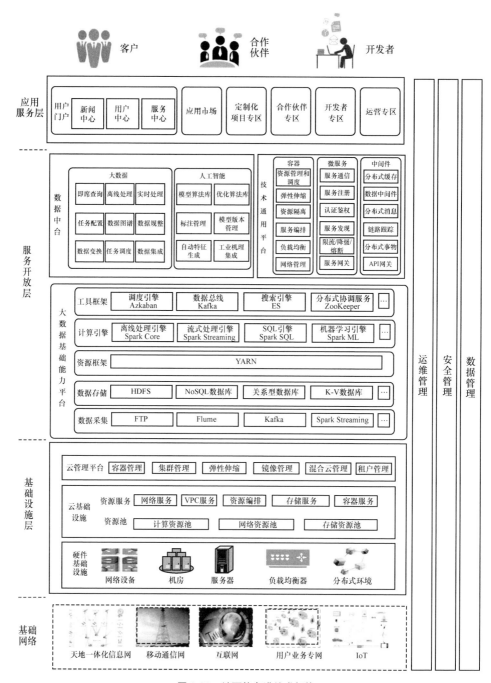

图 2-38　地面信息港技术架构

（2）基础设施层

依托天地一体化信息网络和地面互联网，提供跨域的计算存储集群，实现地面信息港的容灾备份和集中管控，采用软件定义计算、存储、网络等手段，提取所有硬件资源并将其汇集成资源池，形成虚拟的基础设施层，支持安全高效自动地为应用按需分配资源，形成灵活、弹性、高效和可靠的 IT 服务的计算环境，为地面信息港多源数据在遥感、测绘、导航、侦查等领域的综合应用提供强大的计算、存储、网络支撑能力。

（3）服务开放层

服务开放层旨在快速敏捷地响应客户的典型应用需求，以服务的形式为应用提供支撑，服务开放层构架遵循"高内聚、松耦合"设计原则，融合了容器云、混合云、微服务、大数据、人工智能等关键技术。服务开放层将海洋资产保护、生态资源监测、城市规划与发展、车辆安全监测、船舶跟踪与监控服务等典型应用场景的共性需求进行抽象，打造成平台化、组件化的服务能力，并通过能力编排服务于应用功能，满足不同客户不同场景的应用需求。同时，服务能力以接口、组件等形式向 ISV、解决方案服务商、开发者等生态合作伙伴提供服务。

服务开放层主要包括大数据基础能力平台、数据中台和技术通用平台。大数据基础能力平台完成多源异构数据资源的采集、稽核校验、模型规范、存储和共享发布的全过程，实现从数据资源到数据资产的转变。此外，为其他系统提供二次开发、管理的大数据工具和组件；数据中台从客户需求、行业主题、数据源类型等视角，通过大数据、人工智能等技术对数据资产进行处理和价值提炼，赋能场景应用；技术通用平台将容器及编排、微服务、中间件产品等组件进行整合并封装，提供规范统一的接口，完成资源调度、服务治理、消息传递、服务编排、数据分析、数据服务等方面的工作，降低应用开发、应用管理复杂度，为场景应用、数据中台提供技术能力支撑。

（4）应用服务层

应用服务层为用户提供了一个产品使用、资源共享、联合创新和成果展示的平台，将地面信息港的云资源、数据资源、功能服务和业务服务进行集成分类，以频道的形式呈现给用户使用。应用服务层由 1 个用户门户、1 个应用市场以及定制化项目专区、合作伙伴专区、开发者专区和运营专区 4 个专区组成。

- 1 个用户门户。用户门户包括新闻中心、用户中心、服务中心。
- 1 个应用市场。应用市场是地面信息港在整合天地一体化信息网络通信、导航、遥感及行业解决方案等应用能力的基础上，联合优质技术服务合作伙伴开发的应用商城，产品类型覆盖灾害评估、自然资源监测、海洋信息管理、综合 PNT 服务、智慧交通、智慧旅游等各领域，交付模式包含 SaaS、镜像、下载、人工服务等多种，并且提供了灵活的线上自动交付和客户自服务能力。

- 4 个专区。①定制化项目专区针对客户非标的应用需求，通过提供定向的数据采集和加工、模型训练以及高性能计算等能力，生成满足客户需求的专项产品或解决方案，实现服务增值。②合作伙伴专区为咨询、产品、解决方案等类型的生态合作伙伴，提供资源、品牌、技术认证和营销等赋能服务。③开发者专区开放一套标准化的 SDK 与 API，以及数据和算法上传及部署流程，为开发者提供一站式的开发体验，提升开发效率。SDK 与 API 包括云计算、大数据、人工智能、IoT、云原生、开发与运维、微服务、安全等领域。④运营专区提供客户管理、计费管理、产品业务支撑、合作伙伴运营、渠道业务支撑等服务。

（5）数据管理

数据管理核心是将地面信息港聚合的数据有效管理起来，实现数据加工、分析、应用、共享、开放等一系列过程。通过数据管理清晰地了解相关数据的定义、数据间的血缘关系，并验证数据的有效性、合理性等数据质量指标。数据管理以数据的分权分域管理为核心，具备完善的分布式用户权限体系。数据管理功能主要包括元数据管理、元数据获取、数据质量管理、数据标识管理、数据资产管理和数据血缘管理等。

（6）运维管理

为保障地面信息港正常运行，保障信息港的可用性、可靠性与安全性，针对基础设施、系统与数据、管理工具、人员等运维对象，融合大规模集群监控领域先进技术，采用模块化软件体系架构、层次化设计路线、插件式基础架构，构建覆盖设备、网络、数据和应用系统管理平台的一体化运维保障体系。运维保障体系主要包括运维组织、运维流程、运维技术、运维工作、标准规范、规章制度等方面内容。

（7）安全管理

地面信息港主要服务于政府与行业应用，承担全国海量多源异构数据资源的接入、存储、处理和分发，需要从基础设施安全（包括网络安全、系统安全和终端安全等）、数据安全管理体系（包括账号管理、统一认证和安全态势、安全视图等）、数据采集安全、数据存储和处理安全、数据应用安全等方面着手，建设"云+端+边界"全方位的安全防护体系立体化数据保护机制，实现纵深联动防御与天基信息服务体系的融合，有效保障地面信息港数据安全。

| 2.5　安全防护 |

2.5.1　概念

信息安全防护主要是在信息产生、传输、处理和存储过程中所进行的有效管理和控制，使信息不被泄露或破坏，确保信息的可用性、机密性、完整性和不可否认性，并保证信息系统的可靠性和可控性。信息安全防护内容如下。

（1）实体安全

即对系统中设备、设施和各种信息载体实施保护措施，使其避免遭受自然灾害、人为事故和不良环境因素的破坏。

（2）数据安全

即信息内容的安全与保密，防止系统中信息内容被非授权获取，或泄露、更改、破坏，或被非系统辨识、控制和否认。数据安全主要包括信息的机密性、完整性、真实性、可用性、不可否认性等。

1）机密性

机密性是指保证特定的信息不会泄露给未经授权的用户。敏感信息在网络中传输时必须确保机密性，否则这些信息一旦被敌方或恶意用户捕获，后果将不堪设想。在空间网络应用必须防止空间系统中敏感信息的泄露，主要包括卫星网络内部、卫星网络与地面信关站之间、卫星网络与用户终端之间、地面信关站之间内部传输的数据。机密性问题的解决需要借助于加密、认证和密钥管理等安全机制的综合使用。

2）完整性

完整性保证信息在发送和接收过程中不会被中断和恶意篡改，从而保证节点接收的信息与发送的信息完全一致。完整性机制主要用于抵抗攻击者的重放攻击和对通信数据的篡改，也可以防止部分恶意程序的攻击。如果没有完整性保护，网络中的恶意攻击或无线信道干扰都可能使信息遭受破坏，从而变得无效，严重时可能损坏系统的功能或降低系统的性能。此外，还需要考虑存储在网络和节点设备中的数据的完整性，防止数据被非法篡改。

3）真实性

真实性主要用于抵抗非授权用户的欺骗攻击，保证网络节点或子网接收的数据都来自合法用户。每个节点需要能够确认与其通信的节点身份，实施对节点身份的认证。认证服务能够验证实体标识的合法性，未经认证的实体和通信数据都是不可信的。如果没有认证，攻击者很容易冒充某一合法节点，从而获取重要的资源和信息，并干扰其他正常节点的通信。认证只负责证明节点的身份，因此还需要通过授权来决定与节点身份相关的权限，如对某些应用或者数据的访问控制机制。

4）可用性

可用性是指即使受到拒绝服务等攻击的威胁，网络仍然能够在必要的时候为合法用户提供有效的服务。许多针对空间网络的攻击都以破坏可用性为目的，可能发生在网络的各个协议层次，使合法节点无法获得所需的正常服务。例如，在物理层，攻击者通过发送大量无用数据包来干扰通信；在链路层，攻击者长期占用无线链路资源而不释放；在网络层，攻击者篡改路由信息，破坏路由协议的正常运行，或者将流量转移到无效的地址，降低网络的可用性；在应用层，各种网络应用和安全服务也可能受到威胁。因此，需要通过强认证机制来确保通信对端的合法性，还必须使用一定的入侵检测和响应机制来应对可用性的安全威胁。

5）不可否认性

不可否认性用来确保一个节点不能否认它已经发出的信息，以及不能否认它已经收到的信息。可通过数字签名等方式来实现。

（3）系统运行安全

即采用针对性的管理措施和技术手段，如主机安全、存储安全、边界安全、安全评估、备份与恢复、应急措施等，保障系统的正常运行和信息处理过程的安全。

（4）管理安全

即运用法律法令和规章制度及有效的管理手段，确保系统的安全设置、生存和运行。

2.5.2 功能

天地一体化信息网络具有多网异构、多域互联、安全防护能力差异、安全服务需求多样、应用场景复杂等特点，相适应的安全防护系统具有的主要功能如下。

（1）接入安全：实现用户终端、节点的接入认证和动态授权，确保合法用户正常入网，非法用户拒绝入网，保障天地一体化信息网络中主体身份可信、资源和服务受控访问，有效支撑网络可管、可控、可信、可审计。

（2）传输安全：实现用户链路、馈电链路、星间链路等传输管控信息、业务信息、空中接口信令的机密性和完整性保护，以及信关站地面网络传输保护。

（3）数据安全：实现天地一体化信息网络海量数据存储、敏感数据及数据库安全存储保护。

（4）边界安全：完成地面信关站网络与其他地面网络间以及节点间安全互联、跨域跨系统安全服务，支持互联认证、防火墙、入侵检测、流量清洗、网络审计等典型安全防护功能的虚拟化，实现基于安全策略的动态部署，为提升天地一体化信息网络集约化、高效能的网络边界安全防护能力提供技术支撑。

（5）安全管控：实现对天地一体化信息网络各类安全防护设备的统一管理，提供全网安全监视能力，对网络安全状态实施监控，及时、准确掌握网络安全形势；提供统一的安全状态监管、安全策略管理配置、安全事件分析、安全设备管理、安全策略动态调整等能力，实现对安全防护设备的集中统一管理、策略监察，对安全事件进行分析、告警、处置等。

（6）态势感知与处置：完成全网安全态势采集与汇聚、威胁感知与态势分析、威胁处置，并通过态势可视化技术，多角度全方位统一呈现天地一体化网络安全态势，实现采集全网覆盖、汇聚多源融合、态势全局掌控、威胁有效阻断。

2.5.3 组成

天地一体化信息网络安全防护系统体系架构如图 2-39 所示。

图 2-39　天地一体化信息网络安全防护系统体系架构

天地一体化信息网络安全防护系统主要由安全管控、安全态势感知、安全支撑、安全接入、安全链路、安全网络、安全系统、安全应用等组成。安全防护系统以安全支撑为基础，将安全功能和安全服务融入网络的接入层、链路层、网络层、系统层、应用层，并通过安全管控、安全态势感知实现全网统一管控、风险预测、威胁监测、统一处置、快速响应，形成纵横协同、动态防御的安全防护体系。

安全支撑主要为系统提供信息机密性和完整性保护、安全协议、安全设备及用户管理等基础性服务；安全态势感知主要完成运行状态、运行日志、关键流量和安全事件等各类数据采集、态势汇聚、智能分析及风险预警；安全管控主要完成安全设备统一管理、控制、决策、处置，以及密码资源管理与分发。

安全接入主要完成各类终端接入控制、接入鉴权、动态授权，以及节点组网认证；安全链路主要完成用户链路、馈电链路、星间链路、测控链路安全传输保护，并支持安全切换；安全网络主要完成信关站间地面互联认证、安全传输保护、边界防护、网络互联控制与隔离等功能；安全系统主要提供入侵检测、安全审计以及主机安全、存储安全保障等服务；安全应用主要提供用户身份鉴别、访问控制及存储安全保障等安全服务。

| 2.6　运维管控 |

2.6.1　概念

　　运维管控系统是天地一体化信息网络的管理控制中枢，贯穿网络传输、网络服务和领域应用等多个功能域，涉及整个天地一体化信息网络的管理、控制、运营、维护等诸多方面。其管理控制对象包括实体和资源两大类。实体涉及高、低轨卫星星座及星上载荷、地面站（包括测控站和信关站）及站内设备、通信网络设备，以及陆、海、空、天各类用户终端等；资源包括带宽、频率、功率、波束、计算、存储等物理资源和地址、号码、标识等逻辑资源。

　　运维管控系统担负天地一体化信息网络的星地协同管控、资源统筹规划、网络综合管理和系统高效运营职能。针对天地一体化信息网络中多卫星资源、多业务类型、多通信网络的复杂应用环境，实施网络资源的统一管理、合理分配和协调使用，集成卫星测控和业务管理功能，对整个网络的运行状态、资源使用情况、干扰威胁状况进行全方位的实时监测与控制，为系统资源调度、工作模式切换等提供决策依据，提高网络运行管理与决策的科学化、自动化、智能化水平。

2.6.2　功能

　　运维管控系统的主要功能包括卫星管理、地面设备管理、网络管理、业务管理、资源管理、运营管理和系统综合管理等功能。

　　（1）卫星管理功能

　　实现对卫星平台和载荷的在轨长期管理，包括卫星入退网管理、卫星状态监视、遥测遥控、轨道确定、星座构型与轨位保持、卫星健康管理和应急处理。

　　（2）地面设备管理功能

　　主要是以分级分类的方式，完成对地面站及其设备的远程统一管理，包括地面站的入退网管理、设备远程控制与标校、设备状态监视和健康状态管理等。

（3）网络管理功能

包括网络的动态拓扑规划；星间、星地、地面等多种链路的管理控制；天基和地基路由交换的统一规划和管理；网络设备的工作参数设置、采集、校验和优化调整；网络故障的检测、告警、隔离、诊断与恢复；网络性能参数的收集、分析和性能评估等。

（4）业务管理功能

针对移动通信、宽带接入、数据中继、天基管控、导航增强、天基物联等多种业务，按需进行卫星资源和地基设备资源的配置；对终端运行状态和业务运行状态进行监视，对异常业务情况进行告警和处置。

（5）资源管理功能

针对各类用户和任务的服务保障需求，统筹规划天基和地基网络资源，进行资源分配调度。实时监视资源使用情况，进行资源的运行评估与优化。

（6）运营管理功能

面向客户需求提供业务在线受理、开通、管理，服务计费，质量反馈等功能；面向运营服务人员提供业务清单管理、需求管理、服务质量管理等管理功能。

（7）系统综合管理功能

实现天地资源、任务运行、业务运营、数据资源的全景态势生成和综合显示；提供全网任务统一协调、指挥和操作平台；对系统中各类数据进行统一管理；对网络运行效率、服务质量和运营效能进行评估。

2.6.3 组成

天地一体化信息网络运维管控系统由运维管控中心、管控网络（依托星间链路、星地链路和地面站网通信链路组成）和管控代理共同构建，形成统一管控平面，实现对卫星测控、网络管理、设备监控等管控数据的统一采集、分发和路由传输，完成对卫星网络、地面站网和应用服务的管理控制。

（1）运维管控中心

运维管控中心集中实现对天地一体化信息网络的管理、控制、运营和保障。如图2-40所示，可分为卫星测控、设备运维、业务管理、资源管理、综合管理、网络管理、运营服务和运行支撑等分系统。

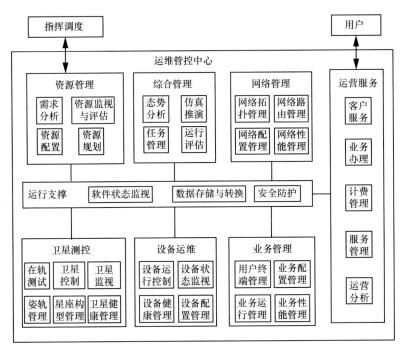

图 2-40 运维管控中心组成结构示意图

卫星测控分系统对天基节点进行监视和控制，完成星座的构型保持、单颗卫星运行监视与控制、卫星轨道控制计算、卫星健康管理以及卫星在轨测试等任务。该分系统实时接收、解析和处理卫星遥测信息，监视卫星平台/载荷运行状态；根据业务需求和测控任务，生成卫星平台/载荷遥控指令，完成指令/数据上注，实施卫星控制；基于轨道测量信息，完成卫星轨道、姿态的确定；根据星座保持策略，计算各类控制参数，完成卫星星座构型的保持；支持卫星在轨测试。

设备运维分系统对各地面站的设备运行进行监视和控制，具体包括远程监视各地面站的设备运行状态；根据任务要求，生成各地面站设备配置，并实施设备控制及参数配置；对设备故障进行诊断分析，实现设备健康管理；按需对设备进行标校、测试等日常维护。

业务管理分系统对各类业务网络的运行状态进行监视和控制，具体包括：配置管理用户终端并实时监视其运行状态；配置与业务相关的网络参数、卫星参数、地面站设备参数；对业务运行状态和业务运行的资源占用情况进行监视、统计与分析。

资源管理分系统围绕网络任务的高效实施和服务质量保障，统筹用户需求，针对移动通信、宽带接入、数据中继、天基管控等业务，统一规划调度资源，实现资源的按需分配和即时回收，提高资源利用率，保障网络高效运行。

综合管理分系统面向整个网络实现全局管理，通过图形化界面实时显示系统综合态势；根据当前运行状态进行仿真推演；统一进行各项任务的跟踪与管理；对系统运行状态进行评估。

网络管理分系统支持各类网络、节点、用户的参数配置管理，支持网络运行参数、地面站组网参数、卫星资源参数以及用户参数的配置管理，并分发给相应节点执行。支持网络运行状态监视，汇聚各个通信网络的运行状态数据。

运营服务分系统实现对客户及业务运营情况的管理，响应客户的业务办理请求，核算客户对网络业务的用量和费用，为天地一体化信息网络提供运营分析和建议。运营服务分系统包含客户管理、业务办理、计费管理、服务管理、运营分析等功能。

运行支撑分系统提供中心系统运行所需的软件运行状态监视、数据存储与转换、安全防护等基础功能。

（2）管控网络

管控网络包括测控网和业务控制网两部分。测控网由多个测控站互联组成，利用星地测控链路，完成卫星遥控指令及注入数据上注、卫星遥测信息接收以及卫星轨道参数测量等工作；业务控制网由星地馈电链路、星间链路以及地面站网通信链路组成，连接天基、地基网络节点，形成管控信息传输通道，用于传输测控数据、网络配置和网络状态等管控信息。管控网络组成结构如图2-41所示。

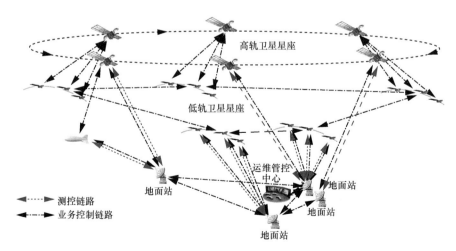

图2-41　管控网络组成结构示意图

（3）管控代理

管控代理部署在星上和地面站设备上，是运维管控中心依托管控网络进行扁平化、网络化管控的承载实体，与运维管控中心一起实现星地协同管控。管控代理接受运维管控中心的任务要求及远程控制命令，对星上载荷和地面站设备状态进行查询和参数配置管理，采集分发星上载荷和地面站设备运行状态信息。

参考文献

[1] 沈荣骏. 我国天地一体化航天互联网构想[J]. 中国工程科学, 2006(10).

[2] 李广侠, 冯少栋, 甘仲民, 等 宽带多媒体卫星通信系列讲座之一宽带多媒体卫星通信系统现状及发展趋势（上）[J]. 数字通信世界, 2009(1).

[3] 李广侠, 冯少栋, 甘仲民, 等 宽带多媒体卫星通信系列讲座之一宽带多媒体卫星通信系统现状及发展趋势（下）[J]. 数字通信世界, 2009 (2).

[4] 冯少栋, 唐慧, 徐志平, 等. 宽带多媒体卫星系统的发展与标准化进程[J]. 国际太空, 2012(12).

[5] 周建国. 基于 DTN 的空间综合信息网络关键技术研究[D]. 武汉: 武汉大学, 2013.

[6] 吴曼青, 吴巍, 周彬, 等. 天地一体化信息网络总体架构设想[J]. 卫星与网络, 2016(3).

[7] 陈运军. 空间网络技术发展分析与建议[J]. 飞行器测控学报, 2016, 35(2).

[8] 杨明川, 邵欣业, 张中兆, 等. 星地一体化网络体系架构及关键技术研究[C]//第十二届卫星通信学术年会论文集, 2016.

[9] 吴巍, 秦鹏, 冯旭, 等. 关于天地一体化信息网络发展建设的思考[J]. 电信科学, 2017(12).

[10] 蓝常源. 基于 DVB-S2 的宽带卫星通信技术应用研究[D]. 西安: 西安电子科技大学, 2015.

[11] 李远东, 凌明伟. 第三代 DVB 卫星电视广播标准 DVB-S2X 综述[J]. 电视技术, 2014, 440(12): 28-31,44.

[12] 储士平, 张邦宁. 卫星交互式通信中的 DVB-RCS 技术[J]. 电视技术, 2004, (5): 41-42.

[13] 汪春霆, 翟立君, 卢宁宁, 等. 卫星通信与 5G 融合关键技术与应用[J]. 国际太空, 2018(6).

[14] 3GPP. Solutions for NR to support non-terrestrial networks (NTN): TR 38. 821[S]. 2019.

[15] 叶晓国, 肖甫, 孙力娟, 等. SCPS/CCSDS 协议研究与性能分析[J]. 计算机工程与应用, 2009, 45(4): 34-37.

[16] CCSDS. Recommendation for space data system standards: TM SPACE DATA LINK PROTOCOL[S]. 2015.

[17] CCSDS. Recommendation for space data system standards: TM SYNCHRONIZATION AND

CHANNEL CODING[S]. 2017.

[18] CCSDS. Recommendation for Space Data System Standards: FLEXIBLEADVANCED CODING AND MODULATIONSCHEME FOR HIGH RATE TELEMETRY APPLICA-TIONS[S]. 2012.

[19] 刘俊, 王九龙, 石军. CCSDS SCPS 网络层与传输层协议分析与仿真验证[J]. 中国空间科学技术, 2009, 29(6): 59-65.

[20] CHAI-KEONG T, LI V O K. Satellite ATM network architectures: an overview [J]. IEEE Network, 1998, 12(5): 61-71.

[21] MERTZANIS I, SFIKAS G, TAFAZOLLI R, et al. Protocol architectures for satellite ATM broadband networks [J]. IEEE Communications Magazine, 1999, 73(3): 46-54.

[22] YEGENOGLU F, ALEXANDER R, GOKHALE D. An IP transport and routing architecture for next-generation satellite networks [J]. IEEE Network, 2000, 14(5): 32-38.

[23] SKINNEMOEN H, LEIRVIK R, HETLAND J, at el. Interactive IP-network via satellite DVB-RCS[J]. IEEE Journal on Selected Areas in Communications, 2004, 22(3): 508-517.

[24] TALEB T, KATO N, NEMOTO Y. Recent trends in IP/NGEO satellite communication systems: transport, routing, and mobility management concerns [J]. IEEE Wireless Communications, 2005, 12(5): 63-69.

[25] ORS T, ROSENBERG C. Providing IP QoS over GEO satellite systems using MPLS [J]. International Journal of Satellite Communication and Networking, 2001, 19(7): 443-461.

[26] DONNER A, BERIOLI M, WERNER M. MPLS-based satellite constellation networks [J]. IEEE Journal on Selected Areas in Communications, 2004, 22(3): 438-448.

[27] KARAPANTAZIS S, PAPAPETROU E, PAVLIDOU F N. Multiservice on-demand routing in LEO satellite networks[J]. IEEE Transactions on Wireless Communications, 2009, 8(1): 107-112

[28] WANG J F, XU F J, SUN F C. Benchmarking of routing protocols for layered satellite networks [C]//Proceedings of IMACS Multiconference on "Computational Engineering in Systems Applications" (CESA), China: Computer Society Press, 2006: 1087-1094.

[29] GOUNDER V V, PRAKASH R, ABU-AMARA H. Routing in LEO-based satellite networks[C]//1999 IEEE Emerging Technologies Symposium, Richardson, TX, USA: IEEE Press, 1999: 22. 1-6.

[30] 彭长艳. 空间网络安全关键技术研究[D]. 北京: 国防科学技术大学, 2010.

[31] 李凤华, 殷丽华, 吴巍, 等. 天地一体化信息网络安全保障技术研究进展及发展趋势[J]. 通信学报, 2016(11).

[32] 季新生, 梁浩, 扈红超. 天地一体化信息网络安全防护技术的新思考[J]. 电信科学, 2017(12).

第 3 章

传输技术

介 绍了卷积码、RS 码、卷积+RS 串行级联码、Turbo 码、LDPC 码等典型信道编译码，叙述了 QPSK、MPSK、MQAM、MAPSK、OFDM、OTFS 等数字调制以及与编码结合的自适应编码调制方法，给出了频分、时分、MF-TDMA、码分、空分以及新型多址接入技术的基本原理。

卫星通信系统中信号传输模型如图 3-1 所示,待传输的信息经过信源编码或接口转换等处理后,形成二进制的连续码流或分组的数据帧,这些数据需要经过数据加扰、信道编码、基带调制等一系列的处理后才能利用卫星信道进行传输;在接收端进行逆向处理,恢复出原始数据。本章按照信号的传输模型,重点介绍了信道编译码、调制解调的基本原理及相关典型处理算法,并对卫星通信系统中的多址接入技术进行探讨。

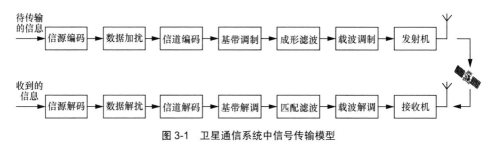

图 3-1 卫星通信系统中信号传输模型

| 3.1 信道编译码 |

在卫星信道上传输二进制数据时,由于受到噪声或干扰的影响,接收端收到的数据将不可避免地存在差错。在卫星通信系统中采用信道纠错编译码技术可以为传输链路带来编码增益,降低系统的成本,提高通信传输的有效性和可靠性。

目前在卫星通信中常用的纠错编译码方式有卷积码、RS 码、卷积+RS 串行级联码、Turbo 码、LDPC 码等，下面对这几种纠错编译码方式进行介绍。

3.1.1 卷积码

1955 年，Elias 最早提出了卷积码的概念。稍后，Wozencraft 等提出了卷积码序列译码算法，并得到了实际应用。1963 年，Massey 提出效果稍差但比较容易实现的门限译码方法，使卷积码在有线和无线信道的数据传输方面得到大量的实际应用。1967 年，Viterbi 提出了卷积码的一种最大似然译码法——Viterbi 译码法，该方法与改进的序列译码法一起，使卷积码在深空通信、卫星通信及移动通信领域得到了广泛的应用。

（1）卷积编码

分组码是把 k 个信息码元编成 n 个码元的码字，每个码字的 $n-k$ 个校验位仅与本码字的 k 个信息元有关，而与其他码字无关。卷积码也是将 k 个信息码元编成 n 个码元，但 n 个码元不仅与当前段的 k 个信息码元有关，还与前面的 $m-1$ 段信息码元有关。同样，在译码过程中不仅从当前时刻收到的码元中提取译码信息，还利用以后若干时刻收到的码字提供的有关信息。通常将卷积码记为（ n,k,m ）的形式，其中 m 称为约束长度， $R=k/n$ 称为卷积码的码率。

卷积码充分利用了各组间的相关性，且一般 n 和 k 较小，所以在与分组码编码效率相同的条件下，卷积码的性能优于分组码；在纠错能力相近的条件下，卷积码的实现比分组码简单。但卷积码没有分组码那样严密的数学结构和数学分析手段，目前大多是通过计算机进行码字的搜索。参数为（2，1，7）的卷积码广泛应用于卫星通信系统中，其编码原理示意图如图 3-2 所示。

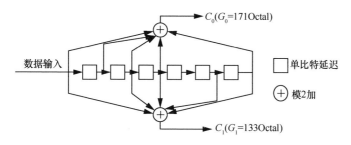

图 3-2　（2，1，7）卷积码编码原理

k 较大的 (n,k,m) 卷积码的译码是较为复杂的，但在某些实际应用场合，有必要使用一些 k 比较大的卷积码，这时可以考虑采用删余卷积码，即先设计一个低码率的卷积码，在送入信道传输前删去某些编码比特而使之成为高码率卷积码，通过这种途径避免高码率卷积码译码时的高运算量。由（2，1，7）卷积码删余获得（4，3，7）卷积码的处理过程如图 3-3 所示。

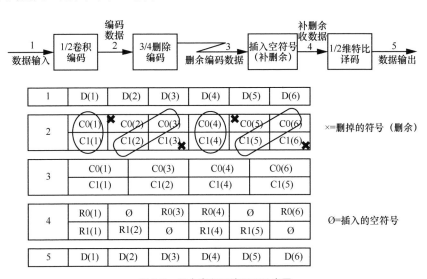

图 3-3　删余卷积码编译码示意图

删余卷积码的译码采用与低码率母本码同样的网格图进行译码。在译码过程中，网格图上路径度量的计算采用与低码率相同的方法。在删余码中，差错事件的长度一般比低码率母本码的差错事件长度长，因此译码时延应取得长一些，一般应大于约束长度的 5 倍以上。

（2）Viterbi 译码算法

卷积码的性能取决于卷积码距离特性和译码算法，其中距离特性是卷积码自身本质的属性，它决定了该码潜在的纠错能力，而译码算法则是如何将潜在纠错能力转化为实际纠错能力的技术途径。

1967 年 A. J. Viterbi 提出 Viterbi 算法。Viterbi 算法等价于求通过一个加权图的最短路径问题的动态规划解，是卷积码的最大似然译码算法。Viterbi 算法基于码的网格图，译码器的实现复杂度随约束长度 m 的增加呈指数增长。其译码算法原理如图 3-4 所示。

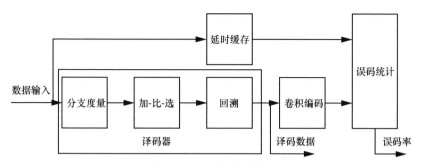

图 3-4　Viterbi 译码算法原理

　　Viterbi 译码算法并不是一次比较网格图上所有可能的分支路径,而是接收一段,计算、比较一段,选出一段最有可能的译码分支, 从而使得到的整个码序列是一个有最大似然函数的序列,其基本步骤如下。

　　步骤 1　由初始状态经过 m（m 为约束长度）个时间单位,从时间 $T_j = m$ 开始,计算进入每个状态的每一条路径的部分路径度量。对于每一个状态,比较进入它的各条路径的部分路径度量,其中似然值最大的路径及其对应的度量值被保存下来,此路径被称为幸存路径。

　　步骤 2　T_j 增加 1,把此时刻进入每一个状态的所有分支度量连同与这些分支相连的前一时刻的幸存路径的路径度量相加,比较并选出路径度量最大似然者,将所对应的转移路径作为此时刻进入每一个状态的幸存路径,存储其路径信息和度量值,并删去其他所有的路径,因此幸存路径延长了一个分支。

　　步骤 3　若 T_j 达到译码回溯深度,输出有效的译码后数据,循环此过程,可对连续的数据流进行译码。

　　步骤 4　3/4、7/8 卷积编码的译码需要在进入 1/2 译码器之前,按照删余的逆过程补成原样,然后再进行 1/2 译码。

　　步骤 5　对译码后的数据进行再次卷积编码,与时延后的译码前数据进行比对可以统计出误码率。目前卷积编码的维特比译码技术已经非常成熟,许多 DSP、FPGA 芯片都内嵌有译码模块,使用起来非常方便。

　　（3）编译码性能

　　采用维特比软判决译码时,典型参数卷积码（约束长度为 7）的误码率特性如图 3-5 所示。

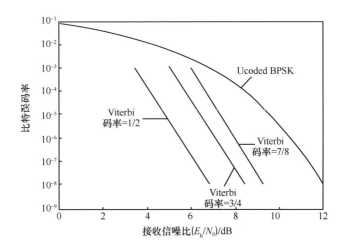

图 3-5 典型参数卷积码误码率特性

3.1.2 RS 码

1960 年，MIT Lincoln 实验室的 Reed 和 Solomon 构造出 RS（Reed-Solomon）码。RS 码的纠错编译码是按符号进行的，特别适用于纠正突发错误。该码在卫星通信、深空探测等领域得到了广泛的应用，现有的数字电视地面广播国际标准也都选用了 RS 码作为外码。

（1）RS 编码

RS 码作为多元域上的本原 BCH 码，其纠错能力与 BCH 码一样，由以下定理保证：如果 BCH 码的生成多项式含有 $2t$ 个连续幂次的根，那么该码的纠错能力 $t' \geqslant t$。上述定理是 RS 码成立的基础定理，同时也很直观地指明了构造 RS 码的一般方法，即生成多项式中一定要含有 $2t$ 个本原元或者非本原元的连续幂次的根。RS 码的生成多项式可表示为：

$$g(x) = (x - \alpha^j)(x - \alpha^{j+1}) \cdots (x - \alpha^{j+2t-1}) \tag{3-1}$$

其中，α 为 $GF(q^m)$ 的本原元；$(x - \alpha^j)$ 为 α^j 在 $GF(q^m)$ 上的最小多项式；j 取不同值时对应不同的 $g(x)$，通常取 $j = 1$，则有：

$$g(x) = (x - \alpha)(x - \alpha^2) \cdots (x - \alpha^{2t}) = \prod_{i=1}^{2t} (x - \alpha^i) \tag{3-2}$$

RS 编码原理及编码器的实现都比较简单，主要是围绕码的生成多项式 $g(x)$ 进行的，在确定 $g(x)$ 后即可确定唯一的 RS 码。

基于多项式除法结构的编码器结构如图 3-6 所示。其中传输前 k 个符号时开关切换至数据符号，连接反馈网络的门电路打开，一旦前 k 个符号传输完毕，则门电路断开，这时寄存器中的内容就是所需的校验符号，把它们按顺序输出即可完成 RS 编码。

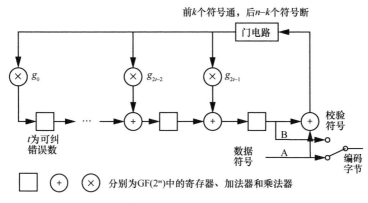

图 3-6　基于多项式除法结构的编码器结构

（2）RS 译码

在众多 RS 快速译码算法中，最具代表性的有 BM 算法和 Euclid 算法。下面简要介绍这两种算法的特点和译码步骤，更详细算法实现可参考相关文献。

1）BM 算法

Berlekamp 从代数学的角度出发，提出了 RS 码的迭代译码算法；Massey 从线性反馈移位寄存器综合的角度出发，也得到了与之相同的结论。算法的步骤如下。

• 计算伴随式。

• 进行 BM 迭代过程求差错定位多项式。

• 用钱氏（Chien）搜索求差错定位多项式的根，根的倒数即差错位置。

• 求差错值（Forney 算法）。

2）Euclid 算法

Euclid 算法是另一种主要的 RS 码译码算法，其实质是通过求解两个多项式的最大公因式，获得差错定位多项式及差错值多项式，之后的计算步骤同 BM 算法。算法的步骤如下。

- 计算伴随式。
- 用 Euclid 迭代过程求差错定位多项式和差错值多项式。

RS 译码器可由硬件、软件或者软硬件混合多种方式来实现。市场上的专用 ASIC 译码芯片，速度较快（可达到数 Mbit/s 到数十 Mbit/s 的处理速度）但码型相对单一；软件实现所能实现的速率较低（从数十 kbit/s 至数 Mbit/s），通常适用于码长较短的低速率 RS 码的译码处理；基于 FPGA 的 RS 译码处理，可采用并行处理方式，实现非常高的处理速度（依据所选择芯片和码字可实现从数百 Mbit/s 至数千 Mbit/s 的处理速度）。

3.1.3　卷积+RS 串行级联码

1966 年，Forney 提出了级联码的概念，该码在发射端是两级编码，接收端是两级译码，属于两级纠错。连接信息源的为外编码器，连接信道的为内编码器。

由于软判决维特比最大似然译码算法适合于约束度较小的卷积码，因此级联码的内码常用卷积码，外码则采用分组码，如 RS 码、BCH 码等。例如，当外码采用（255，233）RS 码，内码采用（2，1，7）卷积码且用维特比软判决译码时，与不编码相比可产生约 7dB 的编码增益，特别适用于高斯白噪声信道，如卫星通信和宇航通信。卷积+ RS 串行级联码编码示意图如图 3-7 所示。

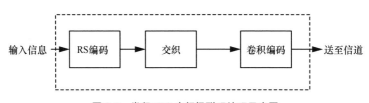

图 3-7　卷积+RS 串行级联码编码示意图

通常在应用 RS 码时会配合交织编码技术一起使用，这是因为在传输过程中信号难免会出现衰落或受到各种干扰，导致在接收端接收到错误的信息序列。当信号出现深衰落或者受到突发干扰时，有可能引起突发误码，这种突发误码由于错误信息集中且长度较长，可能会超过一个编码码字所能纠错的最大能力。这时采用交织编码技术配合前向纠错编码技术，可使传输性能得到改善。

图 3-8 给出典型参数卷积+RS 级联码的误码率特性，其中内码采用卷积码（约束长度为 7）维特比软判决译码，外码采用 RS 码。

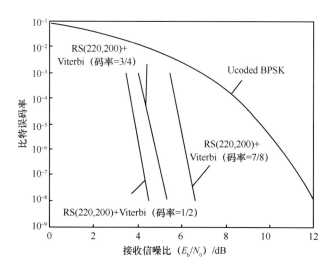

图 3-8　典型参数卷积+ RS 级联码误码率特性

3.1.4　Turbo 码

Turbo 码是 Claude Berrou 等在 1993 年 ICC 上提出的。Turbo 码又称并行级联卷积码（Parallel Concatenation Convolutional Code，PCCC），其编码器由两个并行的递归系统卷积码通过随机交织器连接而成，译码采用基于最大后验概率的软输入软输出迭代译码方法。计算机仿真表明，Turbo 码不但在高斯信道下性能优越，而且具有很强的抗衰落、抗干扰能力，其纠错性能接近香农极限。Turbo 码一经提出便成为信道编码领域中的研究热点，并普遍认为 Turbo 码在深空通信、卫星通信和移动通信等数字通信系统中均有广阔的应用前景。

（1）Turbo 码编码

典型的 Turbo 码编码器结构如图 3-9 所示。它通常由两个结构相同的递归系统卷积码（RSC）（通常称为子码）构成，RSC1 直接对输入的信息序列 d_k 进行编码，得到校验位 y_{1k}；同时，将信息序列 d_k 通过交织器交织后的序列 d_n 输入 RSC2 进行编码，得到校验位 y_{2k}，Turbo 码的码字编码就是由信息序列和两路校验序列复接构成的。子编码器所产生的校验位 (y_{1k}, y_{2k}) 再经删截矩阵删取后可得到所需码率的 Turbo 码。

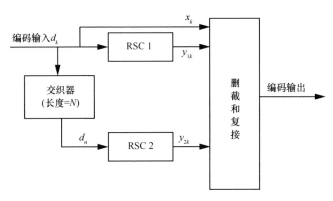

图 3-9　Turbo 码编码器结构

（2）Turbo 码译码

Turbo 码的迭代译码器结构如图 3-10 所示，它主要由两个软输入软输出模块（Turbo 码的子译码器）组成，子译码器用来对选定的 Turbo 码中的 RSC 子码进行译码。子译码器 1 将子译码器 2 获得的信息比特 d_k 的外信息 $\tilde{L}_{2e}(d_k)$ 作为 d_k 先验信息来对 RSC1 进行译码，获得关于 d_k 改进的外信息 $L_{1e}(d_k)$，经交织后得到 $\tilde{L}_{1e}(d_j)$ 作为子译码器 2 对 RSC2 译码的先验信息。子译码器 2 用与子译码器 1 同样的方法再次产生信息比特改进的外信息 $L_{2e}(d_j)$。经去交织后得到 $\tilde{L}_{2e}(d_k)$ 作为下一次迭代中子译码器 1 的先验软值。这样在多次迭代后，对子译码器 2 产生的输出 $L_2(d_j)$ 去交织后进行硬判决，得到每个信息比特 d_k 的估值 $\hat{d}_k$。

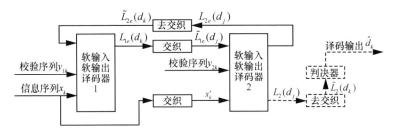

图 3-10　Turbo 码迭代译码器结构

Turbo 码的迭代译码方法是 Berrou 等的一个创举，虽然他们未能给出这种方法的收敛特性和理论解释，但实际仿真结果表明它工作得很好，接近了全局的最大似然译码。

（3）编译码性能

图 3-11 给出了典型参数 Turbo 码的误码率特性曲线，供技术人员参考。

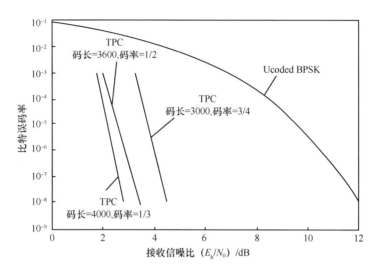

图 3-11　典型参数 Turbo 码误码率特性曲线

3.1.5　LDPC 码

LDPC 码最早是由美国麻省理工学院的 Gallager 于 1963 年发明的。由于当时的硬件条件限制，尽管 LDPC 码有很好的纠错性能，它仍然被人们忽略将近 40 年。Turbo 码的发明让人们重新认识到了 LDPC 码，20 世纪 90 年代后期，Mackay、Neal 等重新发现了 LDPC 码。Mackay 等通过大量的仿真表明，LDPC 码和 Turbo 码一样，也具有接近香农极限的性能。

LDPC 码和所有的线性分组码一样，也可以用校验矩阵 H 和生成矩阵 G 描述；LDPC 码又是一种特殊的分组码，其特殊性就在于它的奇偶校验矩阵中“1”的数目远远小于“0”的数目，称为稀疏性，“低密度”也正来源于此。（20，3，4）LDPC 码的校验矩阵如图 3-12 所示，随机构造的（20，3，4）规则 LDPC 的校验矩阵，码长为 20，列重为 3，行重为 4，码率为 1/4。正是基于这种稀疏性，才可能实现低复杂度的译码。

$$\begin{bmatrix}
1 & 1 & 1 & 1 & 0 & 0 & 0 & 0 & 0 & 0 & 0 & 0 & 0 & 0 & 0 & 0 & 0 & 0 & 0 & 0 \\
0 & 0 & 0 & 0 & 1 & 1 & 1 & 1 & 0 & 0 & 0 & 0 & 0 & 0 & 0 & 0 & 0 & 0 & 0 & 0 \\
0 & 0 & 0 & 0 & 0 & 0 & 0 & 0 & 1 & 1 & 1 & 1 & 0 & 0 & 0 & 0 & 0 & 0 & 0 & 0 \\
0 & 0 & 0 & 0 & 0 & 0 & 0 & 0 & 0 & 0 & 0 & 0 & 1 & 1 & 1 & 1 & 0 & 0 & 0 & 0 \\
0 & 0 & 0 & 0 & 0 & 0 & 0 & 0 & 0 & 0 & 0 & 0 & 0 & 0 & 0 & 0 & 1 & 1 & 1 & 1 \\
1 & 0 & 0 & 0 & 1 & 0 & 0 & 0 & 1 & 0 & 0 & 0 & 1 & 0 & 0 & 0 & 1 & 0 & 0 & 0 \\
0 & 1 & 0 & 0 & 0 & 1 & 0 & 0 & 0 & 1 & 0 & 0 & 0 & 1 & 0 & 0 & 0 & 1 & 0 & 0 \\
0 & 0 & 1 & 0 & 0 & 0 & 1 & 0 & 0 & 0 & 1 & 0 & 0 & 0 & 1 & 0 & 0 & 0 & 1 & 0 \\
0 & 0 & 0 & 1 & 0 & 0 & 0 & 1 & 0 & 0 & 0 & 1 & 0 & 0 & 0 & 1 & 0 & 0 & 0 & 1 \\
0 & 0 & 0 & 0 & 0 & 0 & 1 & 0 & 0 & 0 & 1 & 0 & 0 & 0 & 1 & 0 & 0 & 0 & 0 & 1 \\
1 & 0 & 0 & 0 & 0 & 1 & 0 & 0 & 0 & 0 & 0 & 1 & 0 & 0 & 0 & 1 & 0 & 1 & 0 & 0 \\
0 & 1 & 0 & 0 & 0 & 0 & 1 & 0 & 0 & 1 & 0 & 0 & 1 & 0 & 0 & 0 & 0 & 0 & 1 & 0 \\
0 & 0 & 1 & 0 & 0 & 0 & 0 & 1 & 0 & 0 & 1 & 0 & 0 & 1 & 0 & 0 & 0 & 0 & 0 & 1 \\
0 & 0 & 0 & 1 & 0 & 0 & 0 & 0 & 1 & 0 & 0 & 1 & 0 & 0 & 1 & 0 & 1 & 0 & 0 & 0 \\
0 & 0 & 0 & 0 & 1 & 0 & 0 & 0 & 0 & 1 & 0 & 0 & 0 & 1 & 0 & 0 & 0 & 0 & 0 & 1
\end{bmatrix}$$

图 3-12 （20，3，4）LDPC 码的校验矩阵

3.1.5.1 LDPC 编码

LDPC 码是一种特殊的线性分组码，它可以按照分组码常用的编码方法进行编码。由 $GH^{\mathrm{T}} = 0$ 可以从校验矩阵 H（列数为 N，行数为 M）推导出生成矩阵 G（列数为 N，行数为 $N-M$），因为只考虑二元域的情况，因此所有的运算都是与和异或的运算。

定义校验矩阵 $H = [C_1 C_2]$，其中矩阵 C_2 是一个稀疏的 $M \times M$ 的可逆方阵，矩阵 C_1 是一个稀疏的 $M \times (N-M)$ 的矩阵，M 是 H 矩阵的行数，N 是 H 矩阵的列数。在对矩阵 H 进行高斯消去的过程中可以得到矩阵 $P = C_2^{-1} C_1$。LDPC 码的生成矩阵可以表示为：

$$G^{\mathrm{T}} = \begin{bmatrix} I_k \\ C_2^{-1} C_1 \end{bmatrix} \tag{3-3}$$

其中，I_k 是 $K \times K$ 的单位矩阵，$K = N - M$。得到生成矩阵后，根据式（3-4）可以得到编码后的码字为：

$$C = G^{\mathrm{T}} S \tag{3-4}$$

其中，S 为信息码字，C 为编码后的码字。

一般而言，这样得到的生成矩阵 G 不是稀疏矩阵，编码时仅存储生成矩阵 G 就需要消耗相当大的资源。因此这种算法目前没有太大的现实意义，一般用于性能仿

真中。工程上通常利用准循环码生成矩阵的一些特殊特性进行编码，可使实现复杂度得到显著的降低。

若 $\boldsymbol{G}_{qc}$ 为准循环码的生成矩阵，则编码过程可以描述为：

$$C = S \times \boldsymbol{G}_{qc} \tag{3-5}$$

假设校验矩阵 $\boldsymbol{H}_{qc}$ 满秩（即 $r = mL$），则可以通过以 $M_i = \left[A_{1,i}^{\mathrm{T}}, \cdots, A_{m,i}^{\mathrm{T}}\right]$ 为单位的列交换，在 $\boldsymbol{H}_{qc}$ 中找到一个 $mL \times mL$ 的矩阵 $\boldsymbol{D}_1$，其秩也满足 mL，且可逆，即：

$$\boldsymbol{D}_1 = \begin{bmatrix} A_{1,n-m+1} & A_{1,n-m+2} & \cdots & A_{1,n} \\ A_{2,n-m+1} & A_{2,n-m+2} & \cdots & A_{2,n} \\ \vdots & \vdots & \ddots & \vdots \\ A_{m,n-m+1} & A_{m,n-m+2} & \cdots & A_{m,n} \end{bmatrix} \tag{3-6}$$

$\boldsymbol{H}_{qc}$ 以循环移位阵为单位进行列交换后（为简便仍用 $\boldsymbol{H}_{qc}$ 表示）转换为：

$$\boldsymbol{H}_{qc} = [M_1, \cdots, M_{i-1}, M_i, M_{i+1}, \cdots, M_{n-m}, D_1] \tag{3-7}$$

在该条件下，可假设生成矩阵满足以下形式，即：

$$\boldsymbol{G}_{qc}^1 = \begin{bmatrix} \boldsymbol{G}_1 \\ \boldsymbol{G}_2 \\ \vdots \\ \boldsymbol{G}_{n-m} \end{bmatrix} = \begin{bmatrix} \boldsymbol{I} & \boldsymbol{O} & \cdots & \boldsymbol{O} & G_{1,1} & G_{1,2} & \cdots & G_{1,m} \\ \boldsymbol{O} & \boldsymbol{I} & \cdots & \boldsymbol{O} & G_{2,1} & G_{2,2} & \cdots & G_{2,m} \\ \vdots & \vdots & \ddots & \vdots & \vdots & \vdots & \ddots & \vdots \\ \boldsymbol{O} & \boldsymbol{O} & \cdots & \boldsymbol{I} & G_{n-m,1} & G_{n-m,2} & \cdots & G_{n-m,m} \end{bmatrix} = \begin{bmatrix} I_{(n-m)L} & P \end{bmatrix} \tag{3-8}$$

式（3-8）称为"系统—准循环码生成矩阵"，这里 $\boldsymbol{I}$ 是一个 $L \times L$ 的单位阵，$\boldsymbol{O}$ 是一个 $L \times L$ 的零阵，$\boldsymbol{G}_{i,j}$ 是一个 $L \times L$ 的循环移位矩阵，其中 $1 \leqslant i \leqslant n-m$，$1 \leqslant j \leqslant m$。生成矩阵 $\boldsymbol{G}_{qc}^1$ 由两部分组成：左边部分 $I_{(n-m)L}$ 和右边部分 P。$I_{(n-m)L}$ 的主对角线是 $m-n$ 个 $L \times L$ 的单位阵，右边部分 P 是由 $(m-n) \times m$ 个 $L \times L$ 循环移位矩阵构成的矩阵。

编码运算其实就是信息矢量与生成矩阵 $\boldsymbol{G}$ 的二元乘积，此运算可以由如图 3-13 所示的循环移位累加编码结构完成。具有随机结构的 LDPC 码在完成每一比特的乘法时都需要向寄存器 B 加载生成矩阵 $\boldsymbol{G}$ 的行矢量，当码长较长时所需的资源会非常多；而对于具有准循环结构的 LDPC 码而言，信息矢量与生成矩阵 $\boldsymbol{G}$ 的二元乘积，其实就是信息矢量与生成矩阵 $\boldsymbol{G}$ 的子矩阵 $\boldsymbol{G}_{i,j}$ 的二元乘积，很大程度上减少了编码器所需资源。循环移位寄存器 B 初始化为子矩阵 $\boldsymbol{G}_{i,j}$ 的生成矢量，每输入一个信息比特，寄存器 B 就循环移位 1 次，当第 L 个信息比特输入后，重新初始化寄存器 B，继续循环移位，直到完成所有 $\boldsymbol{G}_{i,j}$ 与输入信息的二元乘法，即完成编码。

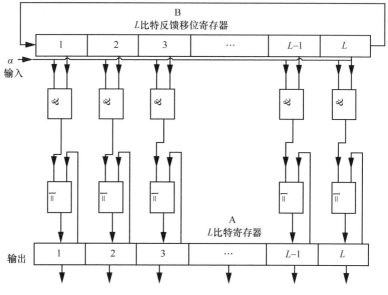

图 3-13　循环移位累加编码结构

3.1.5.2　LDPC 译码

LDPC 译码器的结构如图 3-14 所示。VNFU 对应信息节点处理单元，完成信息节点的相关运算；CNFU 对应校验节点处理单元，完成校验节点的相关运算。

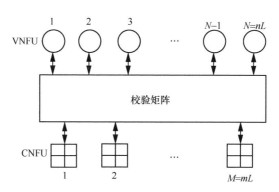

图 3-14　LDPC 译码器结构

当译码开始后，所有校验节点处理单元取得从信息节点处理单元传来的信息，处理完成后将"校验节点信息"反馈给信息节点处理单元；然后所有信息节点处理单元取得校验节点处理单元和信道传来的信息，进行计算，最后将"变量节点信息"

反馈给校验节点处理单元。

3.1.5.3 编译码性能

图 3-15 给出了典型参数 LDPC 码的误码率特性曲线，供技术人员参考。

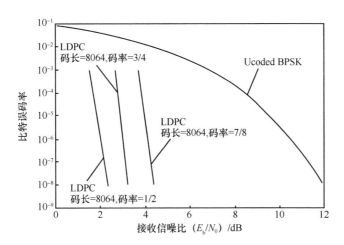

图 3-15 典型参数 LDPC 码误码率特性曲线

3.1.5.4 LDPC 码在卫星通信中的应用

（1）CCSDS 标准下的 LDPC 码

近年来，人们探索太空的活动日益频繁，深空中进行可靠高效的通信也越发重要。深空通信由于通信距离远，容易引起巨大时延和损失通信路径。同时由于航天器上的天线增益和发射功率受到限制，地球接收站上接收到的信号比较微弱，造成通信的误码率较高。因此对于深空通信，需要一种编码增益大、纠错性能强的信道编码。

CCSDS 标准中的 LDPC 码有两类：第一类是单个码率 7/8 的规则 LDPC 码，码长为 8176，信息比特长度为 7154，是一个 II 型准循环 LDPC 码，该码应用在近地卫星通信中；第二类码是一组非规则的 LDPC 码，共有 9 个码，包含 3 种码率、3 种信息位长度，它们都是 I 型准循环 LDPC 码，这组码应用在深空通信。在构造第二类 LDPC 码时采用的构造方法是 AR4JA（Accumulate-Repeat-4-Jagged-Accumulate）原模图构造方法。

1）面向近地通信的(8176,7154)LDPC 码

(8176,7154)LDPC 码的校验矩阵由 2×16 个循环矩阵阵列构成，**H** 矩阵的结构如式（3-9）所示：

$$H = \begin{bmatrix} A_{1,1} & A_{1,2} & A_{1,3} & \cdots & A_{1,14} & A_{1,15} & A_{1,16} \\ A_{1,1} & A_{2,2} & A_{2,3} & \cdots & A_{2,14} & A_{2,15} & A_{2,16} \end{bmatrix} \qquad (3\text{-}9)$$

其中，$A_{i,j}, i=1,2, j=1,2,\cdots,16$ 是 511×511 阶的循环矩阵，列重、行重为 2，因此整个 **H** 矩阵的行重为 32，列重为 4，是一个规则 LDPC 码。

2）面向深空通信的 AR4JA-LDPC 码

AR4JA-LDPC 码是 CCSDS 标准中用于深空通信的一组码，共有 9 个码，令 n 表示码块长度，k 表示信息块长度，码率等于 $r=k/n$，这 9 种适用深空通信的 LDPC 码的参数见表 3-1，表 3-2 给出了对应的子矩阵的维度 M。码率分别为 1/2、2/3、4/5，信息长度分别为 1024、4096、16384，对应的子矩阵维度有 7 个，范围为 128～8192。

表 3-1　码率与码长

信息块长 k	码块长度 n		
	r =1/2	r =2/4	r =4/5
1024	2048	1536	1280
4096	8192	6144	5120
16384	32768	24576	20480

表 3-2　子矩阵维数 M

信息块长 k	子矩阵维数 M		
	r =1/2	r =2/4	r =4/5
1024	512	256	128
4096	2048	1024	512
16384	8192	4096	2048

校验矩阵 **H** 是一个 $v\times w$ 维矩阵，由 v 个线性独立行构成。对于 w 位码字序列来说，其必须满足校验矩阵 **H** 的 v 个校验等式。此外，其他的线性相关行也可能满足校验矩阵 **H**。编码器把一个 k（$k\leqslant w-v$）位输入帧唯一地映射到一个 n（$n\leqslant w$）位码块。若 $n\leqslant w$，则会将剩余的 $w-n$ 位删余，而不发送。若 $k\leqslant w-v$，则不使用剩余信息位。对于表 3-1 的每组 (n,k)，根据标准中定义的相应校验矩阵 **H**，可

以递推出高码率 LDPC 码的校验矩阵。

码率 1/2 的码组的校验矩阵如式（3-10）所示：

$$H_{R=1/2}=\begin{bmatrix} \boldsymbol{0} & \boldsymbol{0} & \boldsymbol{I} & \boldsymbol{0} & \boldsymbol{I}\oplus\Pi_1 \\ \boldsymbol{I} & \boldsymbol{I} & \boldsymbol{0} & \boldsymbol{I} & \Pi_2\oplus\Pi_3\oplus\Pi_4 \\ \boldsymbol{I} & \Pi_5\oplus\Pi_6 & \boldsymbol{0} & \Pi_5\oplus\Pi_6 & \boldsymbol{I} \end{bmatrix} \quad (3\text{-}10)$$

其中，$\boldsymbol{I}$ 和 $\boldsymbol{0}$ 分别为 $M\times M$ 阶的单位矩阵和全零矩阵，$\Pi_1\sim\Pi_8$ 为循环置换矩阵。码率 2/3 码组和码率 4/5 码组的校验矩阵在码率 1/2 码组的基础上增加子阵列扩展得到。码率 3/4 码组的矩阵作为中间扩展矩阵也顺次给出，下面按码率由小到大顺序给出以上 3 个码率的校验矩阵形式：

$$H_{R=2/3}=\begin{bmatrix} \boldsymbol{0} & \boldsymbol{0} & \\ \Pi_9\oplus\Pi_{10}\oplus\Pi_{11} & \boldsymbol{I} & \boldsymbol{H}_{1/2} \\ \boldsymbol{I} & \Pi_{12}\oplus\Pi_{13}\oplus\Pi_{14} & \end{bmatrix} \quad (3\text{-}11)$$

$$H_{R=3/4}=\begin{bmatrix} \boldsymbol{0} & \boldsymbol{0} & \\ \Pi_{15}\oplus\Pi_{16}\oplus\Pi_{17} & \boldsymbol{I} & \boldsymbol{H}_{2/3} \\ \boldsymbol{I} & \Pi_{18}\oplus\Pi_{19}\oplus\Pi_{20} & \end{bmatrix} \quad (3\text{-}12)$$

$$H_{R=4/5}=\begin{bmatrix} \boldsymbol{0} & \boldsymbol{0} & \\ \Pi_{21}\oplus\Pi_{22}\oplus\Pi_{23} & \boldsymbol{I} & \boldsymbol{H}_{3/4} \\ \boldsymbol{I} & \Pi_{24}\oplus\Pi_{25}\oplus\Pi_{26} & \end{bmatrix} \quad (3\text{-}13)$$

其中，$\Pi_9\sim\Pi_{26}$ 是循环置换矩阵。对于 Π_k 的第 i 行，$i\in\{0,1,\cdots,M-1\}$，j 的取值区间也是 $\{0,1,2,3\}$，对于已知的 j，$\phi_k(j,M)$ 的数值有 7 个，分别对应于 7 个不同的子矩阵维度 M。

结合表 3-1、表 3-2 给出的参数以及式（3-10）～式（3-13）给出的矩阵结构，可以发现，每一个 $M\times M$ 子矩阵都由 4×4 个最小矩阵（Minimum Matrix）组成，最小矩阵的维度 $m=M/4$，最小矩阵为循环置换矩阵，它是 AR4JA-LDPC 码的最小单位。根据以上准则构造的校验矩阵 $\boldsymbol{H}$，最后的 M 个码元符号将被打孔删掉，不进行传输，被打孔的码元符号对应于各矩阵最右边的 M 列（P2 部分），即最右端的 4 个最小矩阵列，列重为 6，打孔后的校验矩阵与实际码率是一致的。

使用 CCSDS 标准中面向近地通信的(8176,7154)LDPC 码进行性能分析，比较 4 种译码算法的译码性能，比对结果如图 3-16 所示。

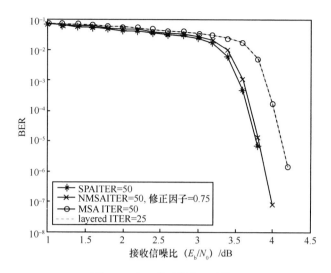

图 3-16 译码算法性能比对结果

（2）DVB-S2 标准下的 LDPC 码

DVB-S2 是新一代数字卫星广播标准，采用更高效的信道编码技术和自适应编码调制技术，传输效率要比 DVB-S 高 30%。其中信道编码采用 LDPC（Low Density Parity Check）码作为内码、BCH 码作为外码的方式。DVB-S2 标准在编码和调制上具有以下突出特点。

- 误码极低的前向纠错功能：通过 LDPC 码与 BCH 码级联方式进行编码的好处是可以使得其与香农极限理论值的差距减少到 0.7～1dB。
- 各种不同的编码调制方式支持 1/4～9/10 等 11 种编码效率，以及 QPSK、8PSK、16APSK、32APSK 等不同调制方式，这使得通信仿真时可以有更多的灵活选择。
- 自适应编码调制技术随着通信外部传输条件的变化将有不同调制编码方式供收发信机选用。

1）前向纠错系统

前向纠错（FEC）系统是 DVB-S2 标准中一个重要的子系统，它包括 3 个部分：外码（BCH）、内码（LDPC）和位交织（Bit Interleaving）。BCH 码与 LDPC 码主要用来纠正随机错误，加上位交织之后则可纠正突发错误。FEC 系统建立在 LDPC 码的基础之上，它提供了普通帧（码长 64800bit）和短帧（码长 16200bit）两种模式，并分别支持 11 种和 10 种码率，见表 3-3、表 3-4，它们分别适用于不同的应用场合。FEC 系统的输入是包含 K_{bch} bit 的 BBFRAME（基本比特流），输出是长度为

n_{ldpc} bit 的 FECFRAME（前向纠错帧）。图 3-17 给出了 FEC 系统交织前的数据格式，由图 3-17 可知，BCH 编码后的输出码字即 LDPC 编码的信息位。

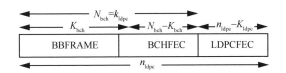

图 3-17　FEC 系统位交织前的数据格式

表 3-3　码参数（$n_{\text{LDPC}}=64800$）

码率	未编码 BCH	编码后 BCH	BCH 纠正错误	LDPC 码长
1/4	16008	16200	12	64800
1/3	21408	21600	12	64800
2/5	25728	25920	12	64800
1/2	32208	32400	12	64800
3/5	38688	38880	12	64800
2/3	43040	43200	10	64800
3/4	48408	48600	12	64800
4/5	51648	51840	12	64800
5/6	53840	54000	10	64800
8/9	57472	57600	8	64800
9/10	58192	58320	8	64800

表 3-4　码参数（$n_{\text{LDPC}}=64800$）

码率	未编码 BCH	编码后 BCH	BCH 纠正错误	实际码率	LDPC 码长
1/4	3076	3240	12	1/5	16200
1/3	5232	5400	12	1/3	16200
2/5	6312	6480	12	2/5	16200
1/2	7032	7200	12	4/9	16200
3/5	9552	9720	12	3/5	16200
2/3	10632	10800	12	2/3	16200
3/4	11712	11880	12	11/15	16200
4/5	12432	12600	12	7/9	16200
5/6	13152	13320	12	37/45	16200
8/9	14232	14400	12	8/9	16200
9/10	NA	NA	NA	NA	NA

2）编码算法分析

LDPC 码的编码任务是由 k_{ldpc} 个信息比特组得到 $n_{\text{ldpc}} - k_{\text{ldpc}}$ 个奇偶校验比特 $(p_0, p_1, \cdots, p_{n_{\text{ldpc}}-k_{\text{ldpc}}-1})$，最后得到码字 $(i_0, i_1, \cdots, i_{k_{\text{ldpc}}-1}, p_0, p_1, \cdots, p_{n_{\text{ldpc}}-k_{\text{ldpc}}-1})$。其具体过程概括如下。

第一步，初始化校验位：$p_0 = p_1 = \cdots = p_{n-k-1} = 0$。

第二步，计算信息位对奇偶校验位的贡献，计算式如下：

$$p_j = p_j \oplus i_m, j = \{x + m \bmod 360 \times q\} \bmod (n_{\text{ldpc}} - k_{\text{ldpc}}) \tag{3-14}$$

其中，p_j 是第 j 个校验位，i_m 是第 m 个信息位，$n_{\text{ldpc}} - k_{\text{ldpc}}$ 是奇偶校验位的个数。x 表示奇偶校验位的地址取 DVB-S2 标准附录 B 和附录 C 提供的相应地址列表的第 x 行数据。这两个附录分别给出了长码（码长为 64800）约 11 种码率和短码（码长为 16200）的 10 种码率的奇偶校验位地址。q 是由码率 R 决定的常量。

第三步，当所有的信息比特均被使用之后，最终的校验比特节点通过以下方式得到，顺序执行如下操作：

$$p_j = p_j \oplus p_{j-1} (j = 1, 2, \cdots, n_{\text{ldpc}} - k_{\text{ldpc}} - 1) \tag{3-15}$$

最后 p_j 的内容即奇偶比特 p_j 的值。这样便得到了码长为 n_{ldpc} 的 LDPC 码的码字 $(i_0, i_1, \cdots, i_{k_{\text{ldpc}}-1}, p_0, p_1, \cdots, p_{n_{\text{ldpc}}-k_{\text{ldpc}}-1})$。

在研究中发现，DVB-S2 标准中的 LDPC 码是非规则累积（IRA）码，其校验矩阵的形式为 $\boldsymbol{H} = [\boldsymbol{H}_1 \boldsymbol{H}_2]$。其中，子矩阵 $\boldsymbol{H}_1$ 是 $m \times k$ 维的稀疏矩阵，$\boldsymbol{H}_2$ 是 $m \times m$ 维的满秩矩阵，m 为校验比特的个数，k 为信息比特的个数，子矩阵 $\boldsymbol{H}_2$ 的结构是固定的。则对于 IRA-LPDC 码来说，其校验矩阵构造的重点在于 $\boldsymbol{H}_1$ 的构造。DVB-S2 标准中给出了不同码率下对应的奇偶校验位的累加地址，则校验矩阵的构造即找出 $\boldsymbol{H}_1$ 矩阵中"1"所在的位置。由于 $\boldsymbol{H}_1$ 是稀疏矩阵且具有周期性，周期性 $\boldsymbol{H}_1$ 矩阵的伪随机构造，可以在保证没有编码性能损失的情况下大大减少存储量。DVB-S2 标准中 $\boldsymbol{H}_1$ 可以按照每连续的 360 列为一组，分解 $k/360$ 组，且每组的列重必须相同。第 i 列中"1"所在行的位置由 DVB-S2 标准附录 B 及附录 C 中表格的第 $\lfloor i/360 \rfloor$ 行对应的数据加上 $Q \times (i\%360 - 1) + 1$，其中 $\lfloor i/360 \rfloor$ 表示对 $i/360$ 向下取整，即取小于或等于 $i/360$ 的最大整数，Q 是一个由 LDPC 码的码率决定的常量，其计算式为：

$$Q = \frac{N - K}{M} = \frac{N - NR}{M} = \frac{N}{M}(1 - R) \tag{3-16}$$

其中，M 是一个常量，N 是码长，R 是码率。在 DVB-S2 标准中，M 的值为 360，N 的值为 64800 或 16200，其长帧及短帧对应的 Q 值见表 3-5。

表 3-5　不同码率对应的 Q 值

码率	Q（长帧 N=64800）	Q（短帧 N=16200）
1/4	135	36
1/3	120	30
2/5	108	27
1/2	90	25
3/5	72	18
2/3	60	15
3/4	45	12
4/5	36	10
5/6	30	8
8/9	20	5
9/10	18	NA

这里给出对码长 N=64800，码率分别为 1/2、2/3、3/4、5/6、8/9 的符合 DVB-S2 标准的码进行置换，使用分层译码算法的译码性能如图 3-18 所示。

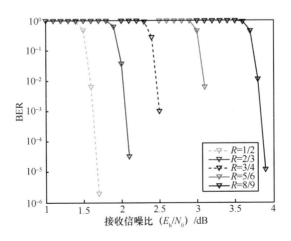

图 3-18　使用分层译码算法的译码性能

| 3.2   数字载波调制 |

在卫星通信中，信道为带通信道，数字基带信号需要调制到正弦形载波上才可以进行频带传输。用基带信号去控制载波的某些参量，实现数字基带信号的频带调制，称为数字信号的载波调制。

在数字载波调制中，调制信号是取值离散的基带信号。由于信号是离散的，数字调制通常采用键控的方式来实现，控制载波的相位，称为相位键控（PSK）；联合控制载波的幅度及相位两个参量，称为相位幅度调制（PAM）；控制载波的频率，称为频移键控（FSK）。本节主要介绍卫星通信中常用的数字载波调制方式的基本原理。

3.2.1   二进制移位相控

（1）BPSK 信号产生

二进制相移键控（2PSK 或 BPSK）就是利用二进制数字信号"0"和"1"去控制载波的相位。BPSK 典型的星座映射关系为在数字信号"0"的持续时间内，载波相位不受影响；而在数字信号"1"的持续时间内，载波相位将叠加一个 π 的调制相位，如图 3-19 所示。

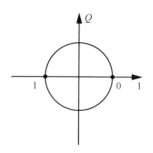

图 3-19   BPSK 典型的星座映射关系

BPSK 信号的产生过程如图 3-20 所示，可以用式（3-17）表示：

$$S_{\text{BPSK}}(t) = \left[\sum_{-\infty}^{\infty} a_n g_T(t - nT_s) \right] \cos \omega_c t \qquad (3\text{-}17)$$

其中，a_n 的取值为 +1、−1 的二进制序列，$g_T(t)$ 为基带发送成形滤波器冲击响应，

T_s 为调制符号周期。

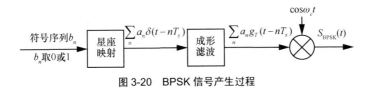

图 3-20　BPSK 信号产生过程

（2）BPSK 信号的平均功率谱密度

BPSK 信号功率谱密度函数是将数字基带成形滤波后序列的功率谱密度函数搬移到频带。BPSK 信号功率谱密度函数为：

$$P_{\mathrm{BPSK}}(f) = \frac{1}{4}\left[P_{\mathrm{b}}(f - f_c) + P_{\mathrm{b}}(f + f_c)\right] \tag{3-18}$$

其中，$P_{\mathrm{b}}(f)$ 为基带信号 $S_{\mathrm{b}}(t) = \sum_{-\infty}^{\infty} a_n g_T(t - nT_s)$ 的功率谱。当信息序列中"0""1"等概率出现时，BPSK 信号没有直流分量，因此其功率谱 $P_{\mathrm{BPSK}}(f)$ 中不存在离散的载波分量。BPSK 信号的带宽为基带数字信号 $S_{\mathrm{b}}(t)$ 的两倍。当 $g_T(t)$ 为矩形脉冲波形时，可以得到：

$$P_{\mathrm{b}}(f) = T_s \left(\frac{\sin(\pi T_s f)}{\pi T_s f}\right)^2 \tag{3-19}$$

因此，BPSK 信号（等概率二元码）的功率谱为：

$$P_{\mathrm{BPSK}}(f) = \frac{T_s}{4}\left[\left(\frac{\sin\pi T_s(f - f_c)}{\pi T_s(f - f_c)}\right)^2 + \left(\frac{\sin\pi T_s(f + f_c)}{\pi T_s(f + f_c)}\right)^2\right] \tag{3-20}$$

（3）二进制信号的传输性能

在理想限带及加性高斯白噪声的信道条件下，BPSK 频带传输的系统结构如图 3-21 所示。

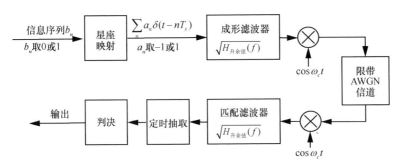

图 3-21　BPSK 频带传输系统结构

对于二进制调制信号，误码率的通用表达式为：

$$P_b = \frac{1}{2}\text{erfc}\left(\sqrt{\frac{E_b(1-\rho)}{2N_0}}\right) \qquad (3\text{-}21)$$

其中，ρ 为与码元相关的系数。与码元相关的系数对误比特率的影响很大，当两种码元的波形相同时，相关系数最大，此时 $\rho=1$，误码率最大，$P_b = 1/2$；当两种码元的波形相反时（比如 BPSK 信号），相关系数最小，此时 $\rho = -1$，误码率最小。由此可以推算出 2ASK 信号的性能比 2FSK 信号的性能差 3dB，2FSK 信号的性能比 2PSK 信号的性能差 3dB。

图 3-22 为几种类型二进制系统的误码率曲线。

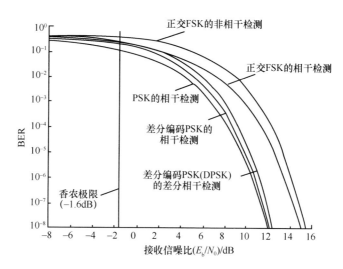

图 3-22　几种类型二进制系统的误码率曲线

3.2.2　四相移相键控（QPSK）

（1）QPSK 信号的产生

QPSK 调制相位有 4 个离散的相位状态，一般选用：

$$\theta = (2i-1)\frac{\pi}{4} \qquad (3\text{-}22)$$

图 3-23 给出了一种典型的 QPSK 星座映射关系，从图 3-23 中可以看出，QPSK 的载波相位与 2bit 信息位之间的关系符合格雷码相位关系，采用格雷码相位关系的好处在于当解调错判到相邻相位时，则两个信息位仅错一个比特，这样可以减小误比特率。QPSK 信号可以表示成：

$$S_{\text{QPSK}}(t) = I(t)\cos\omega_c t - Q(t)\sin\omega_c t \tag{3-23}$$

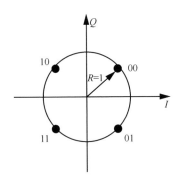

图 3-23　QPSK 星座映射关系

QPSK 信号正交调制原理如图 3-24 所示。可以看出，信息速率为 R_b 的发送信息序列 b_n（取值为 0、1），经过星座映射后映射成同相分量 I_n 与正交分量 Q_n（取值为 +1 或 −1），分别经过成形滤波后对正交载波 $\cos\omega_c t$ 及 $\sin\omega_c t$ 进行 BPSK 调制。将这两路 BPSK 信号相加可以得到 QPSK 调制信号。

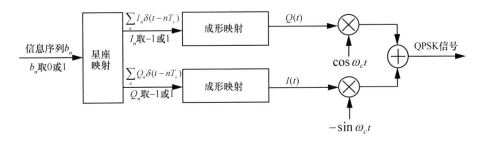

图 3-24　QPSK 信号正交调制原理

（2）QPSK 信号功率谱

由图 3-24 中可看出，QPSK 信号由两路正交的 BPSK 信号线性相加得到，因此 QPSK 信号的功率谱为同相支路与正交支路 BPSK 信号功率谱密度的线性叠加，即：

$$P_{\mathrm{QPSK}}\left(f\right)=\frac{T_{s}}{4}\left[\left(\frac{\sin \pi T\left(f-f_{s}\right)}{\pi T\left(f-f_{s}\right)}\right)^{2}+\left(\frac{\sin \pi T\left(f+f_{s}\right)}{\pi T\left(f+f_{s}\right)}\right)^{2}\right]$$ （3-24）

对于 QPSK 调制信号，$T_s = 2T_b$，因此在相同信息速率条件下，QPSK 调制信号带宽为 BPSK 信号的一半。为了改善频谱特性，与 BPSK 一样，QPSK 信号也需要进行成形滤波。

（3）QPSK 信号的传输性能

在限带及加性高斯白噪声信道条件下，QPSK 信号的相干解调示意图如图 3-25 所示。

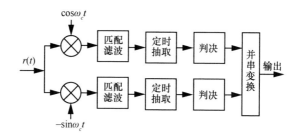

图 3-25　QPSK 信号相干解调

QPSK 采用匹配滤波的最佳接收传输系统的平均误比特率表达式为：

$$P_{\mathrm{b}}=\frac{1}{2}\mathrm{erfc}\left(\sqrt{\frac{E_{b}}{N_{0}}}\right)=Q\left(\sqrt{\frac{2E_{b}}{N_{0}}}\right)$$ （3-25）

由误比特率表达式可以看出，在 E_b/N_0 相同的条件下，QPSK 与 BPSK 具有相同的误比特性能。因此对于卫星通信系统来说，在信息速率、天线发射功率、噪声功率谱密度相同的条件下，采用 QPSK 比采用 BPSK 可以节省一半的信道带宽，且可以获得相同的传输性能。

（4）偏移四相移相键控（OQPSK)

OQPSK 是 QPSK 调制的一种修正形式。OQPSK 与 QPSK 的不同之处在于经过星座映射后，正交支路相对于同相支路延时了半个符号，载波相位只可能发生±90°相位变化而不会发生 180°的相位突变。因此 OQPSK 信号包络起伏小，限带 OQPSK 信号的包络最大值与最小值之比约为 $\sqrt{2}$，与 QPSK 信号包络的变化相比情况有所改善。OQPSK 信号调制原理如图 3-26 所示。

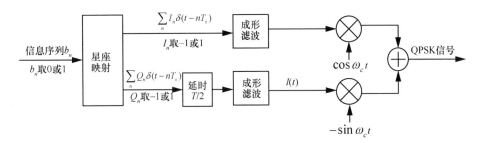

图 3-26 OQPSK 信号调制原理

与 QPSK 相同，OQPSK 可以看作两路正交的 BPSK 信号的叠加，所以其功率谱与 QPSK 相同，其最佳接收的平均误比特率也与 QPSK 相同。

3.2.3 M 进制移相键控（MPSK）

由于卫星信道频率资源有限，为了有效提高信道的频带利用率，可以采用 M 进制数字调制。在卫星通信中，应用较多的是 QPSK、8PSK、16QAM 及与 16QAM 性能相当的 16APSK 调制。

（1）MPSK 信号的产生

为了便于理解，以卫星通信中常用的 8PSK 为例说明 MPSK 信号的产生原理。8PSK 信号的一种典型星座映射关系如图 3-27 所示。

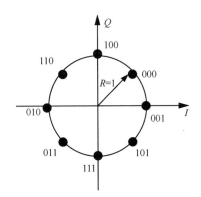

图 3-27 8PSK 信号的一种典型星座映射关系

8PSK 信号产生的原理如图 3-28 所示。

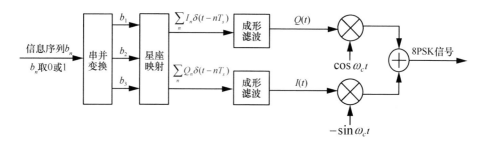

图 3-28　8PSK 信号产生的原理

从图 3-28 中可以看出，8PSK 信号同样可以表示为两路正交信号之和，其每个支路可以看作多电平振幅调制信号，即：

$$S_{8PSK}(t) = I(t)\cos \omega_c t - Q(t)\sin \omega_c t \tag{3-26}$$

图 3-28 中输入的二进制序列 b_n 经过串并变换后成为 3bit 并行码，3bit 并行码相当于一个八进制码。星座点与 3bit 并行码符合格雷码映射关系，即相邻星座点对应信息位仅有 1bit 不同。

（2）MPSK 的平均功率谱密度

由于 MPSK 可以看成两路正交载波的多电平振幅键控信号相叠加，因此其功率谱密度为同相支路与正交支路的功率谱密度相加。在二进制信息为 0、1 等概率出现且统计独立的情况下，MPSK 信号的平均功率谱密度表达式为：

$$P_{MPSK}(f) = \frac{E_s}{4}\left[\left(\frac{\sin \pi T_s(f - f_s)}{\pi T_s(f - f_s)}\right)^2 + \left(\frac{\sin \pi T_s(f + f_s)}{\pi T_s(f + f_s)}\right)^2\right] \tag{3-27}$$

对于 M 进制调制方式，符号周期 $T_s = MT_b$。

（3）MPSK 信号的传输性能

MPSK 信号的最佳接收如图 3-29 所示。

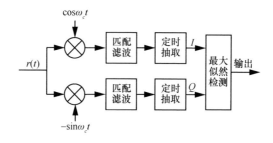

图 3-29　MPSK 信号的最佳接收

在 MPSK 各符号等概率出现的情况下，最佳接收采用最大似然准则，即选择与接收信号矢量 $[r_I, r_Q]$ 相位最接近的发送符号星座点作为判决输出，除了 $M = 2$、$M = 4$ 以外，MPSK 最佳接收系统的误符号率没有闭合表达形式。当 $M > 4$ 时，对于 P_s 的分析求解比较复杂，只能用近似的方法求解。在 $E_b/N_0 \gg 1$ 的情况下，可以近似得到 MPSK 的平均误符号率为：

$$P_s \approx 2Q\left(\sqrt{2 \mathrm{lb} M\left(\frac{E_b}{N_0}\right)} \sin\left(\frac{\pi}{M}\right)\right) \tag{3-28}$$

高斯信道下 MPSK 误码性能仿真结果如图 3-30 所示。由图 3-30 可以看出，在给定 E_b/N_0 的情况下，误码率随着 M 的增大而增大，这是因为随着 M 的增大，信号矢量空间中最小欧氏距离变小。在相同信息速率的条件下，M 越大，占用的信道带宽越小，但是为了满足系统性能的要求，需要增大信号发射功率，也就是说节省带宽是以增加信号发射功率为代价的。

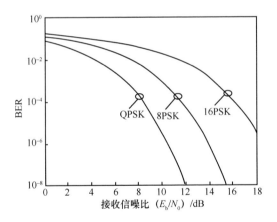

图 3-30　MPSK 误码性能仿真结果

3.2.4　M 进制正交幅度调制（MQAM）

（1）MQAM 信号的产生

正交幅度调制是由两路正交载波的振幅键控叠加而成的，MQAM 与 MPSK 最大的区别在于 MQAM 的信号星座点不在同一圆上。其星座点的 I、Q 幅度相互独立。下面以卫星通信中常用的 16QAM 为例说明 MQAM 的原理及特点。一种典型的 16QAM 信号星座图如图 3-31 所示。

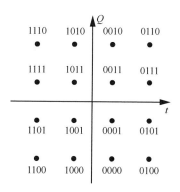

图 3-31 16QAM 信号星座图

MQAM 信号同样可以表示为：

$$S_{\mathrm{MQAM}}(t) = I(t)\cos \omega_c t - Q(t)\sin \omega_c t \qquad (3\text{-}29)$$

MQAM 信号的产生原理与 MPSK 信号的产生原理相同，16QAM 与 16PSK 信号的产生原理如图 3-32 所示。

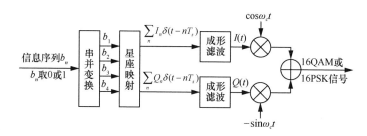

图 3-32 16QAM 与 16PSK 信号产生原理

由于 MPSK 和 MQAM 信号均可以看成两个正交的抑制载波双边带调幅信号的叠加，因此它们的功率谱取决于同相支路和正交支路基带信号的功率谱，其功率谱密度同样为正交支路与同相支路功率谱之和。

在给定信息速率及调制阶数 M 的情况下，MQAM 与 MPSK 信号功率谱相同，频带利用率相同。当成形滤波器具有平方根升余弦特性时，MQAM 及 MPSK 信号的频带利用率为：

$$\frac{R_b}{B} = \frac{R_b}{(1+\alpha)R_s} = \frac{R_b}{(1+\alpha)\frac{R_b}{\mathrm{lb}M}} = \frac{\mathrm{lb}M}{1+\alpha} \qquad (3\text{-}30)$$

（2）矩形 MQAM 信号的传输性能

MQAM 信号的最佳接收框图与 MPSK 信号相同。对于 MQAM 信号来说，在给定平均功率情况下，不同星座图下信号的最小欧氏距离会有所不同，因此误码率也会不同。

矩形 MQAM 信号可以按照同相及正交支路 $\sqrt{M}$ 进制 ASK 信号进行解调，矩形星座 MQAM 信号的误符号率近似为：

$$P_s \approx 4\left(1-\frac{1}{\sqrt{M}}\right)Q\sqrt{\frac{3}{M-1}\cdot\frac{E_b}{N_0}} \qquad (3\text{-}31)$$

对于其他星座，如十字形星座，误符号率的分析较为复杂，且不常用，这里不予讨论。同样，在考虑格雷码编码方式且信噪比较高的条件下，误比特率可近似表示为：

$$P_b \approx \frac{P_s}{\mathrm{lb}M} \qquad (3\text{-}32)$$

（3）MPSK 与 MQAM 信号抗噪声性能比较

多进制信号的抗噪声性能主要由其信号空间的最小欧氏距离 $d_{\min}$ 所决定。在给定信噪比条件下，$d_{\min}$ 越大，误符号率越低。下面以 16PSK 及 16QAM 为例分析多进制信号抗噪声性能关系。

以 16QAM 信号星座图为参考，考虑 16 个星座点等概率出现的条件下，16QAM 信号平均功率 $P_{16\mathrm{QAM}}=5$，最小欧氏距离 $d_{\min,16\mathrm{QAM}}=2$。而对于相同功率的 16PSK 信号来说，其信号的最小欧氏距离 $d_{\min,16\mathrm{PSK}}=1.233$，则可以得到：

$$20\lg\left(\frac{d_{\min,16\mathrm{QAM}}}{d_{\min,16\mathrm{PSK}}}\right) = 20\lg\frac{2}{1.233} = 4.2 \qquad (3\text{-}33)$$

由式（3-33）可知，16QAM 较 16PSK 信号误码性能可以改善 4.2dB。用类似的方法可以得到 8QAM 较 8PSK 性能改善 1.6dB，32QAM 较 32PSK 性能改善 7dB。因此，在工程应用中，在 $M>8$ 的情况下，通常采用 MQAM 调制方式。几种 MQAM 与 MPSK 性能比较如图 3-33 所示。

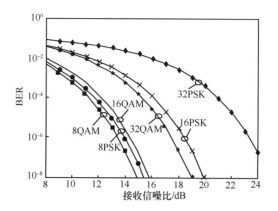

图 3-33　MQAM 与 MPSK 性能比较

3.2.5　*M* 进制幅度相位调制（MAPSK）

传统的矩形 QAM 调制方式存在较多的幅度：通过卫星非线性转发器时，一部分幅度离饱和点偏远，功率效益不高；一部分幅度离饱和点较近，信号非线性失真较严重，加大了预失真校正的复杂度。因此，在设计卫星信道的高阶调制方式时，应尽量减小信号幅度的起伏，这样星座呈圆形、圆周个数少的 APSK 调制成为首选。APSK 是与传统的 QAM 不一样的幅度相位调制方式，其分布呈中心向外沿半径发散，如图 3-34 所示。

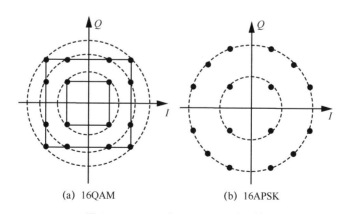

(a) 16QAM　　　　　　　　　(b) 16APSK

图 3-34　16QAM 与 16APSK 星座比较

与 16QAM 相比，16APSK 减小了幅度变化，16QAM 有 3 个圆周，而 16APSK 有两个圆周，更易于对转发器进行补偿，适应线性特性相对不好的卫星传输信道，获得更高频率利用率，使得高阶调制方式通过卫星信道传输成为可能。

（1）MAPSK 信号的产生

通信系统中，MAPSK 的星座图由同心圆组成，每个圆上分布着等间隔的 PSK 信号点，每个点都是复值，其信号集 C 可表示为：

$$C = R_k \exp\left[\text{j} \times \left(\frac{2\pi}{n_k} i_k + \theta_k \right) \right] \qquad (3\text{-}34)$$

其中，R_k 为信号第 k 个圆周的半径，$\frac{2\pi}{n_k} i_k + \theta_k$ 为星座中信号的相位，n_k 为第 k 个圆周的信号点数，i_k 为第 k 个圆周上的一个点，$i_k = 0,1,\cdots,n_{k-1}$，θ_k 为第 k 个圆周上信号点的初始相位。

16APSK 星座有两个同心圆，半径分别为 R_1、R_2，内圆为 4 个点，外圆为 12 个点，信号集表达式为：

$$C_1 = R_1 \exp\left[\text{j} \times \left(\frac{\pi}{2} i_1 + \frac{\pi}{4} \right) \right], \ i_1 = 0,1,2,3 \qquad (3\text{-}35)$$

$$C_2 = R_2 \exp\left[\text{j} \times \left(\frac{\pi}{6} i_2 + \frac{\pi}{12} \right) \right], \ i_2 = 4,5,\cdots,15 \qquad (3\text{-}36)$$

外圆半径与内圆半径的比值为 $\gamma = R_2 / R_1$，参考 DVB-S2 中的规定，γ 取值见表 3-6。

表 3-6　不同码率对应的 γ 值

码率	调制/编码频谱效率	γ
2/3	2.66	3.15
3/4	2.99	2.85
4/5	3.19	2.75
5/6	3.32	2.70
8/9	3.55	2.60
9/10	3.59	2.57

（2）APSK 信号的解调

APSK 信号与 QAM 一样，是幅度和相位联合调制的一种调制方式，因此 APSK 信号的解调同样可以采用正交的相干解调方法。在每个 PSK 调制环上，同相支路和正交支路的 L 电平基带信号用有（$L-1$）个门限电平的判决器判决后，分别恢复出二进制序列，最后经过并串变换将两路二进制序列合成一个速率为 R_b 的二进制序列。APSK 解调原理如图 3-35 所示。

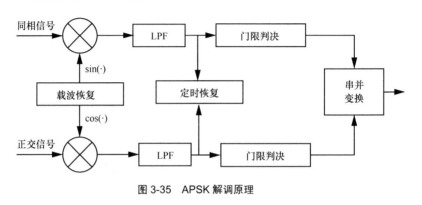

图 3-35　APSK 解调原理

3.2.6　OFDM 调制

早期的多载波调制中，各子载波上的信号的频谱是不重叠的。若两个信号的频谱不重叠，它们自然是正交的，但频谱不重叠不是正交的必要条件，只要频差合理，同样能够实现正交。OFDM 便是这样一种多载波调制，其子载波间隔是子载波上符号间隔的倒数，各子载波的频谱是重叠的，这种重叠使得频谱效率显著提高。20 世纪 70 年代，Weinstein 和 Ebert 提出用离散傅里叶变换（DFT）及其逆变换（IDFT）进行 OFDM 多载波调制方式的运算，DFT 及 IDFT 存在快速算法：FFT 和 IFFT，它使 OFDM 能够以低成本的数字方式实现。20 世纪 80 年代，随着 OFDM 理论的不断完善、数字信号处理及微电子技术的快速发展，OFDM 技术也逐步走向实用化。大约从 20 世纪 90 年代起，OFDM 技术开始应用于各种有线及无线通信中，包括数字用户线（DSL）、数字视频广播（DVB）、无线局域网（WLAN）、4G/5G 移动通信系统。

OFDM 的收发信机原理如图 3-36 所示。

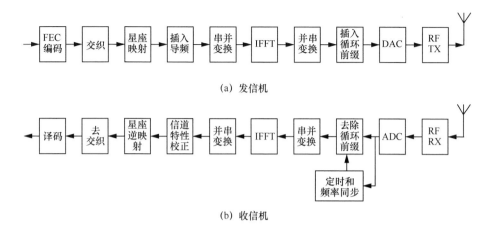

（a）发信机

（b）收信机

图 3-36　OFDM 的收发信机原理

（1）OFDM 调制系统的发信机

在发射端，二进制数据经纠错编码、交织后映射到 QAM 星座，得到一个 QAM 复数符号序列，再经串并变换后的 N 个并行 QAM 符号$\{\&\}$,符号周期为 T_{50}，在每个 T_s 周期内，此 N 个并行的$\{A\}$经过 IFFT，将 OFDM 复包络的频域样值变换为时域样值$\{a_m\}$，再进行并串变换，将并行的时域样值变换成按时间顺序排列的串行时域样值，然后在每个 OFDM 符号之前插入循环前缀。通过 D/A 变换后，将离散时间的复包络变成连续时间的复包络。再将复包络的实部及虚部通过正交调制器得到 OFDM 信号（实带通信号），将基带信号通过上变频搬移到射频 π 上，再经过功率放大后，发送出去。

（2）OFDM 收信机

接收端进行与发射端相反的变换，恢复出原数据。若 OFDM 接收系统采用相干解调，则需要估计信道的传递函数或冲激响应（二者等价）。信道估计也是 OFDM 的关键技术之一。

（3）OFDM 在卫星发射机上应用的问题

影响 OFDM 技术在卫星通信应用的一个关键的因素是卫星功放，与单载波系统相比较，多载波调制系统峰均比远大于单载波系统，不利于在发射端使用非线性功率放大器。为了追求高效率，卫星功放通常需要工作在饱和状态，对于 OFDM 调制技术而言会带来非线性失真，从而导致信号星座旋转或模糊，影响正确解调。信号的峰均比是一个衡量 OFDM 信号是否容易受非线性失真影响的重要参数，峰均比越高，调制信号越容易受功放非线性影响。功放非线性失真影响如图 3-37 所示。

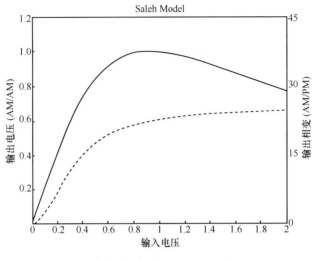

图 3-37　功放非线性失真影响

采用循环冗余前缀 CP-OFDM 调制，CP-OFDM 信号是由窄带正交的子载波交叠组成的，信号的峰均比是子载波数量的函数，而功放非线性引起的失真度又是 PAPR 的函数，峰均比越高，非线性功放引起的失真度越大。功放的非线性失真可以通过工作点回退来减少，但需要以降低功放的效率为代价。通常需要在工作点回退（OBO）和非线性信号失真之间做出折中，使得输出功率降低和信号失真引起的综合性能损失（TD）最小。无失真星座图和非线性失真星座图如图 3-38 和图 3-39 所示。

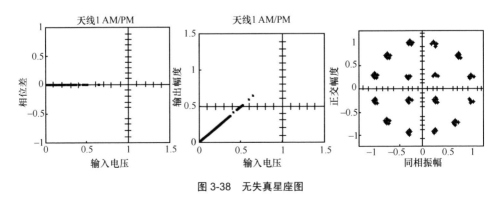

图 3-38　无失真星座图

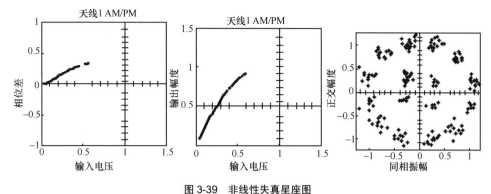

图 3-39　非线性失真星座图

在一个典型的卫星发射机中，对于 QPSK 调制方式，通过合理地设置 OBO，CP-OFDM 波形综合性能损失（TD）最小为 6dB，而 DFT-S-OFDM 波形综合性能损失（TD）最小为 4dB；对于 16QAM 调制方式，CP-OFDM 波形综合性能损失（TD）最小为 7.6dB，而 DFT-S-OFDM 波形综合性能损失（TD）最小为 6dB，CP-OFDM 和 DFT-S-OFDM 的综合性能差别 1.6～2dB。无论卫星是带宽受限还是功率受限，对于目前的卫星链路空口来说，2dB 的功率回退都意味着 20%～40%的链路容量的损失。DFT-S-OFDM 与 CP-OFDM 的性能对比结果如图 3-40 所示。

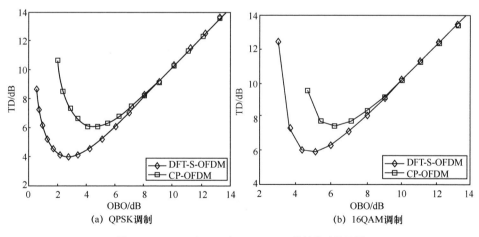

图 3-40　DFT-S-OFDM 与 CP-OFDM 的性能对比结果

3.2.7　OTFS 调制

目前，4G 和 5G 采用的多载波调制（Multi-Carrier Modulation, MCM）技术

天地一体化信息网络架构与技术

为正交频分复用（Orthogonal Frequency Division Multiplexing, OFDM）技术，它具有良好的抗频率选择性衰落。对于静态衰落信道，在一个 OFDM 符号周期内信道状态是不变的，OFDM 系统可以完全消除多径干扰的影响。然而，在高速移动场景中，这些条件不再成立，较快的相对移动速度会产生更大的多普勒效应，而多普勒效应会造成载波频率偏移（Carrier Frequency Offset, CFO），这使得 OFDM 的调制子载波之间的正交性受到严重破坏，性能急剧恶化。此外，高速移动还会引起时变多径信道的快衰落，使高速移动无线通信中的信道估计不准确以及相应的时频自适应技术失效，系统接收端检测性能急剧恶化。因此，2017 年 Hadani 针对高速移动无线通信提出了能有效抵抗高多普勒的正交时频空（Orthogonal Time Frequency Space, OTFS）调制技术，该技术引起了无线通信领域相关学者的广泛关注。OTFS 调制技术是一种时延–多普勒域信号复用技术，它充分利用了时延–多普勒域信道的正交性、时不变性。凭借着时延–多普勒域信道的满分集增益特点、信息符号在时延–多普勒域上有相同信道增益以及在该域上的有效均衡技术，OTFS 调制技术在高多普勒场景、短分组通信以及大规模天线技术中都有着很好的应用前景。

OTFS 调制是一种工作在时延–多普勒域上的信号传输技术，其中每一个传输符号都经历了一个近似恒定的增益，其系统框图如图 3-41 所示。

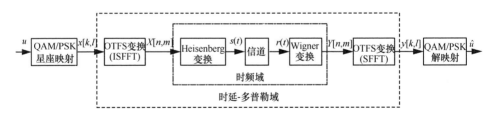

图 3-41　OTFS 调制/解调的系统框图

由图 3-41 可知，OTFS 调制的实现是在发射端和接收端分别进行一对串联的二维变换。待发送的信息比特序列 u 首先经过信号星座映射，产生已调符号序列，这些已调星座点信号经排列后作为时延–多普勒域上的信息符号 $x[k,l]$。OTFS 调制器通过 OTFS 变换（由逆辛有限傅里叶变换（Inverse Symplectic Inite Fourier Transform, ISFFT）和窗函数组成）将时延–多普勒域上的符号 $x[k,l]$ 变换为时频域上的符号 $X[n,m]$，然后通过海森堡（Heisenberg）变换将 $X[n,m]$ 变换为在无线信道中传输的时域信号 $s(t)$。在接收端，先通过 Wigner 变换（即 Heisenberg 逆变换）将接收的时

域信号 $r(t)$ 变换到时频域上的信号 $Y[n,m]$，然后通过相应的 OTFS 变换（SFFT 变换）将 $Y[n,m]$ 变换为时延-多普勒域上的信号 $y[k,l]$，再对其做相应的信号检测，最终得到估计的信息比特序列 $\hat{u}$。

3.2.8　OTFS 变换（ISFFT）

OTFS 变换包括两部分：ISFFT 和加窗操作。假定将时-频域离散化为二维网格 $\Lambda = \left\{ (nT, m\Delta f) : n, m \in Z \right\}$，其中沿时间轴有 N 点，间隔为 T；沿频率轴有 M 点，间隔为 $\Delta f = 1/T$。这样，OTFS 系统发送的信号（数据帧）是一个总时长为 $T_f = NT$ 秒，带宽为 $B = M\Delta f$ Hz 的数据包。其在时延-多普勒域上对应的为二维网格 $\Gamma = \left\{ (k\Delta\tau, l\Delta v) : k, l \in Z \right\}$，沿时延轴有 M 点，间隔为 $\Delta\tau = 1/(M\Delta f)$；沿多普勒轴有 N 点，间隔为 $\Delta v = 1/(NT)$。图 3-42 为时-频域的二维网格图和时延-多普勒域的二维网格图。值得注意的是，时-频域上的二维网格可以解释为 N 个多载波符号的序列，每个符号由 M 个子载波组成。

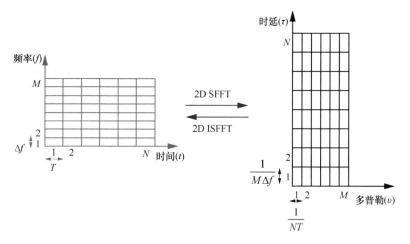

图 3-42　时-频域和时延-多普勒域上的二维网格图

令 $\mathcal{A}_X \subset \mathbb{C}$ 表示一个 QAM 或 PSK 信号集（星座）。OTFS 变换通过 ISFFT 以及加窗操作将时延-多普勒域上的符号 $x[k,l] \in \mathcal{A}_X$ 映射为时频域符号 $X[n,m]$，即：

$$X[n,m] = W_{tx}[n,m]\mathrm{SFFT}^{-1}\left(x[k,l]\right) = \frac{1}{\sqrt{NM}}W_{tx}[n,m]\sum_{k=0}^{N-1}\sum_{l=0}^{M-1}x[k,l]\mathrm{e}^{\mathrm{j}2\pi\left(\frac{nk}{N}-\frac{ml}{M}\right)} \quad (3\text{-}37)$$

其中，$W_{tx}[n,m]$ 为发送窗函数。式（3-37）将每一个信息符号 $x[k,l]$ 用一个二维基函数 $\exp\left(j2\pi\left((nk)/N-(ml)/M\right)\right)$ 在时频域上调制而成。

观察式（3-37），当发送窗函数为矩形窗时，ISFFT 变换等价为对时延-多普勒域上的符号矩阵 $X_{N\times M}=\{x[k,l]\}$ 的列做 N 点逆快速傅里叶变换（Inverse Fast Fourier Transform，IFFT），然后对其行做 M 点快速傅里叶变换（Fast Fourier Transform，FFT）。

3.2.9　Heisenberg 变换

OTFS 变换后，利用 Heisenberg 将时频网格上的符号 $X[n,m]$ 变换为连续的时域波形 $s(t)$，如下所示：

$$s(t)=\sum_{n=0}^{N-1}\sum_{m=0}^{M-1}X[n,m]g_{tx}(t-nT)e^{j2\pi m\Delta f(t-nT)} \tag{3-38}$$

其中，$g_{tx}(t)$ 是发送符号成形脉冲，并且假定发送脉冲 $g_{tx}(t)$ 和相应的接收脉冲 $g_{rx}(t)$ 的内积相对于时间 T 和频率 Δf 的平移是双正交的（Bi-Orthogonal）的，即：

$$\int g_{tx}^*(t)g_{rx}(t-nT)e^{j2\pi m\Delta f(t-nT)}dt=\delta(m)\delta(n) \tag{3-39}$$

从而避免了接收符号中的符号间干扰（理想信道条件下）。

值得注意的是，式（3-39）是 OFDM 调制的推广，如果发送脉冲 $g_{tx}(t)$ 是一个脉冲宽度为 T 的矩形波，则式（3-39）可以退化为常规的 IFFT。当 $N=1$ 时，图 3-41 中的内框就是一个 OFDM 系统。因此，一个 OTFS 符号可以看作对 N 个连续独立的有着 M 个子载波的 OFDM 符号进行 ISFFT 预编码（OTFS 的多载波解释）。

3.2.10　信道传输和接收

假定信号 $s(t)$ 在时频双选信道上进行传输，该信道的时延-多普勒域表示是一个复基带信道冲激响应 $h(\tau,v)$，该响应由时延 τ 和多普勒 v 两个参数表征。为了简化公式，暂时忽略加性噪声，则接收到的信号 $r(t)$ 由式（3-40）给出：

$$r(t)=\iint h(\tau,v)e^{j2\pi v(t-\tau)}s(t-\tau)d\tau dv \tag{3-40}$$

式（3-40）表示一个以 $s(t)$ 为参量的连续 Heisenberg 变换。当信道中的反射物较少时，与之相关的时延参数 τ 和多普勒参数 ν 也比较少，则在时延-多普勒域中用于信道建模的参数也比较少，故信道响应 $h(\tau,\nu)$ 的稀疏表示可如式（3-41）所示：

$$h(\tau,\nu)=\sum_{i=1}^{P}h_i\delta(\tau-\tau_i)\delta(\nu-\nu_i) \qquad (3\text{-}41)$$

其中，P 表示传播路径的数目；h_i、τ_i、ν_i 分别表示第 i 条路径上的路径增益、时延扩展和多普勒频移；$\delta(\bullet)$ 是狄克拉函数。第 i 条路径的时延和多普勒抽头系数可以通过式（3-42）表示：

$$\tau_i=\frac{l_{\tau_i}}{M\Delta f}\ ,\quad \nu_i=\frac{\kappa_{\nu_i}}{NT} \qquad (3\text{-}42)$$

其中，l_{τ_i} 和 κ_{ν_i} 是整数，分别表示与时延扩展 τ_i 和多普勒频移 ν_i 相关的抽头系数。

前面我们记接收信号为 $r(t)=\iint h(\tau,\nu)s(t-\tau)\mathrm{e}^{\mathrm{j}2\pi\nu t}\mathrm{d}\tau\mathrm{d}\nu$，与式（3-41）相比，信道冲激响应相差一项 $\mathrm{e}^{-\mathrm{j}2\pi\nu\tau}$，这主要是对应于信道冲激响应的两种不同解释：是先应用 delay shift，再应用 Doppler shift，还是反之。这也等价于将时变冲激响应 $h(\tau,\nu)$ 定义为系统对 t 时刻还是对 $t-\tau$ 时刻的冲激函数的响应。在本文后面的讨论中，假定 $h(\tau,\nu)$ 是系统对 t 时刻的冲激函数的响应。

满足双正交条件下，时-频域上的信道表示为：

$$H(t,f)=\iint h(\tau,\nu)\mathrm{e}^{\mathrm{j}2\pi\nu t}\mathrm{e}^{-\mathrm{j}2\pi f\tau}\mathrm{d}\nu\mathrm{d}\tau \qquad (3\text{-}43)$$

$$H[n,m]=\iint h(\tau,\nu)\mathrm{e}^{\mathrm{j}2\pi\nu nT}\mathrm{e}^{-\mathrm{j}2\pi(\nu+m\Delta f)\tau}\mathrm{d}\nu\mathrm{d}\tau=\iint\mathrm{e}^{-\mathrm{j}2\pi\nu\tau}h(\tau,\nu)\mathrm{e}^{-\mathrm{j}2\pi(m\Delta f\tau-nTv)}\mathrm{d}\nu\mathrm{d}\tau \quad (3\text{-}44)$$

3.2.11　Wigner 变换

在接收端，通过 Wigner 变换把接收到的时域信号 $r(t)$ 变换到时频域，即匹配滤波器先通过式（3-45）计算互模糊函数 $A_{g_{rx},r}(t,f)$ 得到 $Y(t,f)$，然后对 $Y(t,f)$ 进行采样得到时频域信号 $Y[n,m]$，如式（3-45）所示：

$$Y(t,f)=A_{g_{rx},r}(t,f)\triangleq\int g_{rx}^{*}(t'-t)r(t')\mathrm{e}^{-\mathrm{j}2\pi f(t'-t)}\mathrm{d}t' \qquad (3\text{-}45)$$

匹配滤波器输出为：

$$Y[n,m] = Y(t,f)\big|_{t=nT,f=m\Delta f}, n = 0,\cdots,N-1, m = 0,\cdots,M-1 \tag{3-46}$$

则时-频域上 OTFS 的输入-输出关系可表示为：

$$Y[n,m] = \sum_{n'=0}^{N-1}\sum_{m'=0}^{M-1} H_{n,m}[n',m'] X[n',m'] \tag{3-47}$$

其中：

$$H_{n,m}[n',m'] = \iint e^{-j2\pi v\tau} h(\tau,v) A_{g_{rx},g_{tx}}\big((n-n')T-\tau,(m-m')\Delta f-v\big) e^{-j2\pi(m'\Delta f\tau - nTv)} d\tau dv$$

$$\tag{3-48}$$

3.2.12 OTFS 变换（SFFT）

接下来，对时-频域上的信号 $Y[n,m]$ 进行 SFFT 即可得到时延-多普勒域符号 $y[k,l]$，如式（3-49）所示：

$$y[k,l] = \text{SFFT}\big(Y[n,m]\big) = \frac{1}{\sqrt{NM}} \sum_{n=0}^{N-1}\sum_{m=0}^{M-1} Y[n,m] e^{-j2\pi\left(\frac{nk}{N}-\frac{ml}{M}\right)} \tag{3-49}$$

若信道中无加性噪声，且信道均衡能完全补偿信道对信号的影响，则接收信号 $y[k,l]$ 就是发送的时延-多普勒域上的信号 $x[k,l]$。

| 3.3 自适应编码调制 |

3.3.1 自适应编码调制原理

在实际的通信系统中，信道环境的路径损耗、噪声、多普勒频移效应以及接收端的性能直接影响着系统传输速率，根据这些因素自适应地调整传输速率，可以改善频谱利用率和传输可靠性。采用自适应传输技术，接收端反馈信道传递信道质量指示给发射端，发射端根据指示来决定采用何种调制编码方式。表 3-7 定义了 29 种编码调制方式（MCS）值，其中 0～28 号给出了具体的码率，以及对应的不同解调信噪比（SNR）。

表 3-7　29 种编码调制方式（MCS）值

	SNR/dB	调制方式	编码效率（1024）	频谱效率/(bit·(s·Hz)$^{-1}$)
0	−6.936	QPSK	78	0.152
1	−5.147	QPSK	120	0.234
2	−3.180	QPSK	193	0.377
3	−2.217	QPSK	251	0.490
4	−1.253	QPSK	308	0.602
5	−0.246	QPSK	379	0.740
6	0.761	QPSK	449	0.877
7	1.730	QPSK	526	1.027
8	2.699	QPSK	602	1.176
9	3.364	QPSK	679	1.326
10	4.029	16QAM	340	1.328
11	4.694	16QAM	378	1.477
12	5.610	16QAM	434	1.695
13	6.525	16QAM	490	1.914
14	7.549	16QAM	553	2.160
15	8.573	16QAM	616	2.406
16	9.171	16QAM	658	2.570
17	9.768	64QAM	438	2.566
18	10.366	64QAM	466	2.730
19	11.328	64QAM	517	3.029
20	12.289	64QAM	567	3.322
21	13.231	64QAM	616	3.609
22	14.173	64QAM	666	3.902
23	14.881	64QAM	719	4.213
24	15.588	64QAM	772	4.523
25	16.701	64QAM	822	4.816
26	17.814	64QAM	873	5.115
27	18.822	64QAM	910	5.332
28	19.829	64QAM	948	5.555

　　卫星通信系统下行链路中，自适应调制编码技术是指每个码字在给定的差错率下，通过选择适当的 MCS 来最大化系统的吞吐量。在发射端，MCS 值通过反馈参数 CQI 来查表获得，规定通过该编码方式的误码率或者误块率（Block Error Rate，BLER）不能超过 0.1。自适应传输流程如图 3-43 所示。

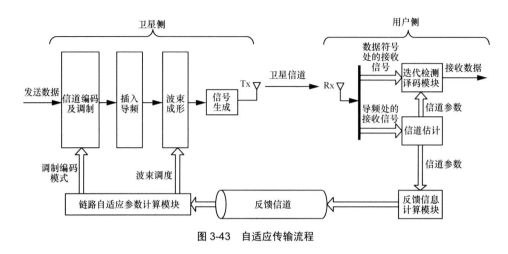

图 3-43　自适应传输流程

3.3.2　等效信噪比映射

在采用多载波技术的卫星通信系统中,每个子载波上的信道响应可能各不相同,采用传统的直接求平均方法或者通过查表法获得差错率都是有缺陷的,因此一般采用等效信噪比映射（Effective SNR Mapping，ESM）的方法来进行计算。等效信噪比映射是链路级到系统级映射过程中一种比较通用的映射方法,基本原理是将一组信噪比转换为一个等效信噪比,然后通过该等效信噪比在 AWGN 信道下的 BLER 获得实际系统上的 BLER。用式（3-50）可以表示其过程:

$$\text{SNR}_{\text{eff}} = \beta I^{-1}\left(\frac{1}{K}\sum_{k=1}^{K}I\left(\frac{\text{SNR}_k}{\beta}\right)\right) \tag{3-50}$$

其中, β 是矫正因子, K 为接收端总的状态数, SNR_k 为每个状态的信噪比, $I(\bullet)$ 为映射方法的函数模型,常用的函数模型有:

- 指数等效信噪比映射模型,其中 $I(\gamma) = \exp(-\gamma)$;
- 互信息量等效信噪比映射模型,其中 $I(\gamma) = I_m(\gamma)$ 。

（1）指数等效信噪比映射

指数等效信噪比映射的函数模型表示为:

$$\text{SNR}_{\text{eff}} = -\beta \ln\left(\frac{1}{K}\sum_{k=1}^{K}\exp\left(-\frac{\text{SNR}_k}{\beta}\right)\right) \tag{3-51}$$

其中, K 为总的状态数; β 为矫正因子,取值与信道模型、调制方式、编码速率等因素有关,它可以使 AWGN 信道下的 BLER 和实际信道更近似。因此,在使用 EESM

函数模型之前，需要求出矫正因子 β 的值，β 的矫正结果如图 3-44 所示，可以看到，矫正后的信道所得到的数据是完全拟合的。

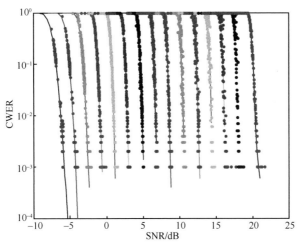

图 3-44　β 矫正结果

（2）互信息等效信噪比映射

互信息等效信噪比映射是通过互信息量与信噪比的非线性关系来获得等效信噪比。在 AWGN 信道下，映射的函数模型为：

$$I(\gamma) = E_{XY}\left\{ \mathrm{lb}\, \frac{P(Y \mid X, \gamma)}{\sum\limits_{X} P(X)P(Y \mid X, \gamma)} \right\} \tag{3-52}$$

其中，X 为调制符号，取值集合为 $\{x_0, x_1, \cdots, x_{2^Q-1}\}$；$Q$ 为调制阶数；Y 为经过 AWGN 信道后的符号。假设发射端取任何一个符号的概率都一样，则条件概率密度函数可以等效为：

$$P(Y \mid x_i) = P(w) \propto \exp(-\gamma \parallel w \parallel^2) \tag{3-53}$$

其中，w 为高斯噪声，γ 为信干噪比。则有：

$$I(\gamma) = Q - \frac{1}{2^Q} \sum_{x_i} E_{Y \mid x_i}\left\{ \mathrm{lb}\, \frac{\sum\limits_{x_j} P(Y \mid x_j)}{P(Y \mid x_i)} \right\} = Q - \frac{1}{2^Q} \sum_{i=0}^{2^Q-1} E_w\left\{ \mathrm{lb}\left(\sum_{j=0}^{2^Q-1} \mathrm{e}^{-\gamma(\parallel x_i - x_j + w \parallel^2 - \parallel w \parallel^2)} \right) \right\} \tag{3-54}$$

根据式（3-54），可以通过仿真得到不同调制阶数下的互信息量曲线，如图 3-45 所示，多个状态下的信干噪比通过该曲线获得相应的互信息量，最后通过互信息量的平均值获得等效信噪比。

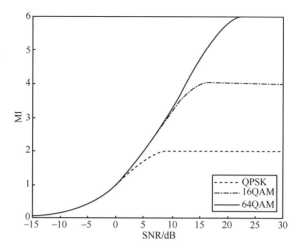

图 3-45　不同调制阶数下的互信息量曲线

最后，通过查表的方式获得 CQI。计算得到的等效信噪比与 BLER-SNR 处 BLER=0.1 的阈值进行比较，选择超过阈值的最大的 CQI 作为反馈，从而使信道拥有最大的吞吐量，具体操作流程如下。

1）通过 AWGN 信道的仿真，获得 29 个 MCS 值的 BLER-SNR 性能曲线，并查找出各个 MCS 值在 BLER=0.1 时所对应的 SNR 值，表示为 $\text{SNR}_{\text{th,index}}$，$\text{index}=1,2,\cdots,29$。

2）通过互信息量等效信噪比映射来获得不同调制阶数下的等效信噪比，从而获得 29 个 MCS 下的等效信噪比，表示为 $\text{SNR}_{\text{eff,index}}$，$\text{index}=1,2,\cdots,29$。

3）通过比较步骤 1）中的阈值 $\text{SNR}_{\text{th,index}}$ 与步骤 2）中的 $\text{SNR}_{\text{eff,index}}$，选择使 $\text{SNR}_{\text{eff,index}}$ 超过 $\text{SNR}_{\text{th,index}}$ 的最大索引所对应的 CQI。用计算式表示为：

$$CQI = \arg \max_{\text{index}\in\{1,\cdots,29\}} \{\text{SNR}_{\text{eff,index}} \geqslant \text{SNR}_{\text{th,index}}\} \qquad (3\text{-}55)$$

3.4　卫星多址技术

从卫星通信网络的构成可以看出，每个卫星天线波束的覆盖区域内通常存在多个地面站，各个地面站均向卫星发送信号，经过卫星转发器的处理交换之后，向接收地面站所处的区域分别进行转发。为了有效区分从各个地面站接收到的信号，卫星网络通常采用多址接入技术。传统的多址接入技术主要有：频分多址接入（FDMA）、时分多址接入（TDMA）、码分多址接入（CDMA）、空分多址接入（SDMA）及其组合形式，下面对这些传统多址接入技术以及新型多址接入技术进行逐一介绍。

3.4.1 频分多址接入技术

（1）基本原理

频分多址（FDMA）接入技术就是将可用的频率带宽分割成互不交叠的多个子频带，不同的用户占用不同的子频带。工作示意图如图 3-46 所示，每个地面站向卫星发射一个或者多个载波，每个载波占用一定的频带，各载波频带间设置一定的保护间隔以防止相邻载波之间的干扰。卫星根据不同的载频来区分各地面站的站址。

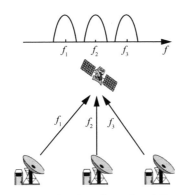

图 3-46　频分多址接入工作示意图

（2）应用模式

FDMA 主要有单路单载波（Single Channel Per Carrier，SCPC）和多路单载波（Multiple Channels Per Carrier，MCPC）两种应用模式。

- 单路单载波方式是在一个载波上传送一路信息，可以是一路语音、一路数据或者一路视频业务。它是一种简单易用、历史悠久的 VSAT 卫星通信技术。
- 多路单载波是在一个载波上通过信道复用技术传送多路信息。一方面，对于发射来说，每个站点把发送给其他站点的所有业务以时分复用的方式形成一股数据流，再送往调制器，调制成一个连续的载波，固定地占用一路卫星信道，广播发送给网络中的其他所有站点。另一方面，对于接收来说，每个站点中的各个解调器也都会分别接收和解调其他各个站点发出的 MCPC 载波,以实现彼此之间的互联互通。

（3）FDMA 特点

FDMA 技术的优点是技术成熟,性能可靠,传输效率较高,并且不需要网络同步,设备较为简单;缺点是需要设置频带保护间隔以避免干扰,频率资源利用率不高,并且由于卫星转发器的功放是一个非线性器件,FDMA 系统提高了卫星接收信号的 PAPR 值,降低了功放的效率,此问题可以通过功放功率回退、合理载波排列等方式来解决。

3.4.2　时分多址接入技术

（1）基本原理

时分多址（TDMA）接入技术就是用户的数据在不同的时隙上传输,卫星接收端利用不同的时隙来区分用户。工作示意图如图 3-47 所示,每个地面站都只在分配给自己的时隙内向卫星发射信号,从而避免用户间信号的相互干扰。

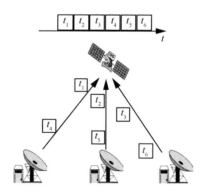

图 3-47　时分多址接入工作示意图

（2）TDMA 系统的同步与定时

由于 TDMA 系统是以时间来分割的,通信双方只允许在规定的时隙内发送和接收信号,因此时间同步是 TDMA 通信系统正常工作的前提条件。

为了使 TDMA 网络按时分多址方式正确地工作,网内所有站点对码元和时隙的划分必须有统一的标准,使每一次发射都以统一的时隙起点作为定时基础。实现网同步可以采用不同的方法。在系统中常用的有主从同步法和独立时钟同步法。主从同步法属于全网同步方式，它采用频率控制系统中所有设备的时钟，使它们的频率和相位直接或间接地与某一个主时钟的频率保持一致；独立时钟同步法属于准同步方式，这种方法要求系统中的各设备均要采用稳定度很高的石英振荡器来产生定时信号。

网络同步的过程，就是各从站将自己的时隙起始时刻，与主站的时隙起始时刻对准的过程。这就需要主站周期性地在自己时隙起始时刻发送一个同步信号。各从站利用这个同步信号校准自己的时隙起始时刻。这种同步信号应该具有良好的自相关特性，如巴克码。这种码自相关性很强，主峰与副峰值相差很大，当从站接收同步信号时，每收到一位信号，即与已知码做相关运算。当收到完整的同步信号后，其相关运算的值将会很大，因此从站可以根据相关运算的值判断是否收到同步信号。

（3）TDMA 特点

通过分配给每个用户一个互不重叠的时隙，使 N 个用户共享同一载波，所以它的频带利用率高、系统容量大，并且有利于改善干扰和多径衰落，增强通信质量；N 个时分信道共用同一个载波，占据相同带宽，只需一部收发信机，所以互调干扰小；时分多址卫星通信系统中，任何时刻仅有一路信号通过转发器，若载波信号带宽占用整个转发器频带，则转发器始终处于单载波工作状态，转发器功放可工作于接近饱和点，从而能够有效利用转发器的功率资源；TDMA 的缺点是全网需要精确的时间同步，保证到达接收端的时间不发生冲突，对同步技术和设备的要求较高。

3.4.3　多频时分多址接入技术

MF-TDMA（Multi-Frequency Time Division Multiple Access，多频时分多址）接入技术是一种频分和时分相结合的二维多址方式，主要用于解决 TDMA 体制卫星通信系统扩容不方便和大小口径地球站混合组网能力不足的问题。

MF-TDMA 体制在保持 TDMA 技术优势的基础上，首先通过载波数量的扩展而使系统扩容方便，其次通过载波间不同速率的配置解决了大小地球站兼容的通信问题，因而成了国内外研究的热点并得到了广泛应用。

MF-TDMA 体制的实现方式主要有 3 种：发送载波时隙跳变，接收载波固定（即发跳收不跳）；发送载波不变，接收载波时隙跳变（即收跳发不跳）；发送载波和接收载波都时隙跳变。发跳收不跳的 MF-TDMA 系统将所有地球站按分组进行划分，一组由多个站构成，并为每个组分配一个固定的接收载波，通常称为值守载波。地球站间进行通信时，发送站将突发信号发送到对端站值守载波上，发送站根据对端站所处的值守载波不同而在不同载波上逐时隙跳变发送信号。收跳发不跳的 MF-TDMA 方式系统同样将所有地球站进行分组，并为每组站分配一个固定的发送载波。与对端站通信时，发送方在自己固定载波的指定时隙位置发送，接收方根据发送方的载波不同而逐时隙跳变接收。地球站发送和接收突发信号都可根据所处载波的不同而跳变。不同于发跳收不跳和收跳发不跳系统，地球站间不再进行分组。基于两个通信站的收发能力，可以根据其不对称传输能力而分配不同载波上的时隙。

3.4.4　码分多址接入技术

（1）基本原理

码分多址（CDMA）接入技术就是利用不同的码字来区分用户，即基于扩频技术，将需传送的具有一定信号带宽的信息数据用一个带宽远大于信号带宽的高速伪随机码（PN）序列进行调制，使原数据信号的带宽被扩展，再经载波调制后发射出去；接收端使用完全相同的伪随机码，对接收的宽带信号解扩，把宽带信号转换成原信息数据的窄带信号。

（2）应用模式

1）直接序列扩频码分多址（DS-CDMA）

从原理上来说，DS-CDMA 是通过将携带信息的窄带信号与高速地址码信号相乘而获得的宽带扩频信号。接收端用与发射端同步的相同地址码信号控制输入变频器的载频相位即可实现解扩。

DS-CDMA 系统的原理如图 3-48 所示。DS-CDMA 系统采用一组正交码或准正交码集，对信息信号进行直接扩频，再进行移相键控，然后经功率放大由天线发射出去；接收端采用超外差接收方式，先对收到的信号进行混频，得到中频信号，再由本地 PN 码对其解扩，恢复信号原带宽，最后通过解调器解调出所需的信息信号。

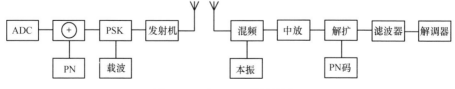

图 3-48　DS-CDMA 系统的原理

DS-CDMA 系统具有抗窄带干扰、抗多径衰落和保密性好的优点，也存在多址干扰和"远近效应"问题，这是不同地址码之间的非完全正交性而造成的，需要通过对地址码选择的进一步研究以及自动功率控制技术来解决。

2）跳频码分多址（FH-CDMA）

在 FH-CDMA 系统中，每个用户根据各自的伪随机（PN）序列，动态改变其已调信号的中心频率。跳频码分多址移动通信系统原理框图如图 3-49 所示。

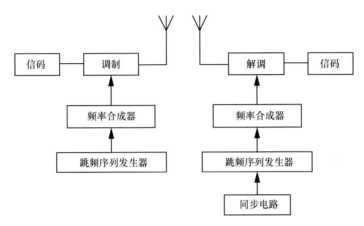

图 3-49　FH-CDMA 系统原理框图

基带信号对载波调制后发射，载频来自频率合成器，在跳频序列（常见 PN 序列即伪噪声序列）的控制下随机跳（最简单的控制方法是以序列值作为频道号）。接收端的本振亦来自跳频序列控制的频率合成器，接收频率随机跳变。当收发两端频率按同一跳频序列随机跳变，并且达到同步时，接收端就可解调出有用信息。当收发两端频率按不同跳频序列随机跳变时，两端频率在任何时刻都不相同或相同的概率极小，即频率序列相互正交或准正交，接收端收不到发射端的信息。以上两种情况，前者对应同地址 FH-CDMA 用户正常通信过程；后者对应不同地址 FH-CDMA 用户之间互相干扰关系。

由于跳频多址的载波频率是跳变的，因此具有抗单频及部分带宽干扰的能力、一定的抗截获能力和保密能力，并且无明显的远近效应。

（3）CDMA 特点

码分多址采用了扩展频谱通信技术，抗干扰能力强，有较好的保密通信能力。它比较适合于容量小、分布广、有一定保密要求的系统使用。

3.4.5　空分多址接入技术

（1）基本原理

空分多址（SDMA）接入技术是以卫星上不同空间指向的波束来区分不同地域的地面站的技术，其示意图如图 3-50 所示。在一颗卫星上使用多个天线，各个天线的波束射向地球表面的不同区域。地面上不同地区的地面站即使在同一时间、使用相同的频率进行工作也不会相互干扰。

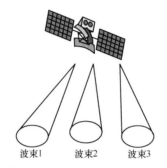

波束1　　波束2　　波束3

图 3-50　空分多址接入工作示意图

（2）应用模式

实际上，SDMA 通常都不是独立使用的，而是与其他多址方式如 FDMA、TDMA和 CDMA 等结合使用，也就是说对于处于同一波束内的不同用户再用这些多址方式加以区分。

（3）SDMA 特点

SDMA 技术可以显著地提升系统容量，一方面可以削弱来自外界的干扰；另一方面还可以降低对其他电子系统的干扰。缺点是需要卫星和地面站之间的密切配合，对星体稳定和姿态控制有严格需求；卫星波束数量有限使得支持的地面站数量也有限。

3.4.6　新型多址接入技术

3.4.6.1　正交频分多址接入技术

（1）基本原理

正交频分多址（Orthogonal Frequency Division Multiple Access，OFDMA）接入

技术是一个基于 OFDM 的多用户接入机制。它将信道分成不同的子载波子集，并将不同的子载波子集分别分配给不同的用户。

（2）应用模式

OFDMA 又分为子信道 OFDMA 和跳频 OFDMA。

1）子信道 OFDMA

子信道 OFDMA 将整个系统的带宽分成若干子信道，每个子信道包括若干子载波，分配给一个用户（也可以一个用户占用多个子信道）。OFDMA 子载波可以按两种方式组合成子信道：集中式和分布式，如图 3-51 所示。

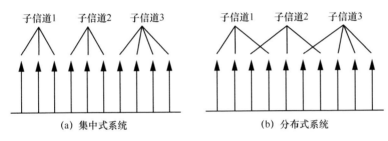

图 3-51　集中式和分布式分配

集中式系统将若干连续子载波分配给一个子信道（用户），这种方式下系统可以通过频域调度选择较优的子信道（用户）进行传输，从而获得多用户分集增益。另外，集中方式也可以降低信道估计的难度。但这种方式获得的频率分集增益较小，用户平均性能略差。

分布式系统将分配给一个子信道的子载波分散到整个带宽，各子载波交替排列，从而获得频率分集增益。但这种方式下信道估计较为复杂，也无法采用频域调度，抗频偏能力也较差。

2）跳频 OFDMA

OFDMA 系统足以实现单个卫星覆盖范围内多个用户终端的多址接入，但实现不同卫星间用户的多址接入却有一定的问题。因为如果各卫星根据自身信道的变化情况进行调度，各卫星使用的子载波资源难免冲突，随之导致星间干扰。如果要避免这样的干扰，则需要星间协调（联合调度），但这种协调可能需要网络层的信令交换的支持，对网络结构的影响较大。一种很好的选择就是采用跳频 OFDMA。

在跳频 OFDMA 系统（如图 3-52 所示）中，分配给一个用户的子载波资源快速变化，每个时隙此用户在所有子载波中抽取若干子载波使用，同一时隙中，各用户选用不同的子载波组。

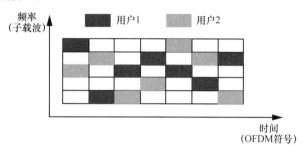

图 3-52　跳频 OFDMA 系统

（3）OFDMA 特点

OFDMA 利用频分正交和高速数据低速化并行传输的特点提高了频谱效率，具有较强的抗 ISI 和衰落能力，资源调度灵活。缺点是在多径影响下，循环前缀（CP）增长导致频谱利用率降低，需要严格同步以保持正交性；并且具有较高的 PAPR 值，对功放有极高的要求。

3.4.6.2　稀疏码分多址接入技术

（1）基本原理

稀疏码分多址（Sparse Code Multiple Access，SCMA）接入技术是码域非正交多址接入技术。SCMA 是由低密度签名（Low Density Signature，LDS）多址技术演变而来的，不同于 LDS 系统（如图 3-53（a）所示）先将用户比特信息映射成符号后再进行扩频的处理方式，SCMA 直接将比特数据流映射成多维码字，将调制和扩频融合成一步完成，如图 3-53（b）所示。基于多维高阶调制和稀疏扩频两大关键技术，SCMA 可以获得较高的成形增益。

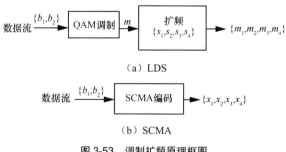

（a）LDS

（b）SCMA

图 3-53　调制扩频原理框图

（2）应用模式

卫星通信系统中一个 SCMA 上行系统模型如图 3-54 所示。

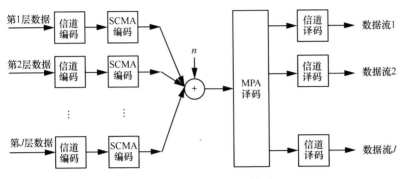

图 3-54　SCMA 上行系统模型

J 个终端同时向卫星发送数据，因此假定一个 SCMA 系统有 J 个数据层，即 J 个用户，这些用户同时共享 K（$J>K$）个正交资源，过载因子定义为 $\lambda=J/K$，SCMA 将 $\mathrm{lb}|M|$ 个比特的二进制数据直接映射为一个大小为 $|M|$ 的 K 维复数域码字。定义第 j 个数据层的关联映射函数为：$f_j: B^{\mathrm{lb}|M|} \to \chi$，其中 $\chi \in C^K$，$|\chi|=M$，K 维复数码字是含有 N（$N<K$）个非零元素的稀疏向量。

假设每个用户时间同步，SCMA 第 j 层多维调制器输出的码字再通过映射矩阵 V 分配资源，最后通过信道 h_j，在同一个时隙里实现多址之后的接收信号为：

$$y = \sum_{j=1}^{J} \mathrm{diag}(h_j)V_j x_j + n \tag{3-56}$$

其中，$x_j = (x_{1,j}, x_{2,j}, \cdots, x_{K,j})$ 表示第 j 个用户的 K 维复数域码字，$h_j = (h_{1,j}, h_{2,j}, \cdots, h_{K,j})$ 表示用户 j 在 K 个资源上的信道系数，n 是一个 $K\times1$ 的复高斯白噪声矢量，均值为 0，方差是 $N_0 I$，I 是单位矩阵。将式（3-56）展开，得到第 k 个资源上的接收信号为：

$$y_k = \sum_{j=1}^{J} \mathrm{diag}(h_{k,j})V_{k,j} x_{k,j} + n_k = \sum_{\xi_k} \mathrm{diag}(h_{k,j}) x_{k,j} + n_k \tag{3-57}$$

其中，$k = 1, 2, \cdots, K$。

通常 SCMA 编码结构由一个指示矩阵 $\boldsymbol{F}$ 表示。$\boldsymbol{F}$ 由每层的二进制矢量 f 推导得到，$\boldsymbol{F} = (f_1, f_2, \cdots, f_J)$，其中 $f_i = \mathrm{diag}(V_i V_i^{\mathrm{T}})$，$V$ 是 SCMA 编码中的映射矩阵，式（3-58）表示指示矩阵由各层的映射矩阵构成。

$$\boldsymbol{F} = \left(\mathrm{diag}\left(V_1 V_1^{\mathrm{T}}\right), \mathrm{diag}\left(V_2 V_2^{\mathrm{T}}\right), \cdots, \mathrm{diag}\left(V_J V_J^{\mathrm{T}}\right) \right) \tag{3-58}$$

在指示矩阵中，行和列分别对应着资源节点和用户节点，每行每列的非零总数量对应着资源节点和用户节点的度，$d_r = (d_{r1}, d_{r2}, \cdots, d_{rK})$ 为行重，$d_c = (d_{c1}, d_{c2}, \cdots, d_{cJ})$ 为列重，指示矩阵 F 为规则矩阵时，$d_{r1} = d_{r2} = \cdots = d_{rK}$，$d_{c1} = d_{c2} = \cdots = d_{cJ}$。指示矩阵 F 的设计需要使其映射后星座的最小欧氏距离最大化。对于需要大范围覆盖的系统场景，可采用较大的扩频因子和更大的 N；对于需要高可靠性的系统场景，可设计一般大小的扩频因子和较小的 N 来减少碰撞。

除了指示矩阵，SCMA 的编码结构还可以用因子图的形式表示，因子图由点和线组成，其中点分为函数节点（FN）和变量节点（VN），分别表示频点和用户。变量节点和函数节点通过线连接，其连接方式由指示矩阵决定。由于每个用户都存在扩频，则在因子图中会存在一个变量节点与多个函数节点相连的情况；同时，由于 SCMA 的非正交接入方式，在因子图中会出现同一个函数节点与多个用户关联的情况。

图 3-55 展示了当一个 SCMA 系统有 6 个用户、4 个频点时的系统工作原理。图 3-56 表示对应的指示矩阵和因子图。从中可以看出该指示矩阵为规则矩阵，每个用户的度为 2，每个资源节点的度为 3。

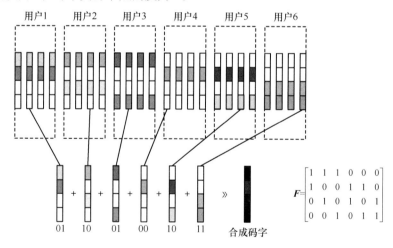

图 3-55　SCMA 系统工作原理

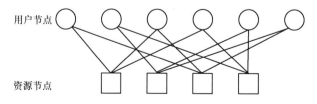

图 3-56　SCMA 系统指示矩阵及其对应的因子图

在 SCMA 中，不同用户通过码本进行区分，码本设计决定了该用户的发送符号和占用的子载波以及 MPA 算法的复杂度。通过将基础星座点进行多维扩展，以获得最大的编码增益，进而带来性能以及系统容量的提升。由此可见，码本设计是决定 SCMA 系统性能优劣的本质因素。目前常用的码本设计过程如下。

基于满足以下特性的指示矩阵，设计一个高维复数母星座，其中母星座点的设计原则可以是星座点间具有信号间能量差异最大化或系统中收发信息间互信息最大化等；通过对母星座点进行相位旋转、星座点置换、取共轭等操作后分配给不同的用户；通过映射矩阵将每个用户的星座点映射到相应的资源上，完成码本的设计。

$$J = \binom{K}{N}$$
$$d_{rk} = \binom{K-1}{N-1}$$
$$\lambda = \frac{J}{K} = \frac{d_{rk}}{N}$$
$$\max\left(0, 2N-K\right) \leqslant l \leqslant N-1$$

(3-59)

（3）SCMA 特点

SCMA 技术可使得多个用户在同时使用相同无线频谱资源的情况下，引入码域的多址，大大提升无线频谱资源的利用效率，而且通过使用数量更多的子载波组，并调整稀疏度来进一步地提升无线频谱资源的利用效率。

3.4.6.3 图样分割多址接入技术

（1）基本原理

图样分割多址（Pattern Division Multiple Access，PDMA）接入技术是电信科学技术研究院在早期 SIC Amenable Multiple Access（SAMA）研究基础上提出的新型非正交多址接入技术。PDMA 技术允许不同用户占用相同的频谱、时间和空间等资源，采用资源非正交分配，在不影响用户体验的前提下增加了网络总体吞吐量，实现海量连接和高频谱效率的需求。

（2）应用模式

PDMA 技术的理论基础是考虑发射端和接收端的联合设计，如图 3-57 所示，在发射端将多个用户的信号通过编码图样映射到相同的时域、频域和空域资源进行复用传输，在接收端采用广义串行干扰删除（General SIC）接收机算法进行多用户检测，实现上行和下行的非正交传输，逼近多用户信道的容量边界。

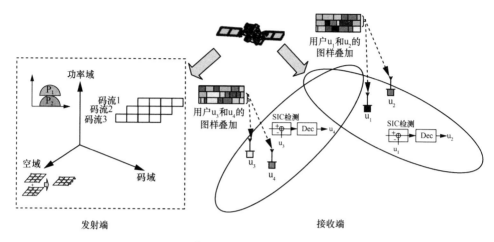

图 3-57　基于图样分割的多址接入技术原理

与 SCMA 一样，PDMA 系统的过载率 α 为用户个数与所用正交资源个数的比值：

$$\alpha = J / K \tag{3-60}$$

其中，J 为用户个数，对应于 PDMA 图样矩阵的列数；K 为所用正交资源个数，对应于 PDMA 图样矩阵的行数。以过载率 $\alpha = 150\%$ 为例，PDMA 图样矩阵 $G_{\mathrm{PDMA}}^{[2,3]}$ 或者 $G_{\mathrm{PDMA}}^{[4,6]}$ 均能实现 150% 的过载率，两个 PDMA 图样矩阵的示例如下：

$$G_{\mathrm{PDMA}}^{[2,3]} = \begin{bmatrix} 1 & 1 & 0 \\ 1 & 0 & 1 \end{bmatrix}$$

$$G_{\mathrm{PDMA}}^{[4,6]} = \begin{bmatrix} 1 & 1 & 1 & 1 & 0 & 0 \\ 1 & 1 & 1 & 0 & 1 & 0 \\ 1 & 1 & 0 & 1 & 0 & 1 \\ 1 & 0 & 0 & 0 & 1 & 1 \end{bmatrix} \tag{3-61}$$

其中，PDMA 图样矩阵 $G_{\mathrm{PDMA}}^{[2,3]}$ 在 2 个基本资源单元上发送 3 个用户的数据，对应于该 PDMA 图样矩阵的用户 1 同时在 2 个资源单元上发送数据，用户 2 只在第 1 个资源单元上发送数据，用户 3 只在第 2 个资源单元上发送数据。虽然 $G_{\mathrm{PDMA}}^{[2,3]}$ 和 $G_{\mathrm{PDMA}}^{[4,6]}$ 具有相同的过载率，但 $G_{\mathrm{PDMA}}^{[4,6]}$ 的接收端检测复杂度明显高于 $G_{\mathrm{PDMA}}^{[2,3]}$。

构造 PDMA 图样矩阵的设计准则如下。

第一，根据系统的业务需要和过载率 α 选择对应的 PDMA 图样矩阵维度，根据系统可以支持的计算能力选择合适的列重，高列重的图样具有更高的分集度，可以提供更可靠的数据发送服务，但是会增加接收端检测复杂度。

第二，PDMA 图样矩阵内具有不同分集度的组数尽量多，以减少 SIC 接收机的差错传播问题或者加速 MPA 检测器的收敛速度。

第三，对于给定的分集度，选择的图样应该最小化任意两个图样之间的最大内积值。

基于上述设计准则，对于一个 PDMA 图样矩阵占用的正交资源个数为 K 的系统，其最大支持用户数目为：

$$M = \sum_{k=1}^{K} C_K^k = 2^K - 1, \quad K > 0 \qquad (3\text{-}62)$$

其中，C_K^k 为从最大正交资源个数 K 中选择有效的 k 个正交资源的所有组合个数，K 是正整数。

对于给定的过载率 α，可以设计多种形式的 PDMA 图样矩阵来实现。假设系统复用的用户数为 J，则满足如下条件的 PDMA 图样矩阵都能够实现多用户图样映射。

$$\boldsymbol{G}_{\text{PDMA}}^{[K,M]} = \begin{bmatrix} 1 & 1 & \cdots & 0 & 1 & \cdots & 0 \\ 1 & 1 & \cdots & 0 & \cdots & 0 & 0 \\ \vdots & \vdots & \ddots & \vdots & \cdots & \vdots & \vdots \\ 1 & 0 & \cdots & 1 & 0 & \cdots & 1 \end{bmatrix}_{K \times M} \qquad (3\text{-}63)$$

$$\boldsymbol{G}_{\text{PDMA}}^{[K,J]} \in \boldsymbol{G}_{\text{PDMA}}^{[K,M]}, \quad M \geqslant J > 0$$

其中，$\boldsymbol{G}_{\text{PDMA}}^{[K,M]}$ 是理论 PDMA 图样矩阵，$\boldsymbol{G}_{\text{PDMA}}^{[K,J]}$ 表示从理论 PDMA 图样矩阵 $\boldsymbol{G}_{\text{PDMA}}^{[K,M]}$ 中选取 J 列构成的 PDMA 图样矩阵。

对于 $K=2$、$K=3$ 和 $K=4$，理论 PDMA 图样矩阵 $\boldsymbol{G}_{\text{PDMA}}^{[K,M]}$ 分别为：

$$\boldsymbol{G}_{\text{PDMA}}^{[2,3]} = \begin{bmatrix} \underbrace{1}_{C_2^2=1} & \underbrace{1 \quad 0}_{C_2^1=2} \\ 1 & 0 \quad 1 \end{bmatrix} \qquad (3\text{-}64)$$

$$\boldsymbol{G}_{\text{PDMA}}^{[3,7]} = \begin{bmatrix} \underbrace{1}_{C_3^3=1} & \underbrace{1 \quad 0 \quad 1}_{C_3^2=3} & \underbrace{1 \quad 0 \quad 0}_{C_3^1=3} \\ 1 & 1 \quad 1 \quad 0 & 0 \quad 1 \quad 0 \\ 1 & 0 \quad 1 \quad 1 & 0 \quad 0 \quad 1 \end{bmatrix} \qquad (3\text{-}65)$$

$$\boldsymbol{G}_{\text{PDMA}}^{[4,15]} =$$

$$
\begin{bmatrix}
1 & 1 & 0 & 1 & 1 & 1 & 1 & 1 & 0 & 0 & 0 & 1 & 0 & 0 & 0 \\
1 & 1 & 1 & 0 & 1 & 1 & 0 & 0 & 1 & 1 & 0 & 0 & 1 & 0 & 0 \\
1 & 1 & 1 & 1 & 0 & 0 & 1 & 0 & 1 & 0 & 1 & 0 & 0 & 1 & 0 \\
1 & 0 & 1 & 1 & 1 & 0 & 0 & 1 & 0 & 1 & 1 & 0 & 0 & 0 & 1
\end{bmatrix}
$$

$$\underbrace{\qquad}_{C_4^4=1}\underbrace{\qquad\qquad}_{C_4^3=4}\underbrace{\qquad\qquad\qquad}_{C_4^2=6}\underbrace{\qquad\qquad}_{C_4^1=4}$$

$$(3-66)$$

综上所述，一个优化设计的 PDMA 图样矩阵需要在过载率、检测性能和复杂度之间取得良好折中。由于不同的应用场景对于多址技术的需求不相同，故需要分别进行 PDMA 图样矩阵的优化设计。

在非正交多址接入技术中，PDMA 作为一种技术方案在 3GPP 和 5G 研究阶段得到较为充分的研究，可以大幅度提升接入用户数和容量。对于卫星通信网络，由于传输距离远，传输时延大，其具有网络容量受限、无法满足业务 QoS 等缺点，采用基于非正交多址接入技术的免调度方式可以极大减少传输时延，是未来天基通信提升容量和业务 QoS 重要手段。在卫星网络中还可以根据信道和组网特点，将 PDMA 从码域、功率域扩展到天线域或空域进行设计，与卫星和地面网络多天线进行结合，形成协同大容量多域联合传输。

（3）PDMA 特点

卫星网络 PDMA 可以在时频承载资源的基础上灵活应用功率域、空域和码域的非正交多址接入技术，所以 PDMA 的多址寻址能力最强、信道容量最大、频谱利用率最高。但是随着接入用户数量的增多，接收端检测复杂度也会提高，对于能源和载荷有限的卫星来说是一项挑战。

参考文献

[1] 刘开华. 基于 FPGA 的卷积码和维特比译码的研究与实现[D]. 天津: 天津大学, 2008.

[2] GORENSTEIN D, ZIERLER N. A class of error-correcting codes in p^m symbols[J]. Journal of the Society for Industrial and Applied Mathematics, 1961, 9(2): 207-214.

[3] BURTON H. Inversionless decoding of binary BCH codes[J]. IEEE Transactions on Information Theory, 1971, 17(4): 464-466.

[4] SARWATE D V, SHANBHAG N R. High-speed architectures for Reed-Solomon decoders[J].

IEEE Transactions on Very Large Scale Integration (VLSI) Systems, 2001, 9(5): 641-655.

[5] SUGIYAMA Y, KASAHARA M, HIRASAWA S, et al. A method for solving key equation for decoding goppa codes[J]. Information and Control, 1975, 27(1): 87-99.

[6] REED I S, TRUONG T K, MILLER R L. Decoding of B.C.H. and R.S. codes with errors and erasures using continued fractions[J]. Electronics Letters, 1979, 15(17): 542.

[7] CHIEN R T. Cyclic decoding procedures [Z].1964.

[8] BERROU C, GLAVIEUX A, THITIMAJSHIMA P. Near Shannon limit error-correcting coding and decoding: Turbo-codes. [C]//Proceedings of ICC '93 - IEEE International Conference on Communications. Piscataway: IEEE Press, 1993: 1064-1070.

[9] 周炯槃, 庞沁华, 续大我, 等. 通信原理 (上)[M]. 北京: 北京邮电大学出版社, 2002.

[10] 崔霞霞, 江会娟, 万明刚. 一种 8PSK、16APSK 与 32APSK 软解映射的实现技术[J]. 无线电工程, 2011, 41(4): 45-48.

第 4 章

链路预算

针对微波和激光两种链路，分别介绍了链路基本概念、地球站和卫星转发器的主要特性、空间传播特性，对链路预算的方法进行了详细的描述，在微波链路方面给出透明转发器、再生处理转发器以及多波束链路预算方法。

| 4.1 微波链路 |

4.1.1 传输链路基本概念

4.1.1.1 信息速率与传输速率

信息速率 R_b 定义为单位时间（每秒）传送的比特数，单位是 bit/s，一般是指信号在传输链路中信道编码之前的速率；传输速率 R_s 一般指信号在传输线路中进行信道编码、调制映射之后的速率，又称符号速率。在链路预算中主要使用的就是这两个速率。信息速率 R_b 与传输速率 R_s 的关系为：

$$R_s = \frac{R_b}{C_r \mathrm{lb} M} \tag{4-1}$$

其中，C_r 为编码效率（$C_r < 1$），M 为调制指数，当采用卷积+RS 级联编码时，如果内码采用 3/4 码率卷积码，外码采用（204,188）RS 码，那么总的编码效率为：

$$C_r = \frac{3}{4} \times \frac{188}{204} = 0.69 \tag{4-2}$$

如果只采用 3/4 卷积编码，则编码效率为 0.75。

4.1.1.2　误符号率与误比特率

误符号率 P_s 是指错误接收的符号数在传输总符号数中所占的比例，即：

$$P_s = \frac{\text{错误符号数}}{\text{传输总符号数}} \tag{4-3}$$

误比特率 P_b 是指错误接收的比特数在传输总比特数中所占的比例，即：

$$P_b = \frac{\text{错误比特数}}{\text{传输总比特数}} \tag{4-4}$$

误比特率是衡量卫星通信系统性能的重要指标，也是系统链路预算的重要设计参数，工程习惯上通常将误比特率称为误码率 P_e。

（1）正交信号误比特率与误符号率的关系

M 进制正交信号误比特率与误符号率的关系为：

$$\frac{P_b}{P_s} = \frac{M/2}{M-1} \tag{4-5}$$

当 M 趋于无穷大时，有：

$$\lim_{M \to \infty} \frac{P_b}{P_s} = \frac{1}{2} \tag{4-6}$$

（2）多相信号误比特率与误符号率的关系

采用格雷码的多相信号误比特率与误符号率的关系为：

$$P_b \approx \frac{P_s}{\mathrm{lb}M} \tag{4-7}$$

BPSK 与 QPSK 信号具有相同的误比特率，但两者的误符号率并不相同，对于 BPSK，$P_s = P_b$，而对于 QPSK，$P_s \approx 2P_b$。

4.1.1.3　载波带宽与载波功率分配

（1）载波带宽

1）载波等效噪声带宽

带通型噪声功率谱密度示意图如图 4-1 所示。

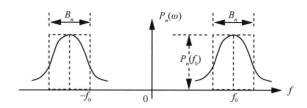

图 4-1 带通型噪声功率谱密度示意图

假设带通型噪声功率谱密度 $P_n(\omega)$ 曲线下的面积与图 4-1 中矩形线下阴影面积相等，即：

$$\begin{cases} \int_{-\infty}^{+\infty} P_n(\omega)\mathrm{d}f = 2B_n P_n(f_0) \\ B_n = \dfrac{\int_{-\infty}^{+\infty} P_n(\omega)\mathrm{d}f}{2P_n(f_0)} \end{cases} \tag{4-8}$$

其中，B_n 定义为等效噪声带宽，其物理意义为：白噪声通过实际带通滤波器的效果与通过宽度为 B_n、高度为 1 的理想矩形带通滤波器的效果一样（噪声功率相同）。

载波等效噪声带宽是一个重要概念，在链路预算中经常使用此带宽计算有关数值，特别是计算 C/T 与 C/N 的相互变换，以及 E_b/N_0 与 C/N 的相互变换。

工程计算中对数字调相信号一般取载波扩展因子为 1.2，那么等效噪声带宽计算式为：

$$B_n = 1.2R_s = \frac{1.2R_b}{C_r \lg M} \tag{4-9}$$

2）载波占用带宽

载波占用带宽是指载波实际占用的带宽资源，一般定义为 -26dB 带宽，即载波频谱从峰值下降 26dB 时所占的频谱宽度。实际工作中，占用带宽常用于确定载波的输入输出回退量，详见第 4.1.4 节讨论，数字调相信号载波占用带宽的工程计算方法为：

$$B_o = (1+\alpha)R_s = \frac{(1+\alpha)R_b}{C_r \lg M} \tag{4-10}$$

其中，α 为滚降系数。$C_r = 1$（无编码）时，不同制式调相信号占用带宽与信息速率的关系见表 4-1。

表 4-1　不同调相信号占用带宽与信息速率的关系（$C_r=1$）

调制方式	BPSK	QPSK	8PSK	16APSK
占用带宽 B_o（$\alpha = 0.2$）	$1.2R_b$	$0.6R_b$	$0.4R_b$	$0.3R_b$
占用带宽 B_o（$\alpha = 0.3$）	$1.3R_b$	$0.65R_b$	$0.43R_b$	$0.33R_b$
占用带宽 B_o（$\alpha = 0.4$）	$1.4R_b$	$0.7R_b$	$0.47R_b$	$0.35R_b$

3）载波分配带宽

载波功率放大或功率放大器饱和等原因会导致载波带宽加大，干扰相邻载波，严重的还导致相邻一个或多个载波业务中断。为了保护载波免于或少于被相邻载波干扰，或防止可能由于自身原因干扰其他载波，卫星公司分配频率带宽时，要在实际载波占用带宽的基础上加上一定的保护带宽，即载波分配带宽 B_a 为占用带宽 B_o 与保护带宽 B_g 之和，则有：

$$B_a = B_o + B_g \tag{4-11}$$

工程上一般保护带宽等于占用带宽的±2.5%，则有：

$$B_a = (1 + \alpha + 0.05)R_s \tag{4-12}$$

其中，α 为滚降系数，如载波分配的带宽位于转发器的边沿，保护带宽应考虑减半。一般来说，如果调制器滚降系数为 0.2 或 0.25，载波分配带宽可压缩至符号速率的 1.25 倍或 1.3 倍，当载波带宽较小时（如小于 1MHz 带宽），为保护其载波少受干扰，卫星公司给载波分配的带宽更大一些，工程上一般取载波分配因子为 1.28～1.4，式（4-12）可表示为：

$$B_a = \begin{cases} (1.25 \sim 1.3)R_s, & \geqslant 1\text{MHz} \\ (1.28 \sim 1.4)R_s, & < 1\text{MHz} \end{cases} \tag{4-13}$$

4）3dB 带宽或 10dB 带宽

载波频谱从峰值下降 3dB 或 10dB 时所占的带宽宽度，称为 3dB 带宽或 10dB 带宽。注意：此 3dB 带宽（或 10dB 带宽）与 3dB 天线波束宽度（或 10dB 宽度）虽然字面相同，但含义却完全不同。虽然都是由峰值下降 3dB 后进行测量的带宽，但单位却一个是频率单位（Hz），一个是角度单位（°）。

5）载波功率等效带宽

卫星转发器频率带宽和功率是转发器的两个重要资源，二者都是有限的。平时经常使用频率带宽，较少提到载波功率等效带宽。用户租用一定带宽，按照规定只能使用相应频率带宽的功率，不允许超功率使用。如用户租用 4MHz 带宽却超功率使用 3dB，则实际上已经相当于发了一个 8MHz 带宽的载波，这将对邻道的信号造成强干扰。

（2）载波功率分配

功率和带宽都是转发器的重要资源，用户能占用的转发器功率应与租用的转发器带宽平衡。在一般情况下，用户载波占用的转发器功率与转发器总功率的比值，应该和用户租用带宽占转发器总带宽的比例大致相等。

转发器载波功率的输出回退值与转发器输出回退值差值，即载波占用转发器功率的比例。当载波在转发器中的功率占用率与带宽占用率相平衡时，有：

$$\mathrm{BO_{oc}} - \mathrm{BO_o} = 10\lg(B_\mathrm{T}/B_\mathrm{a}) \tag{4-14}$$

$$\mathrm{BO_{oc}} = \mathrm{BO_o} + 10\lg(B_\mathrm{T}/B_\mathrm{a}) \tag{4-15}$$

其中，$\mathrm{BO_{oc}}$ 为载波的输出回退值，$\mathrm{BO_o}$ 为转发器的输出回退值，B_T 和 B_a 分别为转发器带宽和载波分配带宽。式（4-14）和式（4-15）表明，在转发器带宽一定的情况下，转发器输出回退值越低，或者载波带宽越宽，载波的输出回退值越小，转发器分配给载波的功率就越高；反之，转发器分配给载波的功率就越低。

以上计算式在卫星通信链路预算中非常有用，可计算载波在转发器中的功率占用率与带宽占用率相平衡时所需要的 $\mathrm{EIRP_S}$。

$$\mathrm{EIRP_S} = \mathrm{EIRP_{SS}} - \mathrm{BO_o} - 10\lg(B_\mathrm{T}/B_\mathrm{a}) \tag{4-16}$$

其中，$\mathrm{EIRP_{SS}}$ 为转发器饱和输出功率，$\mathrm{EIRP_S}$ 为转发器分配给载波的功率。

需要说明的是，由于载波占用带宽与载波分配带宽的数值相差不大（一般都小于 5%），在工程设计中为简化计算，经常用载波占用带宽代替载波分配带宽，本章在后面的计算中主要用的也是载波占用带宽。

4.1.1.4　载波与噪声功率比

无线电信号通过卫星传输时，无论是在地球站、卫星转发器，还是在空间传播，都会有噪声引入，假定传输线路的噪声均匀功率谱密度为 N_0，载波功率为 C，则传输线路的载波噪声功率比为 C/N_0。

所有导体内的电子热运动都会产生热噪声，热噪声功率谱密度在 1THz（又叫太赫兹，即 10^{12}Hz）以下为常数，称为白噪声，通信接收机一般将热噪声过程看成加性高斯白噪声（AWGN）。

假定噪声功率叠加在带宽为 B 的已调载波上，其功率谱密度 N_0 在频率带宽内是恒定的，通常等效噪声带宽与 B 匹配（ $B_n = B$ ），接收机在等效噪声带宽 B_n 内收到等效噪声功率 N 为：

$$N = N_0 B_n \tag{4-17}$$

由于绝对温度 T 相当于每 1 Hz 产生 kT 的噪声，因此有：

$$N_0 = kT \tag{4-18}$$

$$N = kTB_n \tag{4-19}$$

其中， T 为绝对温度，单位为 K； k 为玻尔兹曼常数（ 1.38×10^{-23} J / K ）。

C/N_0 也可以用载波功率与等效噪声温度比 C/T 表示，两者真值的换算关系为：

$$\frac{C}{N_0} = \frac{C}{T} \cdot \frac{1}{k} \tag{4-20}$$

$$\frac{C}{N} = \frac{C}{N_0} \cdot \frac{1}{B_n} = \frac{C}{T} \cdot \frac{1}{kB_n} \tag{4-21}$$

两者的分贝表达式为：

$$[C/T] = [C/N_0] - 228.6 \tag{4-22}$$

$$[C/T] = [C/N] + [B_n] - 228.6 \tag{4-23}$$

其中， $[C/T]$ 为用分贝表示的载波功率与等效噪声温度比， $[C/N_0]$ 为用分贝表示的载波功率与噪声功率谱密度比， $[C/N]$ 为载波功率与噪声功率比。

C/N_0 与 E_b/N_0 的真值换算关系为：

$$\frac{C}{N_0} = \frac{E_b R_b}{N_0} \tag{4-24}$$

用分贝表示为：

$$\left[C / N_0\right] = \left[E_{\mathrm{b}} / N_0\right] + 10\lg R_{\mathrm{b}} \quad\quad (4\text{-}25)$$

$$\left[C / T\right] = \left[E_{\mathrm{b}} / N_0\right] + 10\lg R_{\mathrm{b}} - 228.6 \quad\quad (4\text{-}26)$$

其中，$[C/N_0]$ 的单位为 dBW/Hz，R_{b} 的单位为 bit/s。

系统设计应该考虑的问题是：当有确定的调制编码方式和性能要求时，得到传输线路需要的 C / T 值；或者已知传输线路的调制编码方式和 C / T 值，得到系统的传输性能。C / T 与 C / N_0、C / N 与 E_{b} / N_0 的关系可按照式（4-22）、式（4-23）及式（4-26）进行换算。

4.1.1.5 资源利用率

卫星转发器的载波频带利用率 η_{f} 和功率利用率 η_{p} 是在卫星通信链路预算中两个重要的指标，需要时还可以计算全转发器的频带利用率和功率利用率。

载波频带利用率 η_{fc} 定义为载波占用带宽（有的情况用载波分配带宽）与转发器带宽之比：

$$\eta_{\mathrm{fc}} = \frac{B_{\mathrm{o}}}{B_{\mathrm{T}}} \times 100\% \quad\quad (4\text{-}27)$$

载波功率利用率 η_{pc} 定义为载波占用功率与转发器总输出功率之比：

$$\eta_{\mathrm{pc}} = \frac{\mathrm{EIRP}_{\mathrm{S}}}{\mathrm{EIRP}_{\mathrm{SS}} - \mathrm{BO}_{\mathrm{o}}} \times 100\% \quad\quad (4\text{-}28)$$

其中，$\mathrm{EIRP}_{\mathrm{S}}$ 为载波所需要的 $\mathrm{EIRP}_{\mathrm{S}}$ 真值，$\mathrm{EIRP}_{\mathrm{SS}} - \mathrm{BO}_{\mathrm{o}}$ 为转发器总输出功率真值。

4.1.1.6 系统设计的约束及均衡

（1）奈奎斯特最小带宽

奈奎斯特证明，理论上无码间串扰的基带系统，若符号速率为 R_{s}，需要的最小单边带宽（即奈奎斯特带宽）是 $R_{\mathrm{s}} / 2$。这个基本理论限制了系统设计者能获得的最小带宽的极限。事实上，由于实际滤波器的限制，系统带宽一般是奈奎斯特最小带宽的 1.1～1.4 倍。

（2）香农–哈特利容量定理

香农证明，在加性高斯白噪声信道下，系统容量 C 是平均接收信号功率 S、平均噪声功率 N 和带宽 B 的函数，香农–哈特利容量定理表达式为：

$$C = B\lg\left(1 + \frac{S}{N}\right) \qquad (4\text{-}29)$$

理论上，只要比特速率 $R_b \leqslant C$，通过采用足够复杂的编码方式，该信道就能以任意小的差错概率进行速率 R_b 的信息传输；若 $R_b > C$，则不存在某种编码方式使传输差错概率任意小；若 $R_b = C$，则有：

$$\frac{C}{B} = \lg\left(1 + \frac{E_b}{N_0}\frac{C}{B}\right) \qquad (4\text{-}30a)$$

或：

$$\frac{E_b}{N_0} = \frac{B}{C}\left(2^{C/B} - 1\right) = \frac{1}{\lg(1+x)^{1/x}} \qquad (4\text{-}30b)$$

其中：

$$x = \frac{E_b}{N_0}\frac{C}{B} \qquad (4\text{-}31)$$

由式（4-31）可知：当 $C/B \to 0$ 时，有：

$$[E_b / N_0] = -1.6 \qquad (4\text{-}32)$$

该 E_b / N_0 值就是香农极限，这意味着对于任何比特速率传输的系统，不可能以低于该值的 E_b / N_0 进行无差错传输。

香农公式理论上证明了存在可以提高误码性能的编码方式或者说降低所需 E_b / N_0 的编码方式，并给出了理论极限，也就是说通过编码方式提高误码性能或降低所需 E_b / N_0 都是有限度的，例如：对 BPSK 调制，误比特率为 10^{-5} 时所需的 E_b / N_0 值为 9.6dB（未编码最佳调制），由香农极限可知，未编码最佳 BPSK 调制还有 $9.6 - (-1.6) = 11.2$dB 的提高。目前应用 Turbo 编码可以实现 10dB 的编码增益，或者说 10dB 的性能提高，应用 LDPC 编码，只要有足够的码长，就可以得到 11dB 的性能提高，这样离香农极限已经非常近了，只差 0.2dB，也就是说今后再提高，最多也只能改善 0.2dB，对系统设计者来说，重点可能不是如何提高这 0.2dB，而是在 E_b / N_0 与带宽、系统成本等方面取得最佳均衡，因为编码增益越高，译码就越复杂，译码时延也大，或者将占用更多的系统带宽。在链路预算中，需要根据系统设计要求及系统资源情况，选择最佳的调制和编码方式，以高效利用系统功率和带宽。

（3）带宽及功率的均衡考虑

系统设计的主要目标是：在满足系统误比特率要求的基础上，使系统的传输容量最大，系统所需的功率最小；即在满足系统误比特率要求的基础上，使系统的频带利用率和功率利用率最大；也可以反过来，在系统占用频带和功率资源一定的情况下，使系统传输误比特率最小。频带和功率一直是数字通信系统设计的重要参数，但两者又是相互矛盾的，系统设计人员在设计任何这样的系统时都要考虑不同系统需求之间的权衡取舍。

在卫星通信系统中，功率和带宽资源是可以互换的。对于小站之间的通信，由于地球站发射功率较小、接收能力较差，可以采用带宽利用率较低、功率利用率较高的传输体制（如 BPSK、QPSK）；对于大站之间的通信，由于地球站发射功率较大、接收能力较强，可以采用带宽利用率较高、功率利用率较低的传输体制（如 8PSK、16APSK、16QAM）。当然以上只是需要考虑的一个方面，在实际系统中还应该根据系统的实际情况进行全面考虑。

4.1.2 噪声温度

4.1.2.1 噪声系数与噪声温度的定义

噪声源的等效噪声温度定义为能产生相同干扰功率的热噪声源估计温度，这是一个虚拟的温度，与绝对物理温度不同，比如一个天线的绝对物理温度为 300K，它的等效噪声温度可能只有 35K。

四端口器件的噪声系数定义为输出端有效噪声总功率与器件输入端噪声源形成的噪声功率比，输入端噪声温度参考值是 $T_0 = 290\mathrm{K}$ ， T_e 是四端口器件内部成分产生的噪声。

假设器件的功率增益是 G ，带宽为 B ，由噪声温度 T_0 驱动；输出的全部功率是 $Gk(T_e + T_0)B$ 。基于原噪声的分量是 GkT_0B ，因而噪声系数为：

$$F = (Gk(T_e + T_0)B) / (GkT_0B) = (T_e + T_0) / T_0 = 1 + T_e / T_0 \tag{4-33}$$

$$T_e = (F - 1)T_0 \tag{4-34}$$

$T_0 = 290\mathrm{K}$ ，噪声系数通常以分贝表示，即：

$$F = 10\lg(1 + T_e / T_0) \tag{4-35}$$

举例：噪声系数为 0.5dB 时，由式（4-34）可得对应的噪声温度为 $T_e = (10^{0.5/10} - 1) \times 290 = 35.4\text{K}$。

同样可以计算噪声系数为 3dB 时对应的噪声温度大约是 288.6K。噪声温度和噪声系数之间的关系曲线如图 4-2 所示。

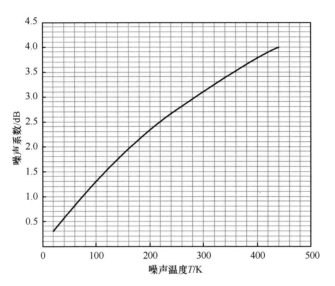

图 4-2　噪声温度和噪声系数之间的关系曲线

4.1.2.2　级联设备的噪声系数及噪声温度

设想 N 个四端口部件级联一串，每个部件 j 有一个功率增益 G_j（ $j = 1$，2，$\cdots$，N ），等效噪声温度 T_{ej}，如图 4-3 所示。

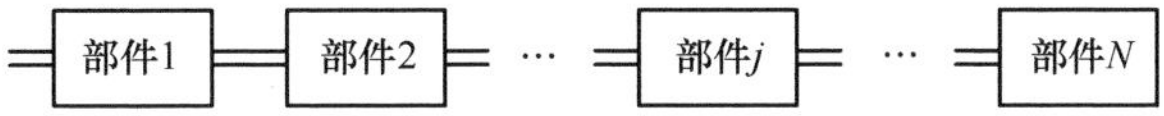

部件1 —— 部件2 —— $\cdots$ —— 部件j —— $\cdots$ —— 部件N

图 4-3　四端口部件级联示意图

级联等效噪声温度为：

$$T_e = T_{e1} + T_{e2}/G_1 + T_{e3}/G_1G_2 + \cdots + T_{iN}/G_1G_2\cdots G_{N-1} \quad （4\text{-}36a）$$

级联噪声系数：

$$F = F_1 + (F_2 - 1)/G_1 + (F_3 - 1)/G_1G_2 + \cdots + (F_N - 1)/G_1G_2\cdots G_{N-1} \quad （4\text{-}36b）$$

4.1.2.3　天线噪声温度

（1）卫星天线噪声温度

卫星天线外部输入的噪声主要来自地球和外部空间的噪声，卫星天线波束宽度小于或等于从卫星到地球的视角，同步卫星的地球视角是 17.4°，此时如果天线的 θ_{3dB} 为 17.4°，天线噪声温度与频率和卫星轨道位置有关；对于较小的波束（点波束），噪声温度依赖频率和覆盖区域。陆地比海洋辐射更多的噪声。对 Ku 频段，陆地辐射的噪声温度在 260~290K，海洋辐射的噪声温度在 150K 左右，工程设计时，海洋波束可取 160K，陆地波束取 290K。

雨衰对卫星接收天线等效噪声温度的影响非常有限，是因为星上接收天线和接收机噪声温度很高。由于星上天线的主瓣对准地球，而地球是一个表面温度约为 290K 的热噪声源，所以星上天线的噪声温度约为 290K，与大气中的降雨层介质温度接近，星上接收机的等效噪声温度也在几百 K，所以上行雨衰对星上天线的噪声温度影响很小，工程计算时一般不予考虑。

（2）地球站天线噪声温度

地球站天线外部输入的噪声包括来自天空和地球辐射的噪声，以及由降雨引起的噪声，图 4-4 显示了这种情况。

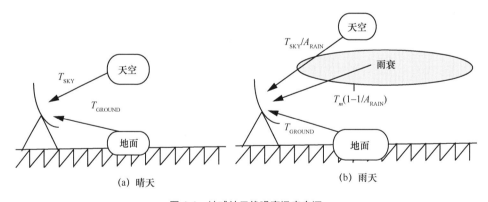

图 4-4　地球站天线噪声温度来源

1）净空条件

天空对地球站天线噪声的贡献可参考 CCIR Report720 给出的曲线，图 4-5 显示净空亮度温度是频率和仰角的函数。

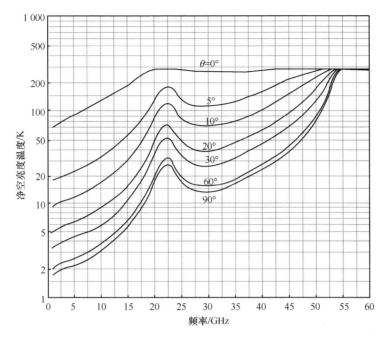

图 4-5　净空亮度温度是频率和仰角的函数

地球辐射对地球站天线噪声的贡献 T_{GROUND} 可参考 CCIR Report390 给出的参考值：

$$T_{\mathrm{GROUND}} = \begin{cases} 50\mathrm{K}, & 0° < \mathrm{el} < 10° \\ 10\mathrm{K} \sim 30\mathrm{K}, & 10° < \mathrm{el} < 90° \end{cases} \qquad (4\text{-}37)$$

具体与频段及天线口径有关，频段相同时，天线口径越小，噪声温度越大；天线口径相同时，频段越高，噪声温度越大。

天线噪声温度计算式为：

$$T_{\mathrm{A}} = T_{\mathrm{SKY}} + T_{\mathrm{GROUND}} \qquad (4\text{-}38)$$

CCIR Report868 给出了在净空时不同频率不同类型天线的噪声温度随仰角 el 变化的情况，如图 4-6 所示。

由图 4-6 可知，在相同频率条件下，天线噪声温度随仰角增加而减少；天线口径越大，天线噪声温度越低。在相同天线口径条件下，频率越高，天线噪声温度越高。

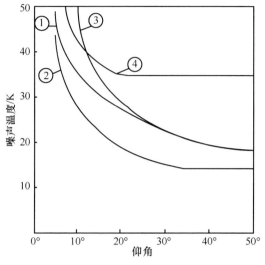

图 4-6　净空时不同频率不同类型天线的噪声温度随仰角 el 变化的情况

2）降雨条件

当出现云和雨等气象情况时，天线的噪声温度会增加，如图 4-4 所示，当有降雨时，电波穿过的雨区相当于在下行链路上串联了一个物理温度为 T_m、衰减为 A_{RAIN} 的无源衰减器。这个衰减器对天线噪声温度的影响一方面是对天空噪声产生衰减，另一方面也会产生热噪声，此时天线噪声温度变为：

$$T_A = T_{SKY} / A_{RAIN} + T_m(1 - 1/A_{RAIN}) + T_{GROUND} \qquad (4\text{-}39)$$

其中，A_{RAIN} 是衰减，T_m 是平均热噪声温度，根据 CCIR Report564，T_m 可以假定为 275K。由于降雨给天线噪声温度带来的增量为：

$$
\begin{aligned}
\Delta T_A &= T_{SKY} / A_{RAIN} + T_m(1 - 1/A_{RAIN}) + T_{GROUND} - T_{SKY} - T_{GROUND} \\
&= T_{SKY}(1/A_{RAIN} - 1) + T_m(1 - 1/A_{RAIN}) \\
&= (T_m - T_{SKY})(1 - 1/A_{RAIN}) \\
&= (T_m - T_{SKY})(1 - 10^{-\frac{[A_{RAIN}]}{10}})
\end{aligned}
\qquad (4\text{-}40)
$$

其中，A_{RAIN} 为用分贝表示的雨衰值。由式（4-40）可知，由于降雨造成噪声温度的增量是降雨衰减的单调增函数，如图 4-7 所示。图 4-7 中取 $T_m = 275\text{K}$，对 Ku 频段取 $T_{SKY} = 8\text{K}$，对 Ka 频段取 $T_{SKY} = 40\text{K}$。

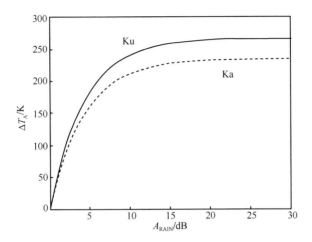

图 4-7 雨衰与噪声温度增量的关系曲线

式（4-38）也可以改写成：

$$T_A = T_{SKY} + T_{GROUND} + \Delta T_A \qquad (4\text{-}41)$$

举例：地球站接收频率为 12.5GHz，工作仰角为 30°，降雨衰减为 5dB，由图 4-5 可知 $T_{SKY} = 8K$，取 $T_m = 275K$，由式（4-40）有：

$$\Delta T_A = (T_m - T_{SKY})(1 - 10^{-\frac{[A_{RAIN}]}{10}}) = (275 - 8) \times (1 - 10^{-\frac{5}{10}}) = 183 \qquad (4\text{-}42)$$

即 5dB 衰减的降雨带来天线噪声温度增量为 183K，如果降雨衰减为 20dB，带来天线噪声温度增量为 260K，降雨衰减为 30dB，带来天线噪声温度增量为 267K，基本达到噪声温度增量的上限了。

天线噪声温度增加对接收性能造成的直接影响就是使地球站接收 G/T 的值恶化，详见第 4.1.3 节的讨论。

4.1.3 地球站主要特性

4.1.3.1 地理参数

与链路预算有关的地球站地理参数主要有地球站对星的天线仰角、方位角、极化角及站星距离，本节只讨论地球站对静止轨道卫星的地理参数，这 4 个地理参数都与卫星与地球站经度之差 $\Delta\theta$ 及地球站纬度 α 有关。

（1）地球站天线仰角

地球站天线仰角定义为地球站与卫星的轴向方向与地球站水平面的夹角，用 el 表示。

$$el = \arctan\left[\frac{\cos\Delta\theta\cos\alpha - 0.15127}{\sqrt{1 - \left(\cos\Delta\theta\cos\alpha\right)^2}}\right] \tag{4-43}$$

（2）地球站方位角

地球站方位角是以地球站真北方向为基准，顺时针旋转至地球站与卫星星下点连线的角度，用 δ 表示：

$$\delta = 180^{\circ} \pm \arctan\left(\frac{\tan\Delta\theta}{\sin\alpha}\right) \tag{4-44}$$

其中，$\Delta\theta > 0$ 时，取"$-$"；$\Delta\theta < 0$ 时，取"$+$"。

（3）极化角

由于位于赤道上空的卫星经度与地球站经度一般并不相同，这时地球站天线的极化必须旋转一个角度才能与卫星电波的极化方向相匹配，这个旋转的角度就叫极化角。极化角等于星下点地球站天线所在的地平面与该地球站天线所在的地平面之间的夹角，如图 4-8 所示，极化角用 $\theta_{\rm p}$ 表示。

$$\theta_{\rm p} = \pm\left[90^{\circ} - \arctan\left(\frac{\tan\alpha}{\sin\Delta\theta}\right)\right] \tag{4-45}$$

其中，$\Delta\theta > 0$ 时，$\theta_{\rm p}$ 取"$+$"；$\Delta\theta < 0$ 时，$\theta_{\rm p}$ 取"$-$"。

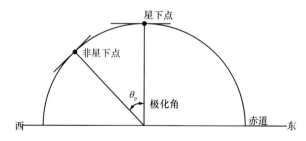

图 4-8　地球站极化角示意图

（4）站星距离

站星距离定义为地球站与卫星之间的直线距离，用 d 表示，单位为 km。

$$d = \sqrt{10 - 3\cos\Delta\theta\cos\alpha} \times 13505 \tag{4-46}$$

4.1.3.2　天线参数

（1）增益

天线增益是指在给定方向上，天线每单位角度功率辐射密度（或接收）与馈送相同功率的全向天线每单位角度上功率辐射密度（或接收）之比，在最大辐射方向上（也称轴向）增益最大，其值为：

$$G_{\max} = (4\pi / \lambda^2) A_{\mathrm{eff}} \tag{4-47}$$

其中，$\lambda = c / f$，c 是光速（$3\times10^8\,\mathrm{m/s}$），$f$ 是电磁波的频率（Hz），A_{eff} 是天线等效口径面积。对于一个直径为 D 的圆反射面天线，几何面积 $A = \pi D^2 / 4$，$A_{\mathrm{eff}} = \eta A$，这里 η 是天线效率，因而：

$$G_{\max} = \eta(\pi D / \lambda)^2 = \eta(\pi D f / c)^2 \tag{4-48}$$

实际工程上经常用 dBi（相对于全向天线的增益，单位为 dBi）表示：

$$G_{\max} = 20.4 + 20\lg D \cdot f + 10\lg\eta \tag{4-49}$$

其中，D 为天线口径，f 为频率，效率 η 的典型值是 55%～75%。

（2）波束宽度

波束宽度定义为沿最大辐射方向向两侧，辐射强度降低到某个值的两点间的夹角。波束宽度越窄，方向性越好。图 4-9 中所示的 3dB 宽度 $\theta_{3\mathrm{dB}}$ 是经常使用的，3dB 波束宽度对应于在最大增益方向上衰落一半的角度，又叫半功率波束宽度，其值与 λ / D 及照射系数有关。对应均匀照射，系数的值是 58.5°；对于非均匀照射，会导致反射器边沿衰减，3dB 波束宽度增加，系数的值依赖于照射的特性。该值通常用 70°，于是有下面的计算式：

$$\theta_{3\mathrm{dB}} = 70(\lambda / D) = 70(c / fD) \tag{4-50}$$

其中，D 为抛物面天线主反射器的口面直径。在对应视轴的 θ 方向，增益值表示为：

$$G(\theta)_{\mathrm{dBi}} = G_{\max} - 12(\theta / \theta_{3\mathrm{dB}})^2 \tag{4-51}$$

该计算式只在 $0 \leqslant \theta \leqslant \theta_{3\mathrm{dB}} / 2$ 时有效。

整合式（4-48）和式（4-50），可以发现天线的最大增益是 3dB 波束宽度的函数：

$$G_{\max} = \eta(\pi D f / c)^2 = \eta(\pi 70 / \theta_{3\mathrm{dB}})^2 \tag{4-52}$$

如果考虑 $\eta = 0.6$，则：

$$G_{\max} = 29000 / (\theta_{3\mathrm{dB}})^2 \tag{4-53}$$

其中，$\theta_{3\mathrm{dB}}$ 单位为°。

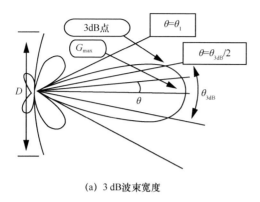

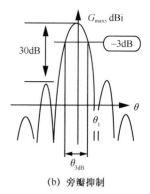

（a）3 dB波束宽度   （b）旁瓣抑制

图 4-9 天线辐射示意图

（3）极化损耗

当接收天线的极化方向与接收电磁场的极化方向不完全吻合时，需要考虑极化适配误差带来的损耗，用 L_p 表示。

对圆极化链路，发射波只在天线轴向是圆极化，偏离该轴就变为椭圆极化。在大气中传播也能使圆极化变为椭圆极化，假设收发电压轴比分别为 X_R、X_T，两轴之间的夹角为 α，则有：

$$L_p = -10\lg\frac{1}{2}\left\{1+\left[\frac{\pm 4X_R X_T+(1-X_T{}^2)(1-X_R{}^2)\cos\theta_p}{(1+X_T{}^2)(1+X_R{}^2)}\right]\right\} \tag{4-54}$$

其中，"$\pm$"符号取决于接收的电磁波信号极化旋转方向与接收设备的极化方向是否一致，一致时取"$+$"，相反时取"$-$"。理想情况下，$X_R=X_T=1$，$\theta_p=0$，若旋转方向一致，则取"$+$"，没有极化损耗，即 $L_p=0$。若旋转方向正好相反，则取"$-$"，此时 $L_p\to+\infty$，相当于起到了极化隔离的作用。现在许多大天线的轴比都优于 1.06，$L_p\approx 0$。

对于线极化链路，在大气中传播时，电磁波会在它的极化平面上产生旋转，假设极化面旋转角度为 θ_p，相当于发射信号线极化方向与接收设备所要求的线极化方向之间的夹角。则有极化适配损耗计算式：

$$L_p = -20\lg\cos\theta_p \tag{4-55}$$

对 C 频段有：6GHz 时，$\theta_{pmax}=4°$，此时 $L_p=0.02\mathrm{dB}$；

4GHz 时，$\theta_{pmax}=9°$，此时 $L_p=0.11\mathrm{dB}$。

需要说明的是：利用圆极化天线接收线极化波或线极化天线接收圆极化波的情

况下极化损耗 L_p 都是 3dB。

（4）指向损耗

图 4-9 显示了发射天线和接收天线偏离轴向的几何关系，当天线指向偏离最大增益方向时，其结果是造成天线增益降低，该天线增益降低值就叫指向损耗。指向损耗是偏离角度 θ_e 的函数，可由式（4-56）计算得到：

$$L_e = 12(\theta_e / \theta_{3dB})^2 \qquad (4\text{-}56)$$

其中，L_e 的单位为 dB。引起天线指向误差的因素主要有 3 种：

- 由于星体漂移引起的误差 θ_s，典型值为 $0.05°$；
- 天线初始指向误差 θ_a；
- 由风等因素引起的误差 θ_w。

天线指向误差（偏离角度）为以上 3 项的均方和：

$$\theta_e = \sqrt{{\theta_s}^2 + {\theta_a}^2 + {\theta_w}^2} \qquad (4\text{-}57)$$

需要注意的是，偏离角度 θ_e 是单边角，而 θ_{3dB} 是双边角，当 $\theta_e = \theta_{3dB}/2$ 时，天线指向损耗为 3dB。

具体地，可以将天线指向损耗分为发射天线指向损耗和接收天线指向损耗，它们分别对应发射偏离角（θ_T）和接收偏离角（θ_R）的函数。由式（4-56）有：

$$L_T = 12(\theta_T / \theta_{3dB})^2 \qquad (4\text{-}58)$$

$$L_R = 12(\theta_R / \theta_{3dB})^2 \qquad (4\text{-}59)$$

当地球站配置了天线跟踪设备时，可减小天线指向误差，一般跟踪精度为 1/10～1/8 的半功率波束宽度。这样天线指向损耗为 0.12～0.2dB。

在链路预算中，有时还要考虑天线面精度不够而引起的增益损失，典型计算式为：

$$\Delta G = 0.00761(e \cdot f)^2 \qquad (4\text{-}60)$$

其中，e 为天线表面均方根误差，f 为频率。例如在 6GHz 时，1mm 的面精度误差会造成 0.27dB 的增益损失。20GHz 时，0.5mm 的面精度误差就会造成 0.76dB 的增益损失。而且表面精度误差还会造成天线旁瓣性能恶化，因此系统设计时不能忽视对天线表面精度的要求，尤其是对 Ka 频段及 EHF 等高频段天线。

4.1.3.3 有效全向辐射功率

假定地球站高功率放大器输出功率为 P_{TX}，天线发射增益为 G_T，$G_T P_T$ 称作地球站有效全向辐射功率，如果发射机和天线之间的馈线损耗为 L_{FTX}，则地球站有效全向辐射功率用分贝表示为：

$$EIRP_E = P_{TX} + G_T - L_{FTX} \tag{4-61}$$

4.1.3.4 接收系统品质因数

（1）分析模型

地球站 G/T 是地球站接收天线增益与接收系统噪声温度之比，又叫地球站品质因数：

$$G/T = G_R - 10\lg T \tag{4-62}$$

地球站 G/T 是卫星通信链路预算的重要参数，对 G/T 的计算必须准确，以反映传输链路及地球站的性能，为了更清楚准确地说明问题，图 4-10 给出了 G/T 分析模型。

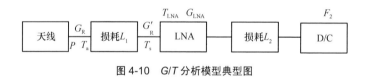

图 4-10　G/T 分析模型典型图

其中，G_R 为天线接收增益；T_a 为天线折算到输出法兰盘的噪声温度；$P = \dfrac{\rho - 1}{\rho + 1}$ 为反射系数，又称失配损耗，ρ 为电压驻波比 VSWR；L_1 为阻发滤波器损耗；T_s 为折算到低噪声放大器输入端的噪声温度；G_R' 为折算到低噪声放大器输入端的天线接收增益；T_{LNA} 为低噪声放大器的噪声温度；G_{LNA} 为低噪声放大器增益；L_2 为低损耗电缆损耗、微波分路器损耗及其他损耗；F_2 为下变频器噪声系数。

需要注意的是，在计算地球站 G/T 时，都要确定一个参考点，也就是说增益和噪声温度都是针对同一点，通常选用的参考点是低噪声放大器的输入口，当然在其他点的计算结果也是一样的，只是计算过程不一样。以下的计算参考点选择了低噪声放大器的输入口，这样就需要把天线接收增益和接收系统噪声温度都折算到这一点计算。

（2）接收系统噪声温度

接收系统噪声温度为天线、低噪声放大器及后端设备折算到低噪声放大器入口的噪声温度之和，即：

$$T_S = T_{LNAU} + T_{LNA} + T_{LNAD} \tag{4-63}$$

其中，T_{LNAU} 为低噪声放大器前面设备（天线等）的噪声温度折算到低噪声放大器输入口的噪声温度；T_{LNA} 为低噪声放大器本身在输入口的噪声温度；T_{LNAD} 为把低噪声放大器后面设备（下变频器等）的噪声温度折算到低噪声放大器输入口的噪声温度，其计算式如下：

$$T_{LNAU} = \frac{T_a + (l_1 - 1) \cdot 293}{l_1}(1 - P^2) \tag{4-64}$$

$$T_{LNAD} = \frac{(l_2 \cdot f_2 - 1) \times 293}{g_{LNA}} \tag{4-65}$$

其中，l、f、g 均为图 4-11 中各符号对应的真值，由式（4-65）可知，低噪声放大器后面的设备对接收系统噪声温度的贡献很小。

（3）品质因数计算

折算到低噪声放大器入口的天线接收增益为：

$$G_R' = G_R + 10\lg(1 - P^2) - L_1 \tag{4-66}$$

根据以上计算式就可以比较准确地计算出系统的 G/T 值：

$$[G/T] = G_R' - 10\lg T_S \tag{4-67}$$

需要说明的是，式（4-67）计算的是净空条件下的 G/T 值，在雨天条件下，降雨除了造成雨衰和去极化的影响以外，还会增加接收系统噪声温度，恶化接收系统 G/T 值。

由于降雨带来的 G/T 值的恶化量为：

$$\Delta[G/T] = 10\lg \frac{T_S + \Delta T_A}{T_S} \tag{4-68}$$

降雨条件下的地球站接收品质因数（单位为 dB/K）为：

$$[G/T]_{rain} = [G/T] - \Delta[G/T] \tag{4-69}$$

举例：对天线口径为 1.8m 的 Ku 频段的地球站，工作仰角为 30°，假如天线效率为 0.6，驻波比为 1.3，阻发滤波器损耗 L_1 为 0.5dB，低噪声放大器的噪声温度 T_{LNA}

为 80K，增益为 50dB，低损耗电缆损耗、微波分路器损耗及其他损耗 L_2 为 7dB，下变频器噪声系数 F_2 为 3dB，那么接收增益为：

$$
\begin{aligned}
G_R &= 20.4 + 20\lg D \cdot f + 10\lg \eta \\
&= 20.4 + 20\lg 1.8 \times 12.5 + 10\lg 0.6 = 40.7\ (\text{dB})
\end{aligned} \tag{4-70}
$$

由图 4-7 可知，天线噪声温度 T_a 为 35K，由式（4-64）有：

$$
\begin{aligned}
T_{LNAU} &= \frac{T_a + (l_1 - 1) \cdot 293}{l_1}(1 - P^2) \\
&= \frac{35 + (10^{\frac{0.5}{10}} - 1) \cdot 293}{10^{\frac{0.5}{10}}}(1 - 0.13^2) \\
&= 62(\text{K})
\end{aligned} \tag{4-71}
$$

由式（4-65）有：

$$
\begin{aligned}
T_{LNAD} &= \frac{(l_2 \cdot f_2 - 1) \cdot 293}{g_{LNA}} \\
&= \frac{(10^{\frac{7}{10}} \cdot 10^{\frac{3}{10}} - 1) \cdot 293}{10^5} = 0.2637(\text{K})
\end{aligned} \tag{4-72}
$$

由式（4-63）、式（4-66）及式（4-67）有：

$$
T_S = T_{LNAU} + T_{LNA} + T_{LNAD} = 62 + 80 + 0.2637 = 142.3(\text{K}) \tag{4-73}
$$

$$
G_R' = G_R + 10\lg(1 - P^2) - L_1 = 40.7 + 10\lg(1 - 0.13^2) - 0.5 = 40.1(\text{dB}) \tag{4-74}
$$

$$
[G/T] = G_R' - 10\lg T_S = 40.1 - 10\lg 142.3 = 21.5(\text{dB} / \text{K}) \tag{4-75}
$$

以上为晴天条件下的地球站接收 G/T 值，如果此时计算降雨条件下的地球站接收 G/T 值，可参考第 4.1.3 节的讨论，假如雨衰为 5dB，那么由降雨带来的天线噪声温度增量为 183K，由式（4-68）可计算由降雨带来的 G/T 值的恶化量为：

$$
\Delta[G/T] = 10\lg \frac{T_S + \Delta T_A}{T_S} = 10\lg \frac{142.3 + 183}{142.3} = 3.6(\text{dB}) \tag{4-76}
$$

4.1.3.5 相控阵天线的相关计算

相控阵天线是由若干单独的天线或者辐射单元组成的电控扫描阵列天线。相控阵天线的辐射方向图由每一个天线单元上电流的幅度和相位确定，并且通过移相器或数字信号处理改变每一个天线单元上电流的相位，以实现波束的扫描。因此，相控阵天线的波束可以快速地从一个方向扫描到另一个方向，具有很大的灵活性。

相控阵天线的波束在进行扫描时会有一定的扫描损耗，和波束宽度、扫描角度等因素相关。当波束点到点跟踪服务时，覆盖损失可以忽略不计；当波束覆盖一定范围提供服务时，考虑波束边缘的功率下降，还会有一定的覆盖损耗。

由 N 个单元组成的相控阵天线系统，阵面的总增益和总功率和单个阵元的增益和功率有一定的对应关系，工程实际中可以用以下方法进行估算。

由 N 个单元组成的相控阵系统，当单个阵元的发射增益为 $G_{\text{t,single}}$、发射功率为 P_{single}、接收品质因素为 G_{single}/T 时，相控阵系统的发射总增益 G_{trans} 和发射总功率 P_{trans} 分别为：

$$G_{\text{t}} = G_{\text{t,single}} + 10 \lg N \tag{4-77}$$

$$P_{\text{trans}} = N \cdot P_{\text{single}} \tag{4-78}$$

因此相控阵系统的 EIRP 为：

$$\begin{aligned}
\text{EIRP} &= G_{\text{t}} + P = G_{\text{t}} + 10\lg N + 10\lg P_{\text{trans}} \\
&= G_{\text{t,single}} + 10\lg N + 10\lg P_{\text{single}} + 10\lg N \\
&= G_{\text{t,single}} + 10\lg P_{\text{single}} + 20\lg N \\
&= \text{EIRP}_{\text{t,single}} + 20\lg N
\end{aligned} \tag{4-79}$$

天线馈线后端、低噪放前端的等效噪温 T_{e} 为：

$$T_{\text{e}} = \frac{T_{\text{A}}}{L_{\text{feed}}} + \left(1 - \frac{1}{L_{\text{feed}}}\right) T_0 + (F-1) \times 290 \tag{4-80}$$

其中，T_{A} 为天线噪温，L_{feed} 为馈线损耗，T_0 为环境温度，F 为馈线后端的等效噪声系数。

一个由 n 个二端口网络级联组成的系统，组成它的第 i 级网络的增益是 G_i，噪声因子是 F_i，其中，$n=1,2,3,\cdots, i=1,2,3,\cdots,n$。该系统作为一个二端口网络，其增益是 G，噪声系数为 F。其噪声系数的表达式为：

$$F = F_1 + \frac{(F_2 - 1)}{G_1} + \cdots + \frac{F_{n-1}}{G_1 G_2 \cdots G_{n-1}} \tag{4-81}$$

由式（4-81）可知，如果第一级网络的放大倍数比较高，那么后面各级的噪声系数对系统噪声系数的影响很小，第一级的噪声系数几乎决定了整个系统的噪声特性。

相控阵系统中，第一级为低噪放，所以它的噪声系数几乎等于整个系统的噪声特性。相控阵系统的波束形成网络在接收组件后端，对 F 的影响较小。所以，相控阵系统的 T 可等效为单个阵元的 T。

因此，如果每个天线单元的接收增益 $G_{r,single}$，相控阵系统的品质因素 G_r/T 为：

$$G_r/T = (G_{r,single} + 10 \lg N)/T \tag{4-82}$$

4.1.4 卫星转发器主要特性

卫星转发器有许多参数来描述其特性，但对卫星通信链路预算来说，常用的只有 5 个参数，分别是饱和通量密度（Saturation Flux Density，SFD）、有效全向辐射功率（Equivalent Isotropically Radiated Power，EIRP）、接收系统品质因数 G/T、转发器功率输出补偿 BO_o 及输入补偿 BO_i。转发器的饱和功率通量密度、有效全向辐射功率、接收系统品质因数 G/T 这 3 个参数与卫星波束覆盖区域的具体地理位置有关，一般来说，越靠近波束中心，这 3 个参数的值越大；越靠近波束边缘，3 个参数的值越小。具体与波束的成形特性有关，但也不排除在某些特殊区域，可以采用区域波束增强技术以提高局部地区的覆盖性能。在链路预算时，需要从相关卫星公司获取使用卫星的覆盖性能图或性能表，据此选取设计链路的转发器参数，需要注意的是，选取饱和功率通量密度和卫星品质因数 G/T 时应参考发地球站的地理位置，选取卫星有效全向辐射功率时应参考收地球站的地理位置。

4.1.4.1 单载波饱和功率通量密度

单载波输入饱和通量密度（SFD）的含义是为使卫星转发器处于单载波饱和状态工作，在其接收天线的单位有效面积上应输入的功率，单位为 dBW/m^2。SFD 反映卫星信道的接收灵敏度。通过调整转发器信道单元中的可变衰减器，可以在一定范围内改变 SFD 的数值。衰减越小，SFD 值越小，要求的上行功率就越低，即很容易把转发器推至饱和状态。不过一味提高 SFD 灵敏度也不是好事，因为灵敏度提高了，虽然降低了对上行功率的需求，但也相应降低了上行载噪比。此外灵敏度过高，噪声等也会容易进入，会降低上行链路的抗干扰能力。

SFD 是上行链路的重要参数，在链路预算中的主要作用是计算地球站的上行全向辐射功率，进而计算所需的发射站天线口径和功放大小。具体计算方法见第 4.1.7 节。

4.1.4.2 有效全向辐射功率

有效全向辐射功率（EIRP）是指转发器被单载波推到饱和工作点时，转发器的最大输出功率，记为 $EIRP_{SS}$，单位为 dBW，SFD 相当于转发器的输入，而 EIRP 相当于转发器的输出。此外在链路预算中还有两个重要参数，一个是单载波所需的转发器 EIRP 值，记为 $EIRP_S$，一个是系统各载波所需总的 EIRP 值，记为 $EIRP_{SM}$，卫星 EIRP 值的计算是下行链路预算中的重要内容，具体计算见第 4.1.7 节。

4.1.4.3 接收系统品质因数

卫星接收系统的品质因数 G/T。G 为卫星天线增益，T 为卫星接收系统的噪声温度，单位为 dB/K。

卫星接收系统的品质因数定义为卫星接收天线增益与接收系统噪声温度之比，同样用 $(G/T)_S$ 表示，$(G/T)_S$ 反映了卫星接收系统的质量，表征了卫星对接收不同地理位置的信号的放大能力，$(G/T)_S$ 在链路预算中的主要作用是计算上行载噪比，$(G/T)_S$ 和 SFD 反映的是卫星接收系统的性能。

4.1.4.4 输入输出回退

卫星转发器的功率放大器多采用行波管放大器（Traveling-Wave Tube Amplifier，TWTA）或固态功率放大器（Solid State Power Amplifier，SSPA），这两种放大器在最大输出功率点附近的输出/输入关系曲线都会呈现非线性特性，固态功率放大器的线性特性比行波管放大器的要好一些。

当多载波工作于同一个转发器时，为了避免由于非线性产生的交调干扰，必须控制转发器不能输出功率过大以致进入非线性区。转发器一定要回退一定数值，数值多少以使放大器工作在线性状态为准，但此时，整个转发器的输出功率将远低于最大功率。为了减小这种损失，有的转发器配置线性化器以改善放大器的非线性。配置线性化器的转发器，一般输入回退是 6dB，输出回退是 3dB；不配置线性化器，则一般输入回退是 9～11dB，输出回退是 4～6dB。整个转发器只有一个大载波工作时，不需要回退，转发器可以饱和最大功率输出。

对多载波工作的转发器，首先必须设置转发器的输入和输出回退点，然后在此基础上每个载波再按照分配的转发器带宽（有时也用载波占用带宽，对工程计算来说，两种带宽可以混用，误差很小），按比例进行回退。这就要求每个载波都按照相应比例，发射自己应该发的那份功率，即使整个转发器安排满了载波，转发器的总输出功率也会被控制在输出回退点上。

注意上面讲了两个概念，一个是转发器的输入/输出回退，分别记为 BO_i 和 BO_o，一个是载波的输入输出回退，分别记为 BO_{ic} 和 BO_{oc}。

还有一个载波回退值的概念，计算式为：

$$BO_c = 10\lg(B_T / B_o) \tag{4-83}$$

其中，B_T 为转发器带宽，B_o 为载波占用带宽。

载波输入回退输出回退与转发器输入回退输出回退的关系为：

$$BO_{ic} = BO_c + BO_i \tag{4-84}$$

$$BO_{oc} = BO_c + BO_o \tag{4-85}$$

上面讨论的是针对卫星转发器的输入输出补偿及载波输入输出补偿，但其概念和计算方法同样可以用在地球站的功率放大器上。地球站功率放大器的输入输出补偿用于计算载波的上行 $EIRP_E$，卫星转发器的输入输出补偿用于计算载波下行 $EIRP_S$。具体讨论见第 4.1.7 节。

4.1.5 空间传播主要特性

卫星通信电波在传播过程中受到各种损耗，具体包括自由空间传播损耗、大气吸收损耗以及降雨、云、雾等造成散射和衰减等。

4.1.5.1 自由空间传播损耗

自由空间传播损耗 L_F 是传播损耗中最主要的损耗，电波从点源全向天线发出后在自由空间传播，能量将扩散到一个球面上，距离越远面积就越大，单位面积接收的信号就越弱，即传播损耗越大。自由空间传播损耗 L_F 为：

$$L_F = \left(\frac{4\pi d}{\lambda}\right)^2 = \left(\frac{4\pi df}{c}\right)^2 \tag{4-86}$$

其中，d 为传播距离，λ 为工作波长，c 为光速，f 为工作频率。L_F 通常用分贝（dB）表示，当 d 用 km、f 用 GHz 表示时，式（4-80）可表示为：

$$L_F = 92.45 + 20\lg(d \cdot f) \tag{4-87}$$

4.1.5.2　大气吸收损耗

卫星通信的上行链路和下行链路信号均需要穿越大气层。目前卫星通信常用的频率范围是 1～30GHz，未来可能扩展到 60GHz、甚至 100GHz 以上。从电磁波传播的观点，大气中只有 3 个区域对这些频率有影响，分别是对流层、平流层和电离层。从地面起到高约 15km（因纬度而有差异）的空间是对流层，再往上到高约 50km 的空间是平流层，继续往上到高约 1000km 的空间是电离层。

对流层的水汽和氧气、平流层的臭氧，均对电磁波有吸收作用。降雨时，雨滴对电磁波有散射和吸收作用，这些作用就是射电窗口高频截止的基本原因。在 1～300GHz 的微波频段内，大气的吸收谱线主要有：22GHz 和 183GHz 的水汽吸收线、60GHz 附近和 118GHz 的氧气吸收线以及 100GHz 以上的许多条较弱的臭氧吸收线。在微波频段，特别是在高频端，水汽和氧气的非谐振吸收比较大。

电磁波传播到电离层会发生反射和衰减，当电磁波的频率低于电离层（F 层）的临界频率时，要受到电离层的反射，这是射电窗口低频截止的基本原因。当电磁波的频率接近临界频率时，电磁波的折射达到最大，直至发生反射，这是短波通信的基本原理。如果电磁波的频率高于临界频率，电磁波就可以穿透电离层，卫星通信信号都可以穿过电离层。

雨滴对 10GHz 以上的电磁波有显著衰减作用，衰减值与雨滴大小、降雨强度等密切相关。降雨的出现用时间的百分比定义，指超过给定降雨率的时间。对应于时间的高百分比（典型的 20%），低降雨率的影响可以忽略，可以描述为净空条件。对应于时间的低百分比（典型的 0.01%），高降雨率会带来显著影响，可以描述为降雨条件。这些影响可以使链路质量降低到可接受的门限以下，因此，链路可用度直接与降雨率的时间统计概率有关。

总结起来，大气对电磁波传输产生的影响主要有降雨衰减、降雨去极化衰减、大气吸收衰减、雨云冰云衰减、沙尘暴衰减、闪烁衰减、法拉第旋转衰减等，在链路预算中，需要根据不同的气候条件计算相应的衰减。以下对由于大气影响造成的各种衰减分别给予讨论。

（1）降雨影响

在链路预算中，有关降雨有 3 个重要概念

降雨率，用 R_p 来表示，单位为 mm/h。

降雨出现的年时间概率百分比，用 p 表示，降雨率只能表明降雨强度的大小，不能表明降雨持续了多长时间，比如某地经常小雨绵绵，很少下大雨或暴雨，另一地很少下雨，但一下就是中大雨，这两地要考虑的雨衰值相差很大，一定要综合考虑降雨率和降雨出现的年时间概率百分比，不能只考虑一个。一般的表述为：某地一年当中有 0.01% 的时间降雨率超过 80mm/h，即一年当中约有 53min 时间的降雨率超过 80mm/h，可以记为 $R_{0.01}$。

降雨可用度，用 a 表示，它是降雨出现的年时间概率百分比 p 的相反表示（$a = 1 - p$），如某地 $R_{0.01}$ 为 80mm/h 时，雨衰为 12dB，那么意味着在平均年度的 $a = 99.99\%$ 的时间内，雨衰低于 12dB。降雨可用度的时间百分比越大，对应的雨衰值也就越大。反过来，降雨可用度的时间百分比越小，对应的雨衰值也就越小。但可用度太低，又会影响系统的传输质量，因此可用度的指标确定应根据系统实际使用情况来科学确定。

降雨对卫星通信信号传输造成的影响有衰减、去极化和恶化接收系统品质因数，下面对这 3 个影响分别介绍。

1）降雨引起的衰减

降雨引起的衰减值 A_{RAIN} 是路径衰减因子 γ_{R} 与电磁波在雨中的有效路径 L_{E} 的乘积：

$$A_{\text{RAIN}} = \gamma_{\text{R}} L_{\text{E}} \tag{4-88}$$

其中，γ_{R} 的值依赖于频率和降雨强度 R_p，结果是 $p\%$ 时间内超出的衰减值，A_{RAIN} 的计算可参考 ITU-R P618-7 的建议，具体分为以下几个步骤。

步骤 1 确定平均年份中超出 0.01% 时间的降雨率 $R_{0.01}$，根据地球站所处的位置查图 4-11 即可得到，对地球站处于中国时可查中国 $R_{0.01}$ 降雨率分布图得到。

步骤 2 按 ITU-R P839-3 给出的方法计算有效降雨高度 h_{R}：

$$h_{\text{R}} = h_0 + 0.36 \tag{4-89}$$

其中，h_0 是高于海平面上的平均 0°C 等温线高度。

步骤 3 计算斜路径长度 L_{s}，在雨的高度下面：

$$L_{\text{s}} = \frac{h_{\text{R}} - h_{\text{s}}}{\sin \text{el}}, \quad \text{el} \geqslant 5° \tag{4-90}$$

步骤 4 计算斜路径的水平投影 L_{G}：

$$L_{\text{G}} = L_{\text{s}} \cos \text{el} \tag{4-91}$$

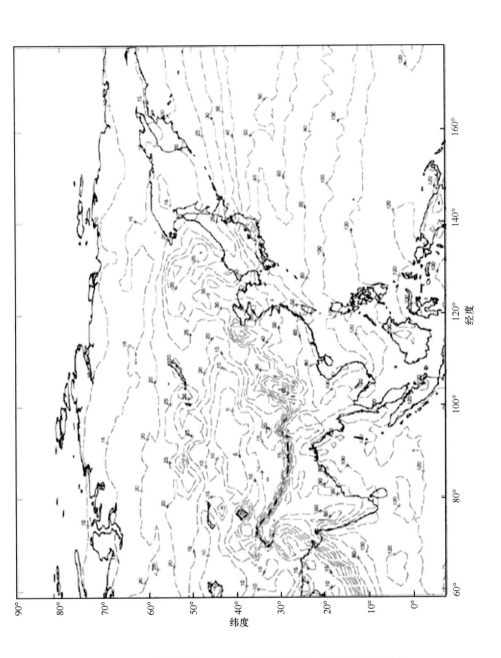

图 4-11　平均年份中超出 0.01%时间的降雨率 $R_{0.01}$（ITU-R P618-7）

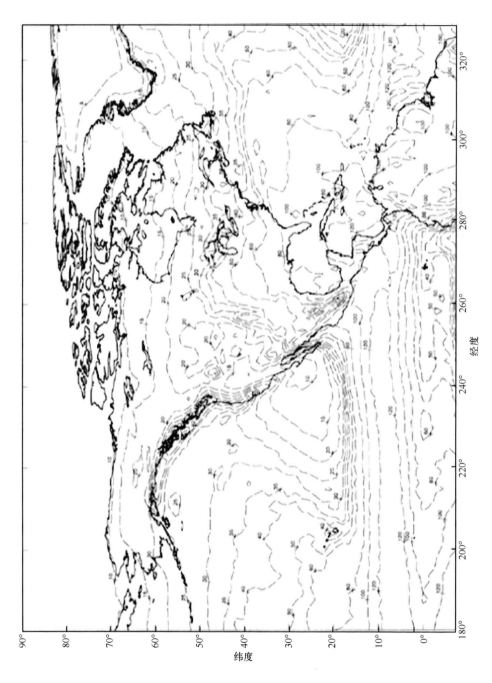

图 4-11　平均年份中超出 0.01%时间的降雨率 $R_{0.01}$（ITU-R P618-7）（续）

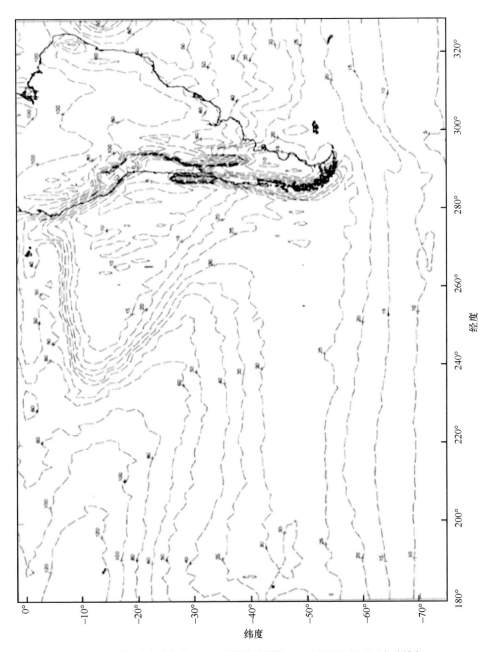

图 4-11　平均年份中超出 0.01%时间的降雨率 $R_{0.01}$（ITU-R P618-7）（续）

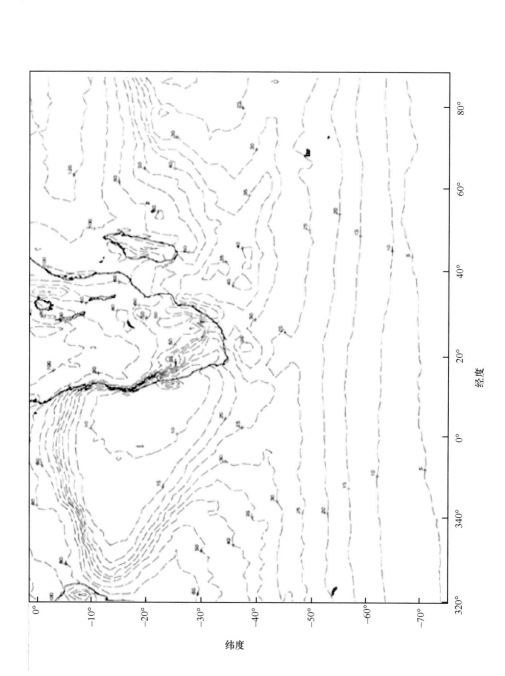

图 4-11　平均年份中超出 0.01%时间的降雨率 $R_{0.01}$（ITU-R P618-7）（续）

步骤 5　从表 4-2 得到衰减值 γ_R，它是 $R_{0.01}$ 和频率的函数，取值也可以参考 ITU-R P838 给出的计算式：

$$\gamma_R = k(R_{0.01})^\alpha \tag{4-92}$$

$$k = \left[k_H + k_V + (k_H - k_V) \cos^2 \text{el} \cdot \cos 2\theta_p \right] / 2 \tag{4-93}$$

$$\alpha = \left[k_H \alpha_H + k_V \alpha_V + (k_H \alpha_H - k_V \alpha_V) \cos^2 \text{el} \cdot \cos 2\theta_p \right] / 2k \tag{4-94}$$

其中，el 是仰角，θ_p 是相对于水平面的极化倾角（对圆极化 $\tau = 45°$）。k_V 和 α_V 为计算垂直极化系数，k_H 和 α_H 为计算垂直极化系数，其取值与频率有关。

也可以用图 4-12 快速估计一个 γ_R 值，对于圆极化取每个线极化衰减的平均值。

表 4-2　各个频段频率相关系数计算

频率	系数
$f = 1\text{GHz}$	$k_H = 0.0000387$ $k_V = 0.0000352$ $\alpha_H = 0.912$ $\alpha_V = 0.880$
$1\text{GHz} < f < 2\text{GHz}$	$k_H = 3.87 \times 10^{-5} \times f_{GHz}^{1.9925}$ $k_V = 3.52 \times 10^{-5} \times f_{GHz}^{1.971}$ $\alpha_H = 0.1694 \lg f_{GHz} + 0.912$ $\alpha_V = 0.1428 \lg f_{GHz} + 0.880$
$f = 2\text{GHz}$	$k_H = 0.000154$ $k_V = 0.000138$ $\alpha_H = 0.963$ $\alpha_V = 0.923$
$2\text{GHz} < f < 4\text{GHz}$	$k_H = 3.649 \times 10^{-5} \times f_{GHz}^{2.0775}$ $k_V = 3.222 \times 10^{-5} \times f_{GHz}^{2.0985}$ $\alpha_H = 0.5249 \lg f_{GHz} + 0.805$ $\alpha_V = 0.5049 \lg f_{GHz} + 0.771$
$f = 4\text{GHz}$	$k_H = 0.000650$ $k_V = 0.000591$ $\alpha_H = 1.212$ $\alpha_V = 1.075$
$4\text{GHz} < f < 6\text{GHz}$	$k_H = 2.199 \times 10^{-5} \times f_{GHz}^{2.4426}$ $k_V = 2.187 \times 10^{-5} \times f_{GHz}^{2.3780}$ $\alpha_H = 1.0619 \lg f_{GHz} + 0.4816$ $\alpha_V = 1.079 \lg f_{GHz} + 0.4254$

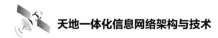

（续表）

频率	系数
$f = 6\text{GHz}$	$k_H = 0.00175$ $k_V = 0.00155$ $\alpha_H = 1.308$ $\alpha_V = 1.265$
$6\text{GHz} < f < 7\text{GHz}$	$k_H = 3.202 \times 10^{-6} \times f_{\text{GHz}}^{3.5181}$ $k_V = 3.041 \times 10^{-6} \times f_{\text{GHz}}^{3.4791}$ $\alpha_H = 0.3585 \lg f_{\text{GHz}} + 1.029$ $\alpha_V = 0.7021 \lg f_{\text{GHz}} + 0.7187$
$f = 7\text{GHz}$	$k_H = 0.00301$ $k_V = 0.00265$ $\alpha_H = 1.332$ $\alpha_V = 1.312$
$7\text{GHz} < f < 8\text{GHz}$	$k_H = 7.542 \times 10^{-6} \times f_{\text{GHz}}^{3.0778}$ $k_V = 7.890 \times 10^{-6} \times f_{\text{GHz}}^{2.9892}$ $\alpha_H = -0.0862 \lg f_{\text{GHz}} + 1.4049$ $\alpha_V = -0.0345 \lg f_{\text{GHz}} + 1.3411$
$f = 8\text{GHz}$	$k_H = 0.00454$ $k_V = 0.00395$ $\alpha_H = 1.327$ $\alpha_V = 1.310$
$8\text{GHz} < f < 10\text{GHz}$	$k_H = 2.636 \times 10^{-6} \times f_{\text{GHz}}^{3.5834}$ $k_V = 2.102 \times 10^{-6} \times f_{\text{GHz}}^{3.6253}$ $\alpha_H = -0.5263 \lg f_{\text{GHz}} + 1.8023$ $\alpha_V = -0.4747 \lg f_{\text{GHz}} + 1.7387$
$f = 10\text{GHz}$	$k_H = 0.0101$ $k_V = 0.00887$ $\alpha_H = 1.276$ $\begin{pmatrix} a_{11} & a_{12} & a_{13} \\ a_{21} & a_{22} & a_{23} \\ a_{31} & a_{32} & a_{33} \end{pmatrix}$
$10\text{GHz} < f < 12\text{GHz}$	$k_H = 3.949 \times 10^{-6} \times f_{\text{GHz}}^{3.4078}$ $k_V = 2.785 \times 10^{-6} \times f_{\text{GHz}}^{3.5032}$ $\alpha_H = -0.7451 \lg f_{\text{GHz}} + 2.0211$ $\alpha_V = -0.8083 \lg f_{\text{GHz}} + 2.0723$
$f = 12\text{GHz}$	$k_H = 0.0188$ $k_V = 0.0168$ $\alpha_H = 1.217$ $\alpha_V = 1.200$

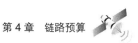

（续表）

频率	系数
$12\text{GHz} < f < 15\text{GHz}$	$k_{\text{H}} = 1.094 \times 10^{-5} \times f_{\text{GHz}}^{2.9977}$ $k_{\text{V}} = 7.718 \times 10^{-6} \times f_{\text{GHz}}^{3.0929}$ $\alpha_{\text{H}} = -0.6501 \lg f_{\text{GHz}} + 1.9186$ $\alpha_{\text{V}} = -0.7430 \lg f_{\text{GHz}} + 2.0018$
$f = 15\text{GHz}$	$k_{\text{H}} = 0.0367$ $k_{\text{V}} = 0.0335$ $\alpha_{\text{H}} = 1.154$ $\alpha_{\text{V}} = 1.128$
$15\text{GHz} < f < 20\text{GHz}$	$k_{\text{H}} = 4.339 \times 10^{-5} \times f_{\text{GHz}}^{2.489}$ $k_{\text{V}} = 3.674 \times 10^{-5} \times f_{\text{GHz}}^{2.5167}$ $\alpha_{\text{H}} = -0.4402 \lg f_{\text{GHz}} + 1.6717$ $\alpha_{\text{V}} = -0.5042 \lg f_{\text{GHz}} + 1.7210$
$f = 20\text{GHz}$	$k_{\text{H}} = 0.0751$ $k_{\text{V}} = 0.0691$ $\alpha_{\text{H}} = 1.099$ $\alpha_{\text{V}} = 1.065$
$20\text{GHz} < f < 25\text{GHz}$	$k_{\text{H}} = 8.951 \times 10^{-5} \times f_{\text{GHz}}^{2.2473}$ $k_{\text{V}} = 3.674 \times 10^{-5} \times f_{\text{GHz}}^{2.2041}$ $\alpha_{\text{H}} = -0.3921 \lg f_{\text{GHz}} + 1.6092$ $\alpha_{\text{V}} = -0.3612 \lg f_{\text{GHz}} + 1.5349$
$f = 25\text{GHz}$	$k_{\text{H}} = 0.124$ $k_{\text{V}} = 0.1113$ $\alpha_{\text{H}} = 1.061$ $\alpha_{\text{V}} = 1.03$
$25\text{GHz} < f < 30\text{GHz}$	$k_{\text{H}} = 8.779 \times 10^{-5} \times f_{\text{GHz}}^{2.2533}$ $k_{\text{V}} = 1.143 \times 10^{-4} \times f_{\text{GHz}}^{2.1424}$ $\alpha_{\text{H}} = -0.5052 \lg f_{\text{GHz}} + 1.7672$ $\alpha_{\text{V}} = -0.3789 \lg f_{\text{GHz}} + 1.5596$
$f = 30\text{GHz}$	$k_{\text{H}} = 0.187$ $k_{\text{V}} = 0.167$ $\alpha_{\text{H}} = 1.021$ $\alpha_{\text{V}} = 1.000$
$30\text{GHz} < f < 35\text{GHz}$	$k_{\text{H}} = 1.009 \times 10^{-4} \times f_{\text{GHz}}^{2.2124}$ $k_{\text{V}} = 1.075 \times 10^{-4} \times f_{\text{GHz}}^{2.1605}$ $\alpha_{\text{H}} = -0.6274 \lg f_{\text{GHz}} + 1.9477$ $\alpha_{\text{V}} = -0.5527 \lg f_{\text{GHz}} + 1.8164$

（续表）

频率	系数
$f = 35\text{GHz}$	$k_{\text{H}} = 0.263$ $k_{\text{V}} = 0.233$ $\alpha_{\text{H}} = 0.979$ $\alpha_{\text{V}} = 0.963$
$35\text{GHz} < f < 40\text{GHz}$	$k_{\text{H}} = 1.304 \times 10^{-4} \times f_{\text{GHz}}^{2.1402}$ $k_{\text{V}} = 1.163 \times 10^{-4} \times f_{\text{GHz}}^{2.1383}$ $\alpha_{\text{H}} = -0.68981\lg f_{\text{GHz}} + 2.044$ $\alpha_{\text{V}} = -0.5863\lg f_{\text{GHz}} + 1.8683$
$f = 40\text{GHz}$	$k_{\text{H}} = 0.350$ $k_{\text{V}} = 0.310$ $\alpha_{\text{H}} = 0.939$ $\alpha_{\text{V}} = 0.929$

步骤 6 计算 0.01%时间的水平衰减因子 $r_{0.01}$:

$$r_{0.01} = [1 + 0.78\sqrt{L_{\text{G}}\gamma_{\text{R}} / f} - 0.38(1 - \text{e}^{-2L_{\text{G}}})]^{-1} \tag{4-95}$$

步骤 7 计算 0.01%时间的垂直调整因子 $v_{0.01}$:

$$\zeta = \arctan\left(\frac{h_{\text{R}} - h_s}{L_{\text{G}}r_{0.01}}\right) \tag{4-96}$$

$$L_{\text{R}}(\text{km}) = \begin{cases} L_{\text{G}}r_{0.01} / \cos \text{el}, & \zeta > \text{el} \\ (h_{\text{R}} - h_s) / \sin \text{el}, & \text{其他} \end{cases} \tag{4-97}$$

$$\chi = \begin{cases} 36 - \alpha, & \alpha < 36^{\circ} \\ 0, & \text{其他} \end{cases} \tag{4-98}$$

$$v_{0.01} = [1 + \sqrt{\sin \text{el}}(31(1 - \text{e}^{-(\text{el}/(1+\chi))})\sqrt{L_{\text{R}}\gamma_{\text{R}}} / f^2 - 0.45)]^{-1} \tag{4-99}$$

步骤 8 有效路径长度是：

$$L_{\text{E}} = L_{\text{R}}v_{0.01} \tag{4-100}$$

步骤 9 对于平均年份可以得到超过 0.01%的衰减预测：

$$A_{0.01} = \gamma_{\text{R}}L_{\text{E}} \tag{4-101}$$

步骤 10 对于平均年份超出其他百分比（范围 0.001%～5%）的衰减估计可以从超出 0.01%的衰减得到：

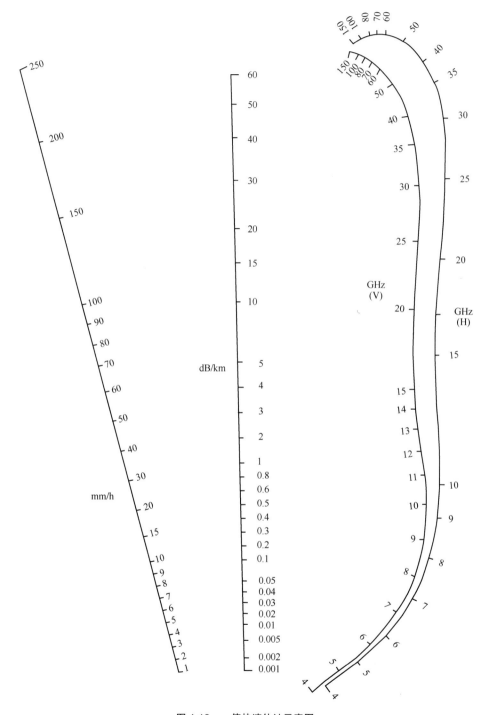

图 4-12 　γ_R 值快速估计示意图

$$\beta = \begin{cases} 0 & , \ p \geqslant 1\% \text{或} \alpha \geqslant 36° \\ -0.005(\alpha - 36) & , \ p < 1\% \text{或} \alpha < 36°, \text{el} \geqslant 25° \\ -0.005(\alpha - 36) + 1.8 - 4.25 \sin \ \text{el}, \ \text{其他} \end{cases} \quad （4\text{-}102）$$

其中，α 为地球站所在纬度。

$$A_p = A_{0.01} \left(\frac{p}{0.01} \right)^{-(0.655 + 0.033\ln p - 0.045\ln A_{0.01} - \beta(1-p)\sin \text{el})} \quad （4\text{-}103）$$

有时需要估计超过任意月份的百分比 p_w（指最坏的月），对应的年百分比：

$$p = 0.3(p_\text{w})^{1.15} \quad （4\text{-}104）$$

通常的性能目标是 $p_\text{w} = 0.3\%$，这对应着年百分比 0.075%，因而：

$$A_\text{RAIN}(p_\text{w} = 0.3) = 0.435 A_\text{RAIN}(p = 0.01) \quad （4\text{-}105）$$

一个平均年份超过 0.01%降雨衰减的典型值可从前面的步骤中得到，对于不同的区域，超过平均年份 0.01%时间的降雨率 $R_{0.01}$ 的范围是 30～50mm/h。典型值是 4GHz 时为 0.1dB，12GHz 时是 5～10dB，20GHz 时是 10～20dB，30GHz 时是 25～40dB。

计算 A_p 除了利用式（4-97）外，还有另外一种工程计算方法，需要用到链路可用度 a 的概念（见第 4.1.7 节），那么有：$a = 1 - p$。工程计算以 $A_{0.01}$ 为基础，也就是说以链路可用度为 99.99%时的雨衰为基础。

当 $a < 99.9\%$ 时：

$$A_p = 0.12 A_{0.01} \left((1-a) \times 100 \right)^{-0.5} \quad （4\text{-}106）$$

当 $99.9\% \leqslant a \leqslant 99.99\%$ 时：

$$A_p = 0.15 A_{0.01} \left((1-a) \times 100 \right)^{-0.41} \quad （4\text{-}107）$$

例如：对 Ku 频段，某地的 $A_{0.01} = 12\text{dB}$，则有：

当链路可用度要求为 99.5%时：

$$A_{0.5} = 0.12 A_{0.01} \left((1-a) \times 100 \right)^{-0.5} = 2(\text{dB}) \quad （4\text{-}108）$$

当链路可用度要求为 99.9%时：

$$A_{0.1} = 0.15 A_{0.01} \left((1-a) \times 100 \right)^{-0.41} = 4.6(\text{dB}) \quad （4\text{-}109）$$

对 Ka 频段，某地的 $A_{0.01} = 20\text{dB}$，则有：

当链路可用度要求为 99.5%时：

$$A_{0.5} = 0.12 A_{0.01} ((1-a) \times 100)^{-0.5} = 3.4(\text{dB}) \quad （4\text{-}110）$$

当链路可用度要求为 99.9% 时：

$$A_{0.1} = 0.15A_{0.01}\left((1-a)\times100\right)^{-0.41} = 7.7(\text{dB}) \tag{4-111}$$

此外，在实际系统中，卫星公司经常会提供该公司卫星覆盖范围内各地的雨衰值供设计人员参考，设计人员可据此换算为符合链路可用度要求的雨衰值。

2）去极化影响

由于雨和冰云引起的去极化而产生的交叉极化计算方法可参考 ITU-RP618-7 给出的建议。降雨会对电磁波的极化特性产生衰减和相移，从而产生去极化，由于雨滴的模型通常是一个扁球，它的长轴与地平线倾斜，假设倾角随着空间和时间随机变化，冰云、高纬度冰晶在靠近地球等温线 0°C 附近，也可以引起交叉极化。

由降雨引起的交叉极化鉴别率 XPD_{rain} 的统计特性可以从降雨的统计特性导出，交叉极化分辨率 $\text{XPD}(p)$ 不超过时间 $p\%$ 的表达式为：

$$\text{XPD}(p) = \text{XPD}_{\text{rain}} - C_{\text{ice}} \tag{4-112}$$

其中，XPD_{rain} 是降雨条件下的交叉极化鉴别率，C_{ice} 是冰云的影响，给出表达式如下：

$$\text{XPD}_{\text{rain}} = C_f - C_A + C_\theta + C_e + C_\sigma \tag{4-113}$$

$$C_{\text{ice}} = \text{XPD}_{\text{rain}}(0.3 + 0.1 \times \lg p)/2 \tag{4-114}$$

其中：

$$C_f = 30\lg f \tag{4-115}$$

$$C_A = V(f)\lg A_{\text{RAIN}}(p) \tag{4-116}$$

$$V(f) = \begin{cases} 12.8f^{0.19}, & 8\text{GHz} \leqslant f \leqslant 20\text{GHz} \\ 22.6, & 20\text{GHz} \leqslant f \leqslant 35\text{GHz} \end{cases} \tag{4-117}$$

$$C_\theta = -10\lg[1 - 0.484(1 + \cos 4\theta_p)] \tag{4-118}$$

$$C_e = -40\lg(\cos el) \quad el=60° \tag{4-119}$$

$$C_\sigma = 0.0052\sigma^2 \tag{4-120}$$

其中，f 是频率，θ_p 是线极化时电波极化方向对地平线的倾斜角，即地球站天线的接收极化角（对于圆极化用 $\theta_p = 45°$）。σ 是雨滴倾斜角分布的标准偏离，以角度表示；对于 $p = 1\%$、0.1%、0.01%、0.001% 的时间，相应的 σ 取 0°、5°、10° 和 15°。

式（4-107）对于 8GHz ≤ f ≤35GHz，仰角 el ≤60° 是有效的。对于低于 4GHz

的频率，可以按照式（4-107）以频率 f_1（$8\text{GHz} \leqslant f_1 \leqslant 35\text{GHz}$）计算 $\text{XPD}_1(p)$，并用式（4-121）计算在频率 f_2（$4\text{GHz} \leqslant f_2 \leqslant 8\text{GHz}$）上的 $\text{XPD}_2(p)$：

$$\text{XPD}_2(p) = \frac{\text{XPD}_1(p) - 20\lg[f_2(1 - 0.484(1 + \cos 4\theta_{p2}))^{0.5}]}{f_1[1 - 0.484(1 + \cos 4\theta_{p1})]^{0.5}} \quad (4\text{-}121)$$

其中，θ_{p1} 和 θ_{p2} 表示在频率 f_1 和 f_2 的极化倾角。

图 4-13 给出的两种情况下的交叉极化鉴别率受雨衰影响的曲线，第一种情况：取 $\text{el} = 30°$，$f = 12\text{GHz}$，$\theta_p = 15°$，$\sigma = 10°$（对应的雨衰值为 $A_{\text{RAIN}}(0.01)$）；第二种情况：取 $\text{el} = 30°$，$f = 27\text{GHz}$，$\theta_p = 15°$，$\sigma = 10°$（对应的雨衰值为 $A_{\text{RAIN}}(0.01)$）。由图 4-14 可知：

① 雨衰越大，交叉极化鉴别率性能越差；

② 同等条件下，27GHz 频率的交叉极化鉴别率比 12GHz 频率的交叉极化鉴别率要恶化 9dB 左右。

③ 在频率为 27GHz 时，雨衰低于 15dB 都可以保证交叉极化鉴别率高于 20dB。

式（4-112）的 C_θ 为线极化改善因子，与极化角的关系曲线如图 4-14 所示，当极化角为 0 或 90° 时，即地球站与卫星的经度相同时，C_θ 最大值为 15dB；当用圆极化时，极化角为 45°，此时 C_θ 最小值为 0dB。

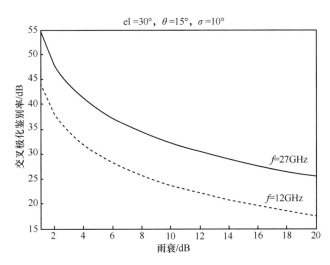

图 4-13　交叉极化鉴别率和雨衰的关系

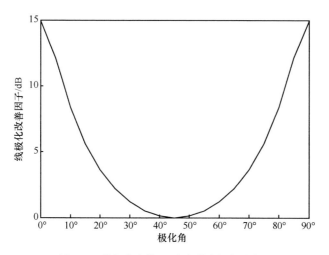

图 4-14　线极化改善因子与极化角的关系曲线

3）增加地球站天线噪声温度，恶化接收系统 G/T 值

总结起来，降雨对频率在 10GHz 以下的电磁波信号造成的衰减及交叉极化特性的恶化都比较小，对系统链路性能影响不大；降雨对频率在 10GHz 以上的电磁波信号造成的衰减、G/T 值恶化及交叉极化特性恶化都比较大，因此对 10GHz 以上的系统进行设计时，应充分考虑降雨带来的各种影响。

（2）大气吸收损耗

电磁波在大气中传输时，要受到大气层中氧分子、水蒸气分子等的吸收，造成信号衰减，大气吸收衰减记为 L_a，与频率、地球站仰角等参数有关，图 4-15 给出的是频率低于 35GHz 时的标准大气吸收衰减，工程上的近似计算式为：

$$L_a = \frac{0.042 \cdot e^{0.0691f}}{\sin el} \tag{4-122}$$

其中，el 为天线仰角，f 为频率。

当天线仰角为 30° 时，C 频段的大气吸收损耗典型值为 0.1dB，Ku 频段的大气吸收损耗典型值为 0.2dB，Ka 频段的大气吸收损耗典型值为 0.35dB。

（3）雨、冰云或雾引起的衰减

雨、冰云或雾引起的衰减 γ_C 可以按照 ITU-RP840 给出的计算式：

$$\gamma_C = KM \tag{4-123}$$

其中，K 的大约值为 $K = 1.2 \times 10^{-3} f^{1.9}$，$f$ 以 GHz 表示，从 1GHz 到 30GHz，$M =$ 云或雾的水浓度。

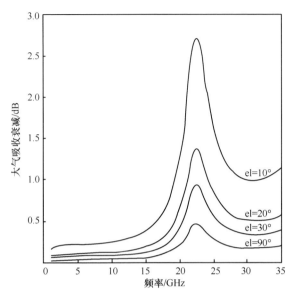

图 4-15 大气吸收衰减与频率及仰角的关系曲线

　　雨云或雾的衰减通常小于降雨引起的衰减，衰减是以大于时间的百分数观察。对于仰角 el = 20°，由雨云在一年的超过 1%时间内引起的衰减量级是：在北美和欧洲，在频率为 12GHz 时是 0.2dB，在 20GHz 时是 0.5dB，在 30GHz 时是 1.1dB；在东南亚 12GHz 时是 0.8dB，20GHz 时是 2.1dB，在 30GHz 时是 4.5dB；对于浓雾（$M = 0.5\text{g/m}^3$）在 30GHz 时的衰减量级是 0.4dB/km；冰云引起的衰减更小。

　　（4）沙尘暴引起的衰减

　　由沙尘暴引起的衰减与粒子潮湿度及电磁波穿过沙尘暴的路径长度有关。频率为 14GHz 对于干燥粒子的衰减在 0.03dB/km 的量级，湿度大于 20%时的粒子衰减是 0.65dB/km 的量级。

　　（5）电离层吸收衰减

　　电离层中除自由电子外，还存在正离子、负离子和中性的气体分子和原子。当电磁波频率与等离子体碰撞频率接近时，吸收功率达到峰值。当电磁波频率比等离子体碰撞频率低时，电波频率越高，被吸收越多，卫星通信使用的微波频率比电离层中的碰撞频率相比高不少，不会引起电波与电子的共振，所以通常能够低反射、低吸收地穿过电离层，频率越低，吸收越强烈。电波穿过电离层引起的吸收衰减量随入射角而变化。垂直入射时，衰减量一般不超过 $50/f$，f 为电波频率，单位为 MHz。

（6）闪烁

电离层中不均匀气体使电磁波穿过时发生折射和散射，造成电波信号的幅度、相位、到达角、极化状态等发生短期不规则的变化，这就是电离层闪烁现象。

电离层闪烁发生的频率和强度与时间、太阳活动、纬度、地磁环境有关：衰落强度还与工作频率有关，对 VHF、UHF 和 L 波段的信号影响尤其严重。在亚洲地区，地磁中纬度区的电离层闪烁夏天最严重，冬季最小，电离层闪烁现象一般持续30 分钟到数小时，通常发生在日落后（18 时）至深夜（24 时），子夜时出现衰落最大值，中午前后可能出现第二大值。地球上有两个电离层闪烁较为严重的地带：低纬度区（指地球赤道至其南北 30°以内的区域）和高纬度（60°以上，尤其是 65°以上）地区。

电离层闪烁的影响主要由电离条件决定，衰减近似与频率的平方成反比。当频率高于 1GHz 时影响一般较轻，卫星移动通信系统的工作频率一般较低（以 1～2GHz为主），电离层闪烁效应必须考虑，曾经在太阳活动峰年监测到赤道异常区 L 波段信号闪烁强度达至 20dB 量级，据 ITU 统计，在 4GHz 的 C 频段，电离层闪烁可能造成幅度超过 10dB 的峰峰值变化，频率变化范围为 0.1～1Hz。甚至对 Ku 频段的信号，在地磁低纬度的地区也可能受电离层闪烁的影响，例如日本冲绳记录的12GHz 卫星信号最大 3dB 值的电离层闪烁事件。

电离层闪烁影响的频率和地域都较宽，不易通过频率分集、极化分集、扩展频谱等方法解决，但可通过编码、交织、重发等技术克服衰落，减少电离层闪烁的影响。

（7）法拉第旋转

电离层会使线极化波的极化平面产生旋转，这种旋转称为法拉第旋转，旋转角度与极化方向相反并与频率的平方成反比。它是电离层中电子成分的函数并随着时间、季节和太阳周期变化。在 4GHz 频率，它的量值是几度。对于一个小的百分比时间，结果是产生一个衰减，具体计算式见式（4-55）。

交叉极化分量的表现是降低交叉极化分辨率 XPD，与极化旋转适配角 θ_p 的关系为：

$$XPD = -20\lg(\tan\theta_p) \qquad (4\text{-}124)$$

对于在 4GHz 频率上 $\theta_p = 9°$ 的情况，由式（4-118）有：XPD=16dB。

地球站的上行链路和下行链路的极化旋转平面在相同的方向，如果天线收/发共用，靠旋转天线的馈源系统抵消法拉第旋转是不可能的。

有一种计算方法是使用经验公式得出某频率电波通过电离层的最大极化旋转角，即极化面旋转量不超过：

$$\theta_p = 5 \times (200/f)^2 \times 360 \tag{4-125}$$

其中，f 为电磁波频率，单位为 MHz。1GHz 时旋转角度在 72°以下，4GHz 时在 4.5°以下，6GHz 时在 2°以下，12GHz 时在 0.1°以下。因此，一般情况下，电离层对工作在 Ku 或 Ka 频段电磁波的极化影响很小，基本可以忽略；但工作在 L 频段下的线极化的电磁波极化面会明显旋转而严重影响通信质量。

C 频段的卫星通信转发器采用线极化时，极化旋转角依然比较大，在电离层活动高峰期，如果不能对极化进行跟踪调整，哪怕 1°的误差都将对极化隔离度造成较大影响，造成转发器或地球站受到交叉极化干扰。如果电离层处于扰动状态，将导致 C 频段信号的极化隔离度无法稳定下来，这时最好使用极化跟踪装置。对上行极化的跟踪比较复杂，一般地球站不会采用，实际工作中常用的办法是尽量将极化隔离度调高，以增加储备余量和安装下行极化跟踪装置。一般卫星公司要求上行载波的极化隔离度达到 33dB 以上。

法拉第旋转效应无法改变圆极化波的极化方向，因此圆极化波不受影响。

4.1.5.3 减轻大气影响措施

（1）极化调整

降低去极化影响的最好方法是对地球站天线的极化特性进行调整，具体方法是：对于上行链路，对发射天线的极化进行预校正，使卫星天线接收的电磁波极化方向与其匹配；对于下行链路，对接收天线的极化进行校正，使地球站天线极化与接收的电磁波匹配。

（2）分集技术

分集技术是解决雨衰问题的有效措施。在卫星通信系统中的抗雨衰分集技术有位置分集和频率分集两种。

1）位置分集

由于降雨量较大的区域一般比较小，如果要克服大降雨量的严重影响，则可分布两个地球站并使其距离大于降雨区域，这两个地球站各自与卫星的路径是相互独立的。利用这种特性，位置分集将一条通信链路分配给两个地球站，利用地面链路的分集处理器，对两个站进行择优选用。如果其中有一个站的衰减超过了该站的功率储备，那么至少还有另一个站可以使用，这样使链路可用度得到提高。只要两个站位置设计合适，使它们不能处于同一个严重降雨区内，则并不需要地球站有多大的功率储备也能保证系统可用度。位置分集带来的好处可以由 Rec.ITU-R.PN618 提出的分集增益和分集改善系数体现。

a）分集增益 $G_D(p)$

假如在两个不同位置（位置 1 和位置 2）的地球站能够通过卫星建立链路，在给定的时间 t 内，分别遭受衰减 $A_1(t)$ 和 $A_2(t)$；由于地理位置不同，$A_1(t)$ 不同于 $A_2(t)$，在这样的链路上，衰减是 $A_D(t) = \min[A_1(t), A_2(t)]$。信号位置的平均衰减定义为 $A_M(t) = [A_1(t) + A_2(t)] / 2$，所有的值用分贝表示。

分集增益 $G_D(p)$ 定义为：对超过相同的时间百分比 p，平均衰减 $A_M(p)$ 和分集衰减 $A_D(p)$ 之间的差，即：

$$G_D(p) = A_M(p) - A_D(p) \tag{4-126}$$

需要的余量变为：

$$M(p) = A_{RAIN} + \Delta(G/T) - G_D(p) \tag{4-127}$$

虽然位置分集的效果很好，但需要在一个卫星链路上配置两个地球站，而且还需要额外的地面线路设备，因此代价很高，除非在雨衰特别大或可用度要求特别高的情况下，才会考虑采用这一技术。

b）分集改善系数

分集改善系数定义为：在相同的衰减值情况下，单个站的时间百分比 p_1 与分集后的时间百分比 p_2 之比。图 4-16 显示了 p_1 和 p_2 的关系，它们是两个位置之间距离的函数。这些曲线可用下面的关系模型：

$$p_2 = (p_1)^2 (1+\beta^2) / (p_1 + 100\beta^2) \tag{4-128}$$

当距离 $d > 5\text{km}$ 时，$\beta^2 = 10^{-4} d^{1.33}$。

位置分集还能减轻闪烁和交叉极化干扰的影响。

2）频率分集

由于雨衰与频率的关系很大，在高频段（如 Ku、Ka 频段），降雨对链路影响较大，而在低频段（如 L、S、C 频段），降雨对链路影响较小。频率分集的含义是卫星通信系统可以工作在高频、低频两个频段，当雨衰不大时工作在高频段，当雨衰严重时工作在低频段。这样虽然可以减少雨衰的影响，但系统的复杂性及成本也会大大增加。

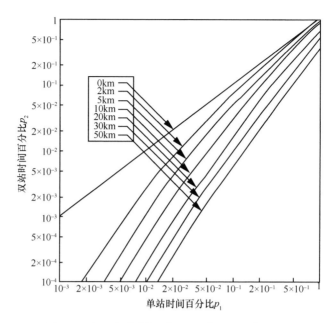

图 4-16　相同衰减时有分集和无分集百分比时间关系

（3）自适应技术

自适应技术是通过改变信号衰减期间的链路参数以维持所需要的载噪比，常用的几种方法有：

- 改变调制制式或编码方式，也就是说在衰减期间采用功率利用率更高的调制方式或编码增益更高的编码方式；
- 采用上行功率控制技术，提高发射链路 EIRP，补偿链路雨衰等损耗；
- 降低容量。在使用前向纠错码时，减小所需要的 C/N_0 值，代价是降低信息比特率 R_b，对于一个透明转发卫星可以用在全部链路，对于再生卫星可用在上行链路或下行链路。

4.1.6　透明转发器链路预算

4.1.6.1　上行链路

（1）上行链路载噪比

上行链路载噪比的计算式为：

$$[C / T]_{\mathrm{U}} = \mathrm{EIRP}_{\mathrm{E}} - L_{\mathrm{U}} + [G / T]_{\mathrm{S}} \tag{4-129}$$

其中，$[C / T]_{\mathrm{U}}$ 为上行链路载噪比，L_{U} 为上行链路传播损耗，$[G / T]_{\mathrm{S}}$ 为卫星接收品质因数，$\mathrm{EIRP}_{\mathrm{E}}$ 为地球站全向有效辐射功率，通过式（4-130）计算：

$$\mathrm{EIRP}_{\mathrm{E}} = P_{\mathrm{TX}} + G_{\mathrm{T}} - L_{\mathrm{FTX}} \tag{4-130}$$

由第 4.6 节讨论有：

$$L_{\mathrm{U}} = L_{\mathrm{FU}} + A_{\mathrm{RAIN}} + L_{\mathrm{a}} + L_{\mathrm{o}} \tag{4-131}$$

其中，L_{FU} 为上行自由空间传播损耗，A_{RAIN} 为降雨损耗，L_{a} 为大气吸收损耗，L_{o} 为其他损耗。

对上行链路来说，还有一个重要的参数要考虑，这就是卫星饱和输入功率密度，又叫灵敏度。假设卫星饱和输入功率密度为 SFD，为了使得卫星转发器能够饱和输出，地球站所需发送的功率为 $\mathrm{EIRP}_{\mathrm{ES}}$，则两者的关系为：

$$\mathrm{SFD} = \frac{\mathrm{EIRP}_{\mathrm{ES}}}{4\pi d^2} = \frac{\mathrm{EIRP}_{\mathrm{ES}}}{(4\pi d / \lambda)^2} \cdot \frac{4\pi}{\lambda^2} = \frac{\mathrm{EIRP}_{\mathrm{ES}}}{L_{\mathrm{u}}} \frac{4\pi}{\lambda^2} \tag{4-132}$$

用分贝表示有：

$$\mathrm{SFD} = \mathrm{EIRP}_{\mathrm{ES}} - L_{\mathrm{U}} + 10\lg(4\pi / \lambda^2) = \mathrm{EIRP}_{\mathrm{ES}} - L_{\mathrm{U}} + G_1 \tag{4-133}$$

其中，SFD 为得到卫星单一载波饱和输出，在卫星接收点所需的输入功率密度；$\mathrm{EIRP}_{\mathrm{ES}}$ 为得到卫星单一载波饱和输出，需要地球站发送的 EIRP；L_{U} 为上行链路传播损耗；$G_1 = 10\lg(4\pi / \lambda^2)$ 为单位面积天线增益；$\mathrm{EIRP}_{\mathrm{EM}}$ 为实际工作状态下的地球站各载波 EIRP 总和：

$$\mathrm{EIRP}_{\mathrm{EM}} = \mathrm{EIRP}_{\mathrm{ES}} - \mathrm{BO}_{\mathrm{oe}} \tag{4-134}$$

其中，$\mathrm{BO}_{\mathrm{oe}}$ 为地球站功率放大器的输出补偿。

由以上讨论可得上行载噪比的最大值为：

$$[C / T]_{\mathrm{UM}} = \mathrm{SFD} - \mathrm{BO}_i + [G / T]_{\mathrm{S}} - 10\lg(4\pi / \lambda^2) \tag{4-135}$$

其中，BO_i 为转发器输入补偿，$[C / T]_{\mathrm{UM}}$ 为放大多个载波时，进入该转发器的全部载波功率集中起来才能达到的总的 $[C / T]_{\mathrm{U}}$，它表示各载波 $[C / T]_{\mathrm{U}}$ 的上限。

在卫星上天以后，天线口径、单位面积增益以及转发器功率特性都确定了，因此式（4-135）中的后 3 项都是不变的，唯一可调的就是卫星灵敏度。降低卫星灵敏度（相当于加大 SFD，例如由-95 调为-85），就可以提高 $[C / T]_{\mathrm{U}}$。卫星灵敏度的调整是通过调衰减器的档位来实现的，降低卫星灵敏度就是降低卫星转发器的增益。

降低卫星灵敏度在可以提高上行载噪比的同时，也相应增大了地球站发送功率的要求，因此，在实际系统设计中，应合理地设置卫星灵敏度，使得可以在上行载噪比和要求地面发射功率两方面取得最合理的折中。

把式（4-135）中转发器输入补偿 BO_i 的换成载波输入补偿 BO_{ic}，可得上行单载波的载噪比表达式为：

$$[C/T]_\mathrm{U} = \mathrm{SFD} - \mathrm{BO}_{ic} + [G/T]_\mathrm{S} - 10\lg(4\pi/\lambda^2) \qquad (4\text{-}136)$$

（2）地球站上行功率 EIRP_E

由式（4-123）和式（4-130）可得地球站单载波上行 EIRP_E 的计算式为：

$$\mathrm{EIRP}_\mathrm{E} = \mathrm{SFD} - \mathrm{BO}_{ic} - 10\lg(4\pi/\lambda^2) + L_\mathrm{U} \qquad (4\text{-}137)$$

（3）举例——上行链路计算

设想一个地球站发射天线的直径 $D = 5\ \mathrm{m}$，给天线的功率是 80W，即 19dBW，频率 $f_\mathrm{U} = 14\mathrm{GHz}$，它把该功率发向距该站天线轴向 40000km 的同步卫星。卫星接收天线波束宽度 $\theta_{3\mathrm{dB}} = 2°$。假设地球站位于卫星天线覆盖区域中心，能得到天线的最大增益。设卫星天线的效率 $\eta = 0.55$，地球站天线效率 $\eta = 0.65$。可以计算得到卫星接收的功率通量密度、功率及上行链路载噪比。

1）卫星接收的功率通量密度

地球站天线轴向的卫星功率通量密度为：

$$\phi = P_\mathrm{T} G_\mathrm{T} / 4\pi d^2 \qquad (4\text{-}138)$$

地球站天线增益为：

$$\begin{aligned} G_\mathrm{T} &= \eta(\pi D/\lambda_\mathrm{U})^2 = \eta(\pi D f_\mathrm{U}/c)^2 \\ &= 0.65(\pi \times 5 \times 14)10^9/3\times10^8)^2 = 348920 = 55.4(\mathrm{dBi}) \end{aligned} \qquad (4\text{-}139)$$

地球站的有效全向辐射功率（轴向）为：

$$\mathrm{EIRP}_\mathrm{E} = P_\mathrm{T} G_\mathrm{T} = 19\mathrm{dBW} + 55.4\mathrm{dBi} = 74.4\,\mathrm{dBW} \qquad (4\text{-}140)$$

卫星接收的功率通量密度为：

$$\begin{aligned} \phi &= P_\mathrm{T} G_\mathrm{T}/4\pi d^2 = 74.4\mathrm{dBW} - 10\lg(4\pi(4\times10^7)^2) \\ &= 74.4 - 163 = -88.6\,(\mathrm{dBW/m}^2) \end{aligned} \qquad (4\text{-}141)$$

2）卫星天线接收的功率

卫星天线接收的功率为：

$$P_\mathrm{R} = \mathrm{EIRP}_\mathrm{E} - L_\mathrm{F} + G_\mathrm{SR} \qquad (4\text{-}142)$$

自由空间衰减为：

$$L_F = 92.45 + 20\lg(d \cdot f) = 207.4 (\text{dB}) \qquad (4\text{-}143)$$

晴天时链路损耗为：

$$L_U = L_{FU} + A_{RAIN} + L_a + L_o = 207.4 + 0 + 0.2 + 0.4 = 208 (\text{dB}) \qquad (4\text{-}144)$$

卫星接收天线增益为：

$$G_{RS} = \eta(\pi D / \lambda_U)^2 \qquad (4\text{-}145)$$

由于 $\theta_{3dB} = 70(\lambda_U / D)$，因此得到：

$$D / \lambda_U = 70 / \theta_{3dB} \qquad (4\text{-}146)$$

且有：

$$G_{RS} = \eta(70\pi / \theta_{3dB})^2 = 6\,650 = 38.2(\text{dBi}) \qquad (4\text{-}147)$$

因此卫星接收功率为：

$$P_R = 74.4 - 208 + 38.2 = -95.4(\text{dBW}) \qquad (4\text{-}148)$$

3）上行链路载噪比

假定卫星接收的等效噪声温度为 800K，则卫星 G/T 值为：

$$[G/T]_S = 38.4 - 10\lg 800 = 9.4(\text{dB/K}) \qquad (4\text{-}149)$$

计算得到上行链路载噪比为：

$$[C/T]_U = \text{EIRP}_E - L_U + [G/T]_S = 74.4 - 208 + 9.4 = -124.2(\text{dBW/K}) \quad (4\text{-}150)$$

4.1.6.2 下行链路

（1）下行链路载噪比

下行链路载噪比的计算式为：

$$[C/T]_D = \text{EIRP}_S - L_D + [G/T]_E \qquad (4\text{-}151)$$

其中，$[C/T]_D$ 为下行链路载噪比；EIRP_S 为载波需要的卫星全向有效辐射功率；L_D 为下行链路传播损耗；$[G/T]_E$ 为地球站接收品质因数。

$$L_D = L_{FD} + A_{RAIN} + L_a + L_o \qquad (4\text{-}152)$$

其中，L_{FD} 为下行自由空间传播损耗，A_{RAIN} 为降雨损耗，L_a 为大气吸收损耗，L_o 为其他损耗。

由第 4.1.4 节的讨论可知，在实际应用中，卫星转发器都要工作在回退状态，因此在计算时都要考虑输出回退，因此：

$$EIRP_{SM} = EIRP_{SS} - BO_o \qquad (4\text{-}153)$$

$$EIRP_S = EIRP_{SS} - BO_{oc} \qquad (4\text{-}154)$$

其中，$EIRP_{SS}$ 为卫星单载波饱和输出功率，$EIRP_{SM}$ 为工作状态下卫星总的 EIRP。

$$[C/T]_{DM} = EIRP_{SM} - L_D + [G/T]_E \qquad (4\text{-}155)$$

（2）卫星至地球站表面辐射功率限制

为了防止由于卫星下行信号过大对地面系统造成干扰，ITU 对卫星下行信号的辐射功率谱密度进行了限制。对 Ku 频段系统，到达地球表面的辐射功率谱密度（PSD）限制为：

$$PSD \leqslant \begin{cases} -148 + (el-5)/2, & el < 25° \\ -138, & el \geqslant 25° \end{cases} \qquad (4\text{-}156)$$

到达地球表面的辐射功率谱密度的计算式为：

$$PSD = EIRP_S - L_D + 10\lg(4\pi/\lambda^2) - 10\lg(B_n/4) \qquad (4\text{-}157)$$

其中，B_n 为等效噪声带宽。

（3）举例：下行链路计算

设想给同步卫星发射天线的功率 P_T 是 10W，即 10dBW，频率 $f_D = 12\text{GHz}$，天线口径为 0.75m。地球站处于卫星天线视轴方向 40000km 的位置，天线直径为 5m。卫星天线效率假设为 $\eta = 0.55$，地球站天线效率 $\eta = 0.65$。可以计算得到地球站接收的功率通量密度、功率及下行载噪比。

1）地球站接收功率通量密度

到达地球站卫星天线轴向的功率通量密度为：

$$\phi = P_T G_{Tmax}/4\pi d^2 \qquad (4\text{-}158)$$

地球站天线接收增益为：

$$G_T = \eta(\pi D/\lambda_D)^2 = 20.4 + 20\lg(12 \times 0.75) + 10\lg 0.55 = 36.9(\text{dBi}) \qquad (4\text{-}159)$$

卫星辐射功率为：

$$EIRP_S = P_T G_T = 10\text{dBW} + 36.9\text{dBi} = 46.9\text{dBW} \qquad (4\text{-}160)$$

地球站接收功率通量密度为：

$$\phi = P_T G_T / 4\pi d^2$$
$$= 46.9\text{dBW} - 10\lg(4\pi(4\times10^7)^2) \qquad (4\text{-}161)$$
$$= 46.9 - 163 = -116.1(\text{dBW/m}^2)$$

2）地球站接收的功率

地球站接收的功率（dBW）计算式为：

$$P_R = \text{EIRP}_S - L_F + G_{ER} \qquad (4\text{-}162)$$

自由空间衰减为：

$$L_{FD} = (4\pi d / \lambda_D)^2 = 206.1\text{dB} \qquad (4\text{-}163)$$

晴天时总的链路损耗为：

$$L_D = L_{FD} + A_{RAIN} + L_a + L_o = 206.1 + 0 + 0.2 + 0.4 = 206.7(\text{dB}) \qquad (4\text{-}164)$$

地球站接收天线增益为：

$$G_{ER} = \eta(\pi D / \lambda_D)^2 = 0.65(\pi\times5 / 0.025)^2 = 256609 = 54.1(\text{dB}) \qquad (4\text{-}165)$$

地球站接收的功率为：

$$P_R = 46.9 - 206.7 + 54.1 = -105.7(\text{dBW}) \qquad (4\text{-}166)$$

3）下行链路载噪比

假定地球站接收的等效噪声温度为 140K，则地球站 G/T 值为：

$$[G/T]_E = 54.1 - 10\lg 140 = 32.6(\text{dB/K}) \qquad (4\text{-}167)$$

下行链路载噪比为：

$$[C/T]_D = \text{EIRP}_S - L_D + [G/T]_E = 46.9 - 206.7 + 32.6 = -127.2(\text{dBW/K}) \qquad (4\text{-}168)$$

4.1.6.3 干扰信号

采用极化复用、空间复用和缩小轨位间距等手段，可以大大增加系统容量，但在不同极化、重叠服务区或者相邻卫星的系统之间也会引发难以避免的相互干扰。下文将介绍交调干扰、邻星干扰、交叉极化干扰及其他干扰对卫星通信链路性能的影响。

（1）交调干扰

卫星转发器和地球站设备中的功率放大器均为非线性放大器，当它以接近饱和功率放大多个载波时，载波之间产生的互调分量将抬高噪声，从而降低输出信号的载噪比。避免非线性放大器产生交调干扰的措施是限制输出功率，使放大器工作在线性区。

当卫星转发器工作在多载波状态时，交调噪声就会成为系统噪声的主要组成部分，交调载噪比主要取决于转发器工作的载波数、放大器的非线性特性曲线（工程设计时可以用在轨测试得到的实测曲线，也可以用设计曲线）。本节提供几种较常用的计算方法。

1）对国内通信卫星，交调载噪比与转发器输入补偿 BO_i 的关系的典型值见表 4-3。

表 4-3　交调载噪比与转发器输入补偿 BO_i 的关系

$BO_i(dB)$	0	6	9	11
C/IM(dB)	10.4	17.7	24.1	28.4

交调载噪比 $(C/T)_{IM}$ 与载波互调比 C/IM 的关系为：

$$[C/T]_{IM} = [C/IM] + 10\lg B_o - 228.6 \tag{4-169a}$$

一般要求载波与三阶交调产物之间的差值应不小于 23dB，此时有：

$$[C/T]_{IM} = 23 + 10\lg B_o - 228.6 = 10\lg B_o - 205.6 \tag{4-169b}$$

2）对于单路单载波（Single Channel Per Carrier，SCPC）系统，当转发器同时工作的载波数大于 100 时，有近似计算式：

$$BO_o \approx 0.82(BO_i - 4.5) \tag{4-170}$$

$$[C/T]_{IM} = -150 + 2BO_o - 10\lg n \tag{4-171}$$

其中，n 为系统载波数；BO_o 为转发器输出补偿。

3）若已知卫星交调噪声功率谱密度 IM_o，则有：

$$[C/T]_{IM} = EIRP_S + [IM_o] - 228.6 \tag{4-172}$$

其中，$EIRP_S$ 为载波占用的卫星功率。

4）亚洲卫星公司提供的工程计算方法为：

$$[C/T]_{IM} = -134 - BO_{oc} \tag{4-173}$$

其中，BO_{oc} 为转发器载波输出补偿。

（2）邻星干扰

静止通信卫星的轨位间距通常在 2° 左右，工作频段相同的两颗邻星一般都有共同的地面服务区，由于天线波束具有一定的宽度，地面发送天线会在指向邻星的方向上产生干扰辐射（上行邻星干扰），地面接收天线也会在邻星方向上接收到干扰信号（下行邻星干扰）。为了限制相互之间的干扰，两颗邻星的操作者会按照 ITU 制订的《无线电规则》，对载波功率谱密度和地面天线口径作适当的限制，因此，在一般情况下，邻星干扰可以容忍但必须控制在允许的范围内，在链路预算中应考虑邻星干扰带来的影响。以下介绍链路预算中常用的几种邻星干扰的计算方法。

1）国际电信联盟颁布的无线电规则中给出了邻星干扰的计算方法。

上行邻星干扰载噪比为：

$$[C/T]_{\text{UASI}} = [C/I]_{\text{UASI}} + 10\lg B_n - 228.6 \tag{4-174a}$$

下行邻星干扰载噪比为：

$$[C/T]_{\text{DASI}} = [C/I]_{\text{DASI}} + 10\lg B_n - 228.6 \tag{4-174b}$$

ITU-R.585-5 建议对 $D/\lambda > 50$ 的天线，在 $1° \leqslant \theta \leqslant 20°$ 范围内，90%的旁瓣峰值不应超过：

$$G(\theta) = 29 - 10\lg\theta \tag{4-175}$$

分别以 C、Ku、Ka 频段的 6GHz、14GHz 以及 30GHz 为例进行计算，波长分别为 5cm、2.14cm 以及 1cm，对应的 C 频段的口径大于 2.5m 天线、Ku 频段的口径大于 1m 天线以及 Ka 频段口径大于 0.5m 的天线必须满足以上要求，目前卫星公司对于小于上述口径的天线使用都是有条件使用或限制使用，因此在进行链路预算时应根据实际邻星干扰情况具体对待。

以常见的 2°邻星干扰为例，正常载波与可能来自邻星干扰的最大差值为：

$$[C/I]_{\text{ASI}} = G - (29 - 25\lg\theta) = G - (29 - 25 \times 0.3) = G - 21.5 \tag{4-176}$$

此时上行邻星干扰载噪比的最大值为：

$$[C/T]_{\text{UASI}} = [C/I]_{\text{UASI}} + 10\lg B_n - 228.6 = G_{\text{et}} + 10\lg B_n - 250.1 \tag{4-177}$$

其中，G_{et} 为地面发射天线增益，假如对卫星天线的旁瓣特性要求与地面一样，则有：

$$[C/T]_{\text{DASI}} = [C/I]_{\text{DASI}} + 10\lg B_n - 228.6 = G_{\text{st}} + 10\lg B_n - 250.1 \tag{4-178}$$

其中，G_{st} 为卫星发射天线增益。

需要注意的是，以上两个计算式给出的是依据 ITU 规则计算出的邻星干扰载噪比的最大值，在实际链路预算中，该值只能作为系统设计的参考。

2）ITU-R R.588 规定邻星地球站上行干扰对应的噪声占整个链路噪声的 10%，即损耗为 $10\lg 0.9 = -0.5\text{dB}$，ITU-R.523 规定邻星下行干扰对应的噪声占整个链路噪声的 15%，即损耗为 $10\lg 0.85 = -0.7\text{dB}$，在链路预算中可以将该值计入总损耗中。

3）一般卫星公司都会给出所用卫星上下行邻星干扰的工程计算方法，如亚洲卫星公司给出的计算式为：

$$[C/T]_{\text{UASI}} = -125.2 - \text{BO}_{\text{ic}} \qquad (4\text{-}179)$$

$$[C/T]_{\text{DASI}} = -154.3 - \text{BO}_{\text{oc}} + G_{\text{er}} - G_{\text{eri}} \qquad (4\text{-}180)$$

其中，G_{er} 为工作地球站接收天线增益，G_{eri} 为工作地球站接收天线旁瓣在干扰星方向的增益，可用式（4-181）：

$$G_{\text{eri}}(\theta) = 29 - 10\lg\theta \qquad (4\text{-}181)$$

θ 为天线主轴偏离角，计算式为：

$$\theta = \arccos\left[\frac{d_w^2 + d_i^2 - 84332(\sin\beta/2)^2}{2d_w d_i}\right] \qquad (4\text{-}182)$$

其中，β 为两颗星的地心角，d_w 为工作地球站到工作卫星的距离，d_i 为工作地球站到干扰卫星的距离。

如果在工作星两边各有一颗干扰卫星，则 $G_{\text{eri}} = 23.45\text{dBi}$，因此有：

$$[C/T]_{\text{DASI}} = -177.8 - \text{BO}_{\text{oc}} + G_{\text{er}} \qquad (4\text{-}183)$$

（3）交叉极化干扰

为了充分利用有限的频谱资源，卫星通信采用正交极化频率复用方式，在给定的工作频段上提供双倍的使用带宽。交叉极化干扰为工作在不同极化的同频率载波之间的相互干扰。为了避免交叉极化干扰，卫星天线和地面天线都应该满足一定的极化隔离度指标。卫星公司通常要求入网的地面发送天线在波束中心的交叉极化鉴别率（XPD）不低于 33dB。

交叉极化干扰分为上行交叉极化干扰和下行交叉极化干扰，上行交叉极化干扰通常只出现在一个或某几个载波上，下行交叉极化干扰通常影响整个接收频段。

1）卫星公司一般要求天线在轴向及相对于峰值 1dB 等值线以内，发射和接收天线交叉极化隔离度应大于 33dB，因此有：

$$[C/T]_{\text{XPOL}} = [C/N]_{\text{XPOL}} + 10\lg B_n - 228.6 \qquad (4\text{-}184)$$

$$[C/T]_{\text{XPOL}} = 33 + 10\lg B_n - 228.6 = 10\lg B_n - 195.6 \qquad (4\text{-}185)$$

2）亚洲卫星公式提供的工程计算方法为：

$$[C/T]_{UXPOL} = -122.4 - BO_{ic} \qquad (4-186)$$

$$[C/T]_{DXPOL} = -124.4 - BO_{oc} \qquad (4-187)$$

（4）其他干扰

在卫星通信系统中，除了前面讨论的交调、邻星干扰、交叉极化外，还有一些其他干扰分量，可按以下比例进行分配：

- 同频干扰损耗 0.5dB（总噪声的 10%）；
- 地面干扰损耗 0.5dB（总噪声的 10%）；
- 其他地面设备噪声 0.2dB（总噪声的 5%）；
- 地球站功放交调损耗（由于 21dBW/4kHz 电平造成的典型损耗）。

总损耗为以上 4 项在均方和基础上的相加：

$$L_{RSS} \approx 1dB \qquad (4-188)$$

在工程设计中，有时为了简化设计过程，可以将所有干扰对系统载噪比的影响统一考虑，也就是说本节讨论的交调干扰、邻星干扰、交叉极化干扰及其他干扰合在一起考虑，一般系统的总干扰恶化量为 3～5dB。

4.1.6.4　总链路性能

（1）链路总载噪比

第 4.1.6.1～4.1.6.3 节分别讨论了卫星通信链路的上行链路载噪比、下行链路载噪比及各种干扰信号的影响，信号从发送地球站到卫星，经透明转发器转发至接收地球站这样一条通信链路的总载噪比为：

$$(C/T)^{-1}_T = (C/T)^{-1}_U + (C/T)^{-1}_D + (C/T)^{-1}_{ASI} + (C/T)^{-1}_{IM} + (C/T)^{-1}_{XPOL} \qquad (4-189)$$

其中，$(C/T)^{-1}_T$ 为总载噪比的真值的倒数，$(C/T)^{-1}_U$ 为上行载噪比的真值的倒数，$(C/T)^{-1}_D$ 为下行载噪比的真值的倒数，$(C/T)^{-1}_{ASI}$ 为邻星干扰载噪比的真值的倒数，$(C/T)^{-1}_{IM}$ 为星上交调干扰载噪比的真值的倒数，$(C/T)^{-1}_{XPOL}$ 为交叉极化干扰载噪比的真值的倒数。

$$[C/T]_T = 10\lg(C/T) \qquad (4-190)$$

由式（4-183）可知，5 个分项中数值较小的对总载噪比影响比较大，对大站发小站收链路，一般下行链路的载噪比比较小，因此下行链路对总载噪比的影响比较大，当下行功率严重受限时链路的总载噪比则基本上是由下行链路载噪比决定的；对小站发大站收链路，一般上行链路的载噪比比较小，此时上行链路对总载噪比的影响可能比较大；在某些特殊情况下，也不排除某种干扰载噪比对系统载噪比影响最大。

（2）链路余量

1）门限余量

假设 E_b / N_0 为满足系统误比特率要求，接收端解调器入口所需的单位比特能量噪声功率密度比的理论值，R_b 为系统传输链路的信息速率，则传输链路的门限载噪比计算式为：

$$[C/T]_{TH} = [E_b/N_0]_{TH} + 10 \lg R_b - 228.6 \tag{4-191}$$

$$[E_b/N_0]_{TH} = [E_b/N_0] - G_c + D_e \tag{4-192}$$

其中，G_c 为编码增益，D_e 为设备性能损失（一般情况下小于 1dB）。

链路的门限载噪比 $(C/T)_{TH}$ 是信号传输链路必须确保的最低载噪比，也就是说要保证信号达到系统要求的传输质量，链路总载噪比为 $(C/T)_T$ 应确保大于 $(C/T)_{TH}$，在实际链路预算中，除了要考虑上文讨论的各种噪声及干扰的影响外，还要考虑其他一些不定因素，如气候的变化、设备性能的不稳定及计算的误差等，因此在选择 $(C/T)_T$ 时，要留有适当的余量，即 $(C/T)_T$ 比 $(C/T)_{TH}$ 要大某个值，这个值就叫门限余量，又叫链路余量，记为 M_{TH}。

$$M_{TH} = [C/T]_T - [C/T]_{TH} \tag{4-193}$$

2）降雨余量

在第 4.1.4 节中讨论了降雨出现的年时间概率百分比和降雨可用度的概念，分别用 p 和 a 表示，降雨可用度 a 是降雨出现的年平均时间概率百分比 p 的相反表示（$a = 1 - p$），也就是说，在超过年平均时间概率百分比 a 的时间，降雨衰减都低于 $A_{RAIN}(p)$。

本节引入了链路可用度的概念，链路可用度是在超过年平均时间概率百分比 a 的时间，链路性能都满足设计要求，或者说系统载噪比都大于等于门限载噪比。例如，当链路可用度要求为 99.9%时，要确保链路在一年 99.9%的时间里都正常工作（满足设计要求），或者说在一年的时间里只允许其中 0.1%的时间工作不正常（通信中断或低于设计要求工作）。在链路预算时，需要将链路可用度分解为上行链路 a_u

和下行链路 $a_{\rm d}$ 。三者的关系为：

$$a = a_{\rm u} \cdot a_{\rm d} = 1 - ((1 - a_{\rm u}) + (1 - a_{\rm d})) \tag{4-194}$$

可用度分配可以平均分配也可以根据具体要求分配，平均分配就是使上下行链路可用度相同，例如链路可用度要求为 99.9%时，平均分配时上下行的链路可用度要求均为 99.95%；也可以分配给上行链路可用度高一些（例如上行 99.98%，下行 99.92%）或下行链路可用度高一些（例如上行 99.92%，下行 99.98%），当发地球站具有上行功率控制功能时，可以考虑给上行链路分配更高的可用度。

还有一个系统可用度的概念，包含地球站可用度和传输链路可用度，此时需要将系统可用度分解为地球站可用度和链路可用度，地球站可用度与设备的 MTBF 与 MTTR 有关，本节只讨论链路可用度。

在计算雨衰或降雨余量时，工程上可以将链路可用度与降雨可用度的概念等同起来，即链路可用度也用 a 表示，由式（4-97）、式（4-100）及式（4-101）可以计算得到不同可用度要求下的雨衰 $A_{\rm RAIN}(p)$，$A_{\rm RAIN}(p)$ 是时间百分比 p 或降雨可用度 a 的函数，它随着 p 的减小而增加，或随着 a 的增加而增加。

要完全补偿降雨衰减，就必须使 $(C/T)_{\rm RAIN} = (C/T)_{\rm TH}$，这可以通过在晴天链路预算中增加降雨余量 $M(p)$ 得到，$M(p)$ 定义如下：

$$M(p) = \left[C/T\right] - \left[C/T\right]_{\rm TH} = \left[C/T\right] - \left[C/T\right]_{\rm RAIN} \tag{4-195}$$

其中，$\left[C/T\right]$ 为晴天条件下的载噪比，$\left[C/T\right]_{\rm RAIN}$ 为雨天条件下的载噪比，具体也可以分为上行链路降雨余量 $M_{\rm U}(p)$ 和下行链路降雨余量 $M_{\rm D}(p)$。

$$M_{\rm U}(p) = \left[C/T\right]_{\rm U} - \left[C/T\right]_{\rm URAIN} \tag{4-196}$$

$$M_{\rm D}(p) = \left[C/T\right]_{\rm D} - \left[C/T\right]_{\rm DRAIN} \tag{4-197}$$

其中，$\left[C/T\right]_{\rm U}$ 为晴天条件下的上行载噪比，$\left[C/T\right]_{\rm URAIN}$ 为雨天条件下的上行载噪比，$\left[C/T\right]_{\rm D}$ 为晴天条件下的下行载噪比，$\left[C/T\right]_{\rm DRAIN}$ 为雨天条件下的下行载噪比。

根据第 4.1.7 节的讨论，可以计算得到以上各载噪比的具体值。

对于上行链路：

$$\left[C/T\right]_{\rm URAIN} = \left[C/T\right]_{\rm U} - A_{\rm RAIN}(p) \tag{4-198}$$

$$M_{\rm U}(p) = A_{\rm RAIN}(p) \tag{4-199}$$

对于下行链路：

$$\left[C/T\right]_{\rm DRAIN} = \left[C/T\right]_{\rm D} - A_{\rm RAIN}(p) - \Delta(G/T) \tag{4-200}$$

$$M_{\mathrm{D}}(p) = A_{\mathrm{RAIN}}(p) + \Delta(G/T) \qquad (4\text{-}201)$$

其中，$\Delta(G/T)$ 表示由于噪声温度增加造成的地球站品质因数恶化值。

4.1.7 再生处理转发器链路预算

再生处理转发器主要指在星上除了完成信号的变频和放大外，还要完成信号的处理和再生，即解调译码和编码调制，而透明转发器只完成信号的变频和放大。图 4-17 给出了处理转发器和透明转发器的示意图。

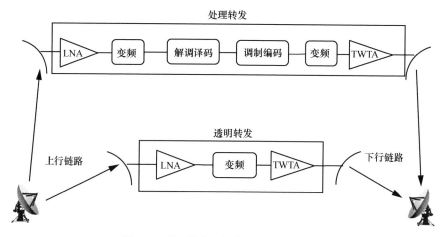

图 4-17　处理转发器和透明转发器的示意图

在卫星通信链路中，透明转发器相当于信号放大、衰减及噪声、干扰的累加，透明转发器卫星链路的总载噪比与上行载噪比、下行载噪比及各干扰信号载噪比有关，而处理转发器的链路预算与透明转发器的链路预算最大的区别是必须把上行载噪比与下行载噪比分开考虑，相互之间没有什么影响，独立计算上行链路性能（如误码率、信噪比、链路余量等）及下行链路性能（如误码率、信噪比、链路余量等）。各种噪声、干扰的影响仅限定在对一条链路的影响，比如上行链路的各种干扰只影响上行链路性能，不会对下行链路的性能造成任何影响，也就是说通过再生处理阻断了上行噪声、干扰对下行链路的影响，从而提高了整条链路的性能。

虽然采用处理转发器可以改善链路性能，但也增加了星上复杂度，还会造成新体制、新技术应用的限制，也就是说通信链路的体制只能采用星上处理及再生的体制，不能用别的体制。一颗卫星的寿命一般在 15 年，15 年内的技术体制基本上就被星上体制限制了，这对技术发展或者卫星效能的充分利用都是很大的约束，未来卫星的星上处理转发器可能采用软件可重构转发器或柔性转发器，这种星上处理转发器既可以保持改善链路性能的优点，又能提供足够的灵活性，在需要的时候可以改变传输体制。

（1）上行链路

上行链路主要指从地球站的编码调制，再到功率放大器和天线发射，经上行自由空间传播到卫星天线接收至解调译码。

$$(C/T)_{\text{UT}}^{-1} = (C/T)_{\text{U}}^{-1} + (C/T)_{\text{UASI}}^{-1} + (C/T)_{\text{UXPOL}}^{-1} \qquad (4\text{-}202)$$

其中，$(C/T)_{\text{UT}}^{-1}$ 为上行总载噪比的真值的倒数，$(C/T)_{\text{U}}^{-1}$ 为上行载噪比的真值的倒数，$(C/T)_{\text{UASI}}^{-1}$ 为上行邻星干扰载噪比的真值的倒数，$(C/T)_{\text{UXPOL}}^{-1}$ 为上行交叉极化干扰载噪比的真值的倒数。

在得到 $[C/T]_{\text{UT}}$ 后，可以折算出星上解调器入口的 E_{b}/N_0，进而推算出上行链路的误比特率 P_{bu}：

$$[E_{\text{b}}/N_0]_{\text{U}} = [C/T]_{\text{UT}} - 10\lg R_{\text{b}} + 228.6 \qquad (4\text{-}203)$$

对常用的 QPSK 调制：

$$P_{\text{bu}} = \frac{1}{2}\left[1 - \text{erf}\left(\sqrt{(E_{\text{b}}/N_0)_{\text{U}}}\right)\right] = \frac{1}{2}\text{erfc}\left(\sqrt{(E_{\text{b}}/N_0)_{\text{U}}}\right) \qquad (4\text{-}204)$$

（2）下行链路

下行链路主要指从卫星转发器的编码调制，再到功率放大器和天线发射，经下行自由空间传播到地球站天线接收至解调译码。

$$(C/T)_{\text{DT}}^{-1} = (C/T)_{\text{D}}^{-1} + (C/T)_{\text{DASI}}^{-1} + (C/T)_{\text{DXPOL}}^{-1} + (C/T)_{\text{DIM}}^{-1} \qquad (4\text{-}205)$$

其中，$(C/T)_{\text{DT}}^{-1}$ 为下行总载噪比的真值的倒数，$(C/T)_{\text{D}}^{-1}$ 为下行载噪比的真值的倒数，$(C/T)_{\text{DASI}}^{-1}$ 为下行邻星干扰载噪比的真值的倒数，$(C/T)_{\text{DXPOL}}^{-1}$ 为下行交叉极化干扰载噪比的真值的倒数，$(C/T)_{\text{IM}}^{-1}$ 为星上交调干扰载噪比的真值的倒数。

在得到 $[C/T]_{\text{DT}}$ 后，可以折算得到地球站解调器入口的 E_{b}/N_0，进而依据第 4 章给出的计算式或曲线图推算得到下行链路的误比特率 P_{bd}：

$$[E_{\text{b}}/N_0]_{\text{D}} = [C/T]_{\text{DT}} - 10\lg R_{\text{b}} + 228.6 \qquad (4\text{-}206)$$

对常用的 QPSK 调制：

$$P_{bd} = \frac{1}{2}\Big[1 - \mathrm{erf}\Big(\sqrt{(E_b / N_0)_D}\Big)\Big] = \frac{1}{2}\mathrm{erfc}\Big(\sqrt{(E_b / N_0)_D}\Big) \qquad (4\text{-}207)$$

（3）总链路性能

链路误比特率 P_b 是由上行链路的误比特率 P_{bu} 和下行链路误比特率 P_{bd} 构成：

$$P_b = P_{bu}(1 - P_{bd}) + (1 - P_{bu})P_{bd} \qquad (4\text{-}208)$$

由于 P_{bu} 和 P_{bd} 与 1 相比都很小，有：

$$P_b \approx P_{bu} + P_{bd} \qquad (4\text{-}209)$$

P_{bu} 是 $(E_b / N_0)_U$ 的函数，P_{bd} 是 $(E_b / N_0)_D$ 的函数。具体与采用的调制解调方式有关。

总体上看，由于星上处理再生隔离了上/下行的噪声干扰，其传输性能要优于透明转发器，当上/下行载噪比相当时，星上处理转发器的性能改善最大，约 3dB；当上/下行载噪比相差较大时（例如超过 10dB），星上处理转发器的性能改善的优势就不明显了，因为此时系统的总载噪比主要由那条比较差的链路载噪比决定。

4.1.8 多波束链路预算

由式（4-47）可知，天线增益是波束半功率角的函数，例如对静止轨道卫星，对地球最大覆盖时的半功率波束宽度为 17.4°，此时的天线最大增益为 20dB，当波束的半功率角缩小到 1.74°时，天线最大增益增加到 40dB，因此可以通过减小波束宽度、缩小覆盖范围的方式来提高卫星的等效全向辐射功率（EIRP）和接收时的天线品质因数（G/T），这使地面终端可以采用较小口径的天线实现高速率数据传输，支持卫星移动通信和宽带通信业务。同时，利用多波束天线技术产生多个点波束（从十几个到几百个）来达到扩大卫星的覆盖范围，多波束天线还可以进行有效的极化隔离和空间隔离，实现频谱复用，从而使通信容量成倍增加。

目前卫星通信多波束技术应用最多的有 3 类系统，低轨星座卫星移动通信系统、GEO 卫星移动通信系统及 GEO 宽带多媒体卫星通信系统，系统介绍详见第 8 章及第 9 章。本节只讨论与多波束卫星链路预算有关的内容。

多波束卫星链路预算与单波束卫星链路预算相比，在很多地方都是相似的，但具有以下几个特点：

· 波束隔离度带来的波束间干扰、波束数及点波束天线增益的计算等；

- 星上点波束等效全向辐射功率（EIRP） 和接收时的天线品质因数（G/T）值的计算；
- 频率复用因子的计算。

对于链路预算来说，GEO 卫星移动通信系统及 GEO 宽带多媒体卫星通信系统的计算方法是类似的，下面主要讨论低轨卫星多波束链路和同步卫星多波束链路两种情况。

4.1.8.1　低轨卫星多波束链路

（1）点波束数的估算

系统星座确定之后，确定点波束数有两种设计思路：①首先由链路电平预算确定所需的点波束天线增益，与此同时，点波束在地面的覆盖小区的大小也随之确定。此时需要计算在一颗卫星的覆盖范围内所需的点波束数目；②系统设计或出于某种考虑（比如系统容量），首先确定波束数目，再计算以该数目的点波束小区充满一颗卫星覆盖范围时对应的星载天线增益，图 4-18 为卫星和点波束的覆盖图。

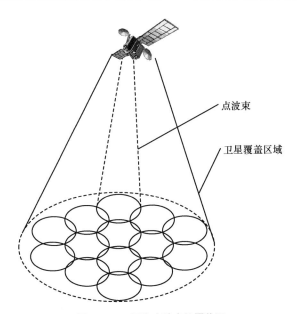

图 4-18　卫星和点波束的覆盖图

根据星地链路电平预算以及工作频率、天线阵元数目、天线扫描范围等确定点波束天线增益，从而确定点波束宽度，并根据系统要求的最小仰角计算得到单颗卫星的星下视角。据此，由式（4-210）可估算得到点波束的数目 m ：

$$m = 1.21\frac{1-\cos\alpha}{1-\cos(\theta_{3dB}/2)} \qquad （4\text{-}210）$$

其中， α 为卫星的星下视角， θ_{3dB} 为点波束的半功率波束宽度，通常以正六边形表示点波束在地面的覆盖区域，每个点波束覆盖区域相当于地面移动蜂窝的一个小区，系数 1.21 表示以外接圆面积替代波束覆盖区域时各点波束小区的重叠覆盖率，即覆盖区内有大约 21% 的面积是重叠覆盖的。

（2）点波束天线增益估算

单颗卫星星下半视角示意图如图 4-19 所示，计算式为：

$$\alpha = \arcsin\left(\frac{R}{R+h}\cos\text{el}\right) \qquad （4\text{-}211）$$

其中， R 为地球半径， h 为卫星高度，el 为系统规定的最小仰角。

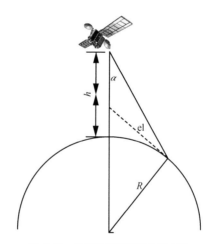

图 4-19　单颗卫星星下视角示意图

点波束的半功率波束宽度 θ_{3dB} 可表示为：

$$\theta_{3dB} = 2\arccos\left[1-\frac{1.21\times(1-\cos\alpha)}{m}\right] \qquad （4\text{-}212）$$

再根据式（4-52）可计算点波束天线增益。

4.1.8.2　同步卫星多波束链路

（1）卫星多波束 EIRP 及 G/T 计算

1）EIRP 计算

假定波束总数为 m 个，卫星单波束功率放大器输出功率为 P_i ，天线增益为 G_i ，则有：

$$P = \sum_{i=1}^{m} P_i \tag{4-213}$$

$$\mathrm{EIRP}_i = 10\lg(P_i \cdot G_i) \tag{4-214}$$

$$(\mathrm{AEIRP})^{-1} = \sum_{i=1}^{m} (\mathrm{EIRP}_i)^{-1} \tag{4-215a}$$

$$\mathrm{AEIRP} = 10\lg(\mathrm{AEIRP}) \tag{4-215b}$$

其中，P 为卫星总输出功率，EIRP_i 为卫星单个点波束输出 EIRP ，EIRP_i 为其真值，AEIRP 为卫星所有波束总的 EIRP ，AEIRP 为其真值。由式（4-48）、式（4-52）、式（4-53）有：

$$G_i = G_{\mathrm{ST}} = \eta(\pi D f / c)^2 = \eta(\pi 70 / \theta_{\mathrm{3dB}})^2 \tag{4-216}$$

$$G_{\mathrm{ST}} = 29000 / (\theta_{\mathrm{3dB}})^2 = 44.6 - 20\lg \theta_{\mathrm{3dB}} \tag{4-217}$$

假设卫星单波束功率放大器输出功率为 10W，对半功率角为 1.74° 的点波束来说，其 EIRP 值为：

$$\mathrm{EIRP}_i = 10\lg(P_i \cdot G_i) = 49.8(\mathrm{dBW}) \tag{4-218}$$

假设卫星的总波束数为 200 个，且每个点波束辐射功率相同，则卫星的总 EIRP 值为：

$$\mathrm{AEIRP} = \mathrm{EIRP}_i + 10\lg m = 49.8 + 23 = 72.8(\mathrm{dBW}) \tag{4-219}$$

假设卫星的总波束数为 500 个，且每个点波束辐射功率相同，则卫星的总 EIRP 值为：

$$\mathrm{AEIRP} = \mathrm{EIRP}_i + 10\lg m = 49.8 + 27 = 76.8(\mathrm{dBW}) \tag{4-220}$$

2）天线 G/T 值的计算

卫星点波束 G/T 值的计算与前面介绍的方法是一样的，如下：

$$(G/T)_{\mathrm{SB}} = G_{\mathrm{SR}} - T_{\mathrm{S}} \tag{4-221}$$

其中，G_{SR} 为卫星天线点波束接收增益，那么有：

$$G_{SR} = \eta(\pi Df / c)^2 = \eta(\pi 70 / \theta_{3dB})^2 \qquad (4\text{-}222)$$

$$G_{SR} = 29000 / (\theta_{3dB})^2 = 44.6 - 20\lg\theta_{3dB} \qquad (4\text{-}223)$$

其中，T_S 为卫星接收系统噪声温度，对 Ku 频段，海洋、陆地对卫星天线噪声温度的贡献在 150K～290K，卫星接收系统的噪声温度在 300K～500K，工程计算保守值为 790K，这样，对半功率角为 1.74° 的点波束来说，其 G/T 值为：

$$[G/T]_{SB} = G_{SR} - T_S = 40 - 29 = 11(dB/K) \qquad (4\text{-}224)$$

（2）频率复用因子、频谱效率及频带容量

1）频率复用因子

频率复用是当系统带宽确定时，通过多次使用同一频率增加系统频带容量的方法，常用的频率复用方法有两种：一是极化频率复用，即在同一波束覆盖区，通过电磁波的正交极化隔离特性来达到频率复用的目的；二是波束频率复用，利用相互波束之间的物理隔离来实现频率的复用，两种复用方式可以单独使用，也可以同时使用。

频率复用因子定义为系统全频带重复使用的次数，理论上当波束之间的衔接及隔离处于理想情况下，每个波束都可以重复使用全频带，即卫星的波束数就是全频带频率复用的次数，但在实际系统中，由于相邻波束的重叠和干扰，在相邻波束之间也不宜采用频率复用的方式，通常的做法是把系统可用频带分成若干段，把这些子频段分配到某一波束及与该波束相邻的波束。例如对于三色复用，就是把频带分成 3 段，再把这 3 段子频段分配到波束及周围的两个波束。对四色复用，就是把频带分成 4 段，再把这 4 段子频段分配到波束及周围的 3 个波束。对七色复用，就是把频带分成 7 段，再把这 7 段子频段分配到波束及周围的 6 个波束。3 种复用方式染色方案如图 4-21 所示。

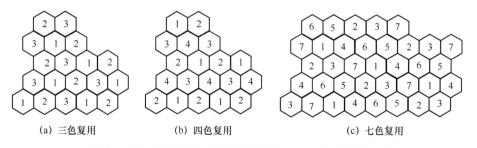

(a) 三色复用   (b) 四色复用   (c) 七色复用

图 4-21　正六角形覆盖时，频率复用次数为 3、4、7 时的染色方案

频率复用因子表示为：

$$r = m / n \tag{4-225}$$

其中，m 表示卫星波束数，n 表示频率分段数。假定系统频带为 B，那么没有极化复用时，子频带为 B / n，换算成单波束卫星所需的带宽为 mB / n，频率复用因子为 m / n。对四色复用，40 个波束的情况，子频带为 $B / 4$，换算成单波束卫星所需的带宽为 $10B$，频率复用因子为 10。对七色复用，84 个波束的情况，子频带为 $B / 7$，换算成单波束卫星所需的带宽为 $12B$，频率复用因子为 12。

2）频谱效率因子

频谱效率因子主要由编码率及数字调制指数决定，用 ρ 表示：

$$\rho = C_r \mathrm{lb} M \tag{4-226}$$

其中，C_r 为编码率，M 为数字调制指数，具体见表 4-4。

表 4-4 频谱效率与编码率、调制指数的关系

编码率	1/2	3/4	1/2	3/4	1/2	3/4	7/8
调制指数	2	2	3	3	4	4	4
频谱效率	1	1.5	1.5	2.25	2	3	3.5

例如当采用 16APSK 调制、R3/4 编码时，频谱效率因子为 3；采用 8PSK 调制、R1/2 编码时，频谱效率因子为 1.5。很明显，采用高阶调制和高码率编码可以获得更高的频谱效率因子，但这时的功率效率较低；虽然系统频谱效率提高了，实际系统容量也不一定提高，因为系统容量是由频带容量和功率容量中的最小值决定的。因此系统设计时一定要均衡考虑频带和功率效率，以确定最佳的传输体制。

3）频带容量

系统频带容量是系统频率复用因子、频谱效率因子与系统分配带宽的乘积，用 C_B 表示：

$$C_B = r \cdot \rho \cdot B = \frac{mBC_r}{n} \times 10 \lg M \tag{4-227}$$

其中，B 为系统分配频带（注意：不是载波分配带宽），m 为卫星波束数，n 为频率分段数。

举例：对某 Ka 频段多波束卫星系统，假如系统单向分配频带为 1.5GHz，卫星波束数为 40 个，采用七色复用方式，频谱效率因子为 2.25bit/(s·Hz)，则理论上系统的频带容量为：

$$C_B = \frac{40 \times 1.5 \times 2.25}{7} \times 10^9 \text{bit/s} = 19.3\text{Gbit/s} \tag{4-228}$$

双向系统频带容量为 38.6Gbit/s。在实际系统中的频带容量没有这么大，滤波器特性不理想（主要体现在滚降系数上），使实际频谱效率因子要打一个折扣，再加上实际各频段之间都有保护带，利用率也不可能是 100%，因此以上计算的是系统频带容量的最大值。

（3）上行链路

点波束上行链路载噪比的计算式为：

$$[C/T]_U = \text{EIRP}_E - L_U + [G/T]_{SB} \tag{4-229}$$

其中，$[C/T]_U$ 为上行链路载噪比，EIRP_E 为地球站等效全向辐射功率，L_U 为上行链路传播损耗，$[G/T]_{SB}$ 为卫星点波束接收品质因数。

（4）下行链路

点波束下行链路载噪比的计算式为：

$$[C/T]_D = \text{EIRP}_S - L_D + [G/T]_E \tag{4-230}$$

其中，$[C/T]_D$ 为下行链路载噪比，EIRP_S 为载波需要的卫星点波束有效辐射功率，L_D 为下行链路传播损耗，$[G/T]_E$ 为地球站接收品质因数。

$$\text{EIRP}_S = \text{EIRP}_i - \text{BO}_o - \text{BO}_{oc} \tag{4-231}$$

EIRP_i 为卫星点波束输出 EIRP。

（5）同频干扰计算及影响

同频干扰是具有相同频率的其他载波引起的，它可能是地球站向邻近卫星发射信号时来自天线旁瓣的干扰，也可能是交调产物或来自工作在同一频段的地面微波线路的干扰。在卫星移动通信系统和宽带多媒体卫星通信系统中，利用各波束之间的空间隔离和极化鉴别来实现多重频率复用,这样做虽然提高了系统的频率利用率，但也带来了同频干扰。因此，在卫星通信链路预算中，尤其是多波束卫星通信系统中，同频干扰是一个不可忽视的因素。

定义 $(C/I)_\text{n}$ 为网隔离，$(C/I)_\text{b}$ 为波束隔离，$(C/I)_\text{p}$ 为地球站交叉极化隔离，则其真值的倒数表达式为：

$$(C/I)_\text{n}^{-1} = (C/I)_\text{b}^{-1} + (C/I)_\text{p}^{-1}$$ （4-232）

其中，$(C/I)_\text{n}^{-1}$、$(C/I)_\text{b}^{-1}$ 及 $(C/I)_\text{p}^{-1}$ 为其真值的倒数。同频干扰载噪比 $(C/T)_\text{c}$ 的计算式为：

$$\left[C/T\right]_\text{c} = \left[C/T\right]_\text{n} + 10\lg B_o - 228.6$$ （4-233）

下面给出了同频干扰对 PSK 信号误比特率的影响计算方法。

1）对 BPSK

$$P_b = \frac{1}{2\pi} \int_0^\pi \text{erfc}\left[\sqrt{\frac{E_b}{N_0}}\left(1 + \frac{\cos\phi}{\sqrt{C/(\alpha I)}}\right)\right]\text{d}\phi$$ （4-234）

其中，$C/I = (C/I)_\text{n}$，$\alpha = \int_{-\infty}^{+\infty} A(f)\left[P(f) + P_0(\delta)\right]\text{d}f$；$A(f)$ 为接收机归一化幅频特性，$A(f) = 1$；$P(f)$ 为干扰信号归一化连续功率谱密度；$P_0(\delta)$ 为残余载波能量。

2）对 MPSK

$$\left[C/I\right]_\text{M} = \left[C/I\right]_\text{B} - 10\lg\sin^2\left(\pi/M\right)$$ （4-235）

其中，$(C/I)_\text{M}$ 及 $(C/I)_\text{B}$ 分别为对应 MPSK 及 BPSK 的 $(C/I)_\text{n}$。

对宽带干扰信号，$P_0(\delta) = 0$，$\alpha = \int_{-\infty}^{+\infty} P(f)\,\text{d}f = 1$，则有：

$$P_\text{b} = \frac{1}{2\pi} \int_0^\pi \text{erfc}\left[\sqrt{\frac{E_\text{b}}{N_0}}\left(1 + \frac{\cos\phi}{\sqrt{C/I}}\right)\right]\text{d}\phi$$ （4-236）

$$
\begin{aligned}
P_\text{b} &= \frac{1}{2}\text{erfc}\sqrt{\frac{E_\text{b}}{N_0}} + \frac{1}{\sqrt{\pi}}\exp\left(-\frac{E_\text{b}}{N_0}\right) \cdot \sum_{i=1}^{\infty} \frac{(-1)^i}{i!} H_{i-1}\left(\sqrt{\frac{E_\text{b}}{N_0}}\right)\left[\frac{\sqrt{E_\text{b}/N_0}}{\sqrt{C/I}}\right]^i \cdot \frac{1}{\pi}\int_0^\pi \cos^i\phi\text{d}\phi \\
&= \frac{1}{2}\text{erfc}\sqrt{\frac{E_\text{b}}{N_0}} + \frac{1}{2\sqrt{\pi}}\exp\left(-\frac{E_\text{b}}{N_0}\right) \cdot \sum_{i=1}^{\infty} \frac{1}{(2i)!} H_{2i-1}\left(\sqrt{\frac{E_\text{b}}{N_0}}\right)\left[\frac{\sqrt{E_\text{b}/N_0}}{\sqrt{C/I}}\right]^{2i}
\end{aligned}
$$

（4-237）

其中，$H_{2i-1}(x)$ 为埃尔米特（Hermite）多项式，$H_0(x) = 1$，$H_1(x) = 2x$，$H_2(x) = 4x^2 - 2$。

对于 QPSK 调制信号，当 $[C/I] = 21.6\text{dB}$ 时，带来的 E_b/N_0 恶化达 0.8dB，可见同频干扰对系统性能的影响还是比较大的。

| 4.2　激光链路 |

4.2.1　基本概念

随着信息时代的来临，卫星与地面以及卫星与卫星之间的信息传输变得越来越频繁，需要传输的信息量日益提高，传输大量的信息需要卫星通信有更高的传输数据率。卫星激光通信是一种采用光波作为信息载体的卫星通信技术，由于光波频率比微波频率高几个数量级，因此卫星激光通信具有更高的传输速率，其数据率可达 Gbit/s 以上。另外，由于卫星激光通信采用激光作为信息载体，光束可以被压缩在一个很小的范围内，因此其通信安全性更高。总体来说，相对于传统的空间通信技术，卫星激光通信具有通信容量大、保密性好、抗电磁干扰能力强、不需要无线电频率使用许可等优点，因此受到了国际上许多国家和地区的重视。目前，对卫星激光通信技术的研究已经成为一个热门的研究领域，日本、美国、欧洲等国家和地区的研究机构已经全面展开了对该领域的研究工作，进行了多次星间及星地激光通信实验。

卫星激光通信系统是激光通信技术在空间领域的延伸，但卫星激光通信系统并不等价于将地面激光通信系统直接向卫星平台的迁移。卫星激光通信系统是工作在空间环境条件下的高精度光机电一体化系统，其光学系统的设计须充分考虑空间应用背景，并且在硬件的实现上要求具有重量轻、体积小、功耗低、结构简单、传输效率高及可靠性高等特点，并需要考虑空间环境下的性能改变。

卫星激光通信系统主要由大气或真空信道、光发射机、光接收机、光学天线（透镜或反射镜）、终端设备以及电源等组成。在发射端，可利用编码技术对来自光源信号的强度、相位或频率进行编码。再将调制好的光载波通过光学发射天线发射到大气或宇宙空间中。光信号经大气信道或真空信道传输，到达接收端，光学接收天线的前端设备（望远镜和光学滤波器等）将接收到的光信号聚焦到位于焦平面上的光电探测器表面，再送到光电检测器进行后续的解调处理。在光电探测过程中，利用本振光对信号进行相干处理的探测系统可以称为相干探测系统，系统中通过探测器直接将光信号转变为电信号的探测系统为直接探测系统。

4.2.2　发射机主要特性

光束发射系统一般包括信号发射光学子系统和信标发射光学子系统，每种发射子系统通常由激光器、激光器整形透镜组、精瞄镜和发射光学天线组成。除此之外，为了实时监测发射光束的状态，发射子系统还可能包括光束发射监测子系统。根据发射任务的不同需求，具体的光束发射子系统结构略有差别。

考虑卫星间光通信终端的小型化和低功耗等要求，一般采用半导体激光器作为信号光和信标光的光源，波长在 800nm 附近。随着应用光纤器件技术的成熟，近些年卫星激光通信系统采用了 1500nm 波长作为光源。由于半导体激光器输出的激光光束质量较差，在发射之前通常要对光束进行整形和压缩。一般要求整形后半导体激光器的输出光束为近高斯分布，而经过压缩后的输出光束发散角通常为微弧度量级。激光光源的功率和发射天线的增益的选择在很大程度上取决于链路的自由空间传输损耗的大小。

把模拟或数字信号信息叠加到光源上可以采用不同的方式，如调频（FM）、调相（PM）、强度调制和极化调制等。光调制器有两种基本类型，即内调制器和外调制器，原理如图 4-21 所示。

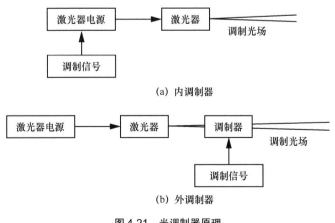

(a) 内调制器

(b) 外调制器

图 4-21　光调制器原理

内调制器是信号对光源本身直接进行调制，产生调制的光场输出。通过改变偏置电流，可对光源进行幅度或强度调制，而改变激光器的腔长可实现频率或位相的调制。外调制器通过外部器件调制信号，使光波的输出特性产生变化，一般通过物质的电光或声光效应以及光的干涉实现。

总结世界各国发展的卫星激光通信终端可知，现有的卫星激光通信发射光学系统具有如下特点。

（1）技术指标很高。卫星激光通信系统的光束发散角极小，通信距离极远，所处的工作环境极为恶劣，这些因素要求卫星光通信的光学系统具有远高于微波卫星通信和地面光纤通信系统的技术指标。其代表性技术指标为：通信光学系统达到衍射极限，发散角为微弧度量级，通信距离至数万千米，光束跟瞄精度达到亚角秒量级，发射波面误差小于 $\lambda/20$。

（2）光学系统设计受多方面限制。卫星激光通信终端工作在外层空间，其光学系统的设计必须充分考虑经济成本及空间环境等因素，因此卫星激光通信光学系统的体积、重量、功耗等都将受到严格控制。

（3）光学系统采用多光路复合轴设计。卫星激光通信系统的光学系统通常包括信号发射/接收光路、信标发射/接收光路、粗瞄准光路、精瞄准光路、提前量控制光路等，为减小终端体积，降低系统制造成本，现有的卫星激光通信系统多采用光路复合设计，采用收/发共用的光学天线将发射光路和接收光路进行光路复合设计。多光路复合轴设计的缺点是对光学系统的装备和调试提出了更高的要求。

（4）发射能量利用率较低。为了减小光学系统体积，降低天线制造难度，许多卫星激光通信终端均采用收/发共用的卡塞格伦反射面天线结构。由于该形式的光学天线由同轴放置的主镜和次镜构成，因此不可避免地产生由次镜遮挡而造成的光能损失，并且由于光源的光强是高斯分布，这种损失更加明显，因此发射能量利用率较低。

（5）光学系统质量和体积较大。现有的卫星激光通信终端中，虽然采用了收/发共用的光学天线进行收/发复合轴设计，但是由于所采用的折反射光学元件只能实现单一功能，当光学功能要求较多时，会导致大量子光路的产生，使光学系统的体积和质量变大。

（6）评测和检测要求很高。卫星激光通信光学系统的设计指标接近衍射极限，因此系统对光学系统的检测和装调要求也很高，例如，某终端要求透镜组的加工和装备过程中，厚度公差为±0.05mm，空气间隙公差为±1μm，侧边位移为±1μm，倾角公差为±1″（角度秒）。如此高的技术要求需要很高精度的测量和调整手段，通常只能由经验丰富的专业人员通过机械精密加工技术和复杂的对心手段才可能达到。

4.2.3　接收机主要特性

光接收机可分为功率探测接收机和相干探测接收机两种。功率探测接收机也称作直接探测或非相干接收机，透镜系统和光电探测器用于检测收集的到达卫星激光通信终端的光场瞬间光功率。只要传输的信息体现在接收光场的功率变化之中，就可以采用这种方式进行信号接收。外差接收机也称为空间相干接收机，本地光场与接收到的光场经前端镜面或耦合光纤加以合成，然后由光电探测器检测合成的光场。相干接收机可接收以幅度调制、频率调制和位相调制方式传输的信息。采用相干接收可提高信号探测系统克服背景辐射和内部噪声的能力，进而改善检测性能。但由于相干接收对两个待合成光场的空间相干性有严格的要求，还必须考虑链路过程中的激光光束的波长漂移、相位起伏等影响，因此，与直接探测技术相比难度更大。

为了满足卫星间激光通信终端的小型化要求，工程中常采用卡塞格伦望远镜作为光学发射和接收共用天线。有的卫星间激光通信系统采用收/发分离天线，则接收天线为卡塞格林望远镜，而发射天线为开普勒望远镜。采用收/发共用天线的优点是光终端体积小，但由于增加分光镜等分光器件，使光能有较大损耗，发射通道内的光学器件产生的后向反射对扫描、捕获、跟踪探测器会造成一定的影响。而采用收/发不共用天线的优点是可降低损耗，缺点是使终端体积和重量增大。在选择接收器件灵敏度和接收天线增益时，需要考虑链路的自由空间传输损耗的大小。为了克服背景噪声的影响，提高接收信噪比，在接收探测器前须添加光学滤波器件，如窄带滤波器和原子滤光器，这时则需要考虑链路过程中的波长漂移现象。

对于一个特定的自由空间激光链路，选择最合适的接收机需要依据一系列基本原则和硬件参数，其中最重要的是以下几方面。

（1）接收灵敏度。例如，接收灵敏度提高 3dB，可以减少 3dB 的光发射功率，使自由空间通信距离增加 41%，口径减少 16%，或者增大由大气湍流引起的光束偏离轴心或畸变。

（2）调制类型，不是每种接收技术都适合所有调制类型。例如，直接探测接收机对相位信息和偏振信息是不敏感的，除非这些信息通过外部光学元件转换成 IM 方式（如 DPSK 的时延解调）。另一方面，相干接收机直接探测光场，可采用任何的调制类型而无须采用额外的光学处理。

（3）硬件的可行性、可靠性、空间质量和成本。不同类型的接收机需要不同的硬件模块，但硬件模块并不总能满足合理的成本或空间质量要求。例如，高效、低噪声的光放大器主要应用与波长 1.55μm 的光纤通信，同时紧凑的、低成本的、高速的光发射模块也被广泛应用。另外一个实例是，基于硅技术的高增益 APD，仅在波长低于 1.1μm 时工作。

4.2.4   激光空间传输主要特性

4.2.4.1   高斯光束

激光的特殊产生方法导致出现了一种新型光波，其特性和传播规律与普通球面光波（平面光波可看作波面曲率半径为无限大的球面波）完全不同，把所有可能存在的激光波型统称为激光束或高斯光束。理论和实践已证明，在可能存在的激光束形式中，最重要、最具典型意义的就是基模高斯光束。若激光器发射的激光为单横模，即只有一种横模模式，通常就是基横模 TEM_{00}。无论是方形镜腔还是圆形镜腔，它们所激发基模行波场都一样，基模在横截面上的光强分布为一圆斑，中心处光强最强，向边缘方向光强逐渐减弱，呈高斯型分布。

描述高斯光束的数学函数是亥姆霍兹方程的一个近轴近似（Paraxial approximation）解（属于小角近似（Small-Angle Approximation）的一种）。这个解具有高斯函数的形式，表示电磁场的复振幅。电磁波的传播包括电场和磁场两部分。研究其中任一个场，就可以描述波在传播时的性质。

高阶模激光束的强度花样中虽然存在节线或节圆，但其横截面上光强包络从中心向边缘也是按高斯衰减分布。且当横模阶数确定时，高阶模的光斑半径和基模高斯光束光斑半径之间有确定的比值关系。因此，认为高阶模激光束的传输变换规律和基模高斯光束一致，称为高阶模高斯光束。稳定腔输出的激光束属于各种类型的高斯光束，非稳腔输出的基模光束经准直后在远场的强度分布也是接近高斯型的，因此，可以认为高斯光束是可能存在的各种激光模式的总称。高斯光束与平面波和球面波一样，也是麦克斯韦方程组的解。当高斯光束通过透镜或其他光学元件传输时，仍保持为高斯光束的形式。也就是说，当高斯光束被光学元件衍射时，它被变换成具有不同参数的另一个高斯光束。这个变换过程可以简单地由一个变换矩阵来表示，因此，激光束各种应用的分析可以被大大简化。

高斯光束作为电磁波，其电场的表达式为：

$$E_{00}(x,y,z) = A_{00}E_0 \frac{w_0}{w(z)} \exp\left(-\frac{x^2+y^2}{w^2(z)}\right) \exp\left[-\mathrm{j}\left(kz + k\frac{x^2+y^2}{2R(z)}\right) - \arctan\frac{z}{f}\right] \quad (4\text{-}238)$$

其中：

$$\begin{cases} w(z) = w_0\sqrt{1+\left(\dfrac{\lambda z}{\pi w_0^2}\right)^2} = w_0\sqrt{1+\left(\dfrac{z}{f}\right)^2} \\[2mm] R(z) = z\left[1+\left(\dfrac{f}{z}\right)^2\right] \\[2mm] f = \dfrac{\pi w_0^2}{\lambda} \end{cases} \quad (4\text{-}239)$$

其振幅为：

$$\left|E_{00}(x,y,z)\right| = A_{00}E_0 \frac{w_0}{w(z)} \exp\left(-\frac{x^2+y^2}{w^2(z)}\right) \quad (4\text{-}240)$$

其中，z 为光轴上的位置坐标，$w(z)$ 为电磁场振幅降到轴向的 $1/e$、强度降到轴向 $1/e^2$ 的点的半径，$R(z)$ 为光波波前的曲率半径，f 为高斯光束的共焦参数代表共焦腔的特征（$f = L/2$）。由式（4-240）可知，不同 z 处的基模光斑半径不同，$w(z)$ 随坐标 z 按双曲线规律变化：

$$\frac{w^2(z)}{w_0^2} - \frac{z^2}{f^2} = 1 \quad (4\text{-}241)$$

在 $z = 0$ 处，式（4-241）中 $w(z)$ 达到极小值，$w(0)=w_0$，通常把 w_0 称为高斯

光束的基模腰斑半径（束腰）。有时也用符号 Z_R 代替 f，称为高斯光束的瑞利长度；则有 $w(Z_R) = \sqrt{2}w_0, R(Z_R) = 2Z_R$，可见 Z_R 实际上代表的是共焦腔中心到一个反射镜的距离，同时也是高斯光束光斑半径增加束腰 $\sqrt{2}$ 倍的位置。通常认为在 $Z = \pm Z_R$ 的范围内，高斯光束是近似平行的，因此实际应用中，也把 $2Z_R$ 称为高斯光束的准直距离。

4.2.4.2　激光大气传输

当光束在大气中传播时，由于受大气衰减的作用，光束在传输方向上的光辐射能量遭受损失，同时光束质量也随机下降。激光大气传输效应之一是大气的吸收和散射，是激光在大气传输过程中与大气层中的气体分子和气溶胶粒子相互作用产生的。激光大气传输效应之二是关于洁净空气大气湍流区（包括其他天气）导致激光信号的相位起伏、电磁波传输方向局部偏离、光束的汇聚于发散以及接收端信号的密度起伏（也称为光强闪烁）。

（1）大气吸收

大气是由大气组成分子、水蒸气以及其他杂质微粒组成的混合物。当激光束在大气中传输时，大气分子在光场作用下产生极化，使大气分子按照入射光的频率做受迫振动。入射激光的一部分能量被用来提供给这种受迫振动，将部分入射光能量转化为大气热能，从而引起光能量的损失，即表现为大气对光波的吸收。

大气分子的吸收特性与入射光波频率强烈相关，当入射激光的频率等于大气分子的固有频率时，则会发生共振吸收，大气分子吸收出现极大值。分子的固有频率由分子内部的运动形态决定，极性分子的内部运动一般包括分子内的电子运动、分子振动和分子围绕其质心转动等，由此导致的分子共振吸收频率分别与从紫外到红外的光波波段相对应。

由于各种大气分子的不同结构，其表现出的光谱吸收特性也完全不同。大气中的 N_2 和 O_2 分子虽然含量是最多的（约占 99%），但它们在可见光和近红外区几乎不表现吸收效应，因此在可见光和近红外波段的光波传输中，一般不考虑其吸收作用。大气中的 H_2O、CO_2、O_3、N_2O 等对光波都有强吸收作用，这些气体分子对光波产生连续的吸收谱带，仅在少数几个波长区域吸收能力较弱，形成"大气窗口"。目前，在大气激光通信领域，常用的大气窗口有 0.8μm、1.06μm、1.55μm 和 10.6μm 等。对于需要穿透大气信道的激光通信系统，需要重点考虑信标光和通信光波长的选取，使其位于大气窗口内，以减小大气吸收效应对激光通信质量的影响。

（2）大气散射

根据激光波长与散射粒子大小的关系，可将大气散射分为以下几种。

1）瑞利散射

当大气分子或气溶胶直径远小于激光波长时，表现为瑞利散射。通常情况下，瑞利散射主要发生在高空大气层内。瑞利散射系数可由式（4-242）给出：

$$\sigma_r = \frac{8\pi^2(n^2-1)^2}{3\lambda^4 N} \cdot \frac{6+3\rho}{6-7\rho} \tag{4-242}$$

其中，n 为折射率，λ 为激光波长，N 为单位体积内的分子数，ρ 是退偏振因子。从式（4-242）可以看出，瑞利散射系数与激光波长的 4 次方成反比，波长越大，瑞利散射越小。

2）米氏散射

当大气中的散射粒子直径与激光波长相当时，则将发生米氏散射，其散射系数可表示为：

$$\sigma_m = \frac{3.91}{V}\left(\frac{\lambda}{550}\right)^{-q} \tag{4-243}$$

其中，V 是大气能见度，指的是对外辐射波长为 555nm 的目标，对比度降低到 2% 时能观测的最大距离；q 是修正因子，随着能见度的变化而变化。不同能见度 V 对应的修正因子 q，见表 4-5。

表 4-5　不同能见度对应的修正因子

气象状况	能见度	能见度等级	修正因子
极晴朗	>50km	9	1.6
晴朗	6km<V<50km	6~8	1.3
霾	1km<V<6km	4~6	0.16V+0.34
轻雾	500m<V<1km	3	V-0.5
中/浓雾	V<500m	<3	0

3）无选择性散射

当大气中的散射粒子直径比激光波长大得多时，发生的是无选择性散射，其散射程度与波长无关，且前向散射较强。

由大气散射引起的激光功率衰减与传输距离的关系可表示为：

$$I_r = I_0 \mathrm{e}^{-\sigma L} \tag{4-244}$$

其中，L 为激光传输距离，I_0 为初始激光功率。在实际应用中，通常用每千米衰减的 dB 数来度量大气散射程度：

$$\beta = 10 \lg \frac{I_r}{I_0} = -10 \sigma L \tag{4-245}$$

大气散射不仅会改变传输方向上的激光能量大小，还会引起信号传输的多路径效应。信号从发射端通过多条不同路径到达接收端而被接收，称为多路径传输。多路径散射信号由于传输路径更长，比直达信号到达接收系统的时间晚，表现为接收光脉冲时间延迟或光脉冲被展宽，导致接收到的信号强度更弱。在大气传输信道内，散射效应越严重，多路径效应导致的光脉冲延迟及展宽就越严重，由此极易造成接收信号的码间串扰，导致激光通信速率下降、误码率升高。因此，对于空间高速率与恶劣大气条件下的激光通信链路，需要考虑大气散射对激光通信的影响。

（3）大气湍流

由于不同部分的大气物理性质不同，加上热对流的作用，大气总是在不停地流动，从而形成温度、压强、密度、流速、大小等均不相同的气流漩涡。这些气流漩涡总是处于不停的运动变化之中，大的气流漩涡随着流动和能量的传递而变小，直至逐渐消失，同时又会有新的气流漩涡产生，如此反复不止。它们的运动相互叠加、相互交联，形成了随机的湍流运动，这就是大气湍流。大气湍流使激光束的幅度和相位产生起伏变化，破坏了激光的时空相干性，同时使激光束产生闪烁、展宽、漂移等现象，严重影响了激光通信系统的性能。

1）大气闪烁

大气湍流会引起大气折射率的随机变化，从而导致激光在穿过大气层时，在垂直于光束传播方向的平面上，光强分布随着时间和空间做随机性变化，导致接收端接收到的光强出现忽大忽小的变化，这就是大气闪烁。大气闪烁是由尺寸比光束直径小的大气湍流引起的，与湍流的内外尺度、结构常数以及气象条件、传输距离、激光波长、接收孔径等因素有关，具有统计性特征。

一方面，大气闪烁效应使激光远场波前功率不再服从高斯型分布，而是在时域和空域上表现出强烈的波动性，降低了激光束原有的高度相干性和准直性。由于激光通信接收系统的光学口径有限，从而导致接收功率也出现较大的波动。另一方面，大气湍流会引起波前畸变，进而产生散斑效应，激光束散角增大，使落在探测器上的光斑可能大于有效光敏单元，导致接收到的光信号功率降低。因此，大气闪烁效应主要是对激光通信接收单元产生较大影响，由于接收光强的波动，引起接收信号的信噪比出现起伏，从而导致通信误码率的升高。

2）光束漂移

由于大气湍流的影响，激光束在大气中传播一定距离后，在垂直于传播方向的平面内，激光束的中心位置作随机变化，称为光束漂移。它是对大于光束直径的大气湍流引起的激光传播方向随机偏折现象的一种描述。

在光束漂移的研究方法上，主要分为理论建模和实验测量。理论研究方面，光束漂移可以通过几何光学近似、惠更斯–菲涅尔法、马尔可夫近似等理论模型进行分析。实验研究方面，主要是采用高帧频、大动态范围的 CCD 进行测量。研究表明，光束漂移主要是由大尺度不均匀介质引起的光波相位起伏导致的，因此可以在相位近似下研究光束漂移问题，可以用光束位移的统计方差表示。在弱起伏和中等起伏区域，光波相位起伏服从高斯统计规律；在强起伏区域，光波复振幅满足高斯分布。光束漂移是一种低频率的抖动，其抖动频率主要集中在 $0.1 \sim 10\text{Hz}$。

3）光束展宽

光束展宽是指激光在大气层中传输时，受大气衍射和大气湍流漩涡扩展的影响，导致接收终端接收到的光斑直径增大，对外表现就是激光束变宽了。当激光光束大于湍流漩涡直径时，由于激光与大气分子的相互作用，就会引起湍流漩涡的扩展，进而引起接收光斑直径增大，导致接收光强的衰减。

设激光器发出的是高斯光束，束腰半径为 w_0，中心轴处光功率为 I_0，在没有大气湍流影响时，传输距离 z 后，中心轴处光功率和光斑半径分别为：

$$\begin{cases} I(z,\rho) = I_0 \left(\dfrac{w_0}{w_f} \right) \cdot \exp\left(\dfrac{-2\rho^2}{w_f} \right) \\ w_f = \sqrt{w_0^2 + \dfrac{2z}{kw_0^2}} \end{cases} \tag{4-246}$$

在大气湍流影响下，扩展光束半径为：

$$w_t = \sqrt{w_f^2 + 4.38 C_n^2 l_0^{-1/3} z^3}$$ （4-247）

其中，C_n^2 为湍流强度，l_0 为大气湍流内尺度。对于典型的 C_n^2，变化范围为 $10^{-18} \sim 10^{-15}\,\text{m}^{-2/3}$，光斑展宽部分的范围为 $0.1 \sim 10\text{mm}$，对应中心轴处光功率的衰减最大达 3dB。

4.2.5　激光链路预算

典型的点对点激光通信系统设计由两个光端机之间的链路特性与环境/信道参数共同决定。设计原则主要考虑：跟踪和对准过程的裕量分配、通信链路裕量、给定通信距离条件下的通信速率和误码率以及在航天器可提供负载质量和功率限制条件下的光端机口径大小 。

为了保证激光通信的可靠性，需要对激光通信链路通信进行详细的分析并进行链路预算。

4.2.5.1　空间激光链路传输方程

通信链路方程以功率参数为对象，考虑发射功率、各种增益、各种损耗和接收灵敏度之间的关系，并保证一定功率裕量。链路建立后，光接收端机能够接收到的信号功率为：

$$P_r = P_t \times G_t \times \eta_{\text{ot}} \times L_s \times \eta_s \times L_{\text{APT}} \times G_r \times \eta_{\text{or}}$$ （4-248）

其中，P_r 为接收的信号功率，P_t 为发射单元的发射功率，G_t 为发射天线增益，η_{ot} 为发射光学单元效率，L_s 为自由空间损耗，η_s 为信道引起的功率损失（对于星际空间激光通信，其值近似为 1，对于大气信道，将存在衰减），L_{APT} 为 APT 对准失配引起的功率损失，G_r 为接收光学天线增益，η_{or} 为接收光学系统效率。

（1）发射功率 P_t

发射功率指发射单元的出瞳功率，它是链路方程的输入条件。对于激光发射单元，除了重点考虑激光器功率外，还需综合考虑激光波长、脉冲宽带、调制速率、消光比等参数。发射功率单位可以是 W、mW 或者 dBw、dBm。

（2）发射光学单元效率 η_{ot}

影响发射光学单元效率因素主要有：光路中各光学系统的透过率、发射光束的整形与耦合、光学天线的发射效率以及像差引起的波前畸变损失。波前损失与发射的激光信号的畸变存在一定的关系。受到激光发射诸多单元的波面质量影响，激光光束的波前功率分布出现起伏或抖动。发射单元总的波前误差为每个组件的均方和，式（4-249）为近轴光学系统由畸变引起的光强损失近似表达式：

$$\eta_{ot} = e^{-k\sigma} \tag{4-249}$$

其中，k 为波数，σ 为波面误差。对于大多数空间激光通信系统，通常要求激光发射单位的波面误差小于$\lambda/10$，对应的功率损耗为 $\eta_{ot} = e^{-\left[\left(\frac{2\pi}{\lambda}\right)\cdot\left(\frac{\lambda}{10}\right)\right]} = 0.67 = -1.74(dB)$。

通常情况下，通信光束从激光器到光学出射，需要经过若干光学组件，其发射总效率为 40%～70%，对应的衰减为−4～−1.55dB。

（3）发射光学天线增益 G_t

发射光学通信的增益是指光束从全向空间（4π）压缩到指定空间（Ω）的比率。定量表达式为：

$$G_t = \frac{4\pi}{\Omega} \tag{4-250}$$

其中，Ω 是被光学系统压缩后的立体角。如果发射光学口径是面积为 A_t，对于衍射极限发射系统有：

$$G_t = 4\pi \frac{A_t}{\lambda^2} = \left(\frac{\pi D}{\lambda}\right)^2 \approx \frac{16}{\theta_{div}^2} \tag{4-251}$$

其中，D 为发射光学口径的直径，θ_{div} 为激光束散角。

由此可见，若以衍射极限发射，光学增益仅取决于光学系统的口径和激光的波长，波长越短光学孔径越大，光学增益越高，对应的衍射极限角越小。

（4）自由空间损耗 L_s

自由空间损耗只考虑空间传输引起的几何衰减，不考虑信道其他吸收和散射引起的衰减。激光束以一定的束散角出射，随着传输距离的增加，自由空间损耗将增加。自由空间几何损耗可由式（4-252）表示：

$$L_r = \left(\frac{\lambda}{4\pi L}\right)^2 \tag{4-252}$$

其中，L 为空间距离。

对于星际激光通信链路，通信距离为 45000km，若通信波长为 800nm，即使以衍射极限角发射，对应的自由空间损耗高达-297dB，是整个链路功率损耗最大的环节。

（5）对准失配损耗 L_{APT}

自由空间损耗可直接应用于远场光斑的功率分布均匀的链路分析。然而激光通信发射单元的激光光束的远场功率分布近似高斯分布。在垂直于视轴的截面上，其振幅分布为高斯函数，近似表达为：

$$\varphi(x,y,z) = CA\exp\left\{-\frac{ik(x^2+y^2)}{2R(z)}\right\}e^{-ip(z)} \tag{4-253}$$

其中，$R(z)$ 为光束曲率半径；C 为常量，由初始条件决定；$A = \exp\left\{-\frac{x^2+y^2}{w^2(z)}\right\}$ 是光波的振幅项，在垂直于 z 轴的截面上，这是一个关于 x^2+y^2 的高斯函数，记 $r^2 = x^2+y^2$。振幅中的 $w(z)$ 是光束半径，定义为垂直于 z 轴截面上光强衰落到中心的 e^{-2}，也就是振幅下降到中心的 1/e 的 r 的取值；$\exp\left\{-\frac{ik(x^2+y^2)}{2R(z)}\right\}$ 项表示波阵面是一球面波，在点（0,0,z）处曲率半径是 $R(z)$，$\frac{k(x^2+y^2)}{2R(z)}$ 是点（x,y,z）相对于（0,0,z）的相位偏移，$e^{-ip(z)}$ 是对光束传播过程中振幅和相位变化的附加修正。

由此可见，对于服从高斯分布的激光光斑，在视轴处的光强最高，如果激光光束视轴存在一定的误差，接收端所在的激光光束强度将呈高斯分布下降，因而需要考虑高斯光束的离轴损失。对于大多数的空间激光通信系统，激光光束的束散角通常定义为功率下降到 $1/e^2$ 时对应的角度，对应峰值功率的 1/7.4。高斯分布的离轴衰减近似表示为：

$$L_{APT} = G(\theta_{off}) \approx e^{-8(\theta_{off}/\theta_{div})^2} \tag{4-254}$$

其中，θ_{off} 为离轴的角度，对于实际系统，通常对应跟踪误差。功率衰减与跟踪误差之间的关系见表 4-6。

表 4-6　功率衰减与跟踪误差之间的关系

跟踪误差 3σ/μrad	功率衰减/dB	跟踪误差 3σ/μrad	功率衰减/dB
1	0.17	5	3.40
2	0.56	6	4.89
3	1.22	7	6.65
4	2.17	8	8.69

在空间激光通信系统设计中，通信束散角与瞄准误差的最佳匹配关系是 5 倍，则半束散角的最佳匹配关系是 2.5 倍。如果通信束散角 θ_{div}（全角）为 16μrad，跟踪误差为 2μrad，对应的功率损耗仅为 0.56dB。

（6）大气信道引起的损耗 η_s

由于大气吸收、大气散射、大气湍流等因素引起的损耗，其衰减量与具体的链路特点有关，可以查阅相关文献获得。

（7）接收光学天线增益 G_t

对于激光通信系统，接收光学天线的增益 G_t 与接收光学天线的口径面积和入射激光的波长有关，其定量表达式为：

$$G_\mathrm{r} = \frac{4\pi A_\mathrm{r}}{\lambda^2} = \left(\frac{\pi D}{\lambda}\right)^2 \tag{4-255}$$

其中，A_r 为光学接收天线的孔径面积，D 为光学天线的直径。

（8）接收光学单元损耗 η_{or}

接收光学单元损耗通常包括：接收的激光光束需要经过成像组件、反射镜、分光片、滤光片等，各环节都存在吸收与反射；空间光栏损耗，如接收望远镜单元的遮挡影响、其他光栏及 APD 光敏面的影响等。

（9）探测器接收功率 P_r

将上述各因素引起的光学增益和衰减系数代入式（4-248）中，得到：

$$P_\mathrm{r} = P_\mathrm{t} \times \frac{16}{\theta_{\mathrm{div}}^2} \times \eta_{\mathrm{ot}} \times \left[\frac{\lambda}{4\pi L}\right]^2 \times \eta_\mathrm{s} \times \mathrm{e}^{-8(\theta_{\mathrm{off}}/\theta_{\mathrm{div}})^2} \times \left[\frac{\pi D}{\lambda}\right]^2 \times \eta_{\mathrm{or}} \tag{4-256}$$

合并简化得到：

$$P_\mathrm{r} = P_\mathrm{t} \times \eta_{\mathrm{ot}} \times \eta_\mathrm{s} \times \eta_{\mathrm{or}} \times \mathrm{e}^{-8(\theta_{\mathrm{off}}/\theta_{\mathrm{div}})^2} \times \left(\frac{D}{\theta_{\mathrm{div}} \cdot L}\right)^2 \tag{4-257}$$

由此看出激光通信链路表达式的物理含义：链路中出发射光学单元损耗、接收光学单位损耗、非自由空间信道额外功率损耗和 APT 对准失配损耗外，其余的链路损失是因为有效接收口径仅能接收部分远场激光功率。

若通信束散角以衍射极限角发射，可直接用式（4-257）计算；若通信光束以大于衍射极限角发射，还需要考虑由实际束散角 θ 大所引起的额外损耗：

$$\eta = 20\lg\left(\frac{\theta}{\theta_{\mathrm{div}}}\right) \tag{4-258}$$

通过以上链路传输方程，便可获得探测器实际接收的光功率。将探测器实际接收的光功率与探测器在一定传输速率和误码率要求下的极限灵敏度（即需要接收功率）相比，可计算得到空间激光通信链路的裕量。

4.2.5.2　典型通信链路设计实例

一旦激光波长、光束束散角、对准误差及预期误码率等参数被确定，上面章节中的参数都可以通过计算获得，从而得到完整的链路预算表和通信链路裕量。星际空间激光通信信道的链路设计实例见表 4-7。

表 4-7　星际空间激光通信信道的链路设计实例

系统参数名称	链路增益/衰减	备注
通信发射功率	30dBm	采用 1W 激光器
发射天线增益	124dB	发射口径 D=160mm
发射光路损耗	−2.22dB	发射光学系统透过率 0.6
空间损耗	−297dB	L=45000km
接收天线增益	125dB	接收口径 D=250mm
APT 对准失配损耗	−0.5dB	最佳 APT 跟踪精度下
实际束散角与衍射极限角比值	−5.8dB	20lg(24/12.2)，实际的束散角只能接近衍射极限发射
接收光路损耗	−3dB	接收光学系统透过率 0.5
探测器实际接收功率	−29.6dBm	达到探测器的实际功率
探测器需要接收功率	−33dBm	BER=10^{-7}、1.2Gbit/s 时探测器的极限灵敏度
安全裕量	3.4dB	—

| 参考文献 |

[1]　樊昌信, 曹丽娜. 通信原理（第 6 版）[M]. 北京: 国防工业出版社,2006.

[2]　SKLAR B. 数字通信–基础与应用（第二版）[M]. 徐平平, 宋铁成, 叶芝慧, 等译. 北京: 电子工业出版社,2002.

[3]　PROAKIS J G. Digital communications(third edition)[M]. 北京: 电子工业出版社, 1999.

[4]　MARAL G, BOUSQUET M, SUN Z L. Satellite communications systems (fifth edition)[M]. HOBOKEN: John Wiley & Sons Inc, 2020.

[5]　川桥猛. 卫星通信[M]. 北京: 人民邮电出版社, 1983.

[6]　吕海寰, 陈九治, 甘仲民, 等. 卫星通信系统（修订本）[M]. 北京: 人民邮电出版社, 1999.

[7]　汪春霆. 数字卫星通信信道设计[J]. 无线电通信技术, 1992(12).

[8]　汪春霆. 卫星通信系统总体设计方法分析与研究[J]. 无线电通信技术, 1995(6).

[9]　汪春霆. 卫星通信链路的传输质量及有效性[J]. 微波与卫星通信, 1996(1).

[10]　仇盛柏. 我国分钟降雨率分布[J]. 通信学报, 1996(5).

[11]　张啸飞. 卫星通信受电离层的影响与改善方法[D]. 广州: 中山大学, 2006.

[12]　陈道明. VSAT 卫星通信链路的计算[J]. 中国空间科学技术, 1996(8).

[13]　吴诗其, 刘刚. 卫星蜂窝通信系统中点波束的设计问题[C]//全国卫星微波通信技术研讨会. 中国电子学会, 2002.

[14]　张旭,吴潜.低轨卫星系统星载多波束天线点波束设计及优化[J]. 电讯技术, 2009(7).

[15]　RODDY D. 卫星通信[M]. 郑宝玉, 等译. 北京: 机械工业出版社,2011.

[16]　唐劲飞, 闫忠文. 宽带多媒体通信卫星多波束覆盖国土的优化研究[J]. 中国空间科学技术, 2006(3): 36-41.

[17]　穆道生, 蒋太杰, 赵东杰, 等. 空间信息系统星间链路的动态特性研究[C]//全国青年通信学术会议. 2007.

[18]　马晶, 谭立英, 于思源. 卫星光通信[M]. 北京: 国防工业出版社, 2015.

[19]　PRABHU V K. Error rate considerations for coherent phase-shift keyed systems with co-channel interference[J]. Bell System Technical Journal, 1969, 48(3):743-767.

[20]　谭庆贵, 李小军, 胡渝, 等. 卫星相干光通信原理与技术[M]. 北京: 北京理工大学出版社, 2019.

[21]　姜义君. 星地激光通信链路中大气湍流影响的理论和实验研究[D]. 哈尔滨: 哈尔滨工业大学, 2010.

[22]　KOLMOGOROV A N. The local structure of turbulence in incompressible viscous fluid for very large Reynolds numbers[J]. Proceedings of the Royal Society A: Mathematical, Physical

and Engineering ence, 1991, 434(1890):9-13.

[23] 饶瑞中. 光在湍流大气中的传播[M]. 合肥: 安徽科学技术出版社, 2005.

[24] 张逸新. 随机介质中光的传播与成像[M]. 北京: 国防工业出版社, 2002.

[25] ANDREWS L C, PHILLIPS R L, HOPEN C Y, et al. Theory of optical scintillation[J]. Journal of the Optical Society of America A, 1999, A16(6): 1417-1429.

[26] GOOD R E, BELAND R R, MURPHY E A, et al. Atmospheric Models of Optical Turbulence[J]. Proc SPIE, 1988, 928:165-186.

[27] 姜会林, 佟首峰. 空间激光通信技术与系统[M]. 北京: 国防工业出版社, 2010.

第 5 章

网络技术

天地一体化信息网络以地面网络为依托，以天基网络为拓展，综合天基网络覆盖广、地面网络能力强的优势，实现网络立体化部署与协同运用，为全域用户提供全域泛在的网络信息服务能力。与传统的地面互联网、移动通信网不同，天地一体化信息网络从二维空间拓展到三维空间，融合了天基网络、地面互联网、移动通信网等多种异质异构网络，呈现应用场景时空跨度大、网络拓扑变化快、链路传输时延长、服务质量保证难等突出特点，极大增加了网络设计和实现复杂度。本章从天地融合组网技术、泛在移动性管理技术、网络资源管理与控制技术、网络计算与服务技术、天地网络安全防护技术等多个方面对网络技术进行了阐述。

| 5.1 天地融合组网技术 |

5.1.1 IP 适应性问题

经过几十年的发展和演进，IP 技术已经全面融入各种地面有线、无线通信网络系统，并渗透入各领域应用场景中，成为主导地面网络建设的关键核心技术。尽管传统 IP 网络技术面对新兴的互联网、物联网应用，呈现诸多不适应性和突出问题，激发业界不断进行改良式或革命式创新，如 IPv6、多协议标签交换（MPLS）、位置/身份标识分离协议（LISP）、软件定义网络（SDN）、信息中心网络（ICN）以及协议无感知转发（POF），但"IP Over Everything"和"Everything Over IP"发展态势依然强劲，将 IP 网络技术拓展到天基并实现天地融合组网已经成为重要选项。然而，天基网络与地面网络相比，具有带宽资源有限、链路频繁切换、拓扑动态时变、传输时延较长等特殊性，如果直接采用针对地面网络特点设计的 IP 网络协议栈，将面临诸多技术实现上的挑战，极大地影响协议运行效率。

（1）网络编址适应性问题

编址是组网的前提和基础，天地融合组网方案首先需要解决的就是编址问题，即如何标识与定位网络中的节点，然后在此基础上实现组网和业务转发。现有互联网核心协议逐步由 IPv4 向 IPv6 发展，虽然一定程度上解决全球 IPv4 地址资源匮乏的问题，也可通过邻居发现（ND）协议等途径改善地址自动配置能力，提供优于 IPv4 动态主机配置协议（DHCP）的灵活性和高效性，但是 128bit 的 IPv6 地址开销以及主要面向固定拓扑的地址分配机制，对于资源受限、动态时变的天基网络将面临较大挑战，尤其是在用户终端、网络节点均移动的场景下表现明显的不适应性。天地一体化信息网络中，一方面需要解决如何向 IPv6 发展演进的问题，另一方面则应对 IPv6 编址体系进行适应性改进或全面创新，以满足天基动态组网要求并提高网络整体性能。

（2）业务转发适应性问题

无论是地面网络还是天基网络，现有网络通常采用设备与协议静态绑定的转发模式，即特定网络设备仅能实现特定类型的网络协议，对于技术体制的完善和网络功能的升级而言极不方便，导致用户无法快速地定制网络协议以适应新兴业务的发展，这个问题对于一旦部署就难以替换网络设备的天基网络来说更为突出。目前，为了增强底层网络设备的长期适应性，人们开始研究网络数据面可编程技术，赋予用户对数据流更大的操作权限，可在不更换硬件设备的前提下快速实现已有的或新的协议定制，主要代表技术包括可编程协议无关分组处理器（P4）、协议无感知转发（POF）。其中，P4 是一种对底层网络设备数据处理行为进行编程的高级语言，提出一种分组转发抽象模型，将不同转发设备（交换机、路由器等）上的数据包处理过程进行抽象化描述，用户可以直接使用 P4 语言编写网络应用，通过该语言可以对转发设备的数据处理方式灵活配置，实现特定网络协议。POF 结构与 P4 相比更为简单，其处理报文过程类似于 OpenFlow。在 POF 数据平面抽象模型中，对交换机处理行为的控制均通过 POF 流转发指令集完成，控制器以 POF 特有的形式将协议及元数据存储在协议库内，直接针对硬件进行配置，不显示编译过程。对于天基网络，如何采用 P4 或 POF 技术实现星上协议的无感知转发，并提高天基网络节点卫星在轨可编程能力，将会是未来研究的热点。

（3）路由协议适应性问题

路由协议是地面互联网的核心技术，目前常见路由协议主要包括 RIP、OSPF 协议等。RIP 基于 Bellham-Ford（距离矢量）算法，路由器通常以一定的时间间隔向相邻路由器发送完整路由表，接收路由表的邻居路由器将收到的路由表和自己的路由表进行比较，新的或开销更小的路由被加入路由表中。OSPF协议基于 Dijkstra 算法，每台路由器都维持一个链路状态数据库描述网络的拓扑结构，协议启动时洪泛大量链路状态信息，开销明显高于 RIP，待路由收敛后，周期性发送维护邻居关系的 Hello 消息，与 RIP 占用更少的链路资源相比，提高链路利用率。RIP 存在慢收敛以及无法对网络负载做出快速响应的缺点，但原理简单且资源开销少；OSPF 协议更适用于大型网络，可保证传输可靠性，具有更短的收敛时间等特点。RIP、OSPF 等路由协议主要适用于分布式网络架构，其特点是路由算法占比很少，绝大部分内容用于维护拓扑和邻居关系。地面网络一旦组网完成，其拓扑就不会频繁变动，仅在添加新设备或设备发生故障等情况下需要进行拓扑维护，因此，分布式路由协议仅在网络初次生成路由条目时耗费较多的计算资源，不会出现频繁重路由的情形。但是，如果将分布式路由协议用于天基网络尤其是多轨道星座网络，会引发网络不稳定的情况，一方面节点需要频繁对拓扑信息进行维护，耗费大量星上处理资源，另一方面可能会出现节点拓扑信息的更新跟不上网络变化速度的情形，导致使用过期甚至错误状态信息进行路由。

相比之下，以 SDN 为代表的集中式网络架构，可在一定程度上解决上述天基网络的路由问题。在集中式网络架构下，网络控制器负责维护拓扑和邻居关系，路由算法以应用形式部署于控制器，各个节点无须在本地维护网络拓扑信息，不仅有助于节约大量星上处理资源，而且控制器可以从全网视角进行路由设计，决定数据转发路径是否最优，实现精准优化，进而最大限度地提高网络整体性能。当然，集中式网络架构下路由协议实现的关键在于两点，一是网络控制器能够收集全网拓扑信息，二是合适的路由算法。就控制器而言，天基融合网络中，节点不仅包括地面交换机、路由器等设备，还包括空间飞行的卫星等节点，控制器很难像地面网络一样控制固定的若干节点，节点往往是动态变化的；而且，在天基网络中什么位置部署控制器、放置多少个控制器、控制器之间采用何种机制进行交互以及如何确保控制器收集到所有节点信息等问题都尚未有定论，需要进一步的研究。就路由技术而言，目前的发展趋势是为不同等级的应用提供确定性服务保障，需要提供精细化的定制路由，确保该条路径的时延、带宽、误码、安全性、特殊节点等方面能满足应用需求，为此需要研究流量特征提取、服务分级保障、端到端网络切片、网络服务编排、网络人工智能等一系列技术。上述技术均研究完善后，集中式网络路由协议技术体系才会趋于成熟，可以进入正式部署阶段。

5.1.2　网络标识与编址

标识与编址是网络架构的基础，不同类型的网络采用不同标识与编址体系，实现网络实体、信息资源、应用服务的命名定义或位置身份识别，以支持用户注册、接入鉴权、路由转发、流量控制、安全监管、运营计费等网络活动。通常，网络标识既可由数字组成，也可由字母和符号组成，还可以是两者的混合，如 IP 地址、电话号码、互联网域名就是最为常见的网络标识。针对不同类型的网络，国际电信联盟（ITU）、因特网工程任务组（IETF）、第三代合作伙伴计划（3GPP）、万维网联盟（W3C）等国际标准化组织定义了不同的标识与编址体系，奠定了互联网、移动通信网等基础设施的运行基础。

（1）互联网标识与编址

互联网是以 TCP/IP 为基础构建的全球信息基础设施，IP 地址是其标识与编址体系的核心，IP 地址体系的发展持续影响互联网的代际演进。传统互联网以 IPv4 协议为基础，采用 32bit IPv4 地址唯一标识网络实体的位置和身份，确立了 A、B、C、D、E 共 5 类全球 IPv4 地址分配体系和以域名解析系统（DNS）根节点为核心的全球域名体系，一定程度上促进现代互联网蓬勃发展，但随着互联网应用越来越多且需求差异化，其暴露出越来越多的问题，如 IPv4 地址资源匮乏，IPv4 地址双重意义导致路由可扩展性、移动性、多家乡能力支持不足，IPv4 地址管理机制矛盾重重等。针对上述问题，业界一直努力寻求改良式或革命式的解决方案。

一方面，采用 IPv6 替代 IPv4，构建新一代互联网体系。根据互联网体系结构委员会（IAB）2016 年 11 月 7 日的推进 IPv6 部署公告，明确建议 IETF 等标准化组织在 IPv6 基础上扩展或优化未来的新协议，用行动支持 IPv6 在全球范围内部署。IPv6 协议采用 128bit IPv6 地址标识网络实体的位置和身份，极大地丰富了互联网地址空间资源，比较形象的比喻是其足够对地球上的每一粒沙子进行编址。同时，IPv6 从地址结构和地址分配上支持地址聚合，从而大大地减少路由表条目；具有方便的网络即插即用功能、良好的移动性支持等新特性。IPv6

地址为网络接口或一组网络接口分配一个 128bit 的标识，所有类型的 IPv6 地址都分配给网络接口而不是网络节点。从地址组成结构来看，IPv6 地址包括全局路由前缀、网络接口标识两部分，两者长度均为 64bit。其中，全局路由前缀主要用于标识各个子网，区分不同通信传输方式；网络接口标识则用于定义子网中的不同接口，通常由接口物理地址生成，成为 64bit 扩展的唯一标识（EUI-64）。从通信传输方式来看，IPv6 地址可分为单播地址（Unicast Address）、多播地址（Multicast Address）、任意播地址（Anycast Address）3 类。其中，单播地址用于标识单一接口，目标地址是单播地址的数据包，将其发送给该地址标识的特定接口，单播地址又可细分为全球单播地址和专用单播地址，单播本地地址、节点内单播地址、链路本地地址、6to4 地址以及 6bone 地址等。多播地址用于标识一组接口，该组接口可以属于不同节点，目标地址是多播地址的数据包，将发送到所有该地址标识的接口。任意播地址是分配给一组接口的地址，该组接口可以属于不同的节点，以任意播地址为目的地址的数据包，会被转发到根据路由协议测量的距离最短的一个接口上。在 IPv6 中，任意播地址与全球单播地址共享地址空间，因此在对全球单播地址进行分配时，应避让在任意播地址范畴内使用预定义的比特。基于 IPv6 提供的巨大地址空间，人们开展了诸多互联网架构创新设计与实践，如清华大学提出一种基于真实 IPv6 源地址认证的寻址结构（SAVA）等。

另一方面，改进或革新网络协议/架构，扩展现有的 IP 标识和编址体系，如位置/身份标识分离协议（LISP）、主机标识协议（HIP）、一体化标识网络等。其中，LISP 是思科公司提出的一种网络侧解决方案，核心思路是将 IP 地址空间划分为终端标识（EID）、路由标识（RLOC）两部分，前者标识终端的唯一身份，后者标识终端的当前位置，利用标识地址映射系统将两者关联，部分程度上缓解了路由可扩展性问题对互联网发展的影响，也有利于支持移动性、多家乡、流量工程和端到端业务。LISP 方案既适用于 IPv4 也适用于 IPv6，无须修改终端侧协议栈，只需重新规划和管理网络地址空间、升级少量边缘网络出口设备即可。HIP 是爱立信公司提出的一种终端侧解决方案，核心思路是在终端协议栈网络层和传输层之间引入一个新的身份标识（HID）层，身份标识用以标识终端的身份属性，身份标识层以上协议均与终端身份标识关联，实现了上层业务与终端位置的解耦，终端的位置属性仍由传统 IP 地址标识，用于数据包在网络中寻址。HIP 方案需要升级终端侧的协议栈，而网络侧几乎无修改，仅需要增加少量管理移动终端位置的服务器部署。一体化标识网络提出了一种全新解决方案，定义了接入标识、交换路由标识、连接标识、服务标识 4 类标识，引入接入标识解析映射、连接标识解析映射、服务标识解析映射 3 类机制，构建基础设施+普适服务的新型网络体系，并向智慧协同标识网络演进，适应多元化、多样化的服务发展需求。

总体上，无论是 IPv6，还是 LISP、HIP 等新方案，对互联网标识与编址体系完善仍将继续，目的都是要为解决互联网可扩展性、安全性、移动性等问题提供有效的基础支撑，进而避免制约网络体系发展演进并出现了不可控问题。

（2）移动通信网标识与编址

移动通信网从 1G 发展到 5G，经过不断地创新和完善，形成了比较完备且特色鲜明的网络标识与编址体系。为了更好地支持用户移动性，移动通信网从早期就采取了与传统互联网不同的网络标识与编址体系，即网络位置标识与用户身份标识相互分离的体系，持续推进个人移动通信乃至移动互联网产业发展。以 4G LTE 移动通信网为例，目前形成以国际移动用户标志（IMSI）为核心，涵盖用户终端、网络等相关标识的网络标识与编址体系，如图 5-1 和表 5-1 所示。

其中，国际移动用户标志（IMSI）存储在 SIM 卡中，是 4G LTE 中唯一识别移动用户的标识，长度一般为 15bit，每 1bit 都采用 0～9 的数字编码。IMSI 遵循 ITU-T E.212 建议规定的编码方式，具体包括 3 部分，即 IMSI=MCC+MNC+MSIN。其中，移动用户所属国家代码为 MCC，3 位数字；移动用户所属网络代码为 MNC，2 位数字；移动用户识别码为 MSIN，10 位数字。国际移动设备标志（IMEI）是由 15 位数字组成的"电子串号"，是唯一识别移动设备的标识，与移动设备全球唯一绑定，每个 IMEI 仅标识一台移动设备。全球唯一 UE 临时标识（GUTI）、移动用户临时识别码（S-TMSI）等在网络中标识用户身份，可以减少 IMSI、IMEI 等用户私有信息直接暴露在网络中传输，确保关键信息的安全性。跟踪区标识（TAI）全球唯一，由移动网络标识（PLMN ID）和跟踪区域码（TAC）构成；跟踪区域码（TAC）定义小区所属的跟踪区域，一个跟踪区域可以涵盖一个或多个小区。eNB ID、MMEI、GUMMEI、P-GW ID 等用于识别具体网元设备的标识，E-RAB ID、EPS Bearer ID、DRB ID 等用于识别具体业务承载单元的标识。

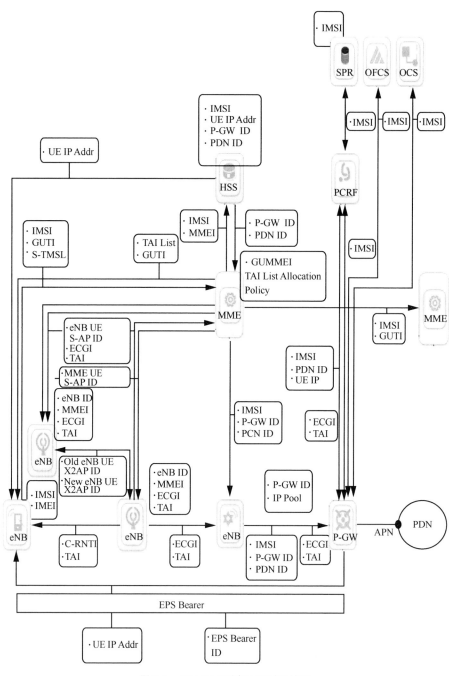

图 5-1　4G LTE 网络标识和编址体系

表 5-1　4G LTE 网络标识和编址体系说明

分类	LTE ID	说明
用户终端标识 （UE ID）	IMSI	国际移动用户标志
	IMEI	国际移动设备标志
	GUTI	全球唯一 UE 临时标识
	S-TMSI	移动用户临时识别码
	C-RNTI	小区无线网络临时标识
	UE IP	用户终端（UE）IP 地址
	eNB UE S1AP ID	UE 在 eNB 侧 S1 接口上唯一标识
	MME UE S1AP ID	UE 在 MME 侧 S1 接口上唯一标识
	Old eNB UE X2AP ID	旧 UE 在 X2 接口上唯一标识
	New eNB UE X2AP ID	新 UE 在 X2 接口上唯一标识
位置标识 （Location ID）	PLMN ID	国家码（MCC）+网络码（MNC）
	TAI	跟踪区标识
	TAC	跟踪区域码
网元标识 （NE ID）	eNB ID	eNB 标识
	ECGI	E-URAN 小区全局标识
	MMEI	MME 标识
	GUMMEI	全球唯一 MME 标识
	P-GW ID	P-GW 标识
承载/会话标识 （Bearer ID/ Session ID）	E-RAB ID	无线接入承载标识
	EPS Bearer ID	核心网承载标识
	DRB ID	数据无线承载标识
	TEID	隧道端点标识
	LBI	被关联的默认 EPS 承载标识
	PDN ID（APN）	分组数据组网标识

　　在 4G LTE 的基础上，5G 进一步拓展了移动通信网络标识与编址体系，如用户

永久标识（SUPI），类似 4G IMSI 但又不限于 IMSI，进一步扩展纳入网络接入标识（NAI）；永久设备标识（PEI）类似 4G 的 IMEI，R15 仅支持 IMEI 格式的 PEI；用户临时标识（SUCI）是 SUPI 的一种临时标识，可对 SUPI 加密而避免其在空口中传输，用于鉴权过程，以及全球唯一临时标识（5G-GUTI）、RA-RNTI、TC-RNTI、C-RNTI、P-RNTI、SI-RNTI、CS-RNTI、TPC-PUSCH-RNTI、TPC-PUCCH-RNTI、MCS-C-RNTI、SFI-RNTI、INT-RNTI、TPC-SRS-RNTI、SP-CSI-RNTI 等射频网络临时标识（RNTI），网络切片选择辅助信息（S-NSSAI）等。

（3）天地一体化网络标识与编址

天地一体化信息网络融合天基网络和地面互联网、移动通信网等多种复杂异构网系，网络规模庞大、结构复杂、业务多样，既要支持传统的互联网、移动通信业务，还要支持新兴的天基中继、天基物联、天基监视等业务，需要创新设计既适合天基网络特点，又与地面互联网、移动通信网体系兼容的网络标识与编址方案，确保真正实现"一张网"用户体验。鉴于现有地面网络标识与编址体系的成熟性，天地一体化信息网络通常在沿用地面互联网、移动通信网体系基础上，结合天基网络拓扑时变、节点能力受限等特点进行适应性创新，如 Iridium、天通一号等系统均借鉴地面移动通信网技术实现统一标识和编址，天地一体化网络标识编址方式如图 5-2 所示。

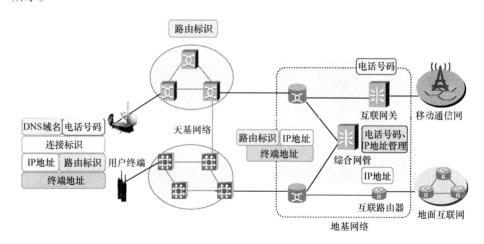

图 5-2　天地一体化网络标识编址方式

针对网络标识编址，可吸收借鉴身份与位置分离思路，设置接入标识（AID）、路由标识（RID）、连接标识（CID）3 类标识。其中，接入标识（AID）

表征用户终端或网络实体的身份信息，继承现有命名编址体系，直接采用 IP 地址、电话号码、互联网域名等；路由标识（RID）表征网络实体的位置信息，由网络统一分配和管理，用于支持数据包在网络中路由交换；连接标识（CID）表征特定网络连接，支持业务流可靠分发。网络节点使用卫星路由标识（RID）来实现各节点之间的信息转发，用户终端通过自己的接入标识（如 IP 地址、电话号码、互联网域名）来访问网络，天基节点实现用户接入标识到卫星路由标识转换。

针对终端标识编址，可借鉴参考移动通信系统标识编址方法，包括用户终端编址、用户身份编址、网络位置编址等。其中，用户终端编址采用国际移动设备标志（IMEI），由 15 位数字组成具有全球唯一性的"电子串号"，与每台移动设备一一对应，用于系统管理；用户身份编址采用国际移动用户标志（IMSI），最长位数为 15 位，其结构遵循 ITU-T E.212 编码格式。网络位置编址采用位置区识别码 LAI，在地球同步轨道卫星移动通信系统中，移动地面站的位置识别码由 3 个号码组成，分别是 SSC/MCC 号码、SNC/MNC 号码、LAC 号码。SSC（Satellite System Country）用来标识卫星系统所服务的不同国家，它允许终端可以区分家乡卫星系统和访问卫星系统。该标识编码成为 MCC 域，该 MCC 值与 IMSI 中所包含的 3bit 的 MCC 值是相同的。

此外，也有大量研究在探索如何将地面互联网标识和编址体系扩展到天基网络，进而实现天地融合，主要技术思路如下：以 IP 为基础，结合天基网络节点运动特点，开展天基网络编址设计，并采用 IP 分组头部压缩技术降低包头开销，提升空间信道的利用率；同时，针对 DNS 等协议在天地一体化信息网络中应用存在的问题（包括服务部署、响应时间、信令开销等）进行相应的优化设计。

1）空间 IP 编址

结合地面网络的发展趋势，天基网络地址拟采用 IPv6 地址格式。这里主要考虑全球单播地址，因为对于链路本地地址和站点本地地址等无须向外通告的地址可以直接沿用现有的 IPv6 编址方式，多播地址也可以沿用现有方案。

针对空间路由器接口，可以采用图 5-3 所示的编址方式。采用 IPv6 地址段前 8bit 标识天基网络专用的全球唯一可聚合单播地址。其中，前 3bit 为 001，与 IPv6 规定的 Unicast IPv6 Addresses 一致，后 5bit 可以选用未被分配的编码。IPv6 地址段最后 64bit 为网络接口标识符，采用 IEEE 802 系列规定的 EUI-64 地址。IPv6 地址接下来的 40bit 与前 8bit 一起构成路由前缀，这与 IPv6 标准的规定一致，而此后的比特不需要在域间进行前缀通告，有利于天基网络和地面互联网之间进行路由信息交换。再之后的 16bit 为子网标识符，可以采用基于卫星（星座）位置的方式编码。图 5-3 中用 4bit 标识卫星所在轨道（0000 表示地球同步轨道），同一个路由前缀下的最大卫星轨道数为 16，足够用于超大规模的全球覆盖星座结构，而要在更多轨道上部署卫星则可以使用新路由前缀；用 8bit 标识卫星在该轨道所处的位置，使每条轨道上的卫星数量达 256 颗，即使将来采用同一个轨位多颗卫星形成 POP 节点的技术以增强接入和交换能力，也能满足一条轨道上的 16 个 POP 能每个 16 个节点规模；剩下 4bit 标识卫星上不同的接口，例如指向更高层轨道的接口为 0000，指向地面用户接入的接口为 1111，能支持 16 个不同接口。这种编址方式的好处在于，在一个星座子网内部可以通过 16bit 子网标识定位一条星间/星地链路，而无须使用完整的 IPv6 地址，可以大幅度减小控制平面的资源消耗，实现轻量化路由协议。此外，还可以对地址进行特殊的聚合，例如 0000XXXXXXXXYYYY 表示地球同步轨道上的所有卫星。

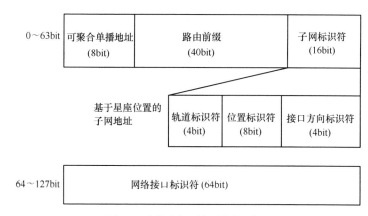

图 5-3　空间路由器接口编址示意图

针对接入用户/网络，通过天基网络节点进行用户编址可以分成两种情况。第一种情况是用户采用现有的互联网接入模式，即接入节点从与其相连的网络访问点 DHCP 获取全球单播地址。此时地址编码与上面介绍情况一致，其中接入节点接口标识为 1111。在这种情况下，由于接入卫星在高速移动，用户可能也处在运动中，采用移动 IPv6 技术，使用户即使切换不同的接入卫星，也能使传输层连接不中断。

第二种情况是用户位于地面或近地面一个相对固定的位置，此时可以将地面按经纬度划分成若干个区域，并分别用两个 8bit 代表经线方向和纬线方向的区域标识符（即经度标识符和纬度标识符），一共可支持 256×256 个区域，每个区域边长最大仅约 156km。这样用户可以通过自己所在的地理位置，结合路由前缀，自动获取一个 IPv6 接入地址，如图 5-4 所示。即使用户接入的卫星因为移动发生了变化，用户也无须进行地址切换。在做路由计算时，此方案需要实时考虑各卫星覆盖的地理区域，从而将分组转发到正确的卫星。

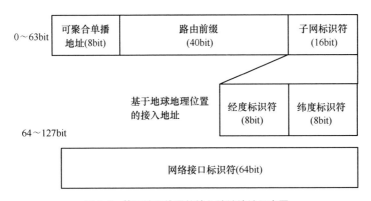

图 5-4　基于地理位置的接入地址编址示意图

2）IP 分组头压缩

IPv6 分组头部长度为 40byte，在整个分组中占较大比重，尤其对于小分组而言更是如此。而空间链路带宽资源珍贵，需要尽可能减小分组头部带来的额外开销。此外，空间链路噪声较大，对于相同大小的载荷（Payload），较长的头部会增大整个分组出错的概率，导致重传，降低传输性能，加剧资源浪费。因此，IP 分组头部压缩显得格外重要。参考 RFC 2507、RFC 2508 等文档标准，基于 IP 分组头部压缩的首个分组的处理流程如图 5-5 所示。这里首个分组指的是压缩字段表中没有存储该分组的压缩字段数据。此时，路由器需要根据压缩掩码确定压缩字段，将其插入压缩字段表中，并生成一个唯一的压缩字段序号。实际发送到链路上的仍然是原始分组。建立压缩字段表的过程需要进行压缩和解压缩的各路由器都进行。

当一台路由器需要发送基于 IP 分组头部压缩的后续发送分组时的处理流程如图 5-6 所示。这里后续分组指的是该分组的压缩字段能够在本地压缩字段表中找到相应的表项。该分组将被压缩，实际发送到链路上的字段仅包括不在压缩字段中的部分以及压缩字段序号（Payload Header Suppression Index，PHSI）。

当一台路由器接收一个被压缩了头部的分组后，其处理流程如图 5-7 所示。该过程与压缩的过程正好相反。被还原后分组与原始分组保持完全一致，因此可以进行后续的路由查找、转发等操作。

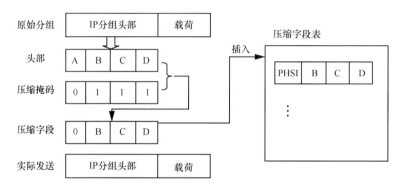

图 5-5　基于 IP 分组头部压缩的首个分组处理

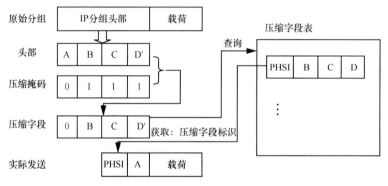

图 5-6　基于 IP 分组头部压缩的后续发送分组处理流程

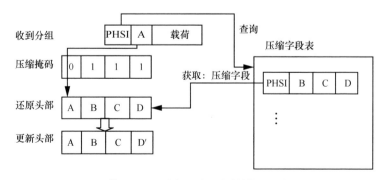

图 5-7　基于 IP 分组头部压缩的后续接收分组处理流程

3）基于天基节点缓存的 DNS 协议

域名系统（DNS）主要完成域名与 IP 地址的转换，是互联网的基础服务之一。DNS 采用树状结构以及分级授权机制实现域名到 IP 地址的映射以及分级管理，有效地提高了域名查询和管理的效率。在天基网络中，DNS 服务器可部署在地面信关站（地基节点），所有 DNS 请求都要先转发到地面站进行处理，但存在如下问题：天基网络传输时延大，导致 DNS 请求响应时间慢；频繁域名解析会消耗空间链路资源，并加重天基节点的处理负担。为了解决上述问题，借鉴地面网络做法，在天基节点引入 DNS 缓存，将常用域名及其 IP 地址存储在天基节点缓存中，从而实现 DNS 请求快速响应，并减轻 DNS 域名解析给网络带来的负载。

天基节点 DNS 缓存策略如图 5-8 所示，包括以下步骤：用户向天基节点发送 DNS 请求报文，天基节点检查 DNS 缓存，如果缓存中有该域名的记录则直接返回 DNS 响应报文给用户，域名解析完成，如果缓存中找不到匹配的记录就继续下一步骤；天基节点将 DNS 请求报文转发给地基节点，地基节点检查 DNS 缓存，如果缓存中有记录则将 DNS 响应报文通过天基节点转发给用户，域名解析完成，如果缓存中找不到匹配的记录就继续下一步骤；地基节点将 DNS 请求报文继续转发给地面的各级域名解析服务器，直到找到匹配的域名为止，并将返回的 DNS 响应报文转给用户。

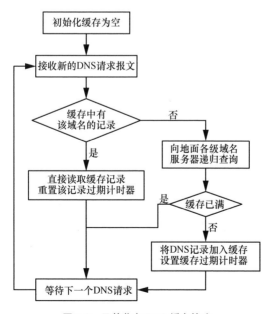

图 5-8　天基节点 DNS 缓存策略

5.1.3 天基网络路由转发

天基网络通常由高/中/低轨道上的众多天基节点卫星组成，具备高速信息传输、星上路由交换等能力。由于天基网络的动态时变特性和星上资源受限于运行环境，无法将地面成熟的 RIP、OSPF 等分布式路由协议直接搬到星上实现，而是通常采用集中式组网路由架构，以及主动路由为主、按需路由为辅的方式，将路由计算和交换转发功能分离，将复杂的路由计算放在地面信关站，天基节点主要实现星上数据交换转发，大大降低了对天基节点的处理能力要求，天基组网路由架构如图 5-9 所示。采用这种架构，复杂的路由计算在地面信关站完成，大大节省了卫星节点的资源消耗；信关站具有天基网络全局的网络视图，提高网络的可管可控性。

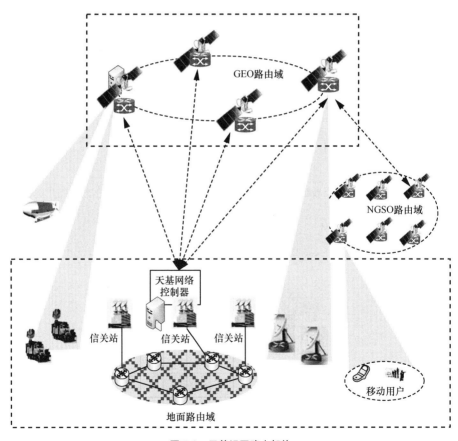

图 5-9　天基组网路由架构

（1）GEO 星座组网路由

如果将分布式的 OSPF 协议应用于骨干网络，将面临慢收敛、转发环路、路由震荡、无线环境等方面的问题。因此，在高轨天基网中对 OSPF 协议的改进包括两方面：一是集中化部署，完成转发与控制的分离；二是针对 OSPF 慢收敛和震荡等问题进行改进。采用的优化技术主要涉及几个方面：一是数据层面 OSPF 邻居状态的快速检测，使用双向转发检测（BFD）加快发现网络拓扑状态，减小空间无线环境对网络路由性能的影响，提高网络协议的可用性；二是控制层引入路由震荡抑制算法，对不稳定链路路由进行惩罚限制，较好地改善网络性能；三是多路径技术，防止单路径路由情况下发生路由拥塞。具体优化技术如双向转发检测、基于惩罚机制的路由震荡抑制、多路径路由等。在集中式路由结构中，转发平面与控制平面完全分离到专用的网络节点实现。转发器用于数据转发和邻居发现，而控制器主要进行路由计算和控制。OSPF 集中式部署架构如图 5-10 所示，OSPF 协议的过程中将 OSPF 发现的邻居链路状态通告（Link State Advertisement，LSA）发送到控制平面的控制器。控制器得到描述网络视图的链路状态数据库（Link State Data Base，LSDB），在路由计算后将路由表下发至各转发器。转发器利用下发的路由表更新自身的转发表进行正常数据转发。

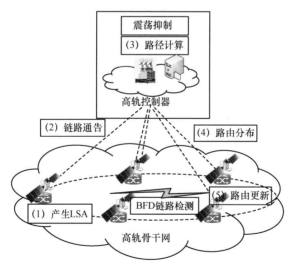

图 5-10　OSPF 集中式部署架构

该架构中，集中控制器具有全局拓扑视图，代表拓扑状态的 LSDB 作为关键网络信息会被聚集到控制器。检测的网络故障信息会通过 LSA 最终反映到 LSDB 中，使协议进行路由选择时绕过故障位置。BFD 协议作为转发层的检测方案，能够为其他路由协议提供快速的故障检测能力，使路由协议能及时感知网络状态变化，触发网络收敛过程，加速路由收敛速度。由于 BFD 仅对数据面通信连接进行检测，并不涉及控制面功能性实现，所以更适合被用于控制与转发分离结构。

（2）NGSO 星座组网路由

由于节点高速运动，拓扑周期变化，且要求快速收敛，采用传统地面网络路由协议无法满足 NGSO 星座组网路由要求。需要结合 NGSO 星座特性，设计星历预测的星间路由协议，包括路由计算、路由注入和时间片切换 3 部分。首先，天基接入网络控制器根据星历图将星座运动周期（即每个重复周期）分成若干个静态拓扑快照，并预先计算周期性变化的拓扑快照序列，计算各个拓扑快照下的静态拓扑数据库、静态邻居表和路由转发表。路由计算结果注入各个卫星及其星载交换机，星座系统运行中每个卫星按一定时间间隔完成时间片切换。NGSO 星座路由协议如图 5-11 所示。

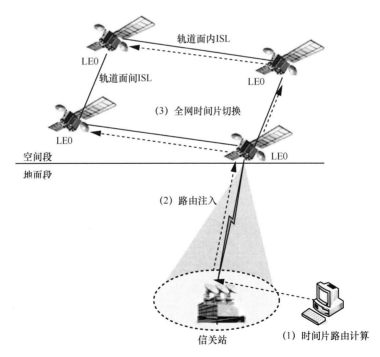

图 5-11 NGSO 星座路由协议

　　针对路由计算，根据路由表计算方法的不同，路由协议可分为两大类：静态路由协议和动态路由协议。静态路由协议通过人工指定或软件预测的方式预先生成路由表，具有不需要实时在线计算、不需要扩散控制报文的优点，节省了大量 CPU 计算资源和网络带宽资源，但其缺点是难以适应网络的动态变化。而动态路由协议需要实时在线计算，并且需要在网络上扩散控制报文，因而算法复杂，且占用大量 CPU 计算资源和网络带宽资源，其优点是：适应网络拓扑、业务流量、节点和链路故障的各种变化，只要源和目的节点之间具有可连通性，就能寻找得到一条可用路径。拓扑快照静态路由如图 5-12 所示，星座系统周期离散化为 K 个时间间隔，当每个时间间隔 Δt、链路代价变化足够小时，可以认为是静态拓扑。所以动态拓扑可以转化为一个静态拓扑的序列，称为拓扑快照。根据每个静态的拓扑快照可以事先离线，为每对源、目的卫星节点按照改进的 Dijkstra 算法计算得到若干个具有最小路径耗费的路径（也就是按照一定准则的最好路径），从而计算得到一系列空间路由表和转发表，然后将空间路由表和转发表在卫星发射前加载注入每个卫星交换节点上。星座网络拓扑改变时可重新在线更新星上路由表。

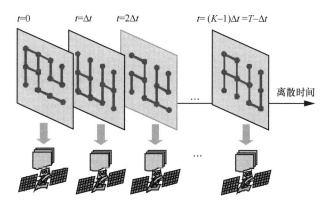

图 5-12　拓扑快照静态路由

　　卫星节点在收到数据分组后，只需依据其查找当前时间使用的路由表项，所需的星上处理时间仅为查找路由表的时间，其复杂度仅为 $O(M \times N)$，其中，M 为星座中的轨道面数，N 为每个轨道面上的卫星数目。在加载了静态的路由表后，各卫星节点独立地根据自己的路由表进行分组转发，各卫星节点之间无须交换任何网络状态信息。星上只需存储经过合并处理后的简化路由表，与原始路由表相比，大大降低了存储开销。算法选取满足一定条件的时间点，采用分时方法把系统运转周期 T 划分为若干个时间段。在网络运行任意时刻，都映射到系统周期内某个时间段，网络拓扑对应于该时间段内计算好的加权无向图（权值为 ISL 的长度，即两点间传输的时延），ISL 的长度变化和通断仅在时间段的边界 $t_0, t_1, \cdots, t_n$ 时刻发生改变。此算法可以不按照等长的时间间隔划分星座运转周期，而是首先划分为等长的小时间片，再进一步通过分析和比较相邻时间片对应路由表的差异，对相邻时间片进行合并，因此能够最大限度地降低星上存储开销。

针对路由注入，路由注入机制将集中计算后的路由转发表注入天基网络的卫星星载交换机上，并指导时间片切换。

针对时间片切换，一次性注入所有时间片路由会增加星载交换机存储压力和切换复杂度，而每个时间片都进行更新则会容易造成更新不及时。可采用星载交换机存储 A、B 两个时间片路由表，A 表为当前时间片路由表，B 表为下一个时间片路由表。在 A 时间内进行下一个时间片 B 表的路由表注入，待 A 时间片耗尽时切换到 B 表。这样能降低星载交换机存储压力，并且时间片切换简单。为降低链路开销，可利用多个地面站进行协同路由注入。

（3）天基柔性可重构路由转发

近年，为了实现功能和业务扩展性，天基网络也开始探索使用可编程转发机制和分段路由（Segment Routing，SR）机制。其中，针对星上柔性转发，在集中式组网架构下，转发设备可以通过多种方式被编程，转发设备与控制器之间通过一个通用、开放、且与厂商无关的接口（如 OpenFlow）进行通信，通过这种方式在转发面实现了所谓的目标无关性，即控制器可以很方便地控制来自不同硬件和软件厂商的转发设备。但是天基网络的转发节点除了需要具备目标无关性以外，还需要具备协议无关性与可重配置性，即转发节点不与任何特定的包格式绑定，且可修改已经配置过的交换机数据处理方式。转发节点具备协议无关性与可重配置性的好处在于星上转发节点无须更换硬件即可进行功能升级，且可更好地兼容未来出现的新网络设备，符合综合化载荷的发展趋势，其代表技术即 P4 技术。

P4 抽象转发模型如图 5-13 所示，交换机通过一个可编程的解析器和多段"匹配—动作表"的流程组合转发数据包，该转发模型包括配置和流表控制两类操作，配置操作决定了交换机支持哪种网络协议，也决定了交换机可能会如何处理数据包。流表控制的主要任务是"匹配—动作表"项的下发、修改、删除以及匹配动作的选择。配置完成后，设备接收数据时，解析器会识别得到报文内的头字段并进行提取，然后"匹配—动作表"对其提取字段进行匹配并执行匹配成功的动作。报文在不同阶段间还可以携带被视为头字段的元数据，元数据可以携带一些报文本身不含有的中间信息以便进行操作处理（如入端口、传输目的地、时间戳等）。

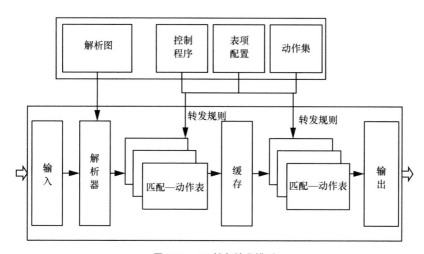

图 5-13　P4 抽象转发模型

　　针对基于 SR 的天基组网路由，集中式架构下所有的路由计算均由控制器完成，这么做既可以节省星上计算资源，又可以提高网络利用率，具有非常好的发展前景。但是采用传统的控制逐个下发表项的方法进行路由表配置一方面带来了较大的通信时延，另一方面也限制了网络规模。采用 SR 技术可以减少控制器与转发节点的通信交互，路径生成后，控制器只需要向源节点添加待顺序的 Segment 列表，即可以引导数据包沿着该路径通过网络，无须向中间节点下发流表，也为 SR 技术带来了极强的流量引导能力，SR 与 SDN 结合可以很便捷地对不同的数据流实现精细化的引导。一个典型的 SR 转发流程如图 5-14 所示，第一步，由控制器收集全网的拓扑信息与链路状态信息，并分配 SR 标签（16021、16031、16032、16041 为节点标签，323 为链路标签）；第二步，当一条数据流量到来，该流量对应的应用对网络提出了具体要求，此时源节点 A 向控制器发起路径计算请求；第三步，控制器采用路由算法，结合已获取的全网拓扑信息、状态信息、标签信息，计算得到符合条件的显示路径（图 5-14 中灰色箭头）；第四步，控制器将计算得到的路径下发给源节点 A；第五步，源节点 A 将路径压入转发数据包；第六步，数据包依次查找标签对应的节点，最终依据指定的路径转发到目的地 F。

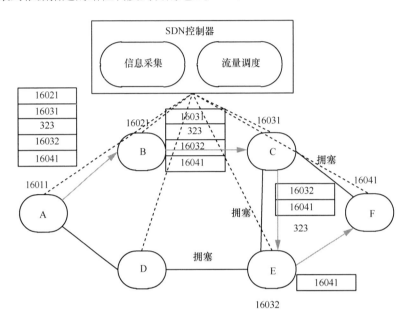

图 5-14　SR 转发流程

5.1.4　天地一体化组网控制

针对天地网络资源按需定制等需求，业界引入 SDN/NFV 技术，采用集中式与分布式结合的跨域协同控制架构，解耦数据面与控制面，整合众多复杂的底层硬件资源以供上层灵活调度，通过切片技术调度网络资源储备。在天地融合混合组网架构中，地面网络主要包含地面核心网、5G 网络、互联网等部分，地面核心网与卫星网关全面支持 SDN，在天基网络接入侧的信关站与网关部署 NFV 相关模块，并提供相应的 NFV 功能。在此基础上抽象出能力提供虚拟网络功能，在相关的管理与编排模块的控制下，提供如协议转换、防火墙、用户鉴权与安全管理等功能，经过天基网络的流量都可以得到相应网络功能服务。天地一体化组网控制架构如图 5-15 所示。

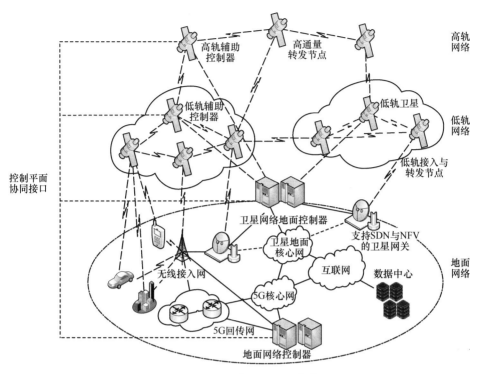

图 5-15 天地一体化组网控制架构

　　天地一体化组网控制架构下，SDN 控制器部署可由多种方式。其中，地面控制方式可发挥地面的计算资源的优势，降低对卫星节点的能力要求，将控制器部署在地面，建立控制中心，由地面控制中心实现多层卫星网络的控制功能。控制消息传输可以使用独立的低速链路，也可以采用随路消息。由于信关站的分布特性，在无法连接信关站的卫星覆盖区域，控制消息需要通过 GEO 卫星中继，以形成完整的控制链路。地面控制方案又分为集中控制方案和分布式控制方案。地面集中控制方案采用统一的中央控制器对整个多层卫星网络进行控制，地面集中控制方案的优点是可以获取全网拓扑和资源状态，不需要路由信息分发和同步，路由协议要求不高，但是也存在一定的问题：首先控制协议要经过地面网传输，整个路由协议的传输都要集中在中央控制器，可能存在网络拓扑更新不及时的问题；另外，地面网的性能会影响整个多层卫星网络的控制，存在很大的风险。地面分布式控制方案采用位于多个地面站的分布式控制器和中央控制器协同控制多层卫星网络的方式，控制器在信关站可以不经地面网传输获取卫星网络状态，更新网络拓扑，快速响应路由计算，提高了控制平面的可靠性，但是地面分布式控制方案存在着多个控制器路由信息可能不同步的问题，造成路由计算错误。GEO 分布式协同控制方案中，为了降低对星上处理能力的要求，GEO 卫星只需要完成部分路由协议的功能，主要用来控制多层卫星网络协调工作、维护网络结构和简单的路由计算，转发协议的适配、全网拓扑信息的处理和复杂的路由计算功能可以交由地面控制中心完成，GEO 卫星和中央控制器协同完成多层卫星网络的控制功能。GEO 分布式协同控制方案利用了 GEO 的高轨优势，解决地面控制无法全面覆盖的问题；利用 GEO 卫星能力，实现对中低轨卫星的快速控制，与中低轨卫星交互时延小，路由控制效率高；同时又能够利用地面控制中心强大的计算能力，非常适合多层卫星网络的路由控制。该方案的不足之处是增加了路由协议的复杂性。

目前，基于 SDN/NFV 的天地融合组网典型案例主要是欧盟发起的未来弹性网络虚拟化星地混合系统（Virtualized Hybrid Satellite-Terrestrial Systems for Resilient and Flexible Future Networks，VITAL）项目。该项目旨在探索基于 SDN 技术的星地融合网络资源管理方式，同时通过引入 NFV 来支持多样化应用场景。通过研究，VITAL 项目提出了 3 种星地融合网络应用场景。其中，卫星通信资源虚拟化与共享应用场景，通过卫星为支持 SDN 的卫星终端提供卫星接入服务，并将对应的流量回传到基于 SDN 的卫星核心网中，进而连接到互联网中；引入网络服务虚拟化以及软件化，进而带来网络自动化。整个过程中，通过地面控制系统，可以实现对地面核心网与天基卫星链路资源的智能定义，提升网络的功能性与灵活性，如图 5-16 所示。4G/5G 移动网络回传应用场景，卫星网络可以提供 4G/5G 无线接入网的回传服务，减少基础设施投资，实现快捷的 4G/5G 网络部署，并提供相应的服务质量保障。该场景共有 3 个利益相关方，分别是卫星运营商（SO）、卫星网络运营商（SNO）、移动网络运营商（MNO）。SO 与 SNO 通过基于地面控制管理接口进行协同，并在各自的 SDN 核心网中提供 NFV 服务。而卫星网络在 MNO 的 SDN 架构控制下，可以为不同用户提供灵活的接入带宽分配，如图 5-17 所示。星地联合接入应用场景，将卫星和地面网络的接入链路联合考虑，提升服务质量（QoS）与用户体验质量（QoE）。对于用户而言，同时有卫星网络运营商（SNO）提供卫星链路与地面网络运营商（TNO）提供的地面网络链路可用。用户通过白盒 CPE 并在 SDN 控制下智能地选择接入网络。同时，用户侧 CPE 与核心网侧网关可互相协同，为用户提供联合优化的路径选择和网络功能编排，如图 5-18 所示。

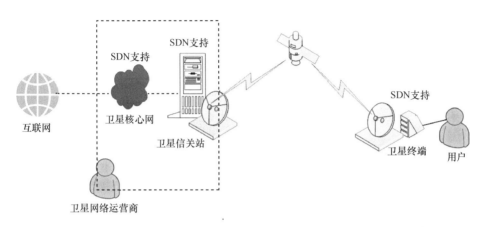

图 5-16　卫星通信资源虚拟化与共享应用场景

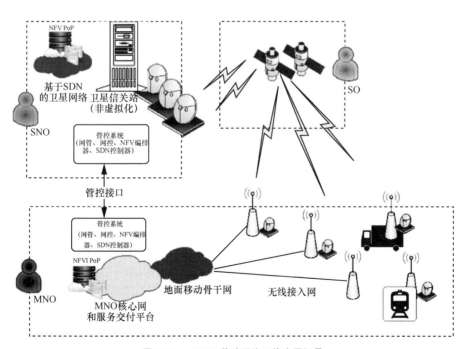

图 5-17　4G/5G 移动网络回传应用场景

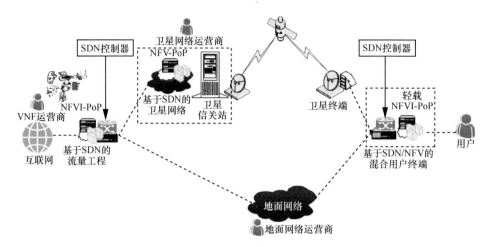

图 5-18　星地联合接入应用场景

　　针对上述场景,研究者提出 VITAL 系统架构,主要包含支持虚拟化的物理基础设施、虚拟卫星网络(VSN)以及控制组件 3 个组成部分,如图 5-19 所示。其中,物理基础设施由具有虚拟化能力的物理网元组成,其上部署虚拟卫星网络(VSN),具体包括:部署虚拟网络功能(VNF)的 NFV 基础设施点(NFVI-PoP),提供网络、计算、存储资源,可采用多种分布式结构,如终端侧轻量级 NFVI-PoP,NVFI-PoP 可包含 SDN、非 SDN 网元,提供可编程接口,支持 VNF 连接,每个 NFVI-PoP 中资源均由虚拟化基础设施管理器(VIM)管理;卫星网关(SBG)及物理网络功能(SBG-PNF),SBG-PNF 托管卫星网关非虚拟部分,并直接连接户外单元(ODU),实现卫星信号收发功能;多个 NFVI-PoP 之间的回程传输网络,即 NFVI-PoP 与卫星网关之间的传输网络以及跨域互连链路,传输网由广域网基础设施管理器(WIM)管理;卫星终端(ST)提供卫星连接能力以及卫星终端侧本地网络之间的互通,轻量级 NFVI-PoP 可以与卫星终端放在一起。

　　虚拟卫星网络(VSN)是逻辑的卫星通信网络,大部分功能都运行在物理网络基础设施的一个或多个 NFVI-PoP 中,以 VNF 形式提供。多个隔离 VSN 可以部署在同一物理网络基础设施上。VSN 非虚拟功能通过一个或几个 SBG-PNF 提供,SBG-PNF 可以专用于特定 VSN 或在多个 VSN 之间共享。每个 VSN 运营与操作,可以委托给客户或租户,由其充当卫星虚拟网络运营商(SVNO)。每个 VSN 均可根据客户需求进行定制,包括 VNF 运行的各种网络服务(如 PEP、VPN 等)。

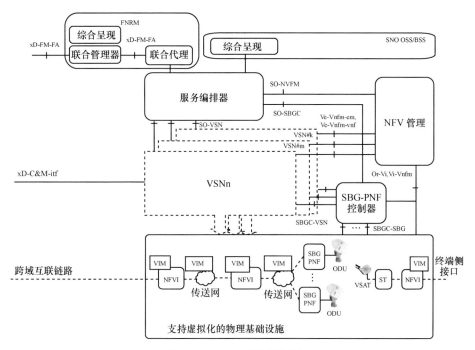

图 5-19　VITAL 系统整体架构

　　控制组件，包含 VSN 服务提供的生命周期管理所需功能实体集。控制组件可以对 VSN 进行实例化、监视、修改和终止，主要有以下几个部件。

- NFV 管理组件是负责管理组成 VSN 的 VNF 实体，主要负责 VNF 的实例化、确定其规模并在需要的服务结束时终止 VSN。NFV 管理组件从服务编排器（SO）接收适当的命令，其中包括网络服务（NS）描述。NFV 管理器维护该域的整个虚拟化基础设施的完整视图，记录已安装和可用资源以及基础架构拓扑。为了实现可扩展性，NFV 管理器仅维护资源和服务的抽象视图，而服务到资源的详细映射由每个 NFVI-PoP 的本地管理器（VIM）承担。

- 服务编排器（SO）的作用主要是提供服务编排，并为 OSS/BSS 提供支持，即为 VSN 的容错–配置–记账–性能–安全功能（FCAPS）提供支持。SO 决定 VSN 的功能和组成（VNF 和 PNF 配置），通常与 SNO 的 OSS/BSS 紧密交互（或理想情况下集成到 SOS 的 OSS/BSS 中），SNO 的客户可以用来订购 VSN 和相关服务等级协定（SLA）的订单。

- 联盟网络资源管理器（FNRM）负责多域服务编排，由联合管理器（FM）和联合代理（FA）两个独立组件组成。FM 负责保存并维护多域协同网络服务的逻辑，如果每个域能够编排其域内网络服务，则 FM 可充当超级编排者。FA 处理每个域各种基础编排器和其管理实体的异质性，并协调它们与 FM 的接口。
- SBG-PNF 控制器（SBGC）管理 SGB-PNF 池，负责切片 SBG-PNF 资源，以便将这些资源分配给特定 VSN。通过 SBGC，SO 可以为给定 VSN 请求分配 SGB-PNF 资源，提供分配资源的 SDN 抽象，以便将这些资源控制和管理集成到 VSN 中。

| 5.2 泛在移动性管理技术 |

5.2.1 移动性管理问题

移动性管理作为天地一体化信息网络的核心功能之一，是对移动终端位置信息、安全性以及业务连续性方面的管理，努力使终端与网络的联系状态达到最佳，进而为各种网络服务的应用提供保证。关于移动性管理的理论和技术，陈山枝等学者进行了系统性的阐述，认为移动性是指移动目标（用户或终端）在网络覆盖范围内的移动过程中，网络能持续提供通信服务能力；其中，根据支持程度可分为无缝移动性和游牧移动性，根据支持目标可分为终端移动性、个人移动性、会话移动性、业务移动性和网络移动性，根据支持范围可分为接入网内移动性、接入网间移动性和网络间移动性。同时，针对现有的移动性管理技术、未来需求与技术发展的分析，提出了包含传送（数据）、控制、管理3 个平面的移动性管理协议参考模型：其中，传送平面涉及物理层、链路层、网络层、传输层和应用层协议，控制功能平面包括安全机制、位置管理、切换控制和互操作控制等，而管理平面功能包括配置管理、故障管理、性能管理、账务管理和安全管理等，如图 5-20 所示。

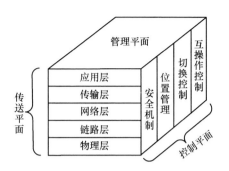

图 5-20　移动性管理协议参考模型

随着移动通信技术的发展和用户对移动互联网业务需求的剧增，用户对未来网络的移动性概念发生了变化，移动性管理不再只是对移动终端涉及的位置管理和移动切换，而是对泛在移动能力的管理。未来天地一体化网络将出现多样化的通信场景和差异化的用户/业务需求，这对移动性管理提出了新的需求和挑战，具体如下。

一是无缝切换。由于各类异构网络使用不同的接入技术、提供不同的业务、采用不同的移动性管理机制等，导致网络体系融合困难，无法支持用户、服务在网络间无缝移动。因此，必须解决终端在通信过程中的切换问题，尤其是垂直切换问题。

二是数量和移动特性。随着移动业务的丰富，移动用户数量越来越多，热点地区用户密度也越来越高，不同用户的移动特性也有很大差异性。因此，移动性管理信令流量将增加很多而且分布不均衡，引起无线信道的过载，影响系统的服务质量。

三是业务和应用的多样性。未来网络将提供泛在的接入服务、更大带宽、更高品质的语音、视频和各类数据业务。不同业务和应用对移动性管理有较大的差异性，并且业务模型也发生了变化，将影响各业务的 QoS 保证。

此外，相较于地面移动通信，天基网络能充分利用卫星覆盖范围大、组网灵活、高效的特点，实现面向全球的高效、无缝通信，但同时具有与资源、位置、节点绑定的特点，将面临拓扑结构动态变化、链路误码率高、链路切换难以预测等问题。

5.2.2　地面网络移动性管理

移动性管理技术源于地面蜂窝移动通信网但又不仅限于蜂窝移动通信网，目前形成了移动通信网、地面互联网两大主流移动性管理技术体系，涉及链路层、网络层、传输层、应用层的相关协议和机制。在链路层，主要以蜂窝移动通信网移动性管理为主，涉及非优先切换、排队优先切换、预留信道等管理策略。在网络层，IETF 在 IP 基础上提出了移动版 IP，包括 MIPv4 和 MIPv6 协议，从网络层面实现移动性管理，但也存在较高的切换时延、丢包率等问题，于是又对 MIP 扩展提出了快速移动 IPv6（FMIPv6）、分层移动 IPv6（HMIPv6）、代理移动 IPv6（PMIPv6）、快速代理移动 MIPv6（FPMIPv6）和多转交地址（MCoA）等协议。其中，MIPv6、FMIPv6、HMIPv6 是基于主机的 IPv6 移动性管理协议，PMIPv6、FPMIPv6 是基于网络的 IPv6 移动性管理协议。在传输层，提出了体系较完善的 SIGMA 协议以及移动流控制传输协议（mSCTP）、移动防火墙安全会话转换协议（MSOCKS）、TCP 连接迁移（TCP-Migrate）等移动性管理协议，如图 5-21 所示。

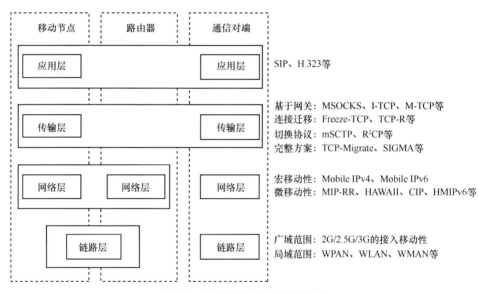

图 5-21 各协议层的移动性管理技术

（1）移动通信网移动性管理

传统移动通信网中，移动性管理就是通过各种切换技术，确保用户在蜂窝覆盖区域移动时通信的连续性，主要功能包括位置管理和移动切换。其中，位置管理主要实现移动终端位置的跟踪、存储、查找和更新，移动切换则是终端在不同网络接入点之间实现切换保证服务不中断。为了保证通信连续性，当正在通信的移动终端从一个小区移动到邻近的另一个小区，通信从一个无线信道上切换到另一个无线信道上，以维持连续性，称为越区切换或越区信道切换。如何成功并快捷地完成小区切换，是蜂窝移动通信系统设计的重要内容。

以 4G LTE 网络为例，移动性管理支持基站内、基站间小区切换两种模式。其中，基站内小区切换是指 UE 从同一 eNode B 当前所处小区切换到另一小区，主要过程包括：UE 向 eNode B 发送 Measurement Report 消息（含 MeasResults），通知 eNode B 当前链路变差且达到触发切换测量条件；eNode B 依据 UE 上报的测量结果，决定启动切换流程；eNode B 向 UE 发送 RRC Connection Reconfiguration 消息（含 mobility ControlInfo），要求 UE 执行切换；UE 收到 RRC Connection Reconfiguration 消息后，通过竞争式或无竞争式随机接入过程发起向目标小区的上行同步；eNode B 给 UE 发送上行定时指令；当 UE 成功接入目标小区后，给 eNode B 返回 RRC Connection Reconfiguration Complete，基站内小区切换流程如图 5-22 所示。

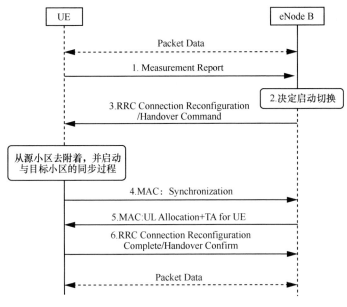

图 5-22　基站内小区切换流程

基站间小区切换是指不同基站所属小区之间的切换，包括基于 X2 接口或 S1 接口的切换。其中，当两个 eNode B 之间存在 X2 接口时，UE 从当前驻留的服务小区切换到另一 eNode B 时，可采用基于 X2 接口的切换；当两个 eNode B 之间不存在 X2 接口或 X2 接口不可用时，UE 从当前驻留的服务小区切换到另一 eNode B 时，可采用基于 S1 接口的切换，主要协议流程分别如图 5-23 和图 5-24 所示。

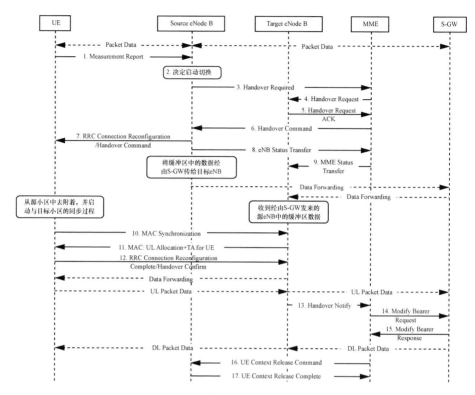

图 5-23　基于 X2 接口的切换流程

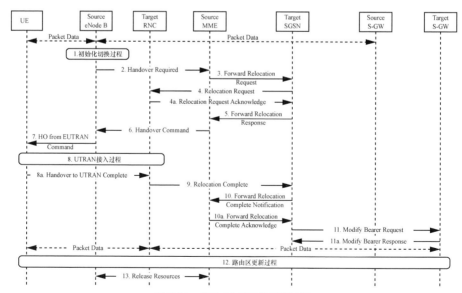

图 5-24　基于 S1 接口的切换流程

5G 移动通信网融合多种无线接入技术，承载 eMBB、uRLLC、mMTC 等多样化业务，对移动性管理提出较高要求。一方面，移动性管理应独立于各种接入技术，实现统一的协议设计，确保异构网络间无缝切换。另一方面，网络应提供按需的移动性管理能力，满足不同业务的要求，实现智能的方案选择。新型的移动性管理方案可根据不同场景和业务需求，按需对位置管理、切换控制、附着状态等协议进行优化改进。例如，对超密集组网场景，可利用大数据预估等辅助移动性技术、改进切换控制协议等来减少信令开销，保证切换成功率；对物联网场景，通过简化改进位置管理相关协议来减少信令交互。总体说来，5G 移动性管理最显著变化包括：一是引入新移动性状态，使得终端能快速接入网络，改善用户体验，同时降低终端功耗，提升网络效率；二是实现按需的移动性管理机制，满足不同移动性、不同业务类型终端的需求，实现信令、功耗、用户体验的最优平衡。

（2）地面互联网移动性管理

随着地面互联网的迅猛发展和移动终端的快速普及，为了克服移动终端带来的移动性管理问题，研究人员在传统 IPv4/IPv6 协议的基础上，提出了 MIPv4、MIPv6、PMIPv6、HMIPv6、FMIPv6、FPMIPv6、SIGMA 等一系列解决方案。

MIPv6 是标准 IPv6 移动性管理协议，移动节点即使改变位置或地址，已经形成的连接将仍然维持。移动节点的连接由家乡地址维持，家乡地址始终属于移动节点，而且移动节点通过家乡地址始终可达。MIPv6 规定移动节点（MN）位于家乡网络时，跟普通节点一样，使用家乡地址（HoA）进行通信，通过路由规则转发数据包。随后，MN 和 HA 之间建立了一条隧道（两端的地址分别是 HoA 的地址和 MN 的 CoA）进行通信。每个 MN 的 HoA 都是固定的，与 MN 的网络位置无关。假如通信发起节点（CN）向 MN 发起会话，则 MN 总是通过 HoA 被寻址，CN 直接把数据发送到 HA，由 HA 转发给 MN，不用考虑 MN 当前的接入位置。此时，HA 转发来自 CN 的数据，而 MN 向 CN 发送数据是通过路由规则直接转发的。假设 CN 支持 MIPv6 的路由优化模式，则 MN 会向 CN 发送当前 CoA，之后 CN 以 MN 的 CoA 为目的地址与 MN 进行直接路由。MN 的 CoA 地址无须向上层协议传递，只需通知 HoA 和 CN，HoA 收到 CoA 后对 MN 进行位置管理，CN 收到 CoA 后与 MN 直接路由，而上层协议依然以固定不变的 HoA 作为 IP 地址进行通信。MIPv6 在不影响其他协议层的基础上，满足了 MN 在网络中的移动性需求。

MIPv6 标准切换过程与位置更新过程之间具有耦合关系，即每次切换都需要更新 CoA，进行绑定更新，增加了切换时延。而且绑定更新过程中 MN 与 CN 之间不能通信，导致标准 MIPv6 产生了较高的切换时延和丢包率，其性能与未来 LEO 卫星通信网络的要求相比还有差距。因此，研究者提出了 FMIPv6、HMIPv6、MCoA 等扩展协议。FMIPv6 采用了快速切换技术，利用了底层的功能，提前检测 MN 下一个要接入的网络接入点，并向网络接入点预先注册以减少切换过程的时延和丢包。HMIPv6 引入了代理分层机制，在网络中加入移动锚点（MAP），MAP 将网络分成了若干区域，在其管理的区域内，MN 的绑定更新由其负责处理，功能类似于 HoA，从而减少了绑定更新的时间，降低了切换过程中的丢包。MCoA 规定：MN 在切换过程中获得新 CoA 的同时，旧 CoA 依然可用，实现 MN 的无缝切换，减少了切换时延、丢包等现象，但牺牲了网络资源的利用率。然而，对于不具备移动性管理能力的移动节点，IETF 提出了基于网络的 PMIPv6 协议，允许移动节点在移动性管理过程中不进行任何信令交换和处理，通过本地移动锚点（LMA）和移动接入网关（MAG）的代理功能，代替 MN 完成相关操作和信令传输。PMIPv6 的切换过程如图 5-25 所示。

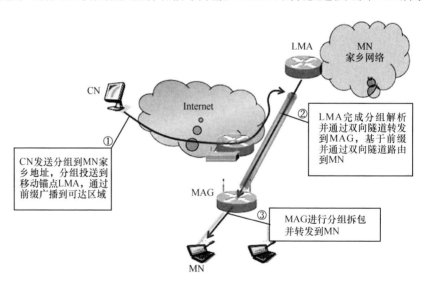

图 5-25　PMIPv6 的切换过程

MIPv6、FMIPv6、HMIPv6 等扩展协议可适用于卫星网络，但是 MIPv6、FMIPv6、HMIPv6 等基于主机的移动性管理协议要求 MN 必须支持相关协议，切换过程中 MN 与接入路由器 AR 之间要进行信令交互，对于星地往返时延较大的卫星通信网络来说，网络性能会受到严重影响，比如切换时延较长、丢包率高等。相对而言，PMIPv6

可以避免星地链路的长往返时延，减少 MN 切换时延和丢包，提高移动性管理性能，但需要移动接入网关设备支持，增加了相关卫星设计的复杂度。

与 MIPv6、FMIPv6、HMIPv6 等网络层移动性管理协议不同，传输层移动性管理协议不用考虑 IP 地址变化问题，只需确保在 MN 移动过程中端到端链路不中断，典型协议包括 mSCTP、MSOCKS、TCP-Migrate、SIGMA 等。其中，SIGMA 协议基于流控制传输协议（SCTP）的多家乡特点实现，终端可以使用多个 IP 地址同时通信，实现软切换，支持 MN 与 CN 直接路由。切换过程中，在 CN 从 IP 地址列表中删掉 MN 的旧 IP 地址之前，CN 与 MN 之间仍可以使用旧 IP 地址进行数据传输与信令交换。SIGMA 是比较完善的协议，利用多 IP 地址、多家乡特点，实现移动性支持。虽然 SIGMA 在切换时延、丢包率等性能指标上表现良好，但其需要 MN 支持多 IP 地址、多链路同时通信，牺牲无线资源利用率，增加网络阻塞率，降低整个网络的传输效率，适合移动节点具有较完备的处理能力的场合。

5.2.3　天基网络移动性管理

天基网络中，卫星作为具有星上处理功能的移动网络节点为终端提供服务，终端可能位于地面、海洋以及空天的任何位置，卫星之间通过星间链路互联成网络。卫星作为网络接入点，为覆盖范围内终端提供服务。其中，GEO 系统对地静止，移动性管理机制较为简单，甚至部分系统不实现移动性管理功能。然而，对于 NGSO 星座，卫星相对地面终端高速运动，终端与卫星之间切换频繁，网络拓扑结构动态变化，对移动性管理带来严峻挑战。针对天基网络移动性管理，国内外学者在地面蜂窝移动通信网、互联网基础上研究提出了许多解决办法。

一方面，天基网络采用与地面蜂窝移动通信网类似的工作机制，并广泛引入点波束技术，在提高频谱利用率的同时极大地扩展网络系统容量，但也给移动性管理带来新特点，如波束切换。与 GEO 卫星系统不同，NGSO 卫星相对地面用户在高速运动，地面终端会不断在波束、卫星间进行切换，并且异轨卫星之间以及卫星与地面信关站之间连接通断动态时变，使整个网络拓扑结构发生动态变化。为此，结合多星多波束覆盖和卫星切换频繁、切换周期短、星上处理能力有限的特点，系统一般采取位置区/波位/波束的统一规划、集中管理的方式进行用户位置管理，采用终端自主、信道测量与卫星星历结合的方法进行移动切换管理。针对切换管理，又可进一步分为信关站内波束切换、跨信关站波束切换等多种场景。

（1）信关站内波束切换

一个信关站控制多颗卫星，一个信道设备控制单星下一个用户波束，涉及同星跨波束切换、跨星跨波束切换两种情况。其中，同星波束切换是出现概率最高的波束切换场景，此种波束切换涉及设备间的接口通信和核心网数据转发路径的改变。跨星跨波束切换是指在同一信关站内不同的逻辑基站控制的卫星波束间进行切换，需要在源逻辑基站和目标逻辑基站间进行协议握手，完成切换后，还要上报核心网，进行数据转发路由的更新，如图 5-26 所示。

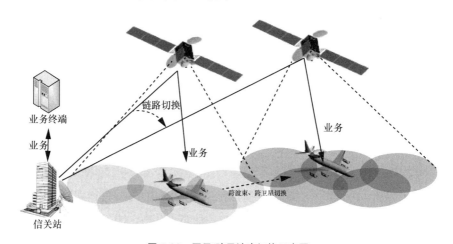

图 5-26 同星/跨星波束切换示意图

（2）跨信关站波束切换

跨信关站波束切换与信关站内跨星波束切换，在逻辑上是相同的，流程上也完全一致。核心网并不用区分信道设备属于哪个信关站，跨信关站的信道设备之间也存在接口，区别在于承载接口协议的物理链路可能有所区别，地理跨度不同。

（3）跨信关站馈电切换

对于星上透明处理的低轨星座，如 OneWeb 系统，其具有两条馈电链路，一条用于保持与当前信关站的通信连接，另一条用于尝试与即将进入的信关站建立通信连接，若建立成功，则尝试接入新的信关站。当卫星接入新的信关站时，为了保证其服务的用户终端保持通信连接状态，新接入的目的信关站必须为该星分配信道资源，而且该信道设备必须与源信关站提供服务的信道设备具有相同的空口配置参数，以保证卫星切换信关站的过程对用户终端无感，如图 5-27 所示。

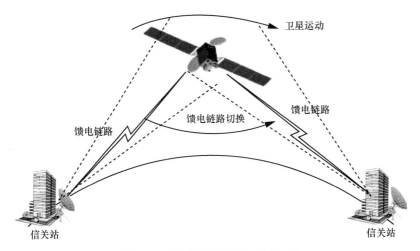

图 5-27 跨信关站馈电波束切换示意图

另外，研究人员结合天基网络特点，基于地面互联网移动性管理技术，也提出系列解决方案。例如，将 MIPv6 协议应用于天基网络，MN 从旧卫星（pSAT）切换到新卫星（nSAT），MN 首先从 nSAT 中获得新的 CoA，并向 HA 和 CN 发送 BU，随后 HA 在绑定缓存 BC 中记录 HoA 和 CoA 的绑定信息，对 MN 进行位置管理，CN 更新路由的目的地址，继续与 MN 进行通信。MIPv6 可以屏蔽 MN 底层技术差异，使天基网络支持不同类型的 MN，简化了网络配置操作。然而，由于标准 MIPv6 的切换过程与位置更新过程之间具有耦合关系，即每次切换都需要更新 CoA，进行绑定更新，增加了切换时延。而且绑定更新过程中 MN 与 CN 之间不能通信，导致标准 MIPv6 产生了较高的切换时延和丢包，其性能与 LEO 天基网络要求还有差距。基于 MIPv6 的天基网络移动性管理过程如图 5-28 所示。

此外，还提出了基于 SIGMA 协议的天基网络移动性管理方案。当 MN 进入两颗卫星的重叠覆盖区域时，MN 从 nSAT 中创建新 IP 地址，并将新 IP 地址通知给 CN，此时 MN 与 CN 之间依然通过旧 IP 地址进行通信。当 MN 深入 nSAT 覆盖区域后，通知 CN 将新 IP 地址作为主地址并进行通信，同时向位置管理器（LM）发送位置更新信息，对 MN 进行位置管理。当 MN 离开 pSAT 的覆盖区后，通知 CN 删除 MN 的旧 IP 地址。SIGMA 在卫星通信网络中具有较低的切换时延和很低的切换丢包率，表明 SIGMA 的软切换特性可以有效地提高移动性管理的性能。另外，引入预测机制，利用卫星轨道信息和 MN 位置信息提前检测下一个新接入卫星，可以进一步降低 SIGMA 的切换时延和丢包率。但是，SIGMA 具有较高管理开销，其安全性和鲁棒性没有得到解决，且 SIGMA 切换时延和丢包率会随着 MN 的移动速度增加而下降，另外，地面与卫星之间通信的长时延也会影响其性能，如图 5-29 所示。

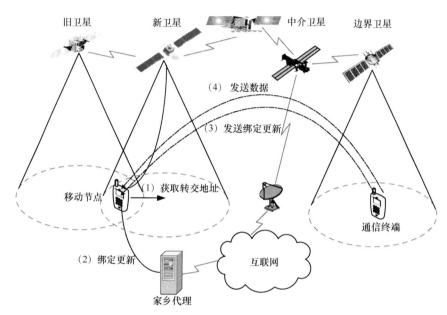

图 5-28　基于 MIPv6 的天基网络移动性管理过程

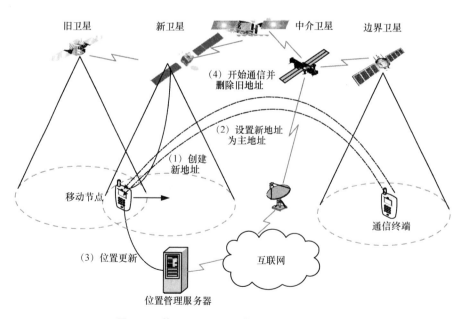

图 5-29　基于 SIGMA 的天基网络移动性管理过程

5.2.4 天地融合网络移动性管理

天地一体化信息网络中，特别是低轨网络具有天然移动性特征，主要表现为：一是卫星间移动性问题，虽然卫星都在围绕地球做轨道运动，但是异轨道面卫星之间存在相对运动，导致卫星之间的相对位置发生变化，如果两星之间存在星间链路，将会使星间链间歇中断，从而导致网络拓扑动态变化；二是用户移动性问题，低轨卫星相对地面做高速运动，地面用户或者低空飞行用户在某颗卫星覆盖区域的时间通常只有 10min 左右，此时必须考虑用户的移动性问题。在地面移动通信网中，同样需要解决低速、中速、高速用户的越区切换问题，但天地一体化网络特别是天基网络具有不同于地面网络的特征，如卫星节点计算存储能力受限，受空间辐照引起的单粒子反转影响，星地传输时延较大（如高轨卫星星地传输时延 120ms，低轨卫星星地传输时延 5～10ms），因此必须进行针对性研究与设计。另外，在地面互联网的移动性管理研究中，一般以 IP 地址作为用户节点的唯一性标识，因此当用户节点位置发生移动出现越区切换时，通常保证 IP 地址不变。而在天地一体化网络环境中，当用户从一颗卫星切换到另外一颗卫星的覆盖范围，为了尽可能简化路由设计，用户 IP 地址就需要发生变化，此时移动性管理与网络编址就发生了关联，因此移动性管理时需要与网络编址联合设计。

此外，天地一体化信息网络业务类型广泛，主要包括手持、车载、船载、机载等多样化终端。对于不同的终端类型，进行设计时的侧重点亦有所不同。一方面，对于手持终端，为了尽可能简化终端设计，可考虑终端仅参与移动切换流程执行，不作为移动切换的参与者，具体的移动性管理过程由网络负责。另一方面，对于车/船/机载终端，为了简化网络设计，可考虑终端参与信道电平测量、邻近广播信道的监听，适时发起切换请求，网络配合执行相应的切换管理功能。

网络中，卫星采用透明转发模式，卫星用户链路的空口资源由信关站进行管理。在逻辑上，信关站相当于地面移动通信系统中的基站，但又不完全一样。地面移动通信系统中基站一般为 3 扇区或 6 扇区，即一个基站控制 3 个或 6 个小区，在天地一体化信息网络中，一颗低轨卫星所属的一个波束由一个信道设备进行控制，一个信关站控制多颗卫星，可理解为一个信关站由多个信道设备组成，那么星内波束切换和星间波束切换可理解为基于信道设备间接口的切换，而跨信关站的波束切换，在逻辑上等同于跨核心网波束切换。除此之外，还有卫星跨信关站触发的信道设备切换，这种波束切换不同于由用户终端和波束相对位移引发的波束切换。当卫星即将跨出当前信关站的控制范围并由另一个信关站接管时，该星所服务的所有用户终端将会同时被另一个信关站接管。虽然服务波束未变，但是为这些终端提供服务的信道设备发生了切换，如图 5-30 所示。

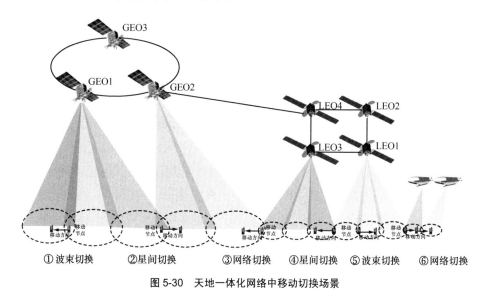

图 5-30　天地一体化网络中移动切换场景

| 5.3　网络资源管理与控制技术 |

5.3.1　资源管理需求与挑战

传统无线资源管理目标是在有限无线资源条件下，为网络内无线用户终端提供业务质量保障。基本出发点是在网络话务量分布不均匀、信道特性因信道衰弱和干扰而起伏变化等情况下，灵活分配和动态调整无线传输部分和网络的可用资源，最大限度地提高无线资源利用率，防止网络拥塞和保持尽可能小的信令负荷。

天地一体化应用场景下，未来多种异构接入网络的并存、网络融合与终端融合、新业务与应用需求的出现以及数量庞大的移动终端的接入，都会给传统的无线资源管理技术带来全新的挑战。尤其是卫星网络的广泛应用，包括 GEO 卫星系统与非 GEO 卫星系统，使未来无线通信系统成为由各种地面无线网络和卫星通信系统组成的立体通信系统。在这样的通信系统中，需要在现有无线资源管理技术的基础上，针对星地网络融合与协同工作的特点，对相关的机制和方案进行改进以及创新性的设计，才能实现更高的通信速率、更高的频谱利用率、更丰富的业务、更灵活的通信方式以及系统间更平滑的过渡。异构无线网络，特别是星地融合网络的发展，为无线资源管理技术提出了更多的挑战和需求，与此同时，各种新技术、新业务、新场景的不断涌现，需要现有无线资源管理技术不断增强其适应性、扩展性、准确性、通用性。在星地网络中，切换策略不同于单一网络中只依靠信号强度来决策的水平切换，而是要综合影响用户体验的多种因素对备选的网络做出综合评判的垂直切换。由于网络异构性带来的业务种类众多，使得原有的资源分配策略无法适应新的系统，因此，在星地融合网络中应当重新考虑多网络、多业务存在的情况下资源分配问题。

天地网络的一个重要任务就是实现卫星网络与地面网络融合，以缓解地面网络拥塞和带宽资源不足的压力。天地网络不仅要面对地面网络中原有的网络 QoS 问题，而且卫星通信、卫星网络的特性又使 QoS 问题更加复杂，如卫星网络业务特性分析、业务特性对天地网络拥塞性能的影响以及如何解决资源分配问题等。卫星通信系统无线资源管理技术要解决的根本问题是：在信道特性因为信道衰落和干扰等动态变化的情况下，在有不同需求业务流的网络中，对系统空中接口资源进行合理的规划和灵活调度，从而优化系统带宽利用率，并为无线用户终端提供 QoS 保障。在天地网络中，网络的拓扑和承载的业务均呈现出动态化的特点，同时存在卫星信道衰落严重等问题，为了实现网络资源按需分配和高效利用的目的，对系统无线资源管理技术的性能和技术都提出了更高要求。考虑不同轨道上多种类型的飞行器的能力功能不一，同时单个天基平台的资源或能力也存在差异，可以利用网络资源虚拟化方法，抽象得到底层设施多维度（如天线、功率、频率、计算、存储等）资源，构建多维空间资源池，形成资源综合应用、按需服务的体系架构，动态分配和利用现有卫星通信系统的波束和转发器资源，通过统一的多维度空间资源表征模型，抽象形成全网的资源视图，屏蔽空间资源的异构性，实现天基混合异构资源的高效统一表征与管理，达到对有限空间资源最大限度综合利用的目的，有效支撑我国天基保障能力发展，提供信息保障。

5.3.2　无线网资源管理与分配

天地一体化信息网络中，用媒体访问控制协议来描述和实施用户的多址接入。媒体访问控制协议可分为以下 3 类：固定分配方式，系统将每一帧分割成若干个固定长度的时隙，并按照一定的算法和规则将这些时隙提供给用户，如时分多址（TDMA）、频分多址（FDMA）、码分多址（CDMA）等；随机竞争方式，在此情况下系统并未给用户提供预约的信道和时隙分配的算法，用户在公平竞争的条件下获取信道的分配，如 ALOHA 协议、载波监听多路访问/冲突检测（CSMA/CD）等；按需分配方式，用户或者地面站根据自己实际的需要向卫星申请相应的信道分配，如令牌传递多址接入、查询选择多址接入等。

在固定分配中，无论是 TDMA、CDMA 还是 FDMA，都是各用户或地面站占据自己相应的时隙或频段，不同用户之间不存在干扰现象，这种方式的传输稳定性很好，但是利用率却不理想。并且，在自由天基网络中，这种时隙的分配方式容易造成在用户数较多的情况下吞吐量下降，而在用户数较少的情况下利用率又不高。

在随机竞争方式中，由于用户是在公平的条件下通过竞争的方式接入信道，因此它的端到端时延能降低得很小，但是这种竞争的方式有可能产生过多的碰撞，造成较大的传输时延。比如 ALOHA 协议，在发送过程中的数据包有可能和下一时刻到来的数据包发生碰撞，产生时延。虽然在改进的时隙 ALOHA 协议中通过时隙的分配降低了碰撞的可能性，但信道不稳定现象仍然没有得到合理的解决。

在按需分配方式中，用户或地面站按照自己实际的需求，向卫星发送上行链路的申请，在这种情况下既满足了用户对实际带宽的需求，又不会存在信道资源的浪费。所以，在承载信息业务量越来越大的今天，为了让数据既能够完整有序地传输，又能够让传输的时延尽量小，很多文献提出了混合的接入方式，在按需分配的基础上根据用户的需求量大小设置优先级，保证了突发状态和短时间大数据量传输的时延和吞吐量，能够很好地解决多用户接入时的信道利用率问题。

5.3.3　天地一体化网络资源管理

（1）网络资源管理与切片

天地一体化网络资源管理控制可借鉴软件定义网络思想，并根据多轨道节点部署、抗毁重构等特点采用控制与转发分离的机制，设计资源管理控制策略，实现对天地一体化信息网络的高效控制（包括资源分配控制、路由控制、转发控制等）和各类用户终端接入控制，实现天基网络可管、可控、灵活组网，提升天基网络承载业务的服务质量。采用"集中管理、分散控制、云化服务"的集中与分布式结合的混合层次化体系架构，主要由资源运行管理中心、地面控制中心、星载管控单元和终端控制代理单元等多个管理节点组成，通过空间星间链路和星地骨干链路互联，构成空间管理子网+地面管理子网的天地双平面混合控制管理网络。

其中，管理控制系统采用三级管理体系。天地一体化运行管理中心是全网管理控制的核心和系统运行神经中枢，属于管理体系中一级管理中心。主要负责全系统的任务协同规划、资源统筹调度、自动运行策略配置以及全域内管理节点、用户节点的组网通信、测控、管控等网络控制管理和全系统的综合状态监视、故障处置，以及对关键事件进行分析、处理、评估和智能施策。同时负责组织调度地面控制中心和标校站、测距站相互协同完成对空间节点卫星的工程测控和卫星测控。运行管理中心与地面综合信关站同址部署，其管理功能可根据控制管理需要动态迁移。星载管控单元属于二级管理中心，主要部署于空间骨干节点卫星上，负责覆盖区域陆海空天各类用户终端的管理控制，接收地面管理中心的管理，空间各管理节点按照运控中心的角色和功能分配策略，通过空间全激光星间链路互联的网络相互协同形成空间管理子网。地面控制中心属于二级管理中心，能够按照运行管理中心的职责角色和功能分配策略，对空间可见卫星和辖区内用户终端进行组网通信和网络管理控制。地面控制中心与信关站同址部署，地面控制中心之间相互协同、互为备份，也可以在运行管理中心失效时，根据事先配置的策略承担运行管理中心功能和职责。星载管控单元和地面控制中心属于系统控制执行者，接收运行管理中心的统一调度，完成卫星测控和网络控制管理。控制代理属于三级管理单元，主要部署于陆海空天各类用户终端，负责对用户终端的管理，并为上级管理中心提供管理代理功能。天地一体化网络资源管理框架如图 5-31 所示。

基于集中式网络控制模式下，采用统一的网络控制器对网络进行控制。控制器可以获得整个网络结构的统一视图，实时地与卫星资源管理中心交互卫星资源信息，结合卫星资源的使用情况计算数据转发的最优路径，通过控制信令，配置各个节点的转发表，从而构建各种各样的数据转发网络。采用这种控制架构，通过软件定义方式对网络资源进行动态管理，实现全网集中控制，从而建立开放可编程的网络。网络管理者可以根据

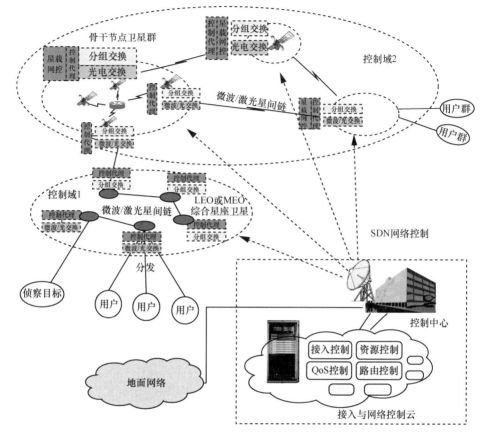

图 5-31　天地一体化网络资源管理框架

需求，通过编程构建各种各样的数据转发网络，实现实时的接入控制、网络资源优化、新应用部署等。该方式具有资源管控灵活性高、网络节点扩展能力强等优点。

基于星地协同、集中与分布相结合的多级管理控制模式下，可以提高网络控制的鲁棒性、可靠性和扩展性。在这种模式下，每颗卫星配置星载网控单元与地面管控中心协同工作，地面管控侧重于存储、监控、性能统计等功能，星载网控侧重于本星下资源管理、接入管理、移动性管理等实时业务的管理功能，且能在地面网控关闭时自主工作，从而增强天地一体化信息网络多星组网的抗毁性。根据卫星平台及载荷能力发展，天地一体化信息网络可以逐步发展成为独立系统，由分布式星载控制单元协同工作，不依赖于地面而独立运行。该方式构建的网络具有较高的抗毁性，同时兼顾了资源管控的灵活性以及网络的可扩展性。

在星地协同控制模式下，由地面资源配置执行单元根据用户及业务接入请求、流量分布、资源配置等情况生成网络配置参数及路由控制策略等，并通过管理信道发送给星载网控；星载网控依据控制策略配置星载资源，并从空域、频域、时域等多维度进行实施控制和分配，为各类用户提供实时接入和业务传输。

针对网络弹性重构、按需路径规划、时间确定性保障等不同业务目标，采用网络切片的基本方式，对天基网络的虚拟化资源进行高效调度，实现资源利用提升、服务质量提升、服务用户群增大、服务开销降低等目标。现有的网络切片方法将网络当成分段静态网络，分时段网络资源无法联合利用，网络资源利用率低。此外，采用节点链路分别映射的方法进行迭代映射，时间复杂度高，算法效率低。为解决此问题，可以采用时变图等工具，体现天基网络的时变特性与各时段资源关联关系；在此基础上，面向不同的设计目标，设计节点与链路联合映射切片方法，联合利用跨时段剩余资源，提高网络资源利用率与算法运行效率。天基网络资源虚拟化映射如图 5-32 所示。

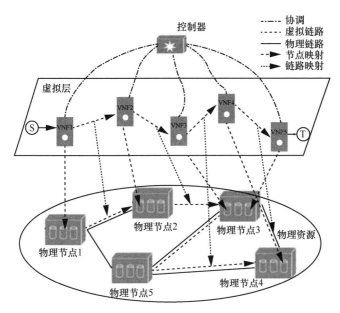

图 5-32　天基网络资源虚拟化映射

（2）面向任务的资源管理

随着业务复杂度和服务多样性的提升，往往需要多类型资源协同合作以完成对任务目标的服务。由于单一类型资源服务能力有限，不同任务需求可能在计算、存储、网络、频谱等资源方面存在不同，为了给用户提供一种简单而有效的使用资源的方法，充分发挥各类资源作用，根据资源分类并进行统一管理，建立统一的资源数据库，统计全局资源状态、资源占用情况、空闲可利用资源队列等信息；进而建立统一的资源协同规划模块，为上层到达的任务请求提供资源适配，保证资源高利用率，防止资源分配不当而引起的业务死锁。在天基资源受限条件下，将任务合理地分配到不同资源，协同完成天基网络任务。其中，网络资源分配模型将针对任务需求（T）、资源储备（R）、服务分配（S）3 个方面进行刻画，从对网络系统提出任务目标，到网络系统为任务提供资源分量，最后形成面向任务的服务，使三者之间具有逻辑上因果推进的链接关系，任务、资源、服务的抽象化如图 5-33 所示，资源聚合与转化如图 5-34 所示。

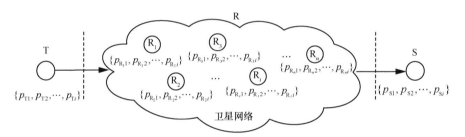

图 5-33　任务、资源、服务的抽象化

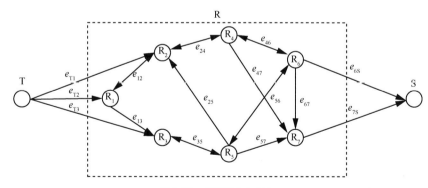

图 5-34　资源聚合与转化

基于上述模型，一体化资源动态管控主要由策略决策与网络资源感知两个功能实体组成。策略决策基于应用提供的业务信息以及网络资源感知提供的资源状态信息，做出网络资源接纳控制的最后决策；网络资源感知负责收集和维护承载网络的拓扑和资源状态信息，基于拓扑、连接性、网络、节点资源的可用性等网络信息控制资源的使用，提供传送网络接纳控制的决策信息。地基和天基的承载网络实现具体的策略执行功能，负责向网络资源感知上报网络状态，执行策略决策下发的资源调配控制策略。将资源动态管控实体与地基网络、天基网络中的网络控制功能实体结合，在进行网络组网的同时，综合考虑网络资源的动态调配，满足用户的特定需求，提高网络资源利用率。在地基网络中，采用相同的分级分域资源动态管控方式，在不同网络、不同域中分别部署资源管控实体，将资源调配任务逐层分解并执行，实现地基网络的资源高效管理，如图 5-35 所示。

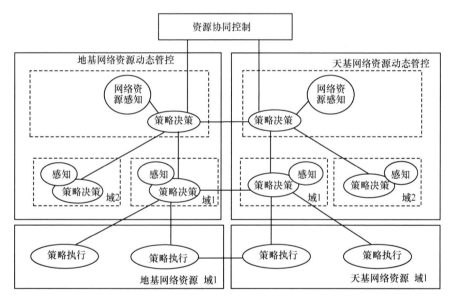

图 5-35　天地一体化信息网络资源动态管控

　　业务驱动的网络资源配置是指将业务的需求（传感资源、计算资源、通信资源等多方面的需求）根据一定的规则映射到天地一体化信息网络的虚拟资源中，通过对虚拟资源进行分割、调度以及相应的预留操作使业务需求得到满足，从而使网络承载的任务数量最大化和性能最优化，提高天地一体化信息网络有限资源的利用率。

　　业务驱动的动态需求映射算法是实现网络资源弹性配置的基础。在实际网络中，由于业务的规模和性能的变化均能造成相关子网的需求变更，导致网络需要做重映射，因此，可以通过增加资源（包括节点和链路）或减少资源的方式，得到满足需求的新网络,实现承载业务子网的动态需求建模。基于网络映射问题的数学模型,给动态需求背景下的网络映射问题赋予了数学定义,形成优化问题,根据定义的优化问题,基于线性规划、凸优化等数学工具进行最优化求解,提出最优网络映射算法。

基于网络映射结果,对网络资源进行弹性自适应配置。在进行资源配置的过程中,由于天地一体化信息网络是由不同轨道上的多种类型、多种探测器载荷资源的航天器和地面支持系统互联互通构成的复杂系统,网络中的节点类型、链路类型复杂程度高,在网络资源弹性配置时有必要针对不同类型的节点/链路实施相应的重构方法。采用基于人为干预的"被动"配置方法及基于认知网络的相关的"主动"配置方法进行网络的动态配置、组织与管理,针对特定网络体系结构中各个子网的特点进行重配置,当节点/链路的异常影响多个子网时,设计组织策略以满足网络整体优化需求,以此实现网络资源优化配置和高效利用的目标。

5.3.4 端到端业务传输与 QoS 保证

天地一体化网络中,端到端传输负责为各类融合应用业务提供可靠的传输服务,同时为网络路由提供可靠的源点和目的点信息,端到端传输协议的设计决定了对底层链路的带宽使用效率以及上层的用户体验。

(1)天基网络端到端传输

目前,涉及卫星、航天飞机、轨道空间站等航天器和运载火箭的空间任务广泛采用了 CCSDS 标准。在传输层方面,面对空间通信中的高误码、断续、大时延、不对称等链路特点,CCSDS 开发了空间可靠通信协议 SCPS-TP。SCPS-TP 通过窗口缩/放和修改定时器减少长往返时延对数据传输的影响;针对空间链路带宽有限的限制,SCPS-TP 通过头部压缩和 SNACK 技术提高数据传输吞吐量;降低确认应答频率以及进行数据传输速率的控制以适应空间链路不对称特点;支持可选的默认丢包的原因假设(误码或网络拥塞)、可选的拥塞控制机制,以及对误码、网络拥塞、链路中断的显式判断机制优化天基网络端到端传输的拥塞控制机制。实际应用中,一般采取传输层双网关实现方式。利用天基网络对分离的地面网络进行中继,保证应用层协议端到端连接,地面路由器等设备不需要做任何改动,仅在地面网关进行 TCP 与 SCPS-TP 之间的转换。传输层双网关方式如图 5-36 所示。

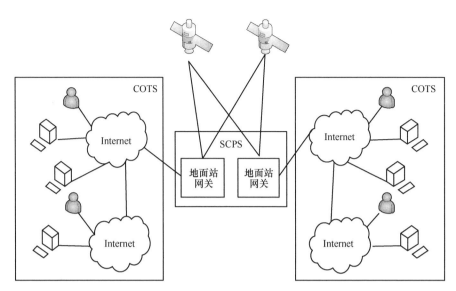

图 5-36 传输层双网关方式

CCSDS 协议应用中存在的问题主要体现在：第一，无法与地面网直接互操作，需要进行协议转换；第二，开发、测试、维护费用相对 TCP/IP 较高。

（2）地面网络端到端传输

互联网端到端传送协议是以地面网络为参考进行设计的，采用应答确认、慢启动、拥塞避免、快速重传、快速恢复机制，可以较好地适应地面网络环境。近年，随着数据中心网络的兴起，上层业务对端到端传输提出了时延约束的要求，各类 TCP 的改进版本随之产生。随着底层无线链路的发展，适应无线链路带宽动态变化的拥塞控制机制被提出。传统的 TCP 只保证端到端的可靠连接，而在中间节点只能在 IP 层提供"尽力而为"的服务。天地一体化信息网络的无线信道特性容易受各种环境因素的影响，如长时延、干扰、大气衰落、阴影效应和雨衰，因此会有很高的误码率。当高误码率的无线链路发生错误造成 IP 包丢失时，TCP 会误以为在中间节点发生了拥塞而减小发送窗口，且需要等待 TCP 超时后再进行丢失恢复。但卫星链路的长时延增大了 TCP 的往返路程时间（RTT），延迟了反馈控制信息到达，使 TCP 发送端不能及时根据实际情况进行传输控制，降低吞吐量，造成了有限资源的浪费。另外，由于天基接入网低轨星座的动态拓扑导致了 RTT 的漂移，RTT 的剧烈变化将导致错误的超时和重传。目前，尽管针对 TCP 的改进很多，但都没有从本质上提高天地一体化信息网络的传输性能。

（3）天地一体化端到端传输

天地一体化信息网络存在信道传播时延长、信道误码高、带宽不对称等问题，对传统的 TCP/IP 业务传输影响极大，面临着传输性能受限等问题。网络端到端传输设计涵盖大时空特性、高动态断续特性、异构网络资源统筹等方面，主要目的是在大时空跨度网络和高动态时变断续网络中对实时端到端传输的可靠性、稳定性和传输性能进行优化，研究设计可靠传输机制。在大时空网络的端到端传输问题中，为了应对大时空特性下标准 TCP 发送窗口增长缓慢的问题，考虑提高 TCP 在收到一个 ACK 之后的窗口增长幅度，具体窗口增长方式考虑以地面针对高速网络环境的 TCP 改进版本为基础。在高动态断续网络的端到端传输问题中，拟引入 DTN 的"存储—转发"思想和相关机制，在链路不存在时，通过束协议层对信息进行存储，等待链路连通后进行转发，保障在高动态断续天基网络中数据的可靠传输。针对天基网络中不同的应用服务协议（如 HTTP、DNS 协议、FTP、SMTP 等），通过传输层长连接机制、缓存、预取等应用协议优化方法尽量减少串行化交互次数，以提升传输性能，增强用户体验。

天地一体化网络端到端传输中，连接建立和删除通过连接管理模块统一进行管理，并通过传输标识管理同一个应用的多条传输连接。基于已有的连接，接口和路径选择模块负责确定需要使用的网络接口和路径，在此基础上子流动态调度和分配决定上层应用的数据包应该通过哪条路径进行发送。对于乱序到达接收方的数据包，接收方通过缓存管理模块进行数据缓存，并按序向上进行递交。同时端到端传输中通过对多条子流间的拥塞控制进行协同，实现在不同子流间平衡拥塞和网络资源的公平分配。端到端传输架构如图 5-37 所示。

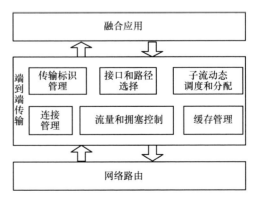

图 5-37　端到端传输架构

基于分裂连接的端到端传输技术如图 5-38 所示。为了应对空间链路特点对端到端传输的影响，在天基网络的边界采用性能增强代理（PEP）的方式对端到端的 TCP 连接进行分裂，PEP 在收到发送方发来的数据包之后，提前回复确认并对数据包进行缓存，PEP 之间采用针对天基网络特点优化后的协议进行传输。采用通过分裂连接进行天基网络和地面网络的隔离，单独优化天基网络的方式不需要修改用户终端，就能够在天基网络建设过程中得到快速部署。此外，分裂连接的方式缩短了地面用户收到确认包的时间间隔，能够提高地面用户的窗口增长速度和错误恢复速度。分裂连接架构在基于 PEP 分裂连接的同时，需要匹配两侧 TCP 的传输速率。PEP 采用有限大小的缓存保存数据包，当发送方的发送速率过快时，通过丢包或者调整 TCP 接收窗口的大小限制发送方的发送速率。

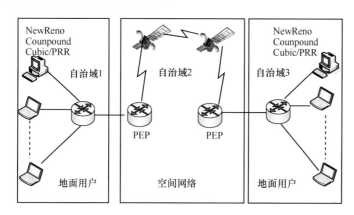

图 5-38　基于分裂连接的端到端传输技术

基于路由器反馈的传输机制如下。在终端通过拥塞控制参与网络带宽分配时，由于不知道当前网络可用带宽，需要花费一定时间对网络可用带宽进行试探，有时还会因为探测和响应方式不合理，带来链路利用率低的问题。理想的带宽分配方式是在终端接入网络之后，按照公平分配的方式，将终端可用的准确网络带宽告知终端，实现链路带宽的高效利用。与终端不同，路由器能够计算得到不同流在竞争瓶颈时的可用带宽。根据其链路利用率将终端窗口增长分为效率控制和公平性控制两个阶段。在链路利用率低的情况下，终端窗口增长处于效率控制阶段，此时终端窗口能够快速地增长；当链路利用率较高时，进入公平性控制阶段，控制竞争终端窗口动态变化，以实现带宽公平分配。

|5.4 网络计算与服务技术 |

5.4.1 服务化需求与挑战

天地一体化信息网络面向安全、应急、航空、航海等多样化应用场景，承载政府、企业大规模海量异构数据，具有广域大尺度覆盖、空间多维度分布等特点，要求网络能够快速智能地汇聚、处理、分发各类数据，并根据场景需求，为用户提供广域大、范围连续、高可靠且灵活可定制的应用服务。为此，需要解决大规模空间数据汇聚与管理、智能分析与融合处理、服务连续性时效性等技术难题。

5.4.2 天地协同分布式计算环境

天地一体化信息网络中的空中卫星星座节点具有高动态性，网络处于时变状态，导致网络中针对各种不同对象的控制方案需要跟随网络状态发生改变，因此需要经常计算新状态下的最优控制方案。而计算最优控制方案就需要一定的计算能力，而由于各类节点均须更新其最优控制方案，因此，宜采用星间协同的云计算、移动边缘计算、星上计算等技术完成最优控制方案的计算和更新。突出网络化按需服务，采用云计算、边缘计算、星上计算等技术，面向空天资源共享与利用，构建多中心分布式计算环境；采用资源虚拟化、服务封装等技术，实现网络与通信、定位导航授时增强、遥感与地理信息服务融合部署，并基于固定或机动节点形成统一的服务环境，支持用户（应用系统）按需选取网络服务与本地应用组合，实现智能高效的网络信息服务，多中心分布式计算环境系统结构如图5-39所示。

多中心分布式云服务平台主要包括云基础设施、数据存储与管理系统、数据处理分析系统、全局支撑服务系统、业务应用服务系统、安全保密系统、运维管理系统和网络与通信服务系统组成。

云基础设施系统主要依托存储、计算、网络、天线等物理设备，通过具备计算虚拟化、存储虚拟化、网络虚拟化功能的云计算平台，整合形成统一资源池，借助权限管理、策略管理、运行监控、资源管理、镜像管理、集群管理和日志分析功能，

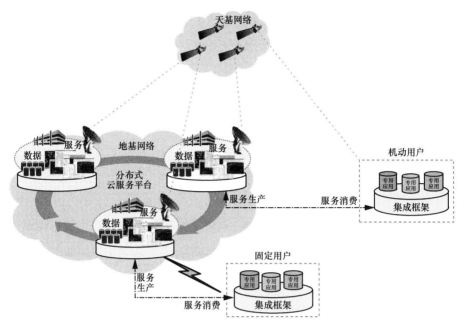

图 5-39 多中心分布式计算环境系统结构

实现网络化计算与存储环境的统一管理,提供弹性计算服务、云存储服务等对外服务能力,为各类服务资源、数据资源的共享提供基础环境支撑。

数据存储管理系统是管理和维护各种数据库的平台,通过建立信息产品索引数据仓库,形成统一、多主体、多时空、多尺度的标准及专题信息分布式存储体系,并提供长期、灵活、快速的分析工具支撑和保障,实现对数据分析计算任务的快速个性化支持,主要包括数据整合接入、数据存储和数据管理等功能。

数据处理分析系统面向空、天、地、电各类信息,根据数据的不同类型,完成各类数据的通用基础处理,形成符合要求的标准数据产品,为后续行业和综合应用提供基础数据支撑。同时,根据用户的专业化产品需求,对基础数据进行深层次专业化处理,形成满足用户需要的专题产品。

全局支撑服务系统是支撑天基信息应用服务网络化构建和运行的底层软件,通过支持资源的服务化封装、发布注册、按需检索、状态监视以及分配调度,使分布在网络上的各类资源能够以服务化的方式组织和共享,实现资源使用者与资源提供者之间的解耦。全局支撑服务系统的主要功能包括服务运行支撑、动态接入、资源注册与发现服务、全局地址服务、资源监视服务、资源调度服务、数据共享服务、软件共享服务和信息共享服务。

业务应用服务系统面向行业，主要提供政府、农业、资源、环境等业务应用软件，为各类信息产品的生产提供信息化和自动化工具支持。同时，形成一系列专业共性处理功能和二次开发扩展接口，在此基础平台上用户可灵活开发或挂接各类专业应用组件，形成各类业务应用的灵活扩展能力；提供服务接口，方便最终用户使用，并可按照业务需求拓展研制更多应用。

5.4.3　网络应用服务智能推送

为减少需求传递环节，缩短信息流程，提高天基信息的时效性和服务的智能性，探索智能推送技术，通过主动获取、分析、处理等，把形成的天基信息产品传递给合适的用户。根据驱动方式不同，推送服务模式可分为以下 3 种。

（1）主动推送服务模式

对用户行为习惯进行研究、分析，提取和预测用户对天基信息需求的兴趣点，向用户主动推送其可能需要的、有针对性的天基信息。此模式的关键在于建立用户信息库，跟踪和记录用户的行为信息；建立信息需求案例库，构建用户需求管理和预测模型对用户需求进行预测；根据需求预测结果，对信息资源进行筛选和综合集成，进而向用户推送信息服务，使主动推送服务具有针对性和精确性。主动推送服务模式如图 5-40 所示。

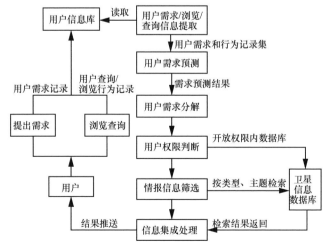

图 5-40　主动推送服务模式

（2）定制推送服务模式

用户根据自己的需要和天地网络系统能力，选择自己需要的信息和功能进行订阅，系统按照用户订阅的主题进行信息的选取、组织和综合集成，生成服务信息产品，推送给用户。用户在进行信息订阅时可自主选择。定制推送服务模式是由用户指定的信息服务需求驱动的，关键是要求用户对天地网络系统的能力和状态比较了解，可制订得到合理的需求。定制推送服务模式分为：定期推送方式，其主要是针对用户相对稳定的服务需求，如环境、气象、卫星过顶等公共信息服务；及时推送方式，主要是针对突发事件的预警信息服务。定制推送服务模式如图 5-41 所示。

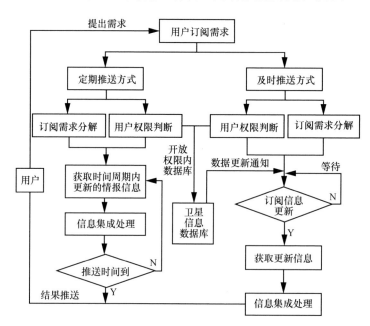

图 5-41　定制推送服务模式

（3）应急推送服务模式

主要是对获取的突发事件的信息进行快速处理和分发，将信息主动推送给相关用户的过程。它弥补了主动推送服务模式因偶然性和不确定性而难以对未来需求进行准确预测，定制服务模式没有考虑因情景态势变化而产生的用户需求的动态性问题。此模式的关键在于对突发事件信息的判断和选择最短路径将突发事件信息推送给合适的用户。应急推送服务模式如图 5-42 所示。

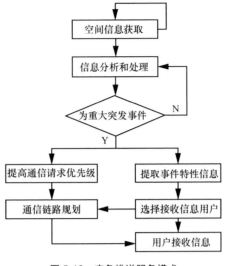

图 5-42　应急推送服务模式

5.4.4　应用服务性能优化

应用服务是天基网络为用户提供信息获取、接收、处理、查询、传递、存储、检索、分发等活动的统称。目前，大多数天基应用服务都是一种典型的自上而下的、以产品为中心的服务模式，多种类型的卫星系统相互独立、自成体系。随着卫星功能的日臻强大和用户需求的不断增加，迫切需要基于面向服务的体系结构，探索满足不同层次、不同应用对象作战需求的天基服务模式，解决目前天基应用模式单一、缺少灵活性、效率低等问题。通过服务模式组合和协同各类服务资源，可满足多类型任务下对天基信息的需求，解决天基信息共享、同步与协同问题。

同时，针对用户无感接入和优质服务的需求，面向应用的统一信息服务协议关键技术，形成松耦合模式的信息服务系统协议体系，有效屏蔽天地资源在传输服务的差异，提升服务协同能力。通过可与多种底层协议灵活绑定的模式，在服务对象之间进行信息交互，兼容现有的应用服务协议；通过支持服务关键词和服务质量范围查找的服务路由机制，解决信息服务系统中服务的分散化和网络化问题，便于对大规模信息服务进行分布式组织和管理；结合链路预测分析和服务调用的历史信息实现精确的服务质量预测；通过面向高效搜索的服务聚类技术，基于服务描述构建相应的服务相似网络，实现网络跨域服务发现，为服务使用者提供满足特定功能的可选服务集合。

| 5.5　天地网络安全防护技术 |

5.5.1　天地网络安全保密风险

天地一体化信息网络具有卫星节点暴露、信道开放、异构网络互连、拓扑高度动态变化、传输高时延、时延大方差、星上处理能力受限等特点，这些特性使天地一体化信息网络极易成为攻击目标，安全防护面临诸多安全挑战，见表 5-2。

表 5-2　天地一体化信息网络各系统面临的安全风险

序号	系统	安全风险
1	天基网络	实体假冒、链路泛洪、非法访问、拒绝服务、渗透攻击、信息重放、窃听、篡改
2	地面网络	实体假冒、非法访问、拒绝服务、渗透攻击、信息重放、窃听、篡改
3	无线信道	窃听、数据流分析、信号干扰、截取、篡改、重放
4	终端接入	窃听、截取、重放、虚假消息注入、拒绝服务、终端假冒、用户身份/位置/行为追踪、用户密钥泄露、恶意代码
5	业务信息系统	数据窃取、篡改、截获、假冒、重用、非法访问、拒绝服务、渗透攻击、越权使用、恶意代码
6	运维管理	管理员身份假冒、系统远程管理过程窃听和劫持

（1）天基网络的安全保密风险

天基网络各实体间传输指令、状态信息、业务数据等各类重要数据，在传输过程中，面临被窃听、被篡改、被拦截、被泛洪等安全风险；天基节点也面临非法网络设备和服务器设备接入导致数据被重放、被篡改、被删除等安全风险。需要保护天基网络中数据机密性、完整性、可用性以及数据源的不可否认性。

（2）地面网络的安全保密风险

地面网络各实体间传输重要数据在传输过程中，面临被窃听、被篡改等风险，信关站及地面设备面临实体假冒、非法/非授权接入、DDoS 攻击等安全风险。需要保护数据的机密性、完整性、可用性以及数据源的不可否认性。

（3）无线信道的安全保密风险

用户终端与地面信关站间无线信道数据传输面临窃听、数据流分析等被动攻击，也面临信号干扰、截取、篡改等主动攻击，需要保证数据的机密性、完整性。

（4）终端接入的安全保密风险

天地一体化信息网络终端接入交互过程易被窃听，也易被截取、重放、虚假消息注入，容易导致拒绝服务、终端假冒、用户身份/位置/行为追踪、用户密钥泄露等安全风险。

（5）业务信息系统的安全保密风险

用户登录的令牌、口令、生物特征等鉴别数据和重要业务数据面临存储敏感数据被窃取和篡改的安全风险；业务应用系统面临非法访问和越权使用的安全风险，访问控制策略、数据库访问控制和重要信息资源敏感标记等信息面临被攻击、篡改的安全风险；业务应用系统重要应用程序的加载和卸载面临被恶意代码劫持、注入等攻击风险；业务应用系统中重要数据在传输、存储过程中面临被窃取、篡改的安全风险。

（6）运维管理的安全保密风险

网络设备和服务器等设备面临被非法管理终端、管理中心接管的安全风险，系统管理员面临身份被假冒、远程管理过程被窃听和劫持的安全风险。

5.5.2　天地网络与安全防护主要融合机制

天地一体化信息网络安全防护系统从体系架构、防护机制、工作流程、密码协议等与天地网络体系结构紧耦合设计，由部署在网络各节点的安全防护模块、用户终端安全防护模块和综合性的安全管控中心组成，通过各节点中的前端轻量化安全防护模块与安全管控中心的后端安全管控系统协同工作，实现节点可信互联、信息安全传输、全网安全态势感知、柔性动态重构等网络自主运行综合安全保障功能。天地网络与安全防护功能融合机制如图5-43所示。

天地一体化信息网络支持多种业务并行发展，个人用户、行业客户等安全需求差异化，其安全防护机制和技术体系既要满足当前的系统安全防护需求，又要随着业务的拓展及用户需求的变化迭代更新，涉及的安全防护技术主要包括网络身份管理与实体认证技术、信息安全传输技术等。

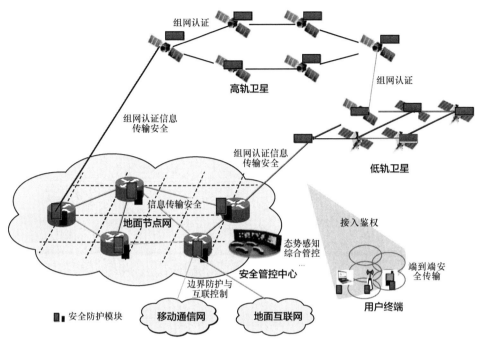

图 5-43　天地网络与安全防护功能融合机制

5.5.3　网络身份管理与实体认证技术

5.5.3.1　基本原理

现有的接入认证机制根据密码体制的不同主要有以下 4 种模式。

（1）基于对称密码技术的认证机制

基于对称密码技术的认证机制可以根据是否需要第三方的参与,分为基于共享密钥的认证机制和基于可信第三方的认证机制。基于共享密钥的认证方式中,通信双方采用预先共享的密钥加密、解密的同时进行身份认证。基于可信第三方的认证机制,每个节点都与第三方有共享密钥,如 Kerberos 模型,但需要解决复杂的密钥管理问题。

（2）基于证书或者 PKI 的认证机制

基于证书或者 PKI 的安全认证机制,采用公钥密码体制实现通信双方的安全认证,减轻复杂密钥管理的压力,但存在繁重的证书管理和代价高昂的 PKI 系统建设和维护费用等问题。

（3）基于身份的认证机制

基于身份的接入认证机制将用户的公钥和身份合二为一，所以没有公钥管理难题。在认证阶段第三方不参加，可以节约大量的带宽和计算资源，满足无线网络的需求。但系统参数公开发布，其安全性依赖于相关私钥，且存在密钥托管问题。

（4）基于无证书密码体制的认证机制

无证书密码认证机制不需要验证公钥，半可信第三方密钥产生中心（KGC）利用用户身份及系统参数产生部分私钥，用户使用一个随机数以及部分私钥产生整体私钥，因此真正的私钥并没有存储在 KGC 中，也就摆脱了密钥托管问题。

5.5.3.2　典型方案

（1）基于对称密码技术双向实体认证

实体认证的目的就是确认被认证人的身份。通信双方相互认证对方身份的过程，称为双向认证。基于共享密钥，采用对称密码体制实现双向认证。假设 Alice 和 Bob 共享密钥 K，ID_A、ID_B 分别表示 Alice 和 Bob 的身份，双向认证过程如下：

步骤 1　Alice 选择一个随机数 R_1，发送给 Bob；

步骤 2　Bob 选择一个随机数 R_2，并计算 $Y_1 = \mathrm{MAC}_K(\mathrm{ID}_B \| R_1 \| R_2)$，并发送 Y_1、R_2 给 Alice；

步骤 3　Alice 接收 Y_1 和 R_2 后，根据 MAC 算法计算 $Y_1' = \mathrm{MAC}_K(\mathrm{ID}_B \| R_1 \| R_2)$，若 Y_1 和 Y_1' 不等则拒绝，若相等则接受并计算 $Y_2 = \mathrm{MAC}_K(\mathrm{ID}_A \| R_2)$，将 Y_2 发送给 Bob；

步骤 4　Bob 接收 Y_2 后，计算 $Y_2' = \mathrm{MAC}_K(\mathrm{ID}_A \| R_2)$，若 Y_2 和 Y_2' 相等则接受，否则拒绝。

上述双向认证协议采用挑战—响应模式来保障消息的实时性。

（2）EPS-AKA 认证机制

LTE 认证网络可分为 3 个域，包括归属网络、服务网络和无线电接入网（Radio Access Network，RAN）。其中，归属网络包含归属用户服务器（Home Subscriber Server，HSS），HSS 主要负责身份认证等安全性功能，存储了所有用户的资料。服务网络通过与 HSS 进行用户资料交换，获得与用户认证相关的资料，服务网络包含移动管理实体（Mobility Management Entity，MME），MME 主要负责 UE 处于闲置模式时的移动性管理、业务承载管理、非接入层（Non-Access Stratum，NAS）的安全管理等功能。

LTE 采用 AKA 协议对用户进行认证和会话密钥协商，包括 UE、MME 和 HSS

共 3 个主体。UE 与 HSS 之间预置了共享密钥 K；在认证过程中，HSS 生成认证向量（Authentication Vector，AV）。AV 由认证令牌（Authentication Token，AUTN）、随机数（RAND）、预期响应（Expected Response，XRES）和 K_{ASME} 四元组构成。其中 RAND 由 HSS 产生，XRES 代表 MME 预期收到的 UE 响应信息，K_{ASME} 用于生成后续通信的所用密钥的基础密钥，KSI_{ASME} 作为 K_{ASME} 的密钥标识。EPS-AKA 协议体认证流程如图 5-44 所示，具体如下。

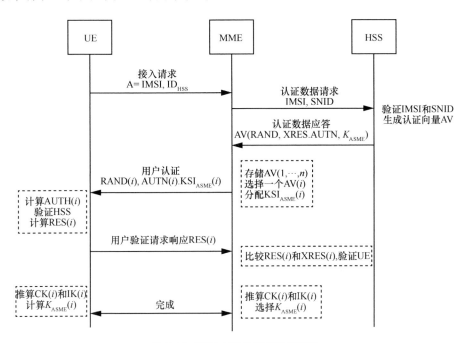

图 5-44　EPS-AKA 协议体认证流程

步骤 1　UE（用户终端）向 MME 发出接入请求，请求包含自己的 IMSI（国际移动用户标志）和 HSS 的身份标识 ID_{HSS}。

步骤 2　MME 收到请求后，根据 ID_{HSS} 向对应 HSS 发送认证数据请求，在请求中包含用户的 IMSI 以及本服务网的身份标识 SNID。

步骤 3　HSS 收到认证请求后，查找数据库是否有相应的 IMSI 与 SNID，验证它们的身份真实性。若通过验证，则生成认证向量组 AV（1,···,n）作为认证数据响应，发送给 MME。

步骤 4　MME 收到响应后，将 AV（1,···,n）存储于数据库，随机选择一个向量 AV（i），提取 RAND（i）、AUTN（i）、K_{ASME}（i），为 K_{ASME}（i）分配密钥标识 KSI_{ASME}（i），并向 UE 发送用户认证请求。

步骤 5 UE 收到用户认证请求后，从 AUTN（i）中提取 MAC，计算 XMAC，比较两者是否相等，并检查序列号 SQN 是否处于正常范围，若上述检验通过则验证 HSS 的真实性。若认证通过，计算 RES（i）与 K_{ASME}（i），将 RES（i）发送给 MME。

步骤 6 MME 把收到的 RES（i）和 XRES（i）进行比较，若比较结果一致，则通过认证。

步骤 7 双向认证完成后，MME 和 UE 将 K_{ASME}（i）作为基础密钥，根据约定的算法推算得到加密密钥 CK 与完整性保护密钥 IK，进行后续保密通信。

5.5.3.3 天地一体化信息网络认证框架

天地一体化信息网络认证包括节点组网认证和终端接入认证。

节点组网认证技术主要解决高低轨卫星节点间、星地节点间、信关站间可信认证问题。在技术体制方面，结合天地网络激光/微波等多链路特点，优化设计节点可信认证流程与协议。其中，星间组网认证协议用于高轨卫星节点间、低轨卫星节点间、高低轨卫星节点间身份的真实性和有效性验证、密钥协商；星地组网认证协议，用于卫星节点与信关站间身份的真实性和有效性验证、密钥协商；信关站组网认证协议用于不同信关站间身份的真实性和有效性验证、密钥协商。

天地一体化信息网络用户分为宽带接入、移动通信、天基物联等用户，不同种类的用户终端接入方式决定了差异化安全服务体验，也会嵌入不同类型的安全防护模块。在技术体制上，用户终端、提供服务的节点、接入认证系统构成了天地大尺度安全接入认证模式。在实现路径方面，进行安全互联的节点嵌入安全防护模块，各节点间安全防护模块进行互相连接、可信认证，实现节点安全可信互联。不同种类的用户终端，根据需要的业务特征和新的安全威胁，采用差异化、轻量化优化接入认证协议，实现终端安全模块与接入认证系统进行相互双向认证。

5.5.4 信息安全传输技术

5.5.4.1 基本原理

信息安全传输包括天地互联信息传输、信关站间信息传输、天基节点间信息传输 3 类信息传输。其中，天地互联信息传输，又细分为用户链路、馈电链路、测控链路 3 个链路的安全传输。在技术体制方面，针对天地互联信息传输所采用的不同通信体制，使用不同的安全保密机制。地面信关站间通过 IP 互联网技术进行互联，可采用现有的 IP 安全互联技术体制。天基节点间信息传输安全根据星间信息技术体制，参照星间通信安全标准 SCPS-SP 标准进行安全防护。

5.5.4.2　典型方案

（1）IPSec 安全标准

IPSec（IP Security）协议是一种由 IETF 设计的端到端、确保基于 IP 通信数据安全性的机制。IPSec 支持对数据进行加密，同时保证数据的完整性。IPSec 是为 IPv4 和 IPv6 提供基于密码的高度安全的协议，这套安全服务包括访问控制、无连接完整性、数据源认证、抗重播保护和机密性等。IPSec 协议是地面通信系统中应用比较广泛的安全协议。

IPSec 主要由 3 个协议组成。

1）鉴别头（Authentication Header，AH）提供对报文的完整性和报文的信源地址认证功能，防止相同数据包在 Internet 上传播。

2）封装安全负载（Encapsulation Security Payload，ESP）提供对报文内容的加密和认证功能。

3）Internet 密钥交换（Internet Key Exchange，IKE）协商信源节点和信宿节点间保护 IP 报文的 AH 和 ESP 的相关参数，如加密、认证的算法和密钥、密钥的生存期等，称为安全关联（Security Association，SA）。

安全关联是两个应用 IPSec 实体（主机、路由器）间的一个单向逻辑连接，是构成 IPSec 的基础。安全关联可以事先手工建立，也可以在需要时通过 Internet 密钥交换协议（IKE）动态建立。SA 通常用一个三元组：<安全参数索引 SPI，目的 IP 地址，安全协议>唯一表示。

AH 为 IP 报文提供数据完整性校验和身份认证，还具备可选的重放攻击保护，但不提供数据加密服务，只需要完整性验证算法。AH 可以单独使用，也可与 ESP 联合使用。AH 提供的数据完整性与 ESP 提供的数据完整性稍有不同：AH 对外部 IP 头各部分进行身份验证。AH 格式如图 5-45 所示。

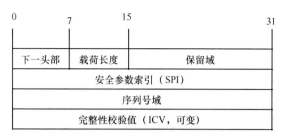

图 5-45　AH 格式

ESP 为 IP 报文提供数据完整性校验、身份认证、数据加密以及重放攻击保护等，即除提供 AH 所提供的服务外，还提供机密性服务。加密算法和完整性验证算法由 ESP 安全关联的相应组件决定。与 AH 类似，ESP 通过插入一个唯一的、单向递增的序列号提供抗重播服务。ESP 格式如图 5-46 所示。

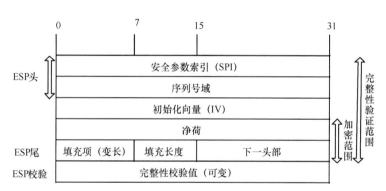

图 5-46　ESP 格式

AH、ESP 均可用于传输模式和隧道模式。

AH 传输模式只保护 IP 报文的不变部分，是端到端的通信，通信的终点必须是 IPSec 终点。AH 被插在数据报中，紧跟在 IP 头之后和需要保护的上层协议之前，对数据报进行安全保护。AH 传输模式 IP 报文如图 5-47 所示。

图 5-47　AH 传输模式 IP 报文

AH 用于隧道模式时，将保护的数据报封装起来，并在 AH 之前，添加一个新

IP 头（IPSec 端点的地址），如图 5-48 所示。

原IP报文	IP头	净荷	
加入AH后IP报文	新IP头	AH	IP头	净荷

图 5-48　AH 隧道模式 IP 报文

AH 的处理流程分为两部分：一个是对发送的数据包进行添加 AH 的处理，另一个是对收到的含有 AH 的数据包进行还原的处理。

1）发送端处理

发送 IP 数据包与一个安全策略数据库（SPD）条目匹配时，说明此数据包需采用保护功能，要求查看是否存在一个合适的 SA。如果没有，可用 IKE 动态建立一个 SA。如果有，根据 SA 确定使用 AH 协议，就将应用到这个与之相符的数据包。其具体过程如下：

步骤 1　创建一个外出 SA（手工或通过 IKE），其序列号计数器初始化为 0；

步骤 2　填充 AH 的各字段；

步骤 3　计算完整性校验值 ICV；

步骤 4　AH 中的下一头部置为原 IP 报头中的协议字段的值，发送 AH 保护的 IP 包。

2）接收端处理

收到一个完整的、受 AH 保护的 IP 包处理过程如下：

步骤 1　检查 IP 头的"协议"字段是否为 AH 协议；

步骤 2　根据 IP 头中的目的地址及 AH 中的 SPI 等信息在安全关联数据库（Security Association DataBase，SADB）中查询相应 SA，如果没有找到合适的，则丢弃该数据包；

步骤 3　找到 SA 之后，进行序列号检查（抗重播检查）；

步骤 4　检查 ICV，对数据包应用完整性验证算法，并将获得的摘要值与收到的 ICV 值进行比较，如果相符则通过完整性验证，否则丢弃该包。

ESP 传输模式支持主机之间的保密通信，可为任何使用它的应用提供机密性服务，可避免在每个单独的应用程序中实现机密性的需求，在传输模式中，ESP 头位于 IP 头和 IP 载荷之间，确保端到端的安全性。ESP 传输模式 IP 报文如图 5-49 所示。

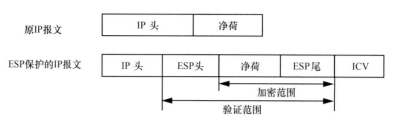

图 5-49　ESP 传输模式 IP 报文

ESP 用于隧道模式时，加一个新 IP 头（IPSec 端点的地址），将保护的数据报封装起来，如图 5-50 所示。

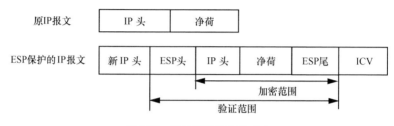

图 5-50　ESP 隧道模式 IP 报文

ESP 的处理流程分为两部分：一个是对发送的数据包进行加密和完整性处理，另一个是对收到的含有 ESP 头的数据包进行完整性验证和解密处理。

1）发送端处理

对于传输模式，进行如下处理：协议字段复制到 ESP 头的"下一头部"字段中，填充 ESP 头的其余字段，IP 头的协议字段填入 ESP 值。

对于隧道模式，进行如下处理：将 ESP 头的"下一头部"字段填入 4（IPv4）或 41（IPv6），填充 ESP 头的其余字段，在 ESP 头的前面新增一个 IP 头，并对相应的字段进行填充。

然后，进行如下处理。

步骤 1　从合适的 SA 中选择相应的加密算法进行加密，使用相应的完整性验证算法计算 ICV，并填充 ICV。

步骤 2　重新计算位于 ESP 前面的 IP 头的校验和。

2）接收端处理

步骤 1　查询该包的 SA 是否存在，不存在则丢弃该包。否则进入下一步。

步骤 2　检查序列号是否有效，如无效则丢弃该包，处理结束。否则进入下一步。

步骤 3　根据 SA，使用相应的完整性验证算法对该包验证，如果其结果与"ICV"字段中包含的数据一致，表明验证成功，进入下一步。否则丢弃该包，处理结束。

步骤 4　从 SA 取得密钥和密码算法进行数据解密，接收处理完成。

（2）空间通信安全加密标准 SCPS-SP

1999 年 CCSDS 发布了空间通信协议组（Space Communications Protocol Specification，SCPS），其中的安全协议（Space Communications Protocol Specification-Security Protocol，SCPS-SP）提供了端到端的空间数据机密性、完整性和认证服务。2003 年，CCSDS 在发布的下一代空间通信系统（NGSI）——空间任务通信的端到端安全标准中提出了采用可信任的安全网关实现地面 Internet 协议和 SCPS 协议之间的转换以保证强的互操作性；同时建议基于 Internet 安全联盟和密钥管理协议（ISAKMP）的 Internet 密钥交换（IKE）作为密钥管理标准。

SCPS-SP 提供的安全性服务主要有数据机密性、数据完整性及数据的认证服务 3 个方面。按照 SCPS-SP 的规定，数据单元将传输的目标地址封装到一个单独的区域中作为头部，这个头部区域在传输的过程中一直不被加密，就算其余区域的信息均被加密也不会影响传输路径的选择。

安全关联是构成空间通信安全协议 SCPS-SP 的基础，是通信双方的两个通信实体经过协商建立起来的一种协定，它包含了保护用户数据所用的安全协议、安全参数索引（Security Parameter Index，SPI）、目的地址、加密算法和密钥、序列号、安全协议的处理标志及 SA 生存期等信息。SA 通过记录通信双方的连接状态，并存储双方协商过程中的参数以及协商的加密规范，为 SCPS-SP 的安全通信提供支持。SA 是由 3 个参数唯一标识的，包括安全参数索引、目的地址和安全协议标识符，这 3 个参数被称为 SA 三元组。

SA 在实施时需要的信息都被保存在一个专门的数据库中，这个数据库叫做安全关联数据库（SADB）。每个 SA 在 SADB 中都有一个入口，这个入口以三元组作为索引进行查询。SCPS-SP 在每次对空间数据单元进行加密传输时，通信双方都会产生一个 SA 记录，SADB 的作用就是维护产生的这些 SA 记录。

SCPS-SP 数据单元格式如图 5-51 所示。

其中，明文头中封装的信息包含网络协议号码和初始化向量两部分，其中初始化向量是可选部分，如果 SCPS-SP 采用的加密算法需要初始化向量，则在初始化向量字段中传输。

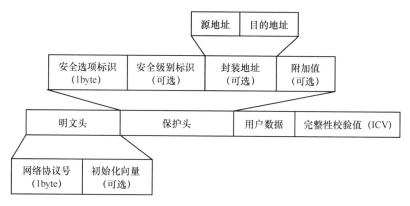

图 5-51　SCPS-SP 数据单元格式

保护头中封装的信息必须包含 8bit 的安全选项起始标志。此外，根据用户对传输数据的安全需求，如果要为不同类型的数据按照其重要性或者密级设置不同的安全级别，那么可以在保护头中添加安全级别标识；如果通信用户要求实现数据的认证功能，可以通过封装通信双方的网络地址实现；附加值中封装的是有些加密算法需要用到的密码填充等信息。

用户数据区域封装的是要传输的有效数据信息，可以是单个的 CCSDS 数据包，也可以是一串数据包流。根据用户对传输数据的安全需求，如果完整性服务被要求实施，在用户有效数据域的后面要附加一个完整性检验值（ICV），这个值的长度是不确定的，其大小将由生成 ICV 采用的算法决定。

数据传输机制包括发送方与接收方工作机制，SCPS-SP 数据包的发送流程如下。

步骤 1　当传输数据发出使用 SCPS-SP 加密的请求时，将首先查找 SADB，定位相应的 SCPS-SP。每一条 SA 以成对的源地址和目的地址作为标识。

步骤 2　如果没有找到相应的 SA，SCPS-SP 或拒绝提供服务，或启动会话建立 SA。如果找到了相应的 SA，SCPS-SP 根据 SA 中的信息构建数据单元格式，包括净头、保护头和用户信息。

步骤 3　如果需要进行认证，SCPS-SP 将复制源地址和目的地址添加至保护头。

步骤 4　如果提供完整性服务，则根据 SA 中完整性算法、ICV 长度、完整性密钥计算得到 ICV。

步骤 5　如果需要提供加密服务，则根据 SA 中加密算法模式、加密密钥、IV 长度，对保护头和用户数据进行加密。

SCPS-SP 数据包的接收流程如下。

步骤 1　接收数据包前先查询 SADB，如果没有找到 SA，则忽略该数据包，并发送错误报文给发送方；如果找到了 SA，根据 SA 属性确认该数据是否为加密数据，如果为真，对数据进行解密。

步骤 2　如果 ICV 标识为真，进行完整性检验，不匹配则丢弃该包，并发送错误报告给发送方。

步骤 3　进行其他标识处理，如安全级别比较、去掉为加密填充的部分等。

5.5.4.3　天地一体化网络的信息安全传输框架

天地一体化网络的信息传输空间既有空间环境，又有地面环境，同时与地面的移动通信网、地面互联网等异构网络互联互通。各个节点根据自身所处空间环境受到的安全威胁程度分别部署对应的安全模块，完成不同等级的信息安全传输。

天基信息安全传输功能由天基节点的安全模块和部署在地面信关站的安全设备完成，包括星间管控及信令加密传输等。

星地信息安全传输功能中的馈电链路、用户链路传输安全由部署在天基节点的安全模块、部署在终端中的安全模块和部署在地面信关站的安全设备共同完成，实现卫星管控信息、信令信息、用户业务信息加密传输等。

地面信息安全传输功能由部署在各信关站内安全设备完成，实现全网控制类、管理类、业务类等信息加密传输。

｜ 参考文献 ｜

[1]　张军. 天基移动通信网络[M]. 北京: 国防工业出版社, 2011.

[2]　续欣, 刘爱军, 汤凯. 卫星网络中的资源管理——优化与跨层设计[M]. 北京: 国防工业出版社, 2013.

[3]　刘立祥. 天地一体化网络[M]. 北京: 科学出版社, 2015.

[4]　朱立东, 卓永宁, 吴廷勇. 空间信息传输与处理[M]. 北京: 电子工业出版社, 2017.

[5]　续欣, 刘爱军, 汤凯, 等. 卫星通信网络[M]. 北京: 电子工业出版社, 2018.

[6]　北京米波通信技术有限公司. 现代商用卫星通信系统[M]. 北京: 电子工业出版社, 2019.

[7]　陈山枝, 时岩, 胡博. 移动性管理理论与技术的研究[J]. 通信学报, 2007(10).

[8]　曹光宇. 星地融合网络中的切换与资源分配策略[D]. 北京: 北京邮电大学, 2011.

[9] 姜会林，刘显著，胡源，等. 天地一体化信息网络的几个关键问题思考[J]. 兵工学报，2014(S1).

[10] 张乃通，赵康健，刘功亮. 对建设我国"天地一体化信息网络"的思考[J]. 中国电子科学研究院学报，2015(3).

[11] 杨明川，邵欣业，张中兆，等. 星地一体化网络体系架构及关键技术研究[C]//第十二届卫星通信学术年会论文集，2016.

[12] 张寒，黄祥岳，孟祥君，等. 基于 SDN/NFV 的天地一体化网络架构研究[J]. 军事通信技术，2017(6).

[13] 李贺武，吴茜，徐恪，等. 天地一体化网络研究进展与趋势[J]. 科技导报，2016(14).

[14] 杨芫，徐明伟，李贺武. 天地一体化信息网络统一编址与路由研究[J]. 电信科学，2017(12).

[15] 陈天骄，刘江，丁睿，等. 基于星地解耦的低轨卫星网络编址和路由策略[J]. 信息通信技术，2019(6).

[16] 胡童丰. 面向新型互联网架构的移动性管理关键技术研究[D]. 北京：北京邮电大学，2014.

[17] 朱刚，侯乐青. 未来互联网命名与编址问题研究[J]. 电信网技术，2011(6).

[18] 毛伟. 互联网资源标识和寻址技术研究[D]. 北京：中国科学院研究生院（计算技术研究所），2006.

[19] 张捷. 编号、命名和寻址研究的进展[J]. 电信技术，2006(5).

[20] 程楠，卢博. IPv6 地址综述[J]. 电信网技术，2012(9).

[21] 苏伟，刘琪，张宏科. 一体化标识网络体系及关键技术[J]. 中兴通讯技术，2011(2).

[22] 吴建平，任罡，李星. 构建基于真实 IPv6 源地址验证体系结构的下一代互联网[J]. 中国科学(E 辑:信息科学)，2008(10).

[23] 张纯. 3G 网络中各种用户标识的作用及相互联系[J]. 电信技术，2006(10).

[24] 靳浩. 未来移动互联网络的移动性管理架构研究[J]. 信息通信技术，2015(2).

[25] 贺达健，游鹏，雍少为. LEO 卫星通信网络的移动性管理[J]. 中国空间科学技术，2016(3).

[26] 谷聚娟，张亚生. 宽带卫星网络用户的移动性研究[J]. 无线电工程，2016(6).

[27] 兰洪光，夏小涵，张晓宁，等. 卫星-地面融合网络无缝切换技术研究[J]. 数字通信世界，2014(5).

[28] 刘刚，吴诗其，李乐民. 移动卫星通信系统与地面蜂窝区通信系统的综合性移动管理[J]. 电信快报，1997(1).

[29] 胡志言. 天地一体化网络统一接入认证关键技术研究[D]. 郑州：战略支援部队信息工程大学，2018.

[30] 纪韬. 5G 网络中身份认证协议研究[D]. 西安：西安电子科技大学，2018.

[31] 周玉洁. 基于 IPv6 的安全协议 IPSec 的研究[D]. 南京：南京理工大学，2008.

[32] 李海霞. CCSDS 空间通信系统中数据加密/解密策略研究[D]. 沈阳：沈阳理工大学，2012.

[33] 李敬媛. SCPS-SP/IPSec 协议转换的方案设计与实现[D]. 哈尔滨：黑龙江大学，2013.

第 6 章

管理控制技术

在地面和传统卫星网络控制体系的基础上给出了天地一体化信息网络管理控制技术体系，介绍了 TMTC、CCSDS AOS 以及 SNMP 等成熟网管协议，分析天地一体化网管协议设计要求、代理以及管控中心实现技术，介绍了分布式大规模管控、深度学习、信息挖掘等新技术在网络管理中的应用。

天地一体化信息网络采用天、地网络融合一体、优势互补的思想，面向陆海空天各类用户提供差异化的信息服务，具有网络异质异构、拓扑动态变化、应用服务差异大、节点处理资源受限等特点，给实时有效的网络管理控制带来巨大挑战。随着天地一体化信息网络规模的不断增大，精细化的运营需求对网络管控的颗粒度、实时性、可靠性要求越来越高，主要体现在以下 3 个方面。

（1）管控对象复杂多样：网络管控对象涉及高轨、低轨、临近以及地基等各类节点，通过组网使得各节点互联形成"一张网"，节点数量众多且功能各异，网络服务弹性可变导致节点载荷功能复杂，除要实现天地网络设备管控外，还要实现频率、功率、带宽以及地址、标识等网络"软"资源的管控，管控信息急剧增加。

（2）网络资源精细化、实时性调度要求高：网络提供面向用户的随遇接入、按需服务的保障能力，对网络资源精细化、实时性调度要求较高，而网络节点的动态特性使得网络资源的调整从局部向全局扩展，因此在网络设计、建设及运行中，如何优化星地功能分配，发挥星地协调、多星协同的优势，是天地一体化信息网络实现实时、有效管控的主要难点。

（3）面向应用驱动的管控需求：卫星通信网络由传统的专用系统向面向全球服务的公共网络基础设施发展，须满足不同垂直行业用户的需求，将同时承载各类差异化的业务，如语音通信、宽带接入、数据中继以及天基物联等。因此传统面向网元的管理模式难以满足为多并发用户应用提供高效高质量网络服务的要求，需结合网络特点提出天地一体化网络管控架构，实现网络能力灵活控制以及用户服务快速响应。

此外，随着卫星功能的复杂化，网络切片、软件定义、资源虚拟化、云计算等新技术的应用也给网络管理控制带来了新的挑战。

| 6.1　管理控制技术体系 |

本节主要介绍现有成熟的管理体系和管控系统，为天地一体化信息网络管控系统建设提供依据。

6.1.1　地面网络管理技术体系

地面网络的管理控制系统主要参考 ITU-T 提出的技术体系进行建设和演进，包括 ITU-T TMN、NGOSS、eTOM 等电信网络管理标准，整体呈现开放性、分布式、智能化、综合化、多层次融合等发展趋势。

6.1.1.1　TMN 管理技术体系

电信管理网（Telecommunication Management Network，TMN）1988 年开始形成标准化建议，是目前被广泛接受和使用的描述电信网络管理系统和信息模型的标准化建议。其三大体系架构、四层管理模型、五大管理功能域、十一种管理业务、十三种被管理域等主要思想为参与电信网络管理的研究、开发、建设和使用的人们所熟知。TMN 有四层结构模型，自下而上分为：网元管理层、网络管理层、业务管理层和事务管理层，TMN 管理体系结构如图 6-1 所示。

图 6-1　TMN 管理体系结构

TMN 模型长久以来一直指导着电信领域的网络管理建设,对完善管理系统和被管系统之间的互操作性做了大量的工作,主要体现在管理功能域的划分、物理资源的信息建模、通用的基础通信模型和标准化的接口描述工具等。然而,由于 ITU-T 对 TMN 标准化是一种自下而上的过程,在业务管理层面的标准匮乏,难以直接满足以用户为中心的需要,这些不足限制了 TMN 在新一代网络中的应用,主要包括以下方面。

1)虽然 TMN 对管理功能进行了分层,但到目前为止,管理功能的定义仍局限在网元管理层、网络管理层,更高层的管理功能因管理信息的缺乏而无法确定。

2)管理信息模型的标准化集中在网元管理层,网络管理层和更高的管理层缺少足够的管理信息支持。

3)TMN 的信息体系结构不能完全支持分布式的管理环境,现存的信息体系结构在某些方面都对分布式管理有限制,例如,充当管理角色的应用进程在执行任务时必须知道代理进程的位置。

4)缺乏对管理系统软件开发方面的支持。TMN 虽然提出了物理体系结构、功能体系结构和信息体系结构,但对软件系统开发方面的支持还不够。

6.1.1.2 TOM/eTOM 管理技术体系

电信管理论坛(Telecommunication Management Forum,TMF)在对 ITU-T 的 TMN 管理层次模型进行了深入研究后,提出了面向业务管理的通用模型电信运营图(Telecommunication Operation Map,TOM),给出了电信运营处理过程的通用流程,定义了一组抽象的、公共的、可重复使用的业务处理过程,建立了电信运营处理的基本框架。

TOM 是从"客户导向、市场导向"的视角关注电信运营管理过程的,它以 TMN 分层思想为基础,以自顶向下的研究方法考查端对端的业务过程,从而在一定程度上丰富和发展了 TMN 的核心思想。TOM 展示了电信运营过程(包括子过程)和业务活动自顶向下的、面向客户的、端到端的高层视图,提供了业务实现、业务保障和业务计费等基本过程及子过程的高层模型。

根据 TMN 的逻辑分层原则,TOM 将电信业务处理框架分成 5 个层次:客户接口管理层、客户服务层、业务开发和运营层、网络与系统管理层、网元管理层。TOM 的基本业务处理框架结构如图 6-2 所示。

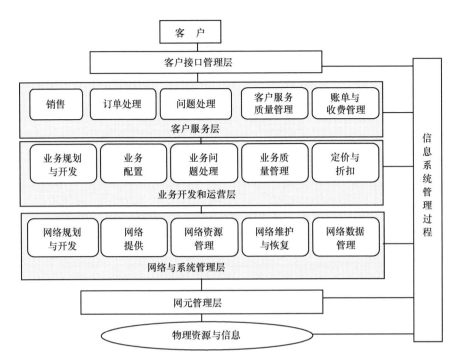

图 6-2　TOM 的基本业务处理框架结构

eTOM 是基于 TOM 发展而来的，它把 TOM 扩展成了一个完整的企业框架，并且解决了电子商务的影响问题，eTOM 是关注整个企业过程的、针对电子商务环境的增强型电信运营图。

6.1.1.3　NGOSS 管理技术体系

新一代运营系统和软件（New Generation Operations Systems and Software，NGOSS）是 TMF 提出的标准，已成为业界公认的新一代运营支撑系统（Operation Support System，OSS）/业务支撑系统（Business Support System，BSS）业务框架。NGOSS 的目标是快速开发灵活的、低成本的、满足互联网经济业务要求的电信运营支撑系统。NGOSS 的关键要素包括：业务流程和信息模型的定义；定义系统框架（将在其上建立具体系统）；通过一系列的合作开发、催化项目提供可行的实现方案和多厂商的功能展示；创建基于知识库的文档、模型和代码库，以支持开发商、集成商和用户的工作。TMF 定义 NGOSS 生命周期的 4 个阶段：业务视图、系统视图、实现视图和运行视图，并定义了 4 类指导性的文档：eTOM（TMF GB921）、

SID（TMF GB922，TMF GB926）、技术中立架构（TNA，TMF 053）和一致性测试工具文档（TMF 050）。NGOSS 视图及生命周期模型如图 6-3 所示。

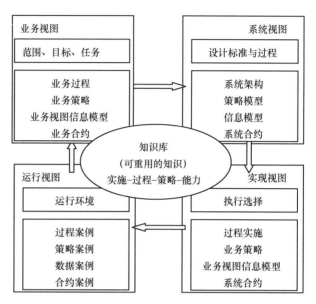

图 6-3　NGOSS 视图及生命周期模型

NGOSS 架构规定了两种基本的服务。

1）OSS 业务服务。提供业务功能的元素，以合约规范的形式出现，例如合同、账单等。

2）框架服务。为框架的正确运作提供功能和适当的合约规范，并可以再细分为两种类型，OSS 框架服务提供由业务服务使用的标准 OSS 能力，例如登录；基本框架服务提供对业务组件之间交互模式的支持，例如名字服务、注册服务等。

NGOSS 实现了较高的技术无关性，以应对技术的不断发展和进步。这种将系统架构和技术细节隔离开来的方式有以下好处。

1）能够保证 NGOSS 架构随着时间的变化依然有效，在应用新技术时不需要重新构建整个 OSS 解决方案的架构，以保护在 NGOSS 实现中的投入。

2）为同时在一个集成的 OSS 环境中应用多种技术提供了一个基础架构，支持遗留系统和技术升级。

3）强调架构对技术中立可以防止在开发周期中过早确定系统的设计，避免因为架构核心设计过细而降低系统应对不同需求的可用性。

6.1.1.4　ITIL 管理技术体系

信息技术基础设施库（Information Technology Infrastructure Library，ITIL）由 IT 服务管理论坛制订，以服务管理为核心，以服务战略为指导，建立详尽的、面向 IT 服务的流程框架，通过服务设计、服务转换、服务运营，使整个过程条理化。它提供的是一套综合的、一致的 IT 服务管理领域的最佳实践，确保企业通过 IT 提升效率。

eTOM 与 ITIL 研究的是不同领域的流程，但也存在很多重叠，如开通、保障、计费部分的流程。随着网络技术的不断发展，未来的电信网络设备将更加智能化，IT 技术与通信技术将进一步融合，泛在网和泛在计算将成为趋势，未来的网管系统要管理好这些设备和技术，就需要引进、借鉴和融合类似 ITIL 的计算机管理实践方法。在 NGOSS5.0 系列文档中的 GB921V 已将 eTOM 的第三层与 ITIL 的事件管理流程部分进行了映射，在服务支持与服务配置流程方面的详细映射还有待进一步的研究。

6.1.1.5　典型运营商管控系统

随着网络管理要求的提升，运营商管控系统由多个相对独立的业务网络管理系统已逐渐统一为业务平台综合网络管理系统，对各类业务实现综合监控、综合维护、综合运行分析。

业务平台综合网络管理系统实现对所有业务平台的集中化、集约化、高效化的运行管理工作，提供对故障的快速发现、定位与解决，实现对业务运行情况的统计与多维度考核分析，形成规范化、体系化的业务平台运维管理体系与标准。业务平台综合网络管理系统至少要具备对核心业务平台进行数据采集、综合监控、综合维护、综合运行分析的功能，业务平台综合网络管理通用功能架构如图 6-4 所示。

业务平台综合网络管理系统的管理对象与内容包括：所有业务平台涉及的硬件设备、软件设备、业务运行情况的运行监控、业务运行质量分析与考核。针对每套业务平台，业务平台综合网络管理系统管理对象分为以下两类。

1）设备层对象：主机、数据库、网络设备、存储以及其他可管理设备的资源信息、运行状态、运行性能、告警信息。

2）业务层对象：关键业务应用进程、关键业务应用端口、业务日志生成情况、话单文件生成情况、双机状态、业务配置资源、业务性能指标、业务告警。

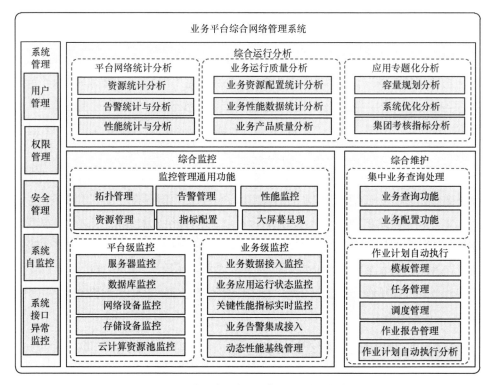

图 6-4　业务平台综合网络管理通用功能架构

运营商采用独立的业务运营支撑系统（Business and Operation Support System, BOSS）为网络运营提供支撑，BOSS 与业务网络管理系统无直接交互，它们都与相关业务系统直接相连，对计费、结算、账务、业务管理及客服等功能进行集中、统一的规划和整合，使 BOSS 成为一体化的、信息资源充分共享的支撑系统。未来的 BOSS 旨在构建统一的服务网体系，并从技术上保障 BOSS 的一致性、完整性和先进性，确保系统的互联互通、协调运营与统一管理。

6.1.2　卫星网络控制体系

经过数十年的发展，美国、欧洲都建立了多个成熟运行的卫星网络管理控制系统，包括军事卫星系统、海事卫星系统等。与地面系统相比，卫星系统的高安全、高实时以及精细化的管理控制要求，使得这些卫星网络的管理控制系统建设与发展相对独立，具有各自的特点。

6.1.2.1　美军卫星系统管控体系

通用卫星控制段（Standard Satellite Control Segment，SSCS）参考体系结构是由美军制定的，以描述跟踪遥测及指令系统的功能需求为主线，定义了任务规划、遥测处理、卫星指令、轨位分析、姿态调整、模拟仿真和资源管理的性能及功能需求，通过遥测与遥控卫星参数监视和控制卫星运行状态平台。

SSCS 由遥控遥测天线、通信模块、资源管理模块和任务控制系统 4 部分组成，其中遥控遥测天线、通信模块、资源管理模块为网络运行部分，包括跟踪卫星的天线、完成 TT&C 的通信设备、资源统一分配和管理的系统；任务控制系统为卫星运行部分，是运控系统的核心，包括 SSCS 应用单元和支持任务应用的系统服务单元。通用卫星控制段各组成相互关系如图 6-5 所示。

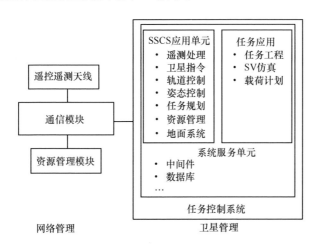

图 6-5　通用卫星控制段各组成相互关系

6.1.2.2　海事卫星管控系统

海事卫星通信系统用于实现海上和陆地间的无线电联络，由海事卫星、信关站、终端组成，以第四代海事卫星为例，其共有 4 颗（三主一备）同步轨道卫星，覆盖太平洋、印度洋、大西洋东，可提供南北纬 75°以内的通信业务服务。

海事卫星管控系统主要分为两级，一级为伦敦的网络操作中心（Network Operation Center，NOC），负责海事卫星节点的平台和载荷管理，以及地面站的频率分配，对全网的资源进行统一的维护调度；二级由各地面信关站组成，信关站之间通过光纤网络与 NOC 连接，负责对应卫星的通信管理、运行维护和业务支撑，负责处理用户终端的业务申请、交换和分配用户资源、容量等，实现用户管理、资源分配和业务保障，为用户提供电路交换和分组交换业务。

6.1.2.3　Ka-SAT 卫星管控系统

Ka-SAT 是欧洲首颗高通量卫星，为偏远地区提供高速宽带接入服务。该卫星 2010 年发射，位于东经 9° 地球同步轨道，采用了创新的点波束技术，星上配置生成 82 个 Ka 波段窄点波束，系统容量可达 90Gbit/s，下行速率可达 50Mbit/s，为跨欧洲及地中海区域的百万家庭及企业用户提供高速宽带互联网接入服务。

Ka-SAT 运维管控系统主要由部署在意大利都灵的卫星控制中心（Satellite Control Center，SCC）、网络操作中心（NOC），以及遍布欧洲的 10 个地面电信港组成，实现对全网资源集中管理。其中卫星控制中心主要负责卫星的指挥控制，同时对卫星态势进行全天候不间断监视，保证任何潜在的问题都将有专业化团队负责快速攻关，最大化用户服务体验；网络操作中心主要负责对全网各类业务服务进行监视及对关键技术参数进行控制，实现网络资源统一管理与动态调配；地面电信港作为接入地面互联网、移动通信网的互联关口。

6.1.2.4　铱星卫星管控系统

铱星系统（Iridium）于 1987 年由美国 Motorola 公司提出，1998 年完成一代系统建设，耗资 57 亿美元。铱星一代系统主要为手持移动电话用户提供全球无缝个人通信业务，包括 72 颗通信卫星（66 颗组网卫星、6 颗在轨备用卫星），分布在高度 780km 的 6 个轨道面，基本速率为 2.4kbit/s。

铱星地面系统包括 2 个网络控制中心（主中心、备用）、12 个信关站和 3 个测控站。其中，网络控制中心位于华盛顿弗吉尼亚州，同时罗马设有一个备用的卫星网络控制中心，提供卫星网络的运行控制和支持服务，控制 66 颗铱星在轨道运行位置和星体状态，控制所有卫星的平台和载荷，保证星间、星地的正常通信；信关站实现卫星和地面通信网络之间的中继连接，负责呼叫建立、连接到地面 PSTN，还承担管理铱星系统内部网络节点和链路的功能；3 个地面测控站分别位于夏威夷、意大利和加拿大，完成卫星的遥测、跟踪和控制的任务，直接与控制中心连接在一起，以调整卫星发射定位及后续轨道的位置。

6.1.3　天地一体化信息网络管控体系构想

借鉴地面网络管控架构，参考软件定义卫星，本节提出一种适用于天地一体化信息网络的管控体系架构。该架构采用统一的管控平面，将卫星节点和地面节点均作为网络节点进行管理，实现各类型卫星平台、载荷以及网络资源的统一管理和控制，天地一体化信息网络管控架构如图 6-6 所示。

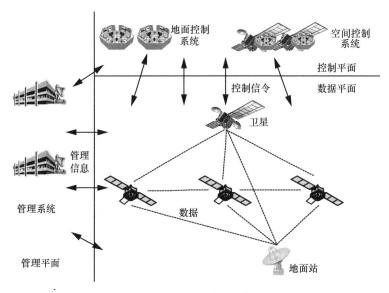

图 6-6　天地一体化信息网络管控架构

该管控架构将网络从功能层面分为数据平面、控制平面和管理平面。数据平面主要包括空间网络中的卫星节点以及地面网络的天线、路由器、交换机等设备，在控制平面的控制下实现网络的数据通信，在管理平面的管理下维持网络的正常运行。

管理平面由运维管控中心、管控代理、专用管控通道等软硬件设施构成，实现卫星管理、网络管理、设备运维等管控数据的统一采集分发和路由传输，完成对卫星状态、地面节点状态、网络状态、路由、安全、业务、资源等方面的管理，同时提供上层接口与业务需求和用户需求的交互，将上层需求转换为管控输入，实现网络的用户需求保障，如图 6-7 所示。

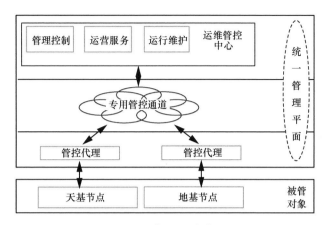

图 6-7　管理平面架构

　　管理平面的物理部署分为地面管理平面和空间管理平面。地面管理系统实现全网的统筹管理和各管理系统之间的协同工作，提高资源利用率、避免指令冲突。空间管理系统受控于地面管理系统，负责空间网络的实时管理，管理权限由地面管理系统赋予，通过大量的星上处理减少天地之间管理信息的交互，提高管理响应的时效性，通过与地面管理系统的协同实现空间网络的高效管理。各空间管理系统通过星间链路实现管理信息共享和协作。该管理平面实现管理数据的网络化采集、管理信息的网络化存储和管理功能的网络化部署，管理平面部署设计如图 6-8 所示。

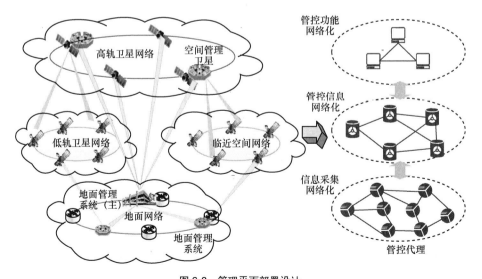

图 6-8　管理平面部署设计

数据平面和管理平面的信息交互依赖于管控通道。该架构设计统一管控通道，统一采集卫星运控、测控、网络信息，将各类信息统一汇聚，经管控通道进行传输。管控通道采用统一的管控协议，包括统一的通信模型和信息模型，其中通信模型定义管控中心与管控代理之间的数据交互流程和通信原语，信息模型采用统一的描述语言，定义网络和设备的管控信息模型，实现天地管控数据的统一描述。

|6.2　管理控制协议技术 |

本节首先介绍几种常见的卫星管理和地面网络管理协议，并针对天地一体化信息网络特点，提出天地一体的网管协议设计。

6.2.1　卫星遥测遥控协议

6.2.1.1　空间数据系统咨询委员会协议模型

空间数据系统咨询委员会（Consultative Committee for Space Data Systems，CCSDS）参考 OSI 7 层模型，提出了空间通信协议模型。CCSDS 协议模型共有 5 层，与大多数地面网络一样，省略 OSI 模型的会话层和表示层的定义。

CCSDS 协议模型各层的主要功能如下。

（1）物理层：CCSDS 协议模型的物理层由 Proximity-1 和射频与调制系统两部分组成。其中，Prox-1 是一个跨层协议，还包含接近空间链路物理层的建议。

（2）数据链路层：CCSDS 协议模型的数据链路层包括两个子层，第一个子层是数据链路协议子层，该层规定数据帧的传输方式；第二个子层是同步和信道编码子层，该层规定了数据帧的编码方式和同步方式。CCSDS 协议模型为数据链路层的数据链路协议子层开发了如下 4 种协议：

- TM 空间数据链路协议；
- TC 空间数据链路协议；
- AOS 空间数据链路协议；
- Proximity-1 空间链路协议-数据链路层。

以上协议提供了通过单个空间链路发送数据的功能。TM 协议、TC 协议和 AOS

协议提供了调用空间数据链路安全性（SDLS）协议的功能。但是，迄今为止，Proximity-1 没有安全要求。SDLS 协议可以为 TM 传输帧、AOS 传输帧或 TC 传输帧提供安全服务，并且在这些协议中是否使用 SDLS 功能是可选的。

CCSDS 协议模型为数据链路层的同步和信道编码子层开发了如下 3 种协议：

- TM 同步和信道编码；
- TC 同步和信道编码；
- Proximity-1 空间链路协议-编码和同步层。

3）网络层：网络层的空间通信协议提供了包括星上子网和地面子网的整个数据系统路由转发高层数据的功能。

4）传输层：传输层对数据传输的可靠性负责。

5）应用层：空间通信协议的应用层提供了一些空间应用服务。

6.2.1.2　分包遥测空间数据链路协议

新一代航天器星上自主能力的加强，使得产生的数据包具有自主性、随机性和异步性等特点。而这些数据包都要经过同一条星地链路传回地面，在随之而来的大数据量和高效传输业务的要求下，需要对传统遥测系统进行更进一步的改进，于是便产生了分包遥测的概念，并且沿用至今。

各种应用过程将产生多种类型的数据源包，例如航天器健康数据包、故障诊断数据包等。为了实现各种数据有效传输，要求相同类型的数据占用同一虚拟信道，并形成信道传输所需的传送帧。多个虚拟信道将复用成一条主信道，经过相关业务处理后，主信道将最终形成星地传输的物理信道。

虚拟信道是分包遥测中一个最重要的概念，它是一种对多数据流的信道动态管理机制，实际上是多信源以动态时分的方式虚拟独占物理信道，从而使多数据流用同一物理信道进行数据传输。由于虚拟信道可独立管理，并且使分包遥测在单一物理信道上实现了动态复用，提高了信道利用率，与传统遥测相比有显著的优越性。

分包遥测中的虚拟信道可以独立管理，不同虚拟信道可具有不同的优先级，以便为不同类型的数据提供不同等级的服务。由于提供了虚拟信道机制，可以对不同传输需求的数据提供不同等级的服务，分包遥测能够兼容各信源宽范围的不同特性和不同实时性的要求，在单一物理信道上实现了动态复用，使信道利用率得到了提高，同时由于各应用过程能独立自主地按照自身需求生成不同长度的源包，可不受固定采样率的限制，分包遥测信源自主性得到保证，能充分支持各应用过程的不同数据需求。

6.2.1.3　分包遥控空间数据链路协议

随着航天器数量的增多、复杂程度的提高和飞行任务难度的加大，航天器的自主控制能力加强，对遥控提出了更高的要求。ESA 从 1991 年就停用了原先的遥控标准 PSS-45，转而采用与 CCSDS 协议模型分包遥控建议兼容的遥控标准 PSS-04-107。

分包遥控采用分层体制，可以将复杂的航天器控制过程简化为由各层一系列简单的标准操作。分包遥控结构从上到下依次为应用过程层、系统管理层、分包层、分段层、信道编码层和物理层。其中最具特色的是在分段层引入了"多路接收指针"，即在虚拟信道复用前增加了一级信道复用，这样将大大优化信道优先级的分配，提高信道的传输效率。

分包遥控和分包遥测构成星地间上下行闭合回路，通过分包遥测定期返回的遥控命令链路控制字（Command Link Control Word，CLCW）可以反映星上对遥控命令的传送和接收验证情况，这是二者相互联系最重要的部分。

6.2.2　高级在轨系统协议

高级在轨系统协议由 CCSDS 空间链路业务（SLS）的空间链路协议工作组制订，在集成常规在轨系统（Common Orbiting System，COS）协议的部分功能（例如分包遥测和分包遥控）的基础上进行了扩展和完善，主要表现为 AOS 协议可支持更多业务类型，可处理大容量、高速率的数据，且支持具有不同需求的用户同时访问链路。

AOS 协议位于 CCSDS 标准层次模型分层中的数据链路协议子层，通过使用一种名为传输帧的定长协议数据单元（PDU）传输各种数据。为了提高信道的利用率，AOS 协议引入了虚拟信道（Virtual Channel，VC）这个重要的概念。虚拟信道将一个物理信道分为几个独立的逻辑数据信道，从而有不同业务需求的高层数据流可以通过独立的虚拟信道共享一个物理信道。虚拟信道由一个全球虚拟信道标识符（GVCID）唯一确定，虚拟信道与物理信道之间的逻辑关系由 AOS 协议传输帧主导头部信息中的 3 个不同的区域标识符：传输帧版本号（TFVN）、航天器标识符（SCID）、虚拟信道标识符（VCID）组合表示。

AOS 协议提供了 7 种业务。其中虚拟信道包、位流、虚拟信道接入、虚拟信道操作控制域、虚拟信道帧 5 种业务提供给虚拟信道；主信道帧业务提供给主信道业务；插入业务则提供给物理信道中的所有传输帧。AOS 协议业务种类概况见表 6-1。

表 6-1　AOS 协议业务种类概况

业务	业务类型	业务数据单元	业务接入点地址
虚拟信道包	异步	包	GVCID+包版本号
位流	异步或周期	位流数据	GVCID
虚拟信道接入	异步或周期	VCA_SDU	GVCID
虚拟信道操作控制域	异步或周期	OCF_SDU	GVCID
虚拟信道帧	异步或周期	传输帧	GVCID
主信道帧	异步或周期	传输帧	MCID
插入	周期	IN_SDU	物理信道名称

6.2.3　简单网络管理协议（SNMP）

SNMP 是 TCP/IP 网络中应用比较广泛的网络管理协议，由 3 个互相关联的标准组成，分别为 RFC1065 定义的管理信息结构（SMI）、RFC1066 定义的管理信息库（MIB）和 RFC1067 定义的 SNMP。其核心思想是将网络被管设备上的网络资源抽象成被管对象，存放在一个 MIB 中，并称这些被管对象为 MIB 变量。每个 MIB 由该节点上的管控代理（Agent）负责维护，管理者通过网络管理系统（NMS）与 Agent 进行交互，以实现对各个 MIB 的管理。NMS 是一个或一组软件，一般运行在网管中心的主机上；Agent 也是一种软件，在被管的网络设备中运行；这些软件之间交互通过 SNMP 实现。

SNMP 网络管理模型由 4 部分组成，即网络管理系统（NMS）、管控代理（Agent）、管理信息库（MIB）和简单网络管理协议（SNMP），基本参考模型如图 6-9 所示。

NMS 是管理者与网络之间的管理接口，通常有一个友好的图形界面，能够表现网络拓扑结构、子网结构、设备的类型和连接类型，能够将获取到的设备信息以一种图形化的界面呈现给网管人员等；具备底层通信能力，能够收/发用于网络管理的 SNMP 数据包；也具备数据获取和存储分析能力，能从设备上获取管理信息，能将这些信息保存起来并提供分析；提供对网络有计划、长期的监测和管理功能。

Agent 存在于主机、路由器、交换机等网络设备上，对来自 NMS 的信息和操作命令进行响应以及主动向 NMS 发送陷阱（Trap）信息。Agent 一般由设备供应商提供，几乎所有主流的网络产品上都提供 Agent，可以通过 NMS 进行管理。

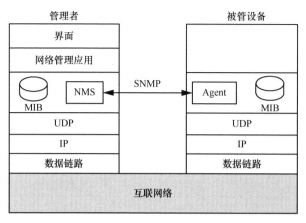

图 6-9　SNMP 参考模型

　　MIB 是一个标准文档，它描述了 Agent 能够为 NMS 提供哪些信息以及这些信息的操作权限（查询或设置）。MIB 其实是 Agent 对外提供的一种访问管理信息的"接口定义"，通过 SMI 规定如何定义和描述这个接口。RFC1213 中，定义了一套基本的网络管理信息，即著名的 MIB-II。当然，MIB 所包含的内容远不止 RFC1213 中所定义的 MIB-II，针对各种具体的管理需求，可在 SMI 规范下定义相应的专用 MIB。

　　SNMP 是 TCP/IP 协议集的一个应用层协议，工作在 UDP 上，其协议结构如图 6-10 所示。

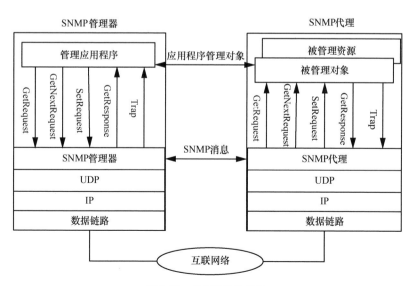

图 6-10　SNMP 协议结构

为了进行 NMS 和 Agent 之间的通信，SNMP 定义了 5 种网络管理的操作原语，见表 6-2。

表 6-2　SNMP 操作原语

操作	含义
GetRequest	获取特定对象的值
GetNextRequest	获取按字典顺序的下一个对象的值
SetRequest	设定特定对象的值
GetResponse	响应取操作
Trap	报告陷阱信息

6.2.4　其他网管协议

6.2.4.1　NETCONF 协议

NETCONF 协议是一种解决网络配置管理问题较为有效的方法，是 IETF（因特网工程任务组）网络配置工作组提出的基于 XML 的网络管理协议。它给出了一个层次化的管理体系，在信息传输方式、操作类型、管理数据模型等方面都给予了充足的扩展空间，它还对配置管理方面的需求进行了充分考虑，可以进行分布式的网络配置工作，支持配置过程中信息加锁、信息回滚等操作。

NETCONF 协议分为 4 层：安全传输层、消息层、操作层和内容层。NETCONF 从协议层面规定其传输层必须使用带有安全加密的通信协议，例如 SSH、TSL 等。

6.2.4.2　远程网络监视协议（RMON）

IETF 于 1991 年 11 月公布的 RFC1271 定义了 RMON MIB，对 SNMP 轮询的弊端进行了弥补，扩充了管理信息库 MIB-II，在不改变 SNMP 的条件下增强了网络管理的功能，进一步解决了 SNMP 在日益扩大的分布式网络中所面临的局限性。

RMON MIB 的目的在于使 SNMP 更为有效、更为积极主动地监控远程设备。RMON MIB 由一组统计数据、分析数据和诊断数据构成，利用许多供应商生产的标准工具都可以显示出这些数据，因而它具有独立于供应商的远程网络分析功能。

6.2.4.3 公共管理信息协议/公用管理信息服务（CMIP /CMIS）

公共管理信息协议（CMIP）是国际标准化组织（International Organization for Standardization, ISO）在 20 世纪 80 年代提出的网络管理协议。它主要针对 OSI 7 层协议模型的传输环境而设计，采用报告机制，具有许多特殊的设施和能力，用来提供公用管理信息服务（CMIS）。CMIP 体系包含一套用于描述协议的模型，一组用于描述被管对象的注册、标识和定义的管理信息结构，被管对象的详细说明以及用于远程管理的原语和服务。CMIP 与 SNMP 一样，也是由网管代理和管理站、管理协议与管理信息库组成的。在 CMIP 中，网管代理和管理站没有明确的指定，任何一个网络设备既可以是网管代理，也可以是管理站。由于 CMIP 需要能力强的处理机和大容量的存储器，目前支持它的产品较少。

6.2.4.4 TCP/IP 上的公共管理信息协议（CMOT）

由于 SNMP 过于简单，不能解决网络管理的所有问题。CMIP 虽然能够很好地管理网络，但它实现起来过于复杂，于是产生了一种过渡性的解决方案——TCP/IP 上的公共管理信息协议（CMOT），提出在 TCP/IP 簇之上实现 CMIS。RFC1189 定义了 CMOT 协议。

CMOT 协议在应用层仍然使用 CMIS 的应用协议，但在表示层，CMOT 使用了与 OSI 参考模型表示层同层的另一个协议——轻量表示协议（Light-weight Presentation Protocol，LPP），该协议提供了和目前使用最普遍的两种传输层协议 UDP 和 TCP 的接口。这样既大大降低了开发难度，又保留了 CMIS 的强大功能。CMOT 的一个潜在问题是，许多网络生产商并不想花费时间实现一个过渡性方案。

6.2.5 天地一体化网管协议设计要求

天体一体化信息网络中被管对象复杂，同时星地组网通信所带来的高时延和星地之间频繁的数据交互不可避免地给网管操作带来严重的影响。为了实现天地一体化信息网络安全可靠运行，其网管协议设计应满足以下要求。

（1）网络统一管理要求

针对天地一体化信息网络设备多样化的特点，需要构建统一管理信息模型，研究具有通用性的信息模型描述方法，对管控信息进行统一描述和适配。

（2）可靠性要求

卫星传输信道上传输的信号容易受到干扰，产生误码、丢包、错序等问题，需要对报文进行完整性校验，且管理协议应具备超时重传功能。

（3）安全性要求

被管对象涉及卫星平台、载荷的关键设备管控，需要研究和设计适应于星地链路通信的网管协议认证、鉴权、加密、访问控制等安全保障措施，保障协议接入安全。

（4）轻量化和灵活性要求

目前天基节点（如星务计算机等）管理功能支撑度较低，数据上报方式单一，需要在代理上完成较多管理控制工作（如数据组织、变频上报等）。同时，由于链路带宽速率低，需要尽可能降低协议报文开销，并针对不断演进的管理功能要求，对节点进行灵活配置。

（5）可扩展性要求

天地一体化网管协议的设计需要满足网络规模和结构的动态变化需求，实现信息模型语义的可扩展，易于操作和程序处理，避免代理端由于功能复杂性而产生对资源的过分耗费，降低性能。此外，网管协议应支持迭代改进和新功能的扩展开发，支持节点功能重构。

| 6.3 代理实现技术 |

代理部署在网络节点上，完成节点内部的平台/载荷/设备管理信息、网络管理数据的统一采集、封装及路由转发，并根据指令管理控制节点内天线、基带、交换机、路由器、网关、服务器、存储等通信及网络设备以及卫星平台、机房动力/空调等动环设备。

天地一体化信息网络节点主要分为天基节点、地基节点两类，本节分别介绍天基节点、地基节点相应的代理实现技术。

6.3.1 天基节点代理实现技术

天基节点代理实现与星上处理的数据计算存储服务管理卫星相关的服务请求，包括姿态和轨道控制、卫星遥测与健康状态、载荷的通信资源分配、用户业务执行等。主要功能包括在轨边缘处理、网络管理、数据管理、任务规划、资源分配、健康监控和位置保持等，可以大幅缩短卫星网络运行过程中管控信息的分派、收集、处理和分发所需的时间。基于代理，卫星可在没有地面站指挥和控制的情况下自主运行，星上载荷能够自主地接受执行用户任务，无须通过地面系统处理的信息。

天基节点代理实现卫星自主故障检测与定位，针对判据简单、处置方案明确的在轨故障进行自主检测及在轨处置，包括参数判断、故障识别、自主控制等。卫星自主故障检测在线监控的核心环节是监控算法，可以采用的算法是开放的，具有可扩展性。

为了及时应对动态环境下的用户需求，天基节点代理须基于周期驱动和事件驱动运行调度载荷，根据用户需求特征，依据异构网络资源的虚拟化建模掌握资源能力及实时状态，实现任务与资源的匹配集合，建立不同场景下天地一体化异构网络智能规划模型，采用智能算法进行任务规划及资源调度。

6.3.2　地基节点代理实现技术

地基节点代理主要功能可分为监测与控制两部分，前者负责设备与信号的数据采集、报警、呈现等工作；后者则负责处理监测数据与报警信息，对系统设备进行控制而实现正常输出。

地基节点代理的主要功能通常包括设备运行状态监测、主/备设备自动切换、动力环境监测、视频监视等不同功能，可按照云计算、大数据思想进行系统平台的构建，实现数据采集、存储、汇聚的统一配置和综合管控，通过对数据进行深度挖掘分析，全面提升整个节点状况的实时智能研判和处置水平。

（1）数据采集汇聚

地基节点的实时监控需要建立完善的设备监控系统、动力环境监测系统以及空间状态监测系统等，这些系统完成原始数据的采集和基础分析。设备和环境的各种状态数据，包含但不仅限于节点内设备及辅助设备的参数、运行状态数据等，电力系统的断路器状态、避雷器绝缘状态、机房环境状态、日凌干扰等的监测数据、卫星信号电磁频谱分析数据等。这些原始数据除在本地 PC 存储外，还被同步汇聚到云端。

（2）数据存储与处理

云为整个系统提供数据统一存储及多种数据访问接口。各类监控数据同步到磁盘阵列中的原始数据经提取、转换、加载和整合后，分别生成供智能管控系统使用的数据库和供数据深度挖掘使用的数据库，数据系统的灾难恢复由统一调度软件提供的虚拟化热迁移功能来完成。

| 6.4　管控中心实现技术 |

6.4.1　管控中心软件架构

为适应天地网络应用需求的变化和网络规模的扩大，网络管控中心应充分考虑"技术可迭代、功能可扩展、性能可升级"的能力，建立一个通用开放的软件架构，支持后期网络升级，管控中心软件架构如图 6-11 所示。管控中心软件具有规模大、复杂程度高、流程复杂等特点，需要建立统一的开发与集成标准，实现软件的通用化，以解决异构环境的互操作问题、复杂系统应用的协同开发问题。考虑到系统对高可靠性、可扩展性和可维护性的需求，中心软件也要具备动态重构、在线自检以及出错隔离的能力。

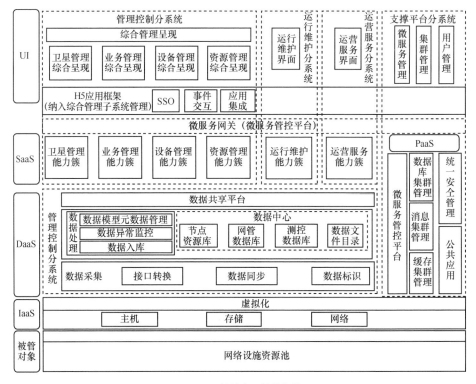

图 6-11　管控中心软件架构

为了适应网络长期演进（如 SDN、NFV 化）的需要，整体架构上考虑如下 3 点设计以满足需求。

（1）被管对象变化的适应

核心数据模型通过元数据定义，被管对象类型或被管对象属性变化时，能够通过元数据的变更快速调整。

（2）系统功能变化的适应

采用微服务架构，在网络 SDN、NFV 化后，只需补充网络编排、业务编排等业务服务能力，无须对原有服务能力做大的调整。

（3）处理能力变化的适应

采用云化架构，随着系统迭代演进，节点数量不断增加，异构数据量迅猛增多，为了应对未来新的网络应用的需求，在大数据的基础上，应用人工智能处理算法为网络应用提供服务也将成为趋势。云化架构能够满足这种不同数据量级处理能力的要求。

云化架构是物理分散、逻辑统一的计算存储中心，以融合架构（计算、存储、网络融合）作为资源池的基础单元，将分散部署数据中心整合起来，通过多数据中心融合提升天地一体化信息网络工程的信息化效率，具有逻辑屏蔽地域差异、软件定义数据中心、自动化运维的主要特征，通过自动化管理和虚拟化平台支撑 IT 服务精细化运营，分布式多中心云架构如图 6-12 所示。

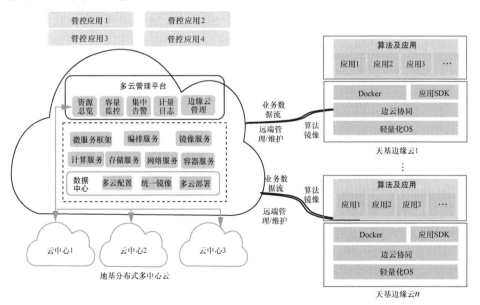

图 6-12　分布式多中心云架构

6.4.2　天地一体的资源管理技术

天地一体化信息网络的资源管理主要包括集中式、分布式和混合式 3 种。集中式架构能够统一管理和分配全局的资源，可以在整个网络层面提高系统的资源利用率，提升系统性能，但是资源信息交互频繁且通信开销大。分布式架构将集中式管理的管理功能实体分散到各个地位对等的实体中，实体间通过通信实现整个网络资源的统一分配和管理，但无法综合考虑整个网络的情况，导致资源利用率低。混合式架构将集中式和分布式进行了结合，是两者的折中。

面向天地一体化网络资源高效综合利用的需求，针对异构网络互联、时空资源复杂多样、不同业务服务需求差异大等特点，以虚拟化技术为基础，结合资源的自主调度技术，构建资源虚拟化的管理服务架构，实现资源的综合管理和调度，资源虚拟化管理服务架构如图 6-13 所示。

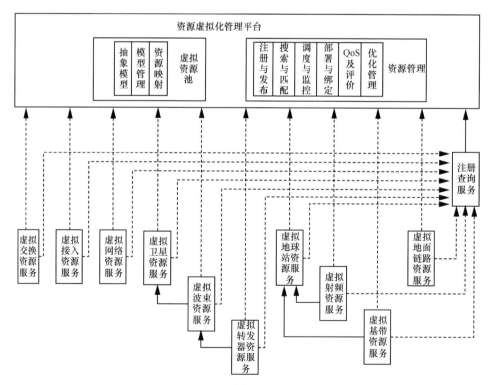

图 6-13　资源虚拟化管理服务架构

资源的虚拟化是实现资源的统一管理和按需服务的基础。它有两方面的功能：将物理资源虚拟化成统一的逻辑资源视图；能够提供组合而成的高级资源形式。用户不仅能获取单一类型的资源，比如频率资源和地球站资源；也能快速获得组合类型或更高级形式的资源，比如组网方案。无论是单一类型还是组合类型，它们都具有统一的逻辑视图，使得资源较容易被分配或调度。

| 6.5　管理新技术 |

6.5.1　分布式大规模管控数据存储技术

天地一体化信息网络中节点功能日益复杂，管控能力不断提高，管控数据量也日益增长。传统的集中式存储技术在应对大规模数据时存在性能低下、成本激增、单点故障等问题。在解决海量网络信息和用户信息的统一管理需求时，可以借鉴地面先进的分布式文件系统（Hadoop Distributed File System，HDFS）。HDFS 是 Apache 基金会下的 Hadoop 项目的一个主要组成部分，它被设计成适合运行在通用硬件（Commodity Hardware）上的分布式文件系统。

HDFS 是一个具有高度容错性的系统，能够提供高吞吐量的数据访问，非常适合基于大规模数据集的应用。HDFS 采用的是中心总控式架构，包含 3 个部分，即 NameNode、DataNode 和 Client，其中 NameNode 为中心节点。

6.5.2　跨域故障特征识别和关联性挖掘技术

天地一体化信息网络中故障告警和性能告警呈现海量性、跨域性等特点，因此网络故障定位困难。基于故障定位的前提是基于真实故障告警进行诊断和判别，一种典型的跨域故障特征识别和关联性挖掘算法流程如图 6-14 所示。

该技术首先将故障告警和性能告警用其特征属性进行标识，对告警事件的特征属性进行提取。通过主元分析法处理提取向量后，将海量告警事件映射成主元子空间（主要、真实的告警信息）和残差子空间（包含虚假告警或者错误告警）。通过降低告警事件空间的维度实现关键特征提取。通过明确哪些具体的告警跟网络真实故障相关，提取和形成告警特征向量，解决故障告警和性能告警特征向量过多且相互关联的问题。

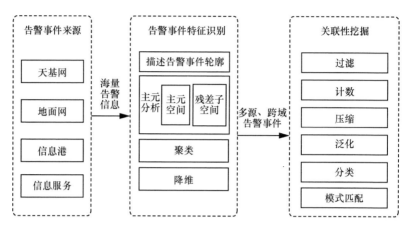

图 6-14 跨域故障特征识别和关联性挖掘算法流程

通过关联性挖掘对告警事件的总数进行压缩，并增加告警信息所包含的语义内容。其相关性分析主要针对多源、跨域告警事件进行过滤、计数、压缩、泛化、分类和模式匹配，从而合并为具有更多信息量的告警事件，提高故障诊断的效率。

6.5.3 基于深度学习神经网络的跨域故障定位技术

天地一体化信息网络状态感知困难，跨域故障定位技术可基于感知探针获取多维、海量状态的信息，采用深度学习神经网络进行故障综合研判。

神经网络是数据驱动的，能够有效地对故障告警事件进行汇聚处理分析，通过分析引擎进行实时的事件解析、处理，将来源于不同域的节点故障信息基于规则、统计、地域等进行关联分析，有效地过滤和去除大量没有响应价值的信息。通过对海量历史的训练和智能化分析，找到告警事件发生的规律，发现告警事件之间的潜在关系。采用深度神经网络进行故障定位，其模型相较其他机器学习方法可以学习到输入数据丰富的特征值，而且对数据的学习表达能力很强，但是当隐含层很多的时候，整个网络的学习和特征提取则具有很大的挑战性，需研究和改进深度神经网络算法，从而提高神经网络的挖掘效率。

6.5.4　基于机器学习的多根源告警分析技术

天地一体化信息网络拓扑结构的复杂性及传输信道的不稳定，导致告警的传输会发生丢包和时延的可能。这种丢包和时延，会使得在单一的待检验样本中出现或缺少级联告警中关键的一环。这会导致诸如专家系统等依托逻辑链的诊断方法准确度的下降，甚至无法正确输出根源告警。而借鉴神经网络的模糊匹配、归纳的能力，神经网络算法有了更好的容错性，可有效处理和解决这种丢失和时延的问题。

另外，天地一体化信息网络中告警规模具有海量性，节点上的单一故障可能导致多个告警，甚至会引起多个节点的告警（即多根源告警）。原本基于分类和预测思想的神经网络无法将一个故障源识别出多个类的特征，即无法完成多根源告警的识别。而基于聚类思想的自组织映射神经网络通过告警之间的关系进行聚类，反映出各告警间的关系信息，在大规模复杂网络的多根源告警定位识别中具有明显的优势。

┃ 参考文献 ┃

[1] 陆洲, 田建召, 赵晶, 等. 高低轨混合卫星网络管控架构设计[J]. 中国电子科学研究院学报, 2020(1): 15-19.

[2] 张振运. Inmarsat 海事卫星系统的应用与发展[J]. 中国新通信, 2013(5).

[3] 石世怡. 关于 Inmarsat 海事卫星通信系统[J]. 广播电视信息, 2009(6).

[4] 蔡娟娟. 基于 OpenFlow 的 SDN 技术研究[J]. 电脑迷, 2016(6).

[5] 亚明. 铱星遨游太空 电波撒满全球[J]. 现代通信, 1998 (7) :10-11.

[6] BAO J, ZHAO B, YU W, et al. OpenSAN: a software-defined satellite network architecture[J]. ACM SIGCOMM Computer Communication Review, 2014, 44(4): 347-348

[7] 叶晓国. 空间通信协议 SCPS/CCSDS 研究综述[J]. 电信快报, 2009, 452(2): 13-15.

[8] 孙辉先, 陈小敏, 白云飞, 等. CCSDS 高级在轨系统及在我国航天器中的应用[J]. 航天器工程, 2003(1): 12-18.

[9] 丁铎. 基于 SNMP 的卫星网络管理系统研究与原型实现[D]. 西安: 西安电子科技大学, 2014.

[10] 徐慧, 艾翔, 肖德宝. 基于 NETCONF 协议的新一代网络管理[J]. 北京邮电大学学报, 2009, 32(S1): 10-14.

[11] 李腾飞. 基于 RMON2 协议的网络流量监测与预测研究[D]. 西安: 西安电子科技大学, 2014.

[12] 徐哲, 夏云, 谢希仁. CMIP 和 SNMP 的比较和综合[J]. 东南大学学报(自然科学版), 2000(3): 130-135.

[13] 田金勇. 基于 J2EE 的网络管理系统的设计与实现[D]. 成都: 四川大学, 2003.

[14] 彭冬, 朱伟, 刘俊, 等. 智能运维: 从 0 搭建大规模分布式 AIOps 系统[M]. 北京: 电子工业出版社, 2018.

[15] 陈先昌. 基于卷积神经网络的深度学习算法与应用研究[D]. 杭州: 浙江工商大学, 2014.

第 7 章

空间节点技术

从节点平台、有效载荷以及发展趋势等方面对以卫星为代表的空间节点进行了介绍，平台方面包括大型卫星平台、中小型卫星平台、电推进卫星平台和临近空间平台，列举了当前典型平台的性能指标、功能应用情况；载荷方面描述高通量、多波束相控阵、激光通信以及太赫兹载荷等的功能、设计和需要突破的关键技术。

空间节点是天地一体化信息网络的重要组成部分，根据节点在空间的部署位置不同，包含位于地球静止同步轨道的卫星、位于低轨道的卫星以及位于临近空间的飞艇或无人机等。各个节点之间通过激光或者微波高速通信链路进行互联。

在天地一体化信息网络系统设计中，若将空间网络节点视为系统，则有效载荷和平台是从属于它的两个分系统。有效载荷是实现各项空间网络节点功能的最核心组件，载荷的功能和性能将会直接影响到网络的功能和品质。而卫星、飞艇、无人机、浮空器等平台则是有效载荷的承载体，为有效载荷的工作提供必要的支撑和保障。

7.1　空间节点平台

空间节点平台包含卫星、飞艇、无人机等，平台上承载各类功能载荷以实现相应的节点功能。对于空间节点，卫星是其主用平台，卫星的部署位置范围大，可以从离地球几百千米高度到三万多千米的地球静止同步轨道甚至更高。另外，为了满足部分区域同时大量突发用户的接入需求，利用飞艇、无人机等平台安装网络通信设备以作为网络的补充，共同构成天地一体化信息网络。

卫星平台技术经过几十年突飞猛进的发展，在卫星大小上，形成了从几十克的微纳卫星到数千千克重的大型卫星，并根据不同功能需求以及轨道高度形成了系列化的卫星产品；在卫星功能上，逐步发展形成了通信卫星、导航卫星、遥感卫星、气象卫星等多个应用领域，并朝着多功能一体化方向继续发展；在卫星平台推进技术上，也由传统的化学推进（简称化推）发展到电推进（简称电推），形成了电推、化推以及电化结合等多种平台。

卫星平台的设计不断朝着多任务适应性和系列化方向发展。平台越做越大，有效载荷承载能力也逐渐提高，使得卫星功能日渐强大。目前，主流大型通信卫星平台的载荷承载能力可达到 1200kg，总发射质量 6000kg 以上，功率可以做到 15kW 以上。一些超大型卫星平台如东方红五号等，承载能力和功率更为强大，可搭载的通信有效载荷数量不断增大，种类也不断增多。

随着卫星技术不断发展成熟，各卫星研制厂商提出采用模块化设计的卫星公用平台取代传统的卫星平台，通过建立卫星公用平台产品线大幅提高通信卫星的产能。经过 40 多年的推陈出新和稳步发展，中国航天科技集团公司五院、八院，中国科学院微小卫星创新研究中心以及国外先进宇航企业建立了不同的卫星公用平台型谱和产品线。

近些年临近空间也越来越受到重视，临近空间是指距离海平面 20～100km 的空间区域。临近空间平台是指处于临近空间内的，可搭载通信载荷、承载网络节点功能的各类平台，当前主要包含超长航时无人机、平流层飞艇、高空气球等。部分临近空间平台如图 7-1 所示。

 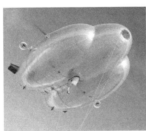 

超长航时无人机　　　　　　　平流层飞艇　　　　　　　　高空气球

图 7-1　部分临近空间平台

7.1.1　大型卫星平台

大型卫星平台承载能力强、成本高，大多数部署在地球静止同步轨道，且有大量的通信类卫星。对于地球静止同步轨道的通信卫星，随着通信容量不断增长，通信频段不断增加,转发器数量也越来越多。随着卫星功能的逐渐增强,单颗卫星安装的载荷也越来越大。另外地球静止同步轨道卫星轨位资源日趋匮乏,为了满足大量卫星对轨位的需求,将多颗卫星部署在同一个轨道位置以实现轨位资源的共享。多星共轨位设计给大型卫星的轨道精确控制提出了更高的要求,同时功能的增强也对大型卫星提出了高集成度等要求。

大型通信卫星平台的发展主要有两条途径:一是在现有运载工具对卫星尺寸和重量的最大限制条件下发展大型卫星平台,二是采用空间对接或多星共轨技术,将需要由一颗大型卫星承载的网络节点功能分解为多个小卫星来承载,然后分别发射送入预定轨道,在轨道上进行交会对接组合为一颗大卫星,或者多颗小卫星共轨位运行,通过星间链路进行多颗小卫星间的信息交互,以实现一颗大卫星的功能。

在卫星结构总体设计上,早期大多数通信卫星采用模块化设计,将卫星设计成若干功能模块,再将各个模块总装连接成整星。采用这种模块化构型和布局的平台难以扩展提升能力,为了克服上述缺点,现代大型通信卫星在模块化设计的基础上,进一步采用分舱设计,如洛马公司的 A2100 平台、休斯公司的 HS601 平台、马特拉—马可尼公司的欧洲星 3000 等平台。这种设计方案中,推进剂贮箱采用并联连接,而且各种贮箱都为圆柱形设计,一方面可通过增加柱段长度增加卫星平台推进剂装填量,另外几个圆柱形贮箱采用并联连接方式可充分利用平台内部的空间,从而降低平台高度。此外,这种结构设计的有效载荷舱更加独立,一方面有利于有效载荷的扩展增加,另一方面有效载荷舱升级更改对卫星平台影响很小。这种布局不仅使公用平台具有很大的灵活性,而且缩短了卫星的研制周期,降低了成本。

卫星主承力结构主要有中心承力筒式、箱板式、桁架式 3 种结构形式。中心承力筒结构通过中心承力筒承受卫星的主要载荷,承力筒的中心轴线即卫星的中心轴线,下部直接与火箭连接面相连,发动机、贮箱以及质量大的有效载荷直接与承力筒相连,大多数结构部件均以中心承力筒为中心进行组装。除采用中心承力筒结构设计外,现在有些大型卫星也采用箱板式结构或桁架式结构设计,这种设计将各种贮箱并列在卫星底部平板上,结构只承受有效载荷舱的力学载荷,而不像承力筒结构设计时承力筒要承受整星力学载荷。这 3 种承力结构形式的优缺点比较见表 7-1。

表 7-1　3 种承力结构形式的优缺点比较

结构形式	中心承力筒式	箱板式	桁架式
结构设计	复杂	简单	简单
传力线路	长	短	短
承受载荷	大（整星）	小	小
结构工艺	很复杂	很简单	简单
工艺质量	难保证	易保证	易保证
结构重量	较重	较轻	最轻
总装工艺	难	简单	简单
有效载荷扩展	难	容易	容易
研制周期	较长	较短	较短
研制成本	较高	较低	较低

　　虽然各厂商研制的卫星平台在结构总体形式、承力结构等方面各有不同，但从卫星平台的构成来说，通常划分为结构与机构、热控、供配电、姿态与轨道控制、推进、测控、综合电子 7 个分系统。

　　结构与机构分系统是卫星平台的核心系统，是卫星各受力和支撑构件的统一称呼，该分系统为卫星的所有其他分系统提供结构支持，并为启动火工装置的分离提供条件。

　　热控分系统通过控制卫星内外的热交换过程，保证星上各个分系统在整个任务期间都处于正常的温度范围内，保证卫星的正常工作。

　　供配电分系统的作用主要是在卫星所有飞行阶段为卫星有效载荷和各服务分系统提供电能，并对电能进行存储、分配和控制。供配电分系统由发电器、储能系统、控制装置和分配装置四大部分组成。

　　姿态与轨道控制分系统主要实现卫星平台的姿态控制以及轨道保持等功能。姿态控制主要用于卫星从在轨开始姿态捕获到在轨稳定工作各过程的姿态控制，确保卫星在正常运行期间能够稳定对地定向。轨道控制的目的则是克服轨道摄动给卫星平台带来的不利影响。

　　推进分系统作为卫星的动力装置，负责把卫星安全送入工作轨道，同时确保卫星在工作期间保持在所要求的位置上，并根据指令要求随时改变轨道和姿态等。

　　测控分系统负责全面有效的跟踪、测量与控制，卫星从发射、变轨、定轨到在轨运行的各个阶段，遥测的主要任务是监视星上设备的状态情况，并把星上设备状态信息发回到地面上的测控站，遥控的主要任务是接收和执行地面测控站发来的指令信号。

综合电子分系统是卫星的"大脑"，主要实现对卫星的控制及管理功能，它也是不同卫星间差别最大的分系统，需要根据卫星的功能以及安装的有效载荷情况进行针对性的设计。

下面介绍一些国内外典型的大型卫星平台。

（1）空间客车 4000 系列通信卫星平台

泰雷兹-阿莱尼亚公司以"空间客车"（Spacebus）系列卫星平台发展了空间客车 4000B1、4000B2、4000B3、4000C1、4000C2、4000C3 和 4000C4 等多种型号，功率 5～15kW，卫星最大发射质量达 5900kg。

该平台采用模块化设计、中心承力筒式结构，采用三轴稳定姿态与轨道控制系统。利用复合材料制成中心承力筒，内置两个燃料贮箱，承力筒周边装有用于安装各种支持设备的面板，另外还有 3 块用于安装通信有效载荷设备的面板，其中两块南、北板用于散热，通过热辐射使有效载荷产生的热量散到空间冷环境中。卫星的蓄电池组已从采用镍氢电池发展到采用锂离子电池，推进系统则采用双元推进剂化学推进系统。

（2）欧洲星 3000

阿斯特留姆公司通过近几年来的广泛并购，已经建立起来种类多样的卫星平台型谱，包括欧洲星 1000、2000、3000（Eurostar1000、2000、3000）系列。公司主打的是欧洲星 3000，卫星平台沿用了前两代"欧洲星"系列卫星平台的通用结构设计，同时继承了灵活的有效载荷适应性，进一步提高了发射质量和电源功率，最大有效载荷承载质量为 850kg，最高功率达到 14kW，最大发射质量为 6150kg。

卫星平台主体为箱式铝制结构，在卫星南、北面板和对地板内侧安装有效载荷，天线则是安装在东、西面板上。卫星南、北面板外侧装有太阳电池翼，每个太阳电池翼由 4 块或 5 块砷化镓（GaAs）电池板组成。在全球范围内，该卫星平台率先采用锂离子蓄电池，电池容量 231～462Ah。电源功率的全面提升使得该卫星平台全面支持等离子/离子推进器，卫星南、北位置保持推进器采用了稳态等离子推力器（SPT-100）。

"欧洲星"系列卫星平台作为标准化的通用卫星平台，其主要特色之一是能够根据用户需求进行修改和演变。随着用户群体的逐步扩大，欧洲星 3000 卫星平台也陆续衍生出了众多改进型号，例如针对地球静止轨道移动通信卫星的欧洲星 3000GM 卫星平台以及为英国国防部打造的欧洲星 3000S 轻卫星平台等。

（3）A2100 系列卫星平台

洛马公司早期研制了 LM3000、LM4000、LM5000、LM7000 等地球同步轨道卫星平台，随着通信卫星不断向大质量、高功率方向发展，这些卫星平台逐渐被 A2100平台代替。A2100 系列主要包括 A2100A、A2100AX、A2100AXS、A2100M 等型号，功率覆盖 5.7～15kW，卫星最大发射质量 6169kg。

该平台为箱板式结构，采用模块化设计，核心由铝蜂窝型石墨环氧树脂夹层平板组成，燃料箱和绝大部分推进设备与卫星平台直接连接。卫星平台分为平台舱和有效载荷舱两个主要部分，电池从外部安装在卫星平台基座上，仅通过加长或缩短中心结构和散热器板，有效载荷的安装面积和散热能力就可以得到改进。由于采用了箱板式和模块化的结构，可以根据载荷的情况对卫星平台的配置进行剪裁，以配合载荷的不同需求。由于采用模块化和系列化的卫星平台设计，它们的设计、制造、测试等工序都可以并行进行，大大提高了效率，缩短了卫星研制周期。

（4）BSS702 系列卫星平台

波音公司重点开发通信卫星系列平台，研制了以 BSS601 和 BSS702 为代表的地球同步轨道通信卫星平台。BSS601 系列包括基本型、高功率型 BSS601HP、中地球轨道移动通信的 BSS601M、地球静止轨道业务环境卫星（GOES）的 BSS601 GOES、跟踪与数据中继卫星（TDRS）的 BSS601 TDRS 等型号，最大功率 10kW。BSS702 系列卫星平台包括高功率型 BSS702HP、中功率型 BSS702MP 和全电推进型 BSS702SP，具备 1200kg 的有效载荷承载能力和 18kW 的电源供电能力，最大发射质量 6199kg，在轨寿命 15 年。

BSS702 卫星平台为桁架式结构设计，包含卫星平台和有效载荷舱两部分。桁架式结构按 X 形结构布置在对角线方向，节省了更多空间，通过将 4 个贮箱并联放置降低了卫星平台高度，同时增加了卫星对地板面积，使卫星可以装上各种结构的大孔径、高增益天线。各分系统均采用模块化设计，可以对各种配置如电池、推进系统、控制系统等功能灵活调节，以适应各种载荷对卫星平台的要求。

另外，为了提高系统性能，BSS702 卫星平台采用了多项新技术。例如散热器使用的是柔性热管技术，通过可展开辐射器，增大了有效散热面积；采用了氙离子推进系统，可用于轨道转移和动量轮卸载，这样能节省更多的燃料。

（5）LS1300 卫星平台

劳拉公司在收购福特宇航公司之后成立了劳拉空间系统公司，并且回购了欧洲制造商的全部股权,从此劳拉公司成为发展最快的商业通信卫星及分系统的制造商。劳拉公司提供包括卫星平台、通信有效载荷、保险、风险管理、运行控制和发射系统采购在内的整星服务。LS1300 卫星平台的研制起始于 20 世纪 80 年代中期,在经历了数次升级换代之后,各项技术指标都得到了很大改进。目前,LS1300 卫星平台型谱包括 LS1300(基本型)、1300GOES NEXT、1300S(扩展型)等,主要用于地球同步轨道通信卫星,不同版本的 LS1300 卫星平台的卫星功率为 5~25kW,卫星最大发射质量 6910kg,最大有效载荷质量 1200kg。

该卫星平台采用碳纤维中央承力筒作为载荷的支撑结构,承力筒内装有远地点发动机和推进剂贮箱,载荷天线安装在主结构的对地面板和东西面板上。为了向有效载荷提供更大的容量,LS1300 卫星平台在设计时增加了一个扩展模块,将整个卫星结构的高度增加 30%,这样使得卫星可以使用更大的燃料贮箱以及更长的结构壁板,同时可以满足更多的有效载荷设备,并具有更高的散热能力。

20 世纪末,劳拉空间系统公司开始研制改进型平台——LS1300S 扩展型,目的是发展 Ku 和 Ka 频段宽带通信,为用户提供高数据率互联网和多媒体业务,从而提高卫星平台性能。与 LS1300 基本型相比,LS1300S 扩展型采用了可扩展超级电源系统、稳态等离子推力器、锂离子电池和可展开热辐射器等新技术。这些改进使得 LS-1300S 扩展型能够比基本型 LS1300 卫星平台多提供 40%的容量,符合多频段多波束有效载荷的要求。LS1300S 卫星平台能够提供的功率在 12~18kW,卫星最大发射质量高达 7000kg 左右。

(6)"东方红四号"卫星平台

"东方红四号(DFH4)"是我国从 2001 年就开始研发的大型通信卫星平台,2006 年首颗正样星的研制工作完成。"东方红四号"卫星平台具有承载能力强、功率大、服务寿命长等特点。有效载荷重量 600~800kg、输出功率 8~10kW。平台包括推进舱、服务舱、通信舱和太阳翼。整体性能与 HS601、A2100AX、SB3000、FS1300 等国际通信卫星平台接近。

(7)"东方红四号增强型"卫星平台

"东方红四号增强型"卫星平台(DFH4E)是在"东方红四号"基本型平台的设计基础上,充分继承了"东方红四号"平台的成熟技术,着力增加卫星服务寿命和提升有效载荷容量,整星发射重量 6000kg,平台可提供超过 13.5kW 的整星功率,服务寿命不少于 15 年。

（8）"东方红五号"卫星平台

"东方红五号"卫星平台作为我国自主研制的桁架式大型卫星平台，具有"高承载、高功率、高热耗、高控制精度"的优势，卫星发射重量高达 10000kg，载荷承载能力可以达到 1500～1800kg，整星功率超过 28kW，提供载荷功率高达 22kW，载荷舱的散热能力超过 9kW，设计寿命长达 16 年。2019 年 12 月 27 日，我国首颗采用"东方红五号"卫星平台的"实践 20"卫星在海南文昌发射场由长征五号运载火箭成功发射升空。

7.1.2 中小型卫星平台

近年来，中小型及微型卫星领域逐渐成为全球航天发展的热点，相关卫星的发射数量不断增长。尤其在军用领域，中小型卫星在增强抗毁能力、降低系统成本、应急补充增强和快速组网服役等方面优势非常突出，同时具备运营管理便捷、机动灵活等优势，使得中小型卫星平台得到了各国的重视。

中小卫星的飞速发展与其在新技术牵引、载荷平台集成一体化设计以及星座组网运行应用等方面的特点是分不开的，其发展主要具备以下特点。

（1）中小型卫星作为航天新技术的试验验证平台，同时新技术的应用也大幅促进了中小型卫星的发展。早期的中小型卫星功能相对单一，随着通信、遥感、导航定位等应用需求的不断发展，卫星的功能越来越多，中小型卫星的技术也越来越复杂。大量航天新技术不断地在中小型卫星上进行试验验证，特别是急需在轨应用的轻小型产品。这些新技术具有高性能、高风险、低成熟度等特点，通过大数量、低成本的飞行验证，可以加快提升新技术成熟度，从而有力促进整个航天器事业的发展，同时，新技术的应用也加速了中小型卫星本身技术的发展，可以说中小型卫星是在先进技术的引领下不断发展壮大起来的。

（2）集成化设计是中小型卫星保持竞争优势的必由之路。在当前激烈的航天竞争中，中小型卫星要想保持竞争优势，在通过新技术实现多功能外，还要通过实施集成化设计以控制卫星质量，降低研制和发射成本。通过集成化设计，在大型卫星的 7 个分系统基础上尽可能进行整合优化，提升系统的集成度。例如实践五号卫星就通过开展以星务系统为基础的统一星上计算机网络体制，实现了电子系统集成设计。美国 SpaceX 的 Starlink 卫星为了降低发射成本，通过采用定制的高性能相控阵天线，实现了卫星的集成化设计，卫星整体构型为扁平模块化，更好地适应了一箭 60 星的发射模式，极大地降低了发射成本。

（3）软件定义卫星成为未来的发展趋势。现代中小型卫星功能软件化趋势越来越明显，以计算为中心、以软件为手段，通过软件定义无线电、软件定义载荷、软件定义数据处理计算机、软件定义网络等手段，将传统上由多个有效载荷实现的通信、控制等功能以软件方式实现，总体上将各类敏感器和执行机构通过软件连接为一个整体，最终实现大部分卫星功能的软件化。2018 年我国发射了"天智一号"，这是我国第一颗软件定义的中小型卫星，其通过软件上注的方式成功开展了星箭分离成像、自主请求测控等十多项在轨试验，涉及智能信息处理、智能测运控等多个领域。

（4）卫星星座设计是发挥中小型卫星功能的基础。中小型卫星由于部署轨道位置一般都为低轨，相对地球处于运动状态，不能对特定区域形成持续的通信覆盖，只有通过星座化的部署，实现多星之间接力协同，才能构建连续覆盖的卫星通信网络，为用户提供持续不断的通信服务，实现中小型卫星在空间网络上的应用。目前各类不同类型的中低轨通信网络正在不断的构建中，比如 O3B 公司的中地球轨道（MEO）星座系统是目前全球唯一一个成功投入商业运营的卫星通信系统，其利用 Ka 多波束天线技术，提供高速连接的卫星通信骨干网，将光纤网络的速度和卫星大范围覆盖的特点相结合，从而向数十亿消费者和企业用户提供低成本、高速、低时延的互联网和移动通信服务。20 世纪 90 年代，世界上相继出现了多种低轨通信卫星星座，这些星座均由中小型卫星组成。其中投入业务运行的有"全球星（GlobalStar）"星座（48 颗卫星）、"铱星"星座（66 颗卫星）和"轨道通信卫星（Orbcomm）"星座（36 颗卫星），这些星座已经形成了全球覆盖的移动通信能力。经过十多年的运营，第二代低轨通信卫星星座已经开始设计建设，在这些新一代的星座中，"铱星下一代（Iridium Next）"星座的单颗卫星质量约 800kg，在通信组网能力基础上还增加了 IP 交换功能，"轨道通信卫星"质量约 150kg，并且还增加了船舶自动识别系统（AIS）。

除上述特点以外，研制周期短、研制经费低、可批量化生产和发射成本低也是现代中小卫星的突出优点。20 世纪 80 年代中期，随着航天技术的发展和空间应用需求的提高，重量轻、成本低、设计周期短、体积小的中小卫星越来越受到各大研究机构的关注。而随着大型卫星功能部件的小型化以及新技术应用（如电推、MEMS

技术等）发展，中小型卫星和微小卫星获得了更大的应用价值和商业开发价值。美国 NASA、DARPA 实验室以及英国的萨里大学等一些国际知名大学和科研机构相继开展了中小型卫星方面的研究并取得了很多重要的研究成果。

进入 21 世纪，以中小型卫星为主体的各类通信星座进入飞速发展状态，中小型卫星平台也随着互联网星座的热潮飞速发展着。例如英国的通信公司 OneWeb 计划通过发射超 600 颗中小型卫星到低轨道，用以创建覆盖全球的高速电信网络。亚马逊提出建设代号为"Kuiper（柯伊伯）"的卫星互联网星座项目，计划部署约 3236 颗近地轨道卫星，建设目的同样是提供全球覆盖的宽带互联网服务。2014 年 11 月 SpaceX 公司马斯克正式提出搭建全球卫星互联网的设想，计划在 2019—2024 年间发射由约 1.2 万颗卫星组成的 Starlink 网络，利用太空网络向地面提供高速互联网接入服务。为了能够进行大批量的发射，在卫星设计上也突破了传统卫星的结构形式，采用了扁平化设计以实现在火箭整流罩内的层叠式安装（如图 7-2 所示）。卫星展开飞行状态如图 7-3 所示。

图 7-2　卫星在火箭整流罩内部署

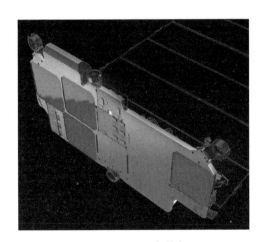

图 7-3　卫星展开飞行状态

7.1.3　电推进卫星平台

电推进通过将外部电能转换为推进剂喷射动能，从而为卫星平台提供动力。它与化学推进的主要区别在于电推进的动力能源来自电能，而化学推进的能源来自化学能。依据产生推力的方式不同，电推进又可分为 3 类：电热式、电磁式和静电式。

电热式推力器主要利用电能来加热工质并使其气化，气化后的工质经喷管膨胀加速喷出后产生推力。电热式推力器一般又可分为电弧加热式、电阻加热式和微波加热式。

电磁式推力器则是利用电能使工质形成等离子体，等离子体在外加电磁场作用下加速从喷管喷出，产生推力。霍尔推力器作为电磁式推进系统的一种，原理是将电子约束在磁场中，并利用电子电离推进剂、加速离子产生推力，并中和羽流中的离子。

静电式推力器则是通过电能在静电场中离解工质，形成电子和离子，并使离子在静电场作用下加速排出。静电式推力器又被称作离子推力器，与霍尔推力器一起都是当前热门的电推进系统。离子推力器的电离区和加速区是分开的，与霍尔推力器相比，比冲高但技术复杂。

电推进主要特点有比冲高、燃料消耗少、推力小。尽管目前电推力器产生的推力很小且价格高，但随着技术的进步，其具备可以让人类以更低的成本进入太空的潜力，因而被国际宇航界列为未来十大尖端技术之一，成为人类进军更遥远深空的利器。

目前世界上很多国家和部门都在广泛地开展电推进技术研发工作，国际合作研究也在日益增强，1991 年 SS/L 和俄罗斯火炬设计局联合成立了国际空间技术公司（ISTI），向西方推广 SPT100 电推进平台，目前已经形成 ES3000、LS1300、SB40000 平台的批量应用；2010 年美国 AEROJET 和日本的 NEXC 签署协议联合开发低功率离子电推进系统，该系统已在美国宇航市场上得到应用。

我国在电推进技术发展方面也取得了很大的进步，中国航天科技集团 510 所、801 所等单位都是电推进器研制的专业研究所。510 所从 20 世纪 70 年代就开始了电推进技术的研究，与国际主流研究所基本同步，目前已经形成了 LIPS 系列电推进产品，先后研制成功 LIPS200 离子电推进系统试验样机、工程样机和飞行验证产品，成功突破了 LIPS200 离子电推进系统各个单机的关键技术，2013 年 12 月 25 日—2018 年 3 月 5 日，LIPS200 离子电推进累计完成 14649h 和 7171 次开关机的地面 1:1 寿命试验，等效在轨工作 17 年。2017 年 4 月 12 日，"实践十三号"卫星发射升空，该卫星搭载有 LIPS200 离子电推进系统，在 2019 年年底，我国自主研制的 LIPS300 型离子电推进系统搭载"实践二十号"卫星成果发射升空，实现了我国电推进技术工程化应用。2020 年中国航天科技集团 801 所研制的我国首款 20kW 大功率霍尔推力器成功完成了相关点火试验，点火时间累计达到了 8h，点火次数累计超过 30 次。该推力器的成功研发，实现了我国霍尔电推力器推力从毫牛级向牛级的里程碑式跨越。在试验过程中，推力器运行平稳、点火可靠、工作参数稳定、实测推力 1N、比冲3068s、效率大于 70%，性能指标已经达到国际先进水平。空间应用的典型电推力器指标见表 7-2。

表 7-2　空间应用的典型电推力器指标

型号	国家	类型	功率/kW	比冲/s	推力/mN	推进剂	应用型号
SPT100	俄罗斯	霍尔	1.35	1600	80	氙	LS1300 Eurostar 3000 Spacebus 4000
PPS 1350-G	法国	霍尔	1.5	1650	89	氙	智慧一号 探测器
BPT4000	美国	霍尔	3~4.5	1769~2076	168~294	氙	A2100M 平台
XIPS13	美国	离子	0.42	2507	17.2	氙	BSS 601HP 平台
XIPS25	美国	离子	2~4.3	3420~3500	80~166	氙	BSS 702 平台
NSTAR	美国	离子	0.52~2.32	1951~3083	19~92.7	氙	深空一号 黎明号探测器

电推进正式在卫星上的应用是从化学推进变轨和电推进位保的"混电"推进开始的，"混电"推进技术工程应用超过 20 年。2001 年，欧洲阿蒂米斯中继卫星由于火箭上面级故障，使用原本用于位置保持的电推进系统升轨定点，历时18 个月。2010 年美国空军 AEHF1 卫星也是卫星化学推进系统出现故障，使用电推进系统挽救了卫星。这两次"无心插柳"的太空救援行动为全电推进卫星的诞生奠定了基础。

全电推进卫星是指星箭分离后卫星完全依靠自身的电推进系统变轨进入工作轨道，且入轨后的位置保持也采用电推进系统。电推进系统采用电能加速推进剂，推进剂利用效率大幅提升，因此能使卫星节省 80%~90% 的推进剂。一般 5000kg 量级的化学推进 GEO 卫星需要采用 2500~3000kg 的双组元化学推进剂来完成发射后的轨道提升、入轨后的位置保持、离轨等推进任务，而能力相同的全电推平台只需要采用 300~600kg 的氙气推进剂。因此在载荷能力、寿命相同时，全电推卫星相对于传统的化学推进 GEO 卫星，可降低 40%~50% 甚至更多的发射重量，可降低约一半单发发射成本，也可显著缩短研制周期。

2010 年，波音公司宣布正式启动全球首个全电推进卫星平台 BSS702SP 平台的开发，该平台的特点是取消了双组元化学推进，转而采用基于 XIPS25 双模式离子电推进系统的全电推进技术，该技术可以实现卫星变轨与位置保持等所有推进任务，并且显著降低卫星规模。比如采用全化学推进或化电混合推进的 BSS702HP 平台卫星重量为 5000～6000kg，而采用全电推后的 BSS702SP 平台卫星重量仅为 1800～2300kg，这个重量只有 BSS702HP 平台卫星的一半左右，可以很好地适应一箭双星的发射模式。

2015 年 3 月，欧洲通信卫星公司的 Eutelsat115 West B 卫星和亚洲广播卫星公司的 ABS3A 卫星，如图 7-4 所示，采用猎鹰 9 火箭以一箭双星的方式成功发射，这是波音公司 BSS702SP 平台的首次发射，也是全球首个全电推进卫星平台。同年 9 月两颗卫星分别抵达预定轨道开始工作。XIPS25 型电推器成为全球第一个成功应用于全电推进卫星平台的多模式电推进系统。2016 年 6 月 15 日，欧洲通信卫星 117 West B（Eutelsat117 West B）和波音公司制造的亚洲广播卫星 2A（ABS2A）2 颗全电推进卫星再次由猎鹰 9 号火箭以一箭双星的方式成功发射。电推进技术的应用越来越广泛，全电推进技术必将深度改变通信卫星行业的面貌。

图 7-4　猎鹰 9 火箭发射的两颗全电推进通信卫星 ABS3A（上）和

Eutelsat115 West B（下）在发射前的组装状态

对于高轨道卫星，全电推进技术已经以其对卫星无效重量革命性的削减改变了通信卫星产业链。与此同时，卫星总重的下降也会影响商业高轨道运载火箭的发展方向。全电推技术使中型发射重量的卫星能够完成大型卫星的任务，并为 2000kg、以下的小型卫星赋予了新的生命，而 2000kg 左右的卫星可以用火箭一箭双星发射。

微小卫星大多数仅能实现自主定向，无法进行主动机动，如果要进行有组织的协调飞行，微小卫星也需要高效可靠的推进器系统，能够在编队内进行连续机动。当前立方星推进系统功率仅在数十瓦至百瓦之间，推进效率极低，甚至低于 10%～15%，将消耗大量的推进剂和电力，可能会缩短微小卫星在轨运行和有效载荷寿命。目前，小卫星上的空间推进技术趋势主要朝全电空间推进技术方向发展。主要选用的电推进技术方向包括以下几种。

（1）霍尔型推进器被认为是中小型卫星推进系统最有前途的发展方向之一，具有高推力密度和大比冲特点。目前主要由普林斯顿等离子体推进实验室、新加坡空间推进中心等机构开展相关研究。后者提出的混合型霍尔推进器，结合了高性能结构材料、灵活永磁式磁路以及创新的小型阴极技术，在超低功率（约 10W）和推力范围条件下，实现了创纪录的 75%推进效率。

（2）离子推进器是另一种主要的微小型电推进技术方向，可以支持卫星主动机动、轨道保持和行星际机动。该技术通过在栅格上施加直流电场加速离子通量，可获得非常高的比冲，但与霍尔推进器相比，需要增设放电室结构，因此推力密度低、小型化能力有限。虽然该技术可通过在栅格中施加更高的加速电压提高推力密度，但可能会导致动力电极和薄绝缘体之间的间隙被电击穿，对系统小型化产生较大影响。此外，由于立方星高度微型化的系统中稳定且安全地产生高电位需要先进的半导体技术，离子推进器技术发展主要依赖于材料技术的进步。目前国外正在积极研究小型化离子推进器，如 Busek 公司已研制出专用于立方星的微型射频离子推进器，大小和功率分别达 1cm 和 10W。

（3）脉冲和直流推进器将等离子体作为整体介质进行加速，不存在推力密度低的问题，特别适合作为微推力器，目前已在多个小卫星和立方星任务中实现应用。然而，与霍尔推进和离子推进技术相比，该类电推进器因为金属蒸发、非平衡等离子体电离以及瞬态过程中非平稳放电等，存在大量能量损失、功率效率较低的问题，导致该技术不适用于轨道转移和行星间机动等需要较大速度增量的任务，更适用于姿态调整和轨道保持等小速度增量任务，在高度协同的微小卫星编队飞行任务中具有应用优势。低轨卫星应用电推进统计见表 7-3。

表 7-3　低轨卫星应用电推进统计

序号	卫星	电推进型号	应用方向
1	美国 TacSat 2 低轨遥感卫星	BHT200 霍尔电推进	轨道阻力补偿
2	美国 FalconSat 3 微小卫星	脉冲等离子体电推进	姿态控制
3	美国 Starlink 星座	小功率霍尔电推器	轨道提升和星座组网
4	欧洲 GOCE 卫星	T5 离子推力器	大气阻力补偿
5	俄罗斯 CanopusV 对地遥感卫星	SPT50 霍尔推力器	轨道控制和大气阻力补偿
6	俄罗斯 EgyptSat 2 遥感卫星	SPT70 霍尔推力器	轨道控制
7	中国空间站	1.35kW 霍尔推力器	大气阻力补偿

电推进正朝多模式、长寿命、大功率的方向发展，应用领域也在进一步拓展，全电推进成为高轨卫星平台发展的重要方向，微小功率电推进技术发展种类逐渐增多，且在低轨卫星上的应用也越来越广泛。

7.1.4　临近空间平台

临近空间是距离海平面 20～100km 的空间区域。临近空间大致可分为以下 3 个区域：平流层（18～55km）、中间层（55～85km）以及部分热层（85km 以上）区域。临近空间作为空天一体化的重要资源，在海洋、太空及网络空间安全上具有不可替代作用，长期以来，临近空间凭借着在空间和环境上的独特优势，在国际上被广泛地关注与研究。

临近空间平台是指处于临近空间内的，可搭载通信载荷、承载网络节点功能的各类平台，当前主要包含超长航时无人机、平流层飞艇、高空气球等。近年来，临近空间所具有的空间价值越来越被世界各国所重视。作为重要的载体平台，美国、日本、韩国、俄罗斯、英国、以色列及中国等国家都已经投入大量人力、物力与财力开展研究，在一些关键技术上取得了一定突破。各地临近空间平台情况见表 7-4。

表 7-4　各地临近空间平台情况

序号	国家/部门	项目名称	类型	用途
1	美国空军作战实验室	"攀登者"	平流层飞艇	监视、通信
2	美国瑞恩公司	"高空哨兵"	平流层飞艇	监视、通信
3	日本	平流层平台	平流层飞艇	侦查、通信
4	韩国	平流层平台	平流层飞艇	通信
5	英国 ATG	平流层卫星	平流层飞艇	通信、勘测
6	欧洲航天局	HALE	平流层飞艇	通信
7	以色列飞机公司	侦查飞艇	平流层飞艇	侦查
8	欧洲空客公司	Zephyr S	平流层无人机	试验
9	美国 Facebook	Aquila	平流层无人机	试验
10	美国 HAPSmobile	HAWK30	平流层无人机	试验
11	美国 NASA	长时气球工程	长时高空气球	科学实验
12	中日两国联合	高空气球越洋飞行研究	高空飞球	科学实验

（1）平流层飞艇

平流层飞艇作为一种长期驻空于平流层特定高度的可控浮空器，在通信中继、宽带接入及导航等领域具有巨大优势，被各国给予了特别关注。

2002 年 10 月，美国启动了高空飞艇（High Altitude Airship，HAA）项目。2003 年 9 月，MDA 与洛克希德•马丁公司签订合同，开始第一阶段项目研究。2004 年 11 月，经过美国国防部批准，该项目研究进入第二阶段，开始研制原型艇并开展演示验证。紧接着在 2005 年 6 月，洛马公司又开始了为期 4 年的第三阶段项目研究，研制长131m、直径45.74m 的原型艇，预定飞行高度为 18.3km，驻空时间为 1 个月。2008 年年初，HAA 正式转入美国陆军空间与导弹防御司令部/陆军战略司令部（USASMDC/ARSTRAT）。2009 年 4 月，洛马公司承接 USASMDC/ARSTRAT 的任务，开始研制 HAA 的试验艇 HALE-D。2011 年 7 月 27 日，HALE-D 飞艇在俄亥俄州进行了首次飞行试验。

2004 年，美国国防高级研究计划局（Defense Advanced Research Projects Agency，DARPA）启动传感器结构一体化飞艇（Integrated Sensor is Structure, ISIS）项目，目标是研制一种将轻型相控阵雷达传感器集成于艇体结构的平流层飞艇，实现对空中和地面目标的持续跟踪监视。2009 年 4 月 28 日，DARPA 与洛马公司签订合同，开始研制 ISIS 原型艇。ISIS 同样采用椭球旋转体外形，艇体内置氦气囊和空气囊，ISIS 平流层飞艇概念设计如图 7-5 所示。

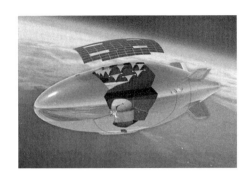

图 7-5　ISIS 平流层飞艇概念设计

美国 Sanswire 公司提出一种用于通信和实时监视的平流层飞艇。2005 年 3 月 12 日，美国 Sanswire 公司展示了其研制的 Stratellite 样机，该样机体积是目标艇的 1/3，长度为 57m。2005 年 5 月 9 日，Sanswire 公司成功完成了该样机的浮空试验，预定飞行高度为 19～21km，留空时间为 6 个月；采用太阳能电池提供能源，依靠螺旋桨推进器实现低速机动；可携带多种任务载荷，如用于高清数字电视、互联网、图像传播以及其他通信网络的设备，以实现通信中继。Sanswire 公司计划将多个平流层飞艇组成一个大规模的中继站网络，以覆盖美国全境，为军事应用和国家安全防务提供更多服务。

我国在平流层飞艇领域的技术研究工作处于世界领先水平，2009—2012 年，北京航空航天大学先后 4 次完成 20km 以上平流层高度飞行试验。2012 年 8 月，中国科学院光电研究院开展了飞艇动力飞行验证，飞行时间达 52min，飞行高度在 17km 以上。2013 年中国电子科技集团公司第三十八研究所也多次完成了平流层飞艇的飞行验证试验。2015 年中国航天科工集团有限公司联合多家单位开展了直径 30m 囊体的飞行试验，高度超过 20km。2015 年北京航空航天大学联合多家单位开展了平流层飞艇的长时留空飞行试验，实现了跨昼夜长时控制飞行，验证了新型布局技术、动力推进技术、囊体耐压与密封技术、定区域主流技术和循环能源技术等关键技术。

（2）高空气球

高空气球是一种可长时间滞留于平流层区域的浮空器，本身无动力推进装置，通过风力和浮力实现自由漂浮，根据压力差可分为零压气球和超压气球。相对于平流层飞艇，高空气球没有动力控制系统，只能依靠空气浮力飞行，因而留空时间有限。

超压气球是高空气球平台发展方向，美国于 1997 年开始启动气球 ULDB 计划，可承受载荷 1600kg，飞行滞留时间达到了 100 天，飞行高度 35～38km。中国科学院近年来开展飞行试验 200 多次，其中最大高度达到 42km，承重达到 1900kg，航时达到 72h；2017 年 9 月，中国科学院光电研究所在内蒙古成功首飞一颗超压气球，承重达 150kg，飞行高度达 25km。充气的超压与零压气球对比如图 7-6 所示，国内外高空气球信息见表 7-5。

图 7-6　充气的超压与零压气球对比

表 7-5　国内外高空气球信息

序号	机构	类型	飞行高度/km	续航时间	载荷重量
1	NASA	零压	49.4	55 天	3600kg
2	谷歌 LooN	超压	22	190 天	<25kg
3	NASA	超压	35	54 天	2500kg
4	中国科学院	零压	42	3 天	1900kg
5	中国科学院	超压	25	8h	150kg

（3）太阳能无人机

太阳能无人机是实现白天和夜间长时间飞行的无人机，利用太阳能进行动力支持和储能。目前，欧美等国家和地区一致高度发展无人机行业，并得到大量应用与发展。2003 年，英国国防部下属的奎奈蒂克（QinetiQ）公司启动了"西风"计划，该公司先后研制了多架原型机，并且不断提升大小和性能，在欧洲、美国和澳大利亚等地都开展了试飞试验。2010 年 7 月，"西风" 7 太阳能无人机在美国亚利桑那州的一个试验场上空最大飞行高度达 21562m，连续飞行超过了 336h，创造了无人机不间断飞行时间的新纪录。美国 NASA 研究"太阳神"无人机，飞行高度达到 29.5km。2017 年 5 月，中国航天科技集团进行了"彩虹"T4 无人机（如图 7-7 所示）的首次飞行，无人机翼展达 45m，飞行高度达到 20km，飞行时间 16h，速度可达 38km/h，载荷能力 20kg。国内外太阳能无人机见表 7-6。

图 7-7 "彩虹"T4 太阳能无人机

表 7-6 国内外太阳能无人机

序号	国家	类型	飞行高度/km	续航时间	载荷重量
1	美国	"太阳神"	29.5	18h	—
2	英国	"西风"7	22.6	25 天 23h	<5kg
3	韩国	EVA-3	18.5	90min	—
4	中国	"彩虹"T4	20	16h	20kg

7.1.5 平台的发展趋势分析

从国内外卫星发展来看，卫星已在多个领域进入实用化阶段，卫星平台的技术发展趋势将向着高性能、高承载、长寿命、高可靠、型谱化、智能化方向发展。临近空间平台作为卫星平台在天地一体化信息网络建设方面的补充，也朝着高动态与低动态并行的方向发展。

（1）高可靠、高承载卫星平台

由于电推进技术在卫星上得到广泛应用，卫星平台的推进剂需求量大幅降低，相应的卫星有效载荷的承载能力得到提升，卫星的服役寿命也大幅提高。现阶段通信卫星的在轨寿命可以达 15 年，部分商用卫星的在轨寿命甚至能够达 18~20 年。同时，高承载成为卫星的发展趋势，国际上主流的通信卫星发射质量均达到 6000kg 以上，随着整星功率的不断增大，卫星有效载荷的承载能力明显提升。

（2）低成本、小型化卫星平台

为了能从市场竞争中脱颖而出，成本成为卫星制造的重要因素。例如波音公司在 BSS702 卫星公用平台上首次采用离子电推力器、彻底的分舱模块化设计、全电推进技术等新技术手段降低成本。此外，中小型卫星具备体积小、质量轻、发射性能高、周期短、成本低等诸多优点，涉及微机械技术、新型微电子、微纳技术、微光电技术、专用集成微器件以及新型复合材料技术等新技术的应用，卫星小型化发展成为趋势。

（3）产品化、型谱化卫星平台

卫星平台的研制正在向型谱化和产品化的方向快速发展。波音、洛马公司等国际一流的宇航企业均是按照型谱化、产品化的发展思路开展卫星的研制生产，形成了一系列长寿命、高可靠、高功率、多频段并且可承担不同发射质量的卫星平台。例如，洛马公司的 A2100 通信卫星平台通过新技术应用，形成了满足不同应用需求的卫星平台型谱系列。

（4）设计模块化、接口标准化卫星平台

卫星平台采用集成化、模块化设计非常必要，这样不仅能避免不同卫星所需保障系统的重新研制，降低成本、缩短研制周期，提高卫星的质量与可靠性，而且能满足多个用户发射的需要，尤其对满足战术军事任务更加具有现实意义。卫星平台设计模块化，即电源系统模块化、测控和通信系统模块化、姿控和轨控系统模块化、推进系统模块化以及各模块间的机械、电气和信息数据等接口模块化、标准化。卫星平台模块化设计，要充分考虑卫星分系统功能模块、部件组合模块、软件模块，各模块间的机械、电气和信息数据接口都实现标准化、模块化。

（5）自主性、智能化卫星平台

现役卫星平台在自主性、智能化方面仍然存在着不足之处，如卫星在轨的故障自主判读、自主恢复能力仍然较弱，卫星的故障处理较大程度上还依赖于地面处理，如果地面处置不及时，容易造成业务中断，带来难以挽回的影响。因此，需要开展智能化设计，考虑未来空间领域发展对卫星应用需求，保证卫星在轨故障快速处置、在轨稳定运行和在轨健康管理，充分提升卫星平台自主性，确保卫星平台在轨稳定运行。通信卫星利用星载计算机实施星务管理，并进行自主测控与导航以及进行在轨故障自主判读和自主恢复，根据地面授予的任务自动调整构型等，实现卫星自主管理。随着卫星系统功能越来越复杂，对卫星的应用和管理也越来越复杂，未来卫星平台的智能化是一个重要的发展方向。

（6）全电推进卫星平台

全电推进卫星平台利用高比冲的电推进系统实现星箭分离后的卫星变轨、入轨后的位置保持、姿态控制及离轨等操作任务。它的最大优点是可大幅减少推进剂携带量，使发射重量减轻约一半，可实现一箭双星发射，有效降低研制和发射成本，大幅提升卫星平台的市场竞争力。尽管全电推进技术优点众多，但推力小，使得卫星需要较长的变轨时间，如全电推进 GEO 卫星平台可能需要 3～8 个月的变轨时间，才能从地球同步转移轨道 GTO 进入 GEO 轨道，推迟了卫星的运营服务时间。因此，全电推进技术仍需大力发展。

（7）临近空间平台将呈现低动态与高动态同步发展

临近空间平台具有不可替代的潜在优势，但是其在发展过程中也仍然存在着许多必须克服的难题。多年以来，高动态临近空间平台例如高超声速飞行器一直是各航空、航天大国发展的重点。但是各国高超声速飞行器更多地是出于技术自身发展进步的需求，很少源于临近空间开发的需要。低动态临近空间平台的发展与高动态临近空间的发展则不相同，它的发展主要来源于人们对临近空间军事价值认识的提高。高动态与低动态临近空间平台的发展进程并不会保持一致，就目前的情形而言，飞艇、气球、无人机等低动态临近空间平台的应用水平领先于高动态临近空间平台。将来，临近空间的应用会在很大程度上依托于低动态临近空间平台。

| 7.2　有效载荷技术概述 |

有效载荷是指航天器上装载的为直接实现航天器在轨运行要完成的特定任务的仪器、设备、人员、试验生物及试件等。在天地一体化信息网络建设中，空间节点有效载荷是指为完成通信和组网等功能，装载于高轨卫星、低轨卫星、临近空间飞艇、无人机、浮空气球等节点平台上的仪器设备，包含微波通信天线、激光通信终端以及路由交换处理器等。

为了使有效载荷能够正常发挥其功能，平台的各个分系统在全寿命周期内都要正常工作，否则再好的有效载荷也不能发挥作用。这就要求平台的电源分系统要有足够的能量供应，结构分系统要保证有效载荷有足够的刚度和强度，热控分系统要保证有效载荷有合适的工作温度，控制分系统要向有效载荷提供轨道保持和高精度指向等。所以，随着平台技术不断地发展成熟，在系统设计时，平台的各分系统设计要以服务有效载荷为首要目标，以各种有效载荷的需要作为它们的设计输入。有效载荷的地位越来越重要，它对平台各分系统提出的设计要求需要和平台各分系统充分协商后确定，同时要符合节点功能实现和整体优化的原则。

随着空间网络节点功能越来越强，系统设计越来越复杂，有效载荷作为空间网络节点系统的核心，地位也会越来越重要，在空间网络节点设计中起着主导作用。从应用功能看，有效载荷决定网络节点的功能，平台的各分系统一般都是从各个角度为有效载荷提供充分的服务和支持。从研制难易看，有效载荷因其种类繁多、功能复杂，现成为空间网络节点研制中的瓶颈。经过几十年的发展，航天技术走向应用阶段的今天，平台技术已经相对成熟，而其上的有效载荷却因应用需求的多样性而在不断地发展进步。从研制经费看，随着平台技术的逐步成熟，平台可以直接一步进入正样研制，或者仅进行少量的修改即可投产正样，但有效载荷为了满足用户的不同需求，且随着网络功能升级改进，则需要进行大量的新工作。目前，各类多功能新型有效载荷出现，其在空间节点研制中所占的经费比例越来越高，甚至达到平台经费的多倍，这也从一方面说明了有效载荷在空间节点研制中的份量和重要性。

用户对卫星网络的通信容量和通信速率要求越来越高，对载荷技术的发展也提出了更高的要求。传统的通信卫星大量采用固定宽波束覆盖的透明转发天线，实现用户到用户或者用户到信关站的信号透明交换传输，而近些年大力发展的高通量卫星，则需要采用多波束反射面载荷或者多波束相控阵载荷以提升系统容量来满足大量用户的通信需求。载荷技术随着用户的需求在不断地发展，覆盖模式上由单一的宽波束覆盖演变为多波束高增益的固定覆盖，再逐步发展为相控阵多波束的灵活机动覆盖；功能上从单一的透明转发模式发展为星上矩阵交换和数字交换混合模式以及更先进的数字交换或 IP 交换；载荷的工作频段上也朝着 Ka、太赫兹等更高的频段发展。星间激光通信技术在近些年也取得了突飞猛进的发展。有效载荷的这些发展趋势，在极大地满足了用户使用需求的同时，无论是给载荷的设计还是给卫星系统的设计都带来了更大的挑战。

| 7.3 高通量载荷 |

高通量卫星的概念由美国航天咨询公司北方天空研究所（NSR）于2008年率先提出，NSR 将其定义为"使用多点波束和频率复用技术、保证在同样频谱资源的条件下，整星的通信容量（简称通量）是传统固定通信卫星（FSS）数倍的卫星"。高通量卫星发展至今，产业界对其概念逐渐达成共识，即"高通量卫星是以点波束和频率复用技术为标志，可以在任何频段运行，通量的大小主要取决于分配的频谱和频率复用次数，可以提供固定、广播和移动等各类卫星通信服务的一类卫星系统"。

高通量卫星从 2005—2010 年起步，单颗卫星的容量在 50Gbit/s 左右；到2011—2019 年的发展阶段，单颗通信容量增长到100～300Gbit/s；2019 年以后高通量卫星进入跨越发展阶段，单颗通信容量将达到 1Tbit/s 甚至更高。目前比较具有代表性的地球静止同步轨道高通量卫星系统有卫讯公司（ViaSat）的卫讯 2（ViaSat2）和休斯公司（Hughes）的木星 2（Jupiter2）卫星，它们的容量分别达到 300Gbit/s和220Gbit/s，在建的卫讯 3 和木星 3 的容量将分别达到 1Tbit/s 和500Gbit/s。此外，欧洲通信卫星公司（Eutelsat）的"KONNECT"超高通量卫星的容量也达 500Gbit/s，这 3 个超高通量卫星都在 2021 年发射。2019 年 8 月，卫讯公司宣布卫讯 4 系列已处于初期研制阶段，它将广泛利用卫讯 3 卫星的研发成果。基于欧洲星 3000E 平台的欧洲通信卫星 172B 在轨示意图如图 7-8 所示。ViaSat2 卫星暗室测试如图 7-9所示。

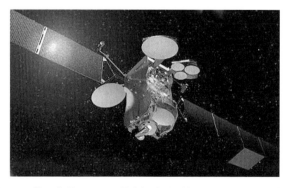

图 7-8　基于欧洲星 3000E 平台的欧洲通信卫星 172B 在轨示意图

图 7-9　ViaSat2 卫星暗室测试

容量大是高通量卫星的最大特点,通过多点波束及频率复用实现大容量,高通量卫星的频率复用类似于地面通信网络的蜂窝设计,通过复用技术实现频率倍增,每颗卫星可以获得常规卫星数倍乃至数十倍的可用频率资源,从而在很大程度上降低了单位带宽的成本。在工作频率方面,目前大部分运营商会选用 Ka 频段,原因是 Ka 频率复用率高、带宽高、吞吐量大,很适合做宽带接入,例如美国卫讯公司的 ViaSat1、休斯网络系统公司的 Jupiter1,欧洲通信卫星公司的 Kasat 等;有的高通量卫星则采用 C/Ku 频段多点波束频率复用技术,例如国际通信卫星公司的 Measat2A、Epic 系统、ABS2A 等。

高通量卫星最基本的特征是多点波束和频率复用。

传统固定通信卫星宽波束覆盖范围能达 2000km 左右,而高通量卫星的点波束覆盖范围只有 300～700km,甚至更小。例如 O3B 高通量卫星的一个点波束直径约 700km,ViaSat1 高通量卫星的一个点波束直径约 350km。采用点波束的优势在于可通过减小载荷天线波束的孔径角,显著提高卫星天线的增益,同时可以实现不同波束间频率复用,大幅提高卫星系统的通量。多点波束的劣势主要在于覆盖范围,点波束覆盖范围较小,要想实现大范围的区域覆盖,就需要大量点波束。

频率复用的好处是可以提升频谱利用效率,增加系统通信容量,对于高通量卫星系统设计来说,要想实现频率复用,必须具备多点波束能力,两项技术相结合才可以有效提高整星的性能。因为天线的增益与波束宽度有关,天线增益越高,对应的波束宽度就越窄,而单波束覆盖范围越小,频率复用度就可以设计得越高。同时,较高的卫星天线增益可以使得用户采用更小口径的终端,并可以使用高阶调制编码方案,从而大幅提高卫星频谱利用效率,提高数据传输速率。当然,频率复用也会带来一些问题,例如当两个或更多的波束都使用同一段频率时,由于天线旁瓣不为零，这时就会产生波束间的干扰问题。因此，在系统设计时需要折中考虑点波束的数量和频率复用程度，不断优化迭代。

高通量卫星与传统卫星的波束覆盖对比如图 7-10 所示，多点波束天线是高通量卫星实现广域覆盖采用的主要载荷形式。

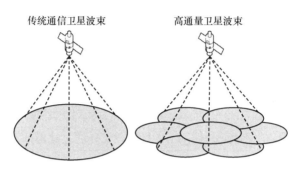

图 7-10　高通量卫星与传统卫星的波束覆盖对比

为了实现大容量的多波束高通量卫星通信系统，星上载荷需要配备多个点波束的天线，信号到达具有特定频率复用模式的服务区域。利用波束分离提高了带宽的利用率，同时也有效解决了服务区内的多用户干扰问题，整个多波束卫星体系架构如图 7-11 所示。

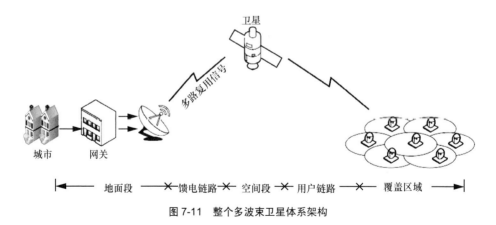

图 7-11　整个多波束卫星体系架构

可以看出，用户向卫星发送的信息由馈电链路馈送，高通量卫星用户则通过多点波束模式来接收和发送信息。因此卫星的馈电链路中的可用带宽必须足够大，这样才能够支持多波束的频率复用。多波束系统的显著特点就是在卫星和用户终端间的用户链路部署大量波束且采用多色频率复用甚至全频率复用模式提升系统容量。根据天线设计体系架构的不同，可以分为星载多波束形成和地基波束形成，目前的高通量卫星多波束天线设计以星载多波束形成方式为主。

星载多波束形成技术将波束形成网络置于星上，波束形成可以完全在星上进行。在这种架构中，馈电链路与波束形成网络的接口为波束信号，星上波束形成网络接收来自馈电链路的各路波束信号并对信号进行处理，然后根据交换关系将信号分别送入对应的用户波束链路。星上的处理过程涉及数字/模拟波束形成、干扰消除、交换、频率复用/解复用、信号电平控制等过程。在星载处理架构中，可以通过使用高效的调制方案和多载波技术获得较高的波束增益。然而，这些技术虽然使卫星系统的波束分配方式更为灵活，但是星上的多载波的联合放大也会带来严重的非线性失真效应，星上波束形成技术原理如图 7-12 所示。

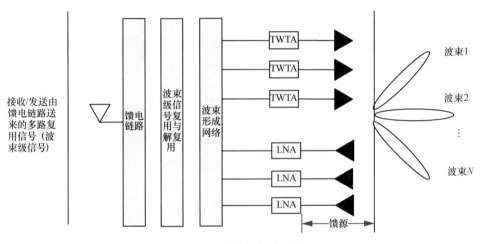

图 7-12　星上波束形成技术原理

地基波束形成（On Ground Beam Forming，OGBF）是由美国劳拉公司提出的一种地基波束处理结构。这种架构将星载的波束形成网络从卫星转移到了地面的网关，卫星接收信号后只需对信号进行星上上下变频处理加上透明转发，信号处理和波束形成则在地面网关进行。由于在卫星上只保留了天线和转发网络，因此大大降低了星上载荷的复杂度，同时在地面也可以通过复杂设计的计算网络大大提升系统的灵活性。地基处理结构需要用到信道均衡和预失真等先进技术，这两种技术都可以补偿信道的线性和非线性失真效应，减少接收机所受到的干扰。地基结构的不足之处在于卫星与网关之间由于需要天线阵元信号的传输，因此馈电链路带宽必须足够大；为了保证各天线阵元的信号一致性，还需要进行馈电链路校准；由于信号需要在馈电前向和反向链路上进行频率复用，因此需要较为复杂的功率控制技术。地基波束形成技术原理如图 7-13 所示。

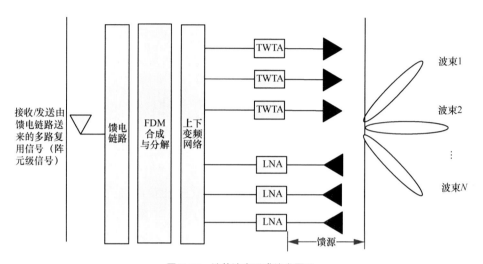

图 7-13　地基波束形成技术原理

在多点波束天线设计方面，反射面天线由于其重量轻、结构简单、技术成熟、成本低廉等优点，是目前能够同时满足简易性和系统性能的最佳选择，也是目前高通量卫星天线中应用最为广泛的一类。反射面天线的馈源单元一般为喇叭天线，由多个喇叭天线组成馈源阵。根据波束形成方式的不同，在实现多点波束的天线实现形式上主要有两类：一是单馈源单波束（SFB）天线；二是多馈源单波束（MFB）天线。

单馈源单波束技术指的是波束的形成是独立的，每个波束都是某单一馈源照射反射面之后形成的，这种方法是所有多波束形成方案中最简单的方式，其特点是方案简单、波束形成效率高，并且无须复杂的波束形成网络，波束之间干扰较小，可以实现收发共用。但是它的缺点也很明显，当需要产生较多的点波束时，就需要较多的反射面，这样天线体积会异常庞大，成本也会提高。同时这种天线难以实现波束重构。因此覆盖范围较大的高通量卫星多采用 SFB 天线。

与单馈源单波束天线相比，多馈源单波束天线在原本反射面、馈源系统的基础上还需要增加一个波束形成网络。多馈源单波束技术具体是指从天线发射面辐射出来的每一个点波束都是由特定的几个馈源经由波束形成网络形成的，某些馈源可能会参与不止一个点波束的形成，这种技术的优势在于实现多点波束仅需一副反射器，从而大大减少了星上天线的成本和大小。因此，对于多用途高通量卫星和较小的地理区域，MFB 天线是最佳选择。

MFB 与 SFB 相比，最大的优点是其波束形成方式更加灵活，可以生成更多的点波束，在减少反射面数量的同时实现对波束数目、形状和指向的控制。MFB 的缺点是当其与 SFB 方案形成相同数量的点波束时，需要有更多的馈源，并且由于需要波束形成网络进行控制，因此其馈电网络要复杂得多。

另外，多波束反射面天线大多采用偏馈结构以减少馈源阵列对反射面的遮挡。而从反射面的结构来分，分为单偏馈反射面和多偏馈反射面两种。单偏馈结构的天线馈源阵位于偏馈抛物面的焦点处，通过馈源阵照射单一反射面生成多个波束覆盖目标区域。当所需点波束数目非常大时，馈源阵列会变得很大，这会对天线口径产生一定的遮挡，此时多采用多偏馈的结构，这种结构由一个较小的馈源阵和多个镜像反射面共同构成。多偏馈结构天线的主反射面通过镜像作用将小型的馈源阵在主反射面上进行放大，此种结构不同于单偏馈类型，其反射面均位于馈源阵的近场区而非远场区。

7.4　多波束相控阵载荷

卫星通信系统在发展的过程中，由传统单波束卫星发展为高通量卫星，极大地提升了卫星通信系统的容量，降低了单位容量的通信成本，但早期发展高通量卫星系统主要以提高整星通信容量为目标，多点波束的设计一旦确定，其波束构型和覆盖区域是固定的，卫星一旦入轨，在十几年的服务期间内很难对服务进行调整。而在实际应用中，时常会出现转发器利用率低的问题，即热点地区的转发器饱和，而非热点地区转发器利用率却很低。因此，卫星运营商为了提高商业竞争力，希望卫星的有效载荷具备更高的灵活性，比如希望能具备覆盖区域在轨可调整、工作频率可改变，功率可在波束间动态分配等特点，以适应通信需求的不断变化。

随着需求的演进与不断变化，欧洲首先提出了灵活有效载荷的概念，其应具备以下 3 个特点：（1）灵活的覆盖范围。实现覆盖区域的在轨可调，并且实现波束在卫星的星下可见地面范围内任何一个地区的动态覆盖调整，同时能在轨控制点波束的数量、大小和形状。（2）灵活的频谱分配，能够根据需要实时灵活分配波束的工作频率和带宽。（3）灵活的功率分配，能够根据波束内的用户数以及通信容量需求，实时将整星功率动态分配到不同波束，以满足不同用户的通信需求，对于重点区域或重点用户，希望能通过集中功率到单个波束内进行重点通信保障。

相控阵天线技术是实现以上功能的有效选择。相控阵天线由平面上按一定规律布置的多个天线单元和信号功率分配与相位合成网络共同组成，在计算机控制下，改变天线单元之间的幅度和相位的关系，可获得与要求的天线方向图相对应的天线口径照射函数，从而达到改变天线波束的指向和天线波束形状的目的。相控阵天线按天线阵元的排列方式可分为线阵、平面阵和立体阵。将各阵元排列在一条直线上称为线阵，也可排列在一个平面或立体空间中，则分别称为平面阵或立体阵（如球面阵），目前卫星通信上常用的基本是平面阵。

这里以线阵列为例介绍相控阵天线的基本扫描原理，N 单元线阵示意图如图 7-14 所示，其是由 N 个天线单元构成的线阵，天线单元按照等间距方式排列成一条直线。

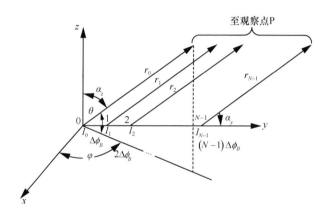

图 7-14 N 单元线阵示意图

将线阵置于如图 7-15 所示的平面中，可以得到简化的线阵天线图。当每个阵元辐射到空间的信号相位一致时，其波束的指向与天线阵垂直，当改变每个天线阵元辐射到空间信号的相位时，即可改变波束的指向，波束指向与相邻阵元的信号相位差 $\Delta\phi_B$ 满足如式（7-1）所示关系。

$$\sin\theta_B = \frac{\lambda}{2\pi d}\Delta\phi_B \qquad (7\text{-}1)$$

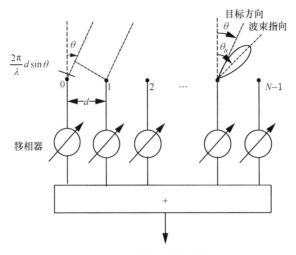

图 7-15　简化的线阵天线

相控阵可以分为模拟相控阵和数字相控阵两种体制，模拟相控阵是通过移相器来改变每个阵元上信号相位差以实现波束的指向扫描控制，数字相控阵则是先对信号进行数字化，通过数学方式改变信号相位差，从而实现波束扫描控制。

模拟相控阵系统的基本组成可分为天线阵列、发射机（发射组件）、移相器及波控计算机、激励器、信号与数据处理、低噪声放大器（接收组件）、显示器和中心计算机等主要功能模块。

单波束模拟相控阵组成示意图如图 7-16 所示，图 7-16 中仅画出了一个多通道接收和发射组件作为示例，实际系统中每个天线阵元都对应一个接收通道和一个发射通道。接收组件将天线单元接收的信号进行放大，然后经过移相器控制形成波束后输出到接收机；发射组件则是接收来自激励器的信号，通过功分器分配到多个发射通道，在每个发射通道中通过移相器调节波束指向，通过末级功放放大后输出到天线单元，经过天线单元辐射出去；波控单元则是根据需要的波束指向自动计算出每个通道中移相器的移相码，并对移相器进行打码控制。

多波束模拟相控阵天线的组成原理与单波束类似，主要区别是根据波束数量的多少扩展移相器网络，一个波束对应一套移相网络。多波束模拟相控阵接收天线原理示意图如图 7-17 所示，天线单元接收信号后先通过低噪声放大器进行放大，然后对每一路信号进行功分，再将功分后的信号输入移相网络中，移相网络控制调整每个波束对应接收通道的相位，形成所需要的波束。

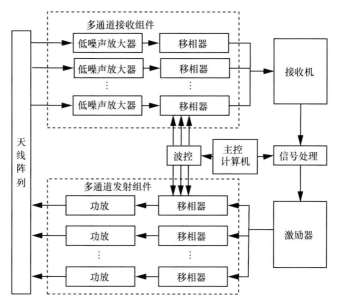

图 7-16   单波束模拟相控阵组成示意图

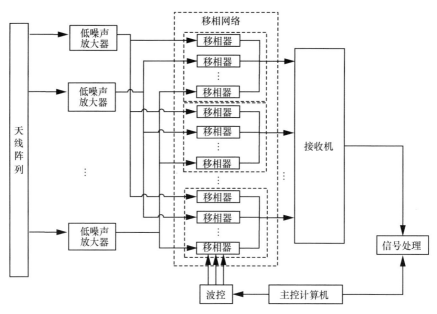

图 7-17   多波束模拟相控阵接收天线原理示意图

数字相控阵的组成与模拟相控阵基本类似,只是数字相控阵系统中通过 A/D 和 D/A 替代移相器,通过数字波束形成器替代波控单元,在数字上通过数学计算以实现每个通道信号的相位控制。数字多波束相控阵天线组成原理示意图如图 7-18 所示，多通道接收组件中每个通道接收到来自天线单元的信号后，经过放大、下变频和滤波后再进入 A/D 进行数字化处理，所有接收通道的信号数字化后进入数字波束形成器，在数字域上根据需要形成接收波束。发射的处理过程与上述接收处理过程类似。数字相控阵的优势是极大地发挥了数字化处理的优势，特别是接收系统，可以根据需要形成任意多个接收波束，其付出的代价仅是数字波束形成器的计算资源。

以单个接收波束为例，其数字波束形成原理如图 7-19 所示。

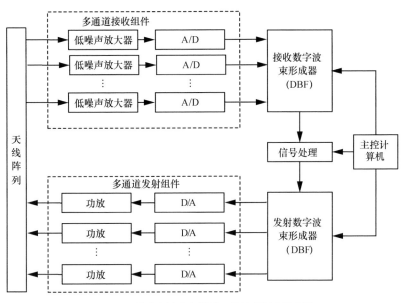

图 7-18　数字多波束相控阵天线组成原理示意图

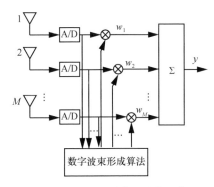

图 7-19　单个接收波束数字波束形成原理

8 个接收波束和 8 个发射波束相控阵示意图如图 7-20 所示，该系统主要由天线阵面、波束形成网络、变频模块、调制解调、收发组件、电源模块、控制模块、卫星平台等组成。接收链路作用是接收相控阵接收用户信号并进行衰减、移相，然后合成 8 路独立扫描波束信号。其中，接收波束经过多路变频器模块进行下变频，下变频后进入调制解调模块解调得到数字信号，数字信号通过总线送到卫星平台。发射链路形成 8 个波束，卫星平台通过总线将数据发送至调制解调模块，再经过多路变频器模块上变频送入发射相控阵，在发射相控阵内进行衰减、移相后辐射至空间，在空间形成 8 个独立扫描波束，为用户提供服务。

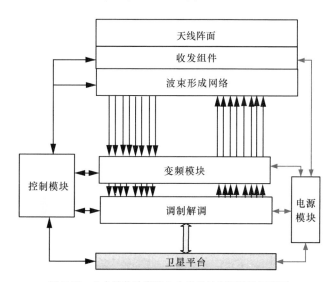

图 7-20　8 个接收波束和 8 个发射波束相控阵示意图

在具体的硬件集成设计上，为了提升系统的集成度，降低体积重量功耗，需要针对不同的频段特点进行设计。

对于 S 等低频段的相控阵天线，由于频段低，天线单元间距较大，每个天线后端存在较大的安装空间，则可以采用分离式模块的方式进行设计，然后通过电缆连接各个模块，以降低系统集成难度，现在随着技术的成熟，也会采用集成多通道的设计方式以降低重量。

对于高轨卫星上的 Ka 等高频段相控阵天线，一般需要实现 ±8.5° 的扫描范围以满足对星下地球表面的覆盖，此时天线单元间距只有 2.5cm 左右，当需要实现多个波束时，其集成空间非常有限，需要采用多通道组件的集成设计，另外由于 Ka 频段工作时，每个通道的带宽均较宽，如果采用数字体制则面临大量高速宽带 A/D 和 D/A 的使用，给功耗和成本都带来巨大的压力，因此多采用模拟相控阵设计。通过多通道集成设计与模块化安装，避免电缆连接以提升系统集成度，并且通过将热管与天线进行集成设计以解决发射天线的散热问题。

对于低轨卫星上的 Ka 频段多波束相控阵，通常扫描角度需要达到 60°以上，则天线单元的间距更是小到 1cm 以内，此时对于多波束天线而言，其集成度将会更高，在具体实现上，一种方式是采用高集成度的收发组件模块来实现多个波束，但毕竟受空间的限制，通常只能做到 2 个波束左右；另一种方式则是首先在芯片级别进行集成化设计，将多个通道集成到一个多功能芯片上，然后再采用瓦片式集成方式提升系统的集成度。对于星载应用，瓦片式集成还存在航天适应性等问题，目前很少采用，星载上还是以模块化集成为主。

无论是模拟相控阵还是数字相控阵，它们相对传统的抛物面天线而言，均具备以下优点，这些优点可以极大地提升卫星通信系统的灵活性，以满足不同时期、不同形式下的用户多样性需求。

（1）相控阵天线的主要技术特点是天线波束快速扫描能力，它可以克服传统机械扫描天线波束指向转换的惯性以及由此带来的对扫描性能的限制，从而实现对波束指向的快速调整，以实现对机动用户的实时跟踪或通信覆盖区域的快速变化。这一特点主要基于阵列天线中各天线单元传输信号的相位快速变化能力，对于采用移相器的模拟相控阵天线来说，天线波束指向的快速扫描能力在硬件上取决于开关器件及其控制信号的计算、转换与传输时间，目前使用的基于半导体开关二极管的数字式移相器的开关转换时间是纳秒量级，可以实现快速的波束切换；而数字相控阵的波束指向变换调整是在数字域上通过计算实现的，在几个指令周期内即可实现对波束的调整控制，速度远远高于模拟相控阵。

（2）天线波束形状的捷变能力也是相控阵天线与传统抛物面天线相比的又一显著特点。相控阵天线波束形状具备快速变化能力，而传统抛物面天线在设计完成后波束形状就已经确定，不能实时进行调整，相控阵天线的波束形状却可以通过控制每个天线通道的幅度和相位进行调整，实现天线波束宽度、波束形状、天线波束零点位置、天线副瓣电平等的调整。天线方向图函数是天线口径照射函数的傅里叶变换，因此，在采用阵列天线之后，通过改变阵列中各单元通道内的信号幅度与相位来改变天线波束形状或天线方向图函数。各单元通道信号幅度的调节，可以通过在发射通道中增加数控衰减器调整每个通道的输出功率，相位的调节则可以通过控制每个信号通道移相器或者数字加权实现。对于通信系统而言，输出功率是宝贵资源，为了避免功率效率的损失，通常采用单独调整相位的方式实现波束形状的捷变。天线波束形状的捷变能力使相控阵天线的波束成形可以快速实现，同时具备自适应空间滤波能力。

（3）相控阵天线的另一个主要技术特点是空间功率合成能力。采用阵列天线之后，可以在每一个单元通道或每一个子天线阵上设置一个发射信号功率放大器，通过控制移相器的相位变化，发射天线波束实现定向发射，即将各单元通道的发射信号聚焦于某一空间方向，这一特点使相控阵系统设计可以避免大功率发射机的使用，特别是给发射系统设计带来了极大的方便，通过大量固态功放实现信号的功率合成以避免高压电源的使用，增加了系统工作的灵活性。

自 2010 年，欧洲航天局为灵活有效载荷专设了"通用灵活有效载荷"专项，首先在英国阿万蒂公司的高通量卫星上开展通用灵活有效载荷的在轨验证，然后在国际移动卫星公司的"阿尔法卫星（Alphasat）"上开展星上数字处理器的在轨验证。

2015 年，欧洲航天局与欧洲通信卫星公司共同开展了"量子（Quantum）"卫星研制，首先采用多波束相控阵天线技术，可灵活地调整天线波束大小和波束形状；天线具备 8 个 Ku 频段的独立点波束，能够在 1min 内调整到任意可见的地面服务区域；卫星的通信容量可灵活按需分配，需求热点地区可以获得更高的容量分配；可灵活为用户分配功率和容量；在实时工作频段和带宽方面，每个波束都能够使用 Ku 频段范围内任何一段频谱。

2019 年年底，空中客车、欧洲航天局和欧洲通信卫星公司在空中客车马德里厂区展示了新的突破性多波束有源天线有效载荷，欧洲"量子"卫星 Ku 频段多波束相控阵天线如图 7-21 所示。

直接辐射式的多波束相控阵天线具备波束快速扫描、波束覆盖区域可捷变等优势，但是受到卫星对地板安装空间的限制，天线口径通常难以做得很大，导致天线的 EIRP 和 G/T 值与固定覆盖的多点波束高通量载荷相比较低，限制了用户的通信速率。为了解决辐射口径与安装空间的矛盾，可以将多波束相控阵天线与反射面天线结合起来，使用多波束相控阵天线作为反射面的馈源使用，这样既保留了多波束相控阵工作频率、带宽软件可定义的优势，又提升了波束的增益。

图 7-21　欧洲"量子"卫星 Ku 频段多波束相控阵天线

| 7.5　激光通信载荷 |

随着卫星遥感和宽带通信技术的发展，遥感卫星、天基信息系统、通信卫星、载人飞船和空间站等都提出了对于高速空间数据传输的迫切要求。目前航天器之间以及航天器与地面站之间主要通过微波通信系统进行数据传输，由于微波通信系统带宽相对较低，对于高分辨率对地观测卫星，微波通信系统很难直接满足空间高速数据传输需求，需要借助星上存储/转发、数据压缩等手段才能实现对地高速数据传输，这样在一定程度上影响了数据的传输质量以及传输实时性。以激光作为信号载波的激光通信开始成为诸多国家研究的热点，与微波卫星通信技术相比，激光通信技术在码速率、系统体积、系统容量、重量、功耗、抗多径衰落以及保密性等方面具有很大优势。

激光通信是一种以激光为载波实现星地和星间信息传输的方式。由于激光通信系统通信距离远、容易受到卫星振动等外界扰动的影响，需要在激光通信系统中采用激光束准直、精确跟踪控制、功率控制以及激光放大等技术。激光通信系统主要由信源、电光调制、光发射天线、空间激光信道、光接收天线、光电解调以及信号处理模块等部分组成，激光通信系统组成示意图如图 7-22 所示。

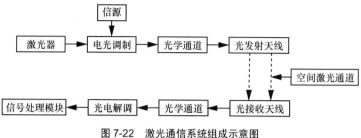

信源

激光器 → 电光调制 → 光学通道 → 光发射天线

空间激光通道

信号处理模块 ← 光电解调 ← 光学通道 ← 光接收天线

图 7-22　激光通信系统组成示意图

7.5.1　激光通信的发展现状

从 20 世纪 70 年代开始，诸多国家和地区开展了激光通信技术研究，制定了多项星间、星地及深空激光通信技术发展和演示验证计划，对激光通信理论和技术开展了全面深入的研究，各大相关研究机构研制出了不同系列的激光通信终端，并基于这些终端开展了多项星间、星地激光通信试验。目前已成功实现了月—地距离双向激光通信以及星间 5.625Gbit/s 的高速双向激光通信。国外空间激光通信技术已从理论研究和关键单元技术的攻关发展到整机系统的设计、研制和在轨演示验证阶段，美国、欧洲和日本在该领域的研究工作起步较早，相对处于领先地位。

我国从 20 世纪 90 年代才开始发展空间激光通信技术，并且经历了从概念研究到空间试验的过程。2011 年我国发射"海洋二号"卫星搭载激光通信终端，成功进行了我国首次星地激光通信试验。目前，中国电子科技集团公司、中国航天科技集团公司、长春理工大学、电子科技大学、哈尔滨工业大学、中国科学院等多家科研单位都开展了卫星相干激光通信技术研究。2019 年年底发射的"实践二十号"卫星，搭载了由航天五院西安分院研制的激光终端，已经实现了星地 10Gbit/s 的高速通信。在第三代北斗导航系统中也成功应用激光通信实现了卫星间的组网通信，我国激光通信技术已经从理论研究逐渐走向实用阶段，技术水平已经与美国等国家相当，且在部分指标上已经处于领先状态。

美国是最早开展激光通信研究的国家之一，主要研究机构有麻省理工学院的林肯实验室和加州理工学院的喷气推进实验室（Jet Propulsion Laboratory，JPL），美国军方以及一些商业公司早在 20 世纪 60 年代就开始资助地—空激光通信系统研究，分别实施开展了多项有关空间激光通信的演示验证计划。20 世纪 70 年代初期开始研究基于 CO_2 激光器的激光通信系统。美国制定并实施了一系列星地、星间以及深空激光通信技术发展和空间试验计划。其于 1994 年启动一项计划，旨在验证星地间 Gbit/s 速率通信的可行性。2013 年，美国成功进行了世界上首次月—地距离双向激光通信试验（下行 622Mbit/s，上行 20Mbit/s）。为了将空间激光通信技术更好地应用于下一代中继卫星，美国利用地球静止同步轨道卫星大量开展了星地高速率的激光通信试验。

欧洲空间激光通信研究开始于 20 世纪 70 年代后期。在 30 多年的发展历程中，欧洲航天局和各国政府在空间激光通信的研究方面都投入了大量资金和人力，工作内容包括自由空间激光通信装置设计、半导体激光器技术、激光通信天线设计、激光探测技术、卫星间链路试验总体设计等。先后研制出不同类型的激光通信终端。从 1989 年起，欧洲航天局开始 SILEX（半导体激光星间链路实验）计划，第一个终端搭载于法国的 SPOT4 卫星上，这一卫星于 1998 年升空，另一终端搭载在 ESA 的 ARTEMIS 卫星上，于 2001 年升空。2001 年，两颗卫星成功建立了星间光通信链路，首次验证了高轨–低轨卫星间 50Mbit/s/2Mbit/s 的双向激光通信，该试验的成功在激光通信的发展史上具有里程碑意义。从 1996 年起，ESA 开始了新一代空间光通信终端 SROIL（Short Range Optical Intersatellite Link）的研制工作，SROIL 终端采用半导体激光泵浦的 YAG 激光器作为光源，接收系统采用零差探测体制，从而大幅提高了系统的探测灵敏度，码速率高达 1.2Gbit/s，终端的重量最小只有 8kg。2008 年德国和美国利用各自的低轨卫星开展了星间 5.625Gbit/s 的高速激光通信试验，这是世界上首次成功利用相干光通信技术体制进行的星间激光通信，试验验证了星间高码速率传输的可行性。目前，欧洲已研制出一系列适用于不同种类通信需求的激光通信终端，未来除计划继续开展高轨–低轨卫星间的双向激光通信演示验证外，还计划将光通信技术应用于其首个数据中继卫星系统,将空间光通信技术推向实用。

日本从 20 世纪 80 年代中期开始空间激光通信的相关研究工作，主要研究机构有 NSDA（National Space Development Agency）、CRL（Communication Research Laboratory）以及 ATRI（Advanced Telecommunication Research Institute）。1995 年 6 月，日本首次利用 ETS-VI 卫星上的激光通信终端（Laser Communication Equipment，LCE）成功进行了星地光通信试验，通信速率为 1.024Mbit/s，传输距离为 32000km。同年 11 月，日本利用这个通信终端与美国的大气观测卫星成功进行了地面站与卫星之间的双向通信，传输速率为 1.024Mbit/s。2003 年 9 月，日本的激光通信终端和欧洲的 ARTEMIS 卫星之间实现了星地激光通信，开展了地面-卫星间的捕获跟踪和通信试验，激光通信终端自动与 ARTEMIS 上的激光通信终端建立了星-地链路，链路维持时间长达 20min，演示验证了空间光通信系统的通信波长、通信光偏振态、激光强度、探测器灵敏度等光学特性，并进行了大气信道的闪烁特性及衰减验证。2005 年 8 月，日本的 OICETS（Optical Inter-or-bit Communications Engineering Test Satellite）低轨卫星成功发射。2005 年 12 月，OICETS 卫星成功与欧洲的 ARTEMIS 卫星建立了空间光通信链路。2006 年 3 月，该卫星成功与地面站进行了星地激光通信试验。一些国外典型激光通信系统参数见表 7-7。

表 7-7　国外典型激光通信系统参数

典型激光通信系统	SILEX	STRV-2	LCE	LUCE	TerraSAR-X
国家/地区	法国	欧洲	美国	日本	日本	德国
搭载卫星	SPOT-4	ARTEMIS	TSX-5	ETS-VI	OICETS	TerraSAR-X
轨道高度/km	832	35600	2000	35600	600	514.8
发射时间	1998 年 3 月	2001 年 7 月	2000 年 6 月	1994 年 8 月	2005 年 8 月	2007 年 6 月
最大码速率/（Mbit·s^{-1}）	50	50	1000	1.024	50	5 625
发射/接收通信波长/nm	847/819	819/847	810/810	830/510	847/819	1064/1064
发射功率/mW	60	37	36	13.8	100	700
发射/接收天线直径/cm	25/25	12.5/25	25.4/13.97	7.5/7.5	26/26	12.5/12.5

7.5.2　激光通信终端设计

星载激光通信终端通常由光学天线、ATP 和通信 3 个部分组成。光学天线是实现光的收发光路设计，要具备较高的光学质量、尽可能低的遮挡比、高的反射率和低表面散射效应；ATP 实现激光终端之间的捕获、跟踪和瞄准功能；通信部分主要实现光电信号的调制、光信号发射、光信号接收、光电解调以及数据恢复等功能。在物理实现上，光学天线一般集成在 ATP 中，光学天线口径的大小以及光路的形式也决定了 ATP 子系统设计的难度和复杂程度。

某相干体制激光通信终端系统方案如图 7-23 所示。在接收机前端，本振光由保偏单模光纤引导进入准直器，准直器将光纤的出射光准直为平行光束，平行光束由 90°相干光混频器分束进入平衡探测支路。光放大器的出射光由保偏单模光纤引导进入装配在结构 FOS 上的准直器，准直器将光纤的出射光准直为自由空间平行光束，该光束为线偏光，它入射到超前瞄准转镜上，再使用 λ/4 波片将线偏光转换为圆偏光。

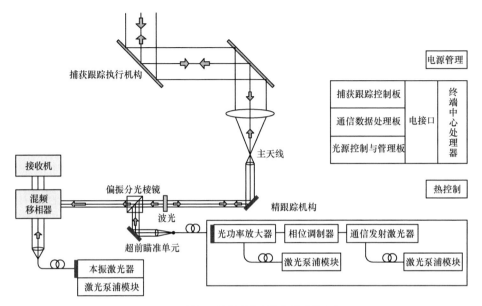

图 7-23　某相干体制激光通信终端系统方案

（1）ATP 子系统（含光学天线）

在激光通信系统中，最重要的部分就是 ATP 子系统，它用于实现终端间的捕获、跟踪和瞄准。在 ATP 技术中，一方激光终端首先发出一束较宽的信标光进行扫描，另一方激光终端持续搜索该信标光，一旦该信标光进入探测器视场并且被正确探测到，即代表捕获成功。在完成信标光捕获后，双方激光终端根据探测器提供的视轴偏差调节跟踪机构，使其视轴跟随入射光的视轴变化，这一过程称为跟踪。在实现稳定跟踪的前提下，双端的视轴正确指向对方视轴，这一过程称为瞄准。双端视轴可靠瞄准后，说明光通信链路已成功建立，即可进行激光通信。

从实现功能和结构来区分，ATP 子系统可以分为光学天线、粗跟踪机构、精跟踪机构、超前瞄准机构、探测器以及控制器等部分。

1）光学天线

在激光通信中，光学天线起着重要作用，因为终端的捕获和跟踪精度在很大程度上取决于光学系统对接收的光信号成像的质量和精确度，光学天线本质上就是一个光学望远镜。一般可分为 3 种形式，即透射式、反射式和折反射组合式。透射式天线由一组透镜构成，其优点是加工球面镜较容易，且对光无遮挡，通过光学设计可以消除各种像差；缺点是光能损失较大，装调也比较困难，在实际的激光通信系统中较少使用。反射式天线则是采用对光波近全反射的抛物面，这种天线对光束能量的吸收很小，因此在激光通信系统中得到了广泛应用。反射式天线按照反射镜面的个数可分为单反射面天线和双反射面天线，激光通信系统中常用的是双反射面天线，例如著名的卡塞格林天线就是双反射面天线。反射式天线的优势是对材料的要求不高，光能量损失少，并且不存在色差；它的缺点则是对收/发激光束有中心遮挡效应，难以满足大视场大孔径的成像要求。折反射组合式天线结合了透射式天线和反射式天线的优点，使用球面镜替代非球面镜，使用补偿透镜校正球面反射镜的像差，从而可以获得较好的像素；但这种天线体积较大，加工比较困难。

为满足激光通信要求，光学天线应满足：天线的遮挡率要低；高透射的光学透镜，高反射的反射镜，高光学质量，天线的散射光效应尽可能低；光学天线材料的机械强度要高，重量要轻，热膨胀系数小，使用寿命要长；由于天线的孔径越大，增益就越大，从提高天线增益的角度考虑激光通信系统的天线孔径应当取大一些，但孔径增大的同时天线的体积、重量也要相应增加。因而采用碳化硅等新型材料可以实现高倍率、大口径、近衍射限质量的光学天线。

2）粗跟踪机构

粗跟踪机构主要完成目标的捕获和粗跟踪。主要包括常平架以及安装在其上的收发天线、粗跟踪探测器、粗跟踪控制器、中继光学单元、常平架角传感器以及伺服机构。粗跟踪机构的作用是控制伺服机构完成指令要求。角传感器将位置信号传送给控制器，控制器比较指令信号和实际信号的误差信号，根据误差信号控制伺服机构运作，实现捕获和粗跟踪。在终端捕获阶段，粗跟踪机构一般工作在光路的开环方式下，用其角传感器形成闭环。它接收到控制信号后，调整光学天线指向对方终端的不确定区，发射信标光进行扫描或者捕获来自对方的信标光。目标信标光被捕获后，系统进入粗跟踪阶段，根据粗跟踪探测器提供的偏差信号控制常平架上的光学天线指向。粗跟踪精度一般会小于精跟踪探测器，它能将入射光逐步引导到精跟踪机构可控制范围内。但是粗跟踪机构同时也会给系统带来摩擦力矩，这是影响系统性能和跟瞄精度的主要问题之一，因此在设计粗跟踪机构时应着重考虑如何对摩擦力矩进行抑制。

3）精跟踪机构

精跟踪机构一般包括跟踪探测器、两轴快速倾斜镜、执行机构以及位置传感器。当粗跟踪机构将入射光引导进入精跟踪探测器视场后,精跟踪控制器会根据精跟踪探测器探测到的偏差量,精确控制快速倾斜镜,做出响应以跟踪入射光,使通信两端视轴误差最终能够达到跟踪精度的要求。激光通信系统对于精跟踪机构的要求主要体现在跟踪精度以及带宽上,高精度可显著降低因视轴误差带来的光能量损失,高带宽可有效抑制卫星平台及其他干扰造成的误差。精跟踪机构决定了整个激光通信系统的跟踪性能,设计一个高精度高带宽的精跟踪控制环是整个 ATP 子系统的核心。

4）超前瞄准机构

典型的超前瞄准机构由两轴快速倾斜镜及其执行机构以及超前瞄准探测器共同构成。超前瞄准机构主要用来补偿由于光束远距离传输积累的位置偏差,它可以根据星历表精确计算出瞬时超前角,然后通过超前瞄准探测器控制倾斜镜做出响应,使出射光相对于接收光偏转对应的角度,从而使出射光能够精确瞄准对方。要实现该功能,超前瞄准机构应完成瞬时超前角计算及数据处理工作,并且通过合理的反馈方式提高执行器件的动作精度,实现高精度的超前角偏转。

5）探测器

ATP 子系统中的探测器主要包括粗跟踪探测器和精跟踪探测器两种类型。粗跟踪探测器多采用视场大的阵列 CCD,它可以实现对不确定区内目标的快速捕获和稳定粗跟踪。而四象限雪崩光电二极管（Quadrant Avalanche PhotoDiode,QAPD）的响应速度非常快,灵敏度也很高,但是它的视场相对较小,一般用作精跟踪探测器。随着 CCD 技术的发展,其帧频大大提高,高帧频 CCD 也可以当作精跟踪探测器使用。

6）控制器

ATP 控制器主要包括以上提到的粗跟踪控制器和精跟踪控制器以及 ATP 主控单元。ATP 主控单元负责控制系统内部的各个模块以及与卫星姿态控制系统和通信子系统进行交互。ATP 控制器可以执行 ATP 子系统内部的时序与状态控制操作,其工作方式为在链路建立阶段光开环、在链路保持阶段光闭环。当系统实现粗跟踪精度后,粗跟踪控制器向 ATP 主控单元发出确认信号,由 ATP 主控单元启动精跟踪控制器,进一步执行精跟踪。精跟踪锁定后再向 ATP 主控单元发出确认信号,ATP 主控单元通过控制总线启动激光通信子系统。

以上 ATP 子系统的各个组成部分通过合理有序的协调与交互,共同完成捕获、跟踪和瞄准功能,激光通信 ATP 子系统控制流程如图 7-24 所示。从图 7-24 中可以看出,ATP 子系统的主要控制流程包括姿态获取、捕获扫描控制、跟踪控制以及超前瞄准控制。

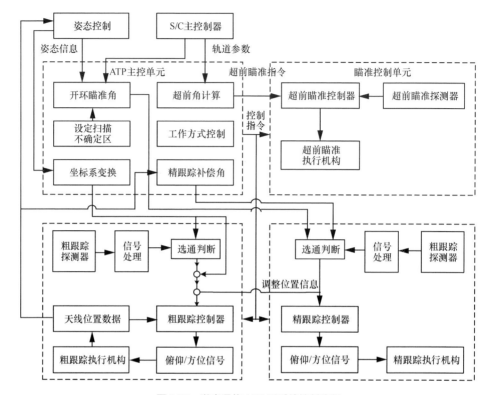

图 7-24 激光通信 ATP 子系统控制流程

1）姿态获取

ATP 主控单元通过姿态控制单元获得卫星姿态变化的信息，然后通过卫星主控单元获得卫星的轨道参数，在经过坐标变换后，ATP 主控单元就可以得到卫星当前位置数据。

2）捕获扫描控制

ATP 主控单元根据地面站传送的星历表、姿态控制器以及预置的扫描子区的数据信息，相应计算出卫星间的天线空间指向角度以及要求天线偏转的方位和俯仰角度，并将角度数据传送到粗跟踪机构和精跟踪机构，经过粗跟踪和精跟踪机构的选择判断后，作为各自机构动作的指令信号。主动方卫星在被动方卫星所处的不确定区进行扫描，被动方卫星则连续搜索信标光。不确定区可划分为若干扫描子区。主动方卫星根据从 ATP 主控单元得到的视轴方位和俯仰转动角度数据信息，叠加扫描子区的相对偏转角度，并以此作为天线偏转的方位和俯仰角度，相关角度数据可以传给粗跟踪控制器和精跟踪控制器。将实际偏转角度中的一路数据通过反馈传送给粗跟踪控制器，实现粗跟踪系统位置反馈控制，提高粗跟踪指向的精度；另一路数据反馈回 ATP 主控单元，ATP 主控单元处理后将指令发送给精跟踪控制单元，补偿粗瞄偏转误差，以达到高的扫描指向精度。ATP 子系统利用粗跟踪机构、精跟踪机构协调转动来实现高精度视轴指向。

在 ATP 技术中，捕获是一个难点问题。这是因为通信双方虽然都拥有卫星轨道的相关参数，但由于预报精度有限，需要先利用信标光对不确定区进行扫描，双方完成彼此的捕获。另外，由于卫星存在相对运动，系统和外界环境存在诸多干扰因素的影响，再加上捕获是在光开环的情况下进行的，因此想要实现快速、准确的捕获难度非常大。在进行捕获系统设计时需要考虑以下因素：不确定区域的大小；初始指向误差和期望指向误差情况；扫描方式的选择；总扫描时间的大小；捕获时在扫描子区的驻留时间；卫星的位置信息和相对运动情况；捕获的功率大小要求；卫星振动和噪声情况；捕获用的激光束的光束宽度及其波长。

3）跟踪控制

当捕获完成后，ATP 主控单元发出指令信息，粗/精跟踪控制器接收到各自传感器的信号。此时系统可以从粗跟踪探测器和精跟踪探测器上准确获得信标光的位置信息，根据自身视轴位置，计算出粗/精跟踪执行机构指向的实际偏差。在跟踪阶段，粗跟踪和精跟踪偏转控制实现了光闭环，不再接收 ATP 主控单元发送的角度偏转信号。粗/精跟踪机构控制精度和其视场需要较好的匹配。

ATP 子系统中对跟踪的要求非常高，不但需要大范围的天线转动以完成扫描和粗跟踪的功能；同时还需要优秀的高精度跟踪和高带宽扰动抑制能力。这就需要跟踪系统具备较大的动态范围，所以在进行跟踪系统设计时应主要考虑到以下因素：跟踪角度和范围、跟踪探测器选择、跟踪视场大小、跟踪控制精度、跟踪控制带宽、卫星间的相对运动、卫星振动频谱特性和跟踪功率要求。

跟踪的误差源主要有常平架产生的摩擦力矩误差、探测器误差和空间平台振动引起的误差。激光通信 ATP 子系统的跟踪精度是由其精跟踪系统决定的，因此研究合理先进的控制算法，设计出满足性能要求的精跟踪系统是跟踪技术研究的重点内容。

4）超前瞄准控制

通信光射出时，首先需要通过超前瞄准单元，当超前瞄准单元没有收到偏转信号时，应优先保证入射光线和出射光线的共轴。ATP 主控单元根据星历表的数据和光学设计要求，确定超前角的大小。超前瞄准子系统的控制精度、卫星轨道计算的超前角度精度、跟踪系统的跟踪精度及瞄准精度，共同决定了通信光是否能够被主动方接收，这是激光链路能否成功建立的关键。超前瞄准的关键问题是超前瞄准角的快速获取和超前瞄准精度的大小，为了提高超前瞄准精度，一般采用高精度微角度转动的执行机构。

超前瞄准主要是为了补偿光有限传播速度引起的时延以及卫星间相对运动的影响，使出射光相对于接收光超前偏转一定角度，这个角度即超前瞄准角，一般可以通过星历表计算得出。在进行超前瞄准系统设计时主要应考虑以下因素：卫星之间的距离、卫星相对运动、超前瞄准角的快速获取、超前瞄准机构精度和超前瞄准角度的校准。

（2）通信子系统

通信子系统的设计目标主要是完成两个节点间光信号的传输，系统由调制发射分机和解调分机组成。在发射端，数字信号进入调制发射分机后转换为适合空间光学信道传输的光学信号。在接收端，解调分机将接收到的光学信号经光电探测后输出数字信号。根据光通信系统调制及解调方式的不同，光通信系统主要可以分为两大类：一类是强度调制/直接探测光通信系统；另一类是相位调制/相干探测光通信系统。相干体制和 IM/DD 体制光通信系统原理如图 7-25 所示。

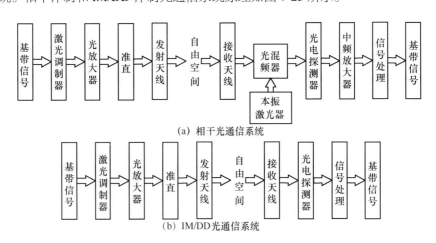

图 7-25　相干体制和 IM/DD 体制光通信系统原理

通信子系统设计关注的核心是电光信号调制、光电探测解调以及差错控制。

星间电光信号的调制流程是先将需传输的数字信号调制到激光载波上，通过光发射和接收达到信息传递的目的。在通信子系统中，调制器将模拟或数字信号叠加到光源上，通常有内调制器和外调制器两种类型。内调制器的机制是信号对光源本身直接进行调制，通过改变偏置电流的大小，对光源直接进行幅度或强度调制，产生调制的光场信号并输出。外调制器则是将光源输出的光信号送入光电调制器，光电调制器将数字信号调制到光载波上，这种调制方式的优点是可以充分利用光源的全部功率，通过调制器的电光或声光效应实现对传输光波的强度/相位调制。

光电探测是接收和解调信号的前提，具体由光电探测器实现。光电探测器可以将接收到的光信号转变成电信号。在星间激光通信系统中常采用的探测器主要有雪崩二极管（Avalanche PhotoDiode，APD）和 PIN 型半导体这两种类型的探测器。PIN 的特点是响应速度较快，但灵敏度相对较低。APD 探测器的量子效率、内部增益和灵敏度都较高，但缺点是雪崩效应会引入附加噪声，并且驱动电压相对较高。在散粒噪声限下，PIN 比 APD 更具有优势；而在热噪声限下，APD 探测器比 PIN 探测器具有更高的接收性能。在卫星相干光通信系统中，由于接收端接收到的信号光很弱，此时光电探测器的量子噪声与入射光功率成正比，热噪声占支配地位，系统为热噪声限系统。APD 探测器具有高灵敏度、高增益和宽探测带宽等特点，更适用于微弱光信号检测，因此激光通信系统一般都选用 APD 探测器。

光电探测有直接探测（非相干探测）和相干探测（外差或零差）两种方式。直接探测方式较为简单且成本低，比较容易实现，直接探测以到达探测器光子数区分逻辑 "1" 和 "0"，频带利用率相对较低。而在相干光探测方式中，数字信号则是通过载波信号的频率或相位进行调制，接收的信号光首先要与本振光进行相干混频，再通过鉴相或鉴频实现解调，把光信号转变为基带信号。在基于相干探测的卫星相干光通信系统中，发射激光终端需要有一个相干性很好的信号光激光器，经过基带信号调制后作为信号光由发射天线发射。接收天线接收到的光信号与本振激光器产生的本振光经过混频后，由光电探测器探测得到中频信号。该中频信号经由后续的中频放大、滤波、解调等信号处理，还原为基带信号。

卫星相干光通信系统是功率受限系统，最大激光发射功率将受到激光器重量、体积等因素的限制，同时光接收机灵敏度还受量子极限的限制，再加上各种外界干扰的影响，误码率较难达到系统要求，这时就需要采用差错控制技术提高通信系统的误码性能。差错控制方式主要有 3 种：自动请求重发面（Automatic

Repeat reQuest，ARQ）、前向纠错（Forward Error Correction，FEC）及结合两者优点的混合纠错（Hybrid Error Correction，HEC）。ARQ方式是在发射端发出能检错的信码，接收端若发现错误码，则向发射端发出重发请求。该方式编/译码设备适应性强、结构简单，但需反馈信道，控制电路比较复杂，实时性较差。FEC方式则是在发射端发送纠错码，接收端在接收到的信码中不仅能发现错误，还能纠正一定的错误，其优点在于无须反馈信道，解码实时性较好，但解码设备相对来说比较复杂，常用的编码有分组码和卷积码。在HEC方式中，接收端接收到的信码中若错误较少，在纠错能力之内，则主要由接收端自行进行纠错；如果错误较多，超出了接收端的纠错能力，但能检测出来，接收端就通过反馈信道请求发送端重发。

7.5.3　激光通信捕获技术

捕获技术是激光通信建立链路的关键。由于卫星姿态、星历表和轨道等方面的误差，在星际间寻找目标的过程中，终端只能知道目标可能出现的不确定区域。另外，捕获是在光开环状态下工作的，加上存在卫星平台振动、卫星之间相对运动以及太阳光等背景干扰，极大地增加了捕获难度。

捕获过程中，信标光的光源可以使用载波调制光源、脉冲光源和稳定连续的光源。一般采用稳定连续的光源。在探测器选择方面，用于捕获的探测器有QAPD、QPIN和CCD等。捕获探测器的选择依据是捕获方式和星间链路环境，目前一般采用大视场的CCD相机。与四象限探测器相比，CCD相机无死区，在温度匹配、焦距、噪声等效角和捕获视场大小方面都有明显的优势。

根据信标光在捕获中的方式和特征，可以采用以下4种方案进行捕获。

（1）采用星体作为信标完成捕获

这种方案中，激光终端本身没有配备信标光装置，而是采用某一星体作为自身位置和姿态的参考，进一步确定自身通信终端的指向。例如，美国JPL在其深空光通信项目中提出利用地球作为信标，将事先拍摄的地球图像存储起来，然后再与实时拍摄的地球图像做相关运算，经过一系列的数据处理最终确定自身的姿态指向。该方法的优点在于省去了信标光，简化了系统设计，减小了通信终端的重量、体积和功耗；缺点也很明显，那就是地球的图像容易受时间、天气等因素的影响。

（2）"信标光＋星敏感器"技术方案

这种方案通过在终端的常平架上安置一个星敏感器，由于星敏感器可以利用一些恒星的位置精确测定自身的姿态和位置，其测量精度非常高，因此可以极大提高通信终端的指向精度，只要信标光设计合理，就可以不需要扫描过程，直接完成光通信链路的建立。这种方案的优点在于可大大提高捕获概率，节省捕获时间；缺点是目前星敏感器的视场难以实现快速捕获并且数据更新率较低。

（3）"信标光＋信号光"技术方案

在日本 OICETS 和欧洲 SILEX 等卫星相干光通信系统中，都采用了信号光和信标光的技术方案。这种方案是采用发散角较大的信标光束，按照一定的扫描方式在对方终端的不确定区进行扫描，完成捕获过程。与前两种方案相比，它是一种工作相对稳定的方案，目前在激光通信中的应用最为广泛。以高轨卫星与低轨卫星激光链路的建立为例说明捕获详细流程，捕获过程如图 7-26 所示，其中 FOU 是不确定区域。

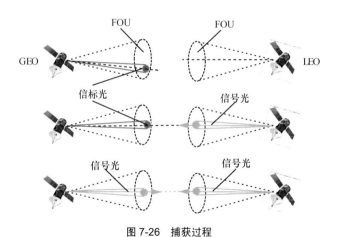

图 7-26　捕获过程

光链路中的双方终端首先会依据其星历表和轨道参数指向对方。高轨卫星通过跟踪系统用信标光对低轨卫星的不确定区域进行扫描，双方都同时执行捕获程序。当低轨卫星端的捕获探测器探测到信标光后，利用其跟踪探测器计算出视轴与信标光的偏差，利用跟踪控制器校正其视轴方向；再通过超前瞄准机构向高轨卫星发出信号光。高轨卫星端探测到低轨卫星端的信号光，信标光停止扫描；高轨卫星端利用跟踪探测器上获得的视轴与低轨卫星信号光的偏差校正其视轴方向。当低轨卫星信号光进入高轨卫星端精跟踪探测器视场内，实现光反馈；如果视轴与低轨卫星信号光的偏差小于设定值，高轨卫星进入精跟踪工作方式，高轨卫星向低轨卫星端发出信号光；高轨卫星关闭信标光。完成上述捕获过程后，系统进入精跟踪工作方式，双方即可进行通信。如果对方卫星的信号光由于外界原因脱离了本方卫星的跟踪视场，则需要重新进行捕获流程。

（4）无信标光技术方案

在德国新型相干光通信系统 LCTSX 中，采用的是无信标光的工作方式，直接将通信光作为信标光以实现光通信终端间的捕获跟踪。采用无信标光设计方案可以大大降低光路复杂度、系统复杂度以及激光通信终端的重量、体积和功耗，在光通信终端轻量化、小型化方面都具有很好的技术优势。为了有效降低光通信终端的重量、体积和功耗，采用无信标的两波长系统，即发射信号光和接收信号光。

7.5.4 激光通信的发展趋势

经过几十年的发展，激光通信系统的高精度捕获跟踪技术、高灵敏度相干接收、大功率发射等诸多关键技术已被攻克并得到在轨验证，相关光电元器件及模块的可靠性等性能也不断提高，这些都为激光通信技术的发展和应用奠定了坚实的基础。目前激光通信技术正走向工程应用。根据国内外空间通信技术发展需求，考虑激光通信技术特点，激光通信技术将向以下 4 个方面发展。

（1）数据传输速率从低速向高速发展

随着空间科学探测、高分辨率对地观测和宽带通信等技术的快速发展，未来的遥感卫星、通信卫星、中继卫星、天基信息系统、深空探测器以及载人飞船和空间站等对空间高速数据传输的需求日益迫切，在空间光通信发展初期，主要以解决制约激光通信的快速捕获和高精度跟踪技术研究为主，所以早期建立的空间光通信链路最高数据传输速率仅几十 Mbit/s，并未充分体现出光通信的高速率优势。随着星间捕获跟踪控制技术的突破，空间光通信的研究内容转向提高系统的通信性能，尤其是提高数据传输速率。

2008 年美国 NFIRE 卫星与德国 TerraSAR-X 卫星成功开展了数据传输速率高达 5.625Gbit/s 的双向光通信试验，该试验充分体现了光通信的高速率优势；随后美国又开展了最高数据传输速率达 2.88Gbit/s 的 OGS-GEO 高速双向光通信试验；欧洲开展了 1.8Gbit/s 数据传输速率的星间（GEO-LEO）光通信试验；日本正在为其下一代数据中继卫星系统研制具有 2.5Gbit/s 通信能力的光通信终端；我国也开展了数据传输速率在 10Gbit/s 量级的星地光通信试验，并实现了 10Gbit/s 的星地激光信息传输。由此可以看出，将空间光通信数据传输速率提高到 10Gbit/s 级以上已成为各国下一代激光通信发展目标之一。

（2）通信体制从单一的 IM/DD 体制向多体制并存

随着激光通信的发展，远距离、高速率通信需求增加，但目前卫星平台的承载能力有限，激光通信终端的体积、重量、功耗严格受限，如何有效地解决传输距离、数据传输速率和终端体积重量功耗之间的矛盾，成为空间光通信技术能否真正实用化的关键因素。在相同码速率和误码率条件下，采用相干体制较经典的 IM/DD 体制能给通信系统带来更高的探测灵敏度，可有效降低整个系统的体积、重量和功耗，这也成为解决上述矛盾的一个有效途径。不仅如此，相干光通信系统具有极强的波长选择性，具有能以频分复用方式实现更高数据传输速率的潜在优势；波长选择性还大大增强了相干光通信系统对背景光干扰的抑制能力，工作环境适应性更好。正因为相干激光通信具有以上诸多优点，相干体制成为远距离、大容量、高数据传输速率通信的首选方案。可以预见，相干体制将成为未来近地空间远距离、高数据传输速率光通信实现的重要体制。目前国内已经在相干激光通信方面取得了较大进展，第三代北斗导航卫星、"实践二十"卫星上应用的激光终端均采用了相干体制，实现了 Gbit/s 量级的通信试验。未来随着对通信速率需求的增加，相干体制将发挥越来越重要的作用，激光通信终端也由单一的 IM/DD 体制发展为多种体制共存，各自发挥优势。

（3）激光通信终端向小型化、轻量化和低功耗方向发展

由于空间任务的发射成本很高，要求激光通信终端不仅寿命长，而且对其体积、重量和功耗要求苛刻。激光通信终端的小型化、轻量化和低功耗将成为空间光通信发展必须重视和解决的问题。欧洲和日本对激光通信终端的小型化、轻量化和低功耗非常重视，专门制定了多项计划对此加以研究。ESA 通过 SOUT、ARTES-4 等计划，在其第一代激光通信终端 SILEX 的基础上，通过采用新型元器件、新的通信体制以及微系统的设计理念，研发了 SOUT、VSOUT、SROIL 等第二代激光通信终端。ESA 的第二代激光通信终端无论是在天线口径，还是在终端体积和重量方面都有明

显改善，朝小型化、轻量化方向迈出了一大步。瑞士 Oerlikon-Contraves 公司也在积极从事该方面的研究，其研发的 OPTEL 光通信终端系列也达到了小型化、轻量化和低功耗要求。日本针对 50kg 量级的微卫星专门开发了小型激光通信终端，终端仅重 5.3kg，功耗仅 22.8W。随着光通信相关元器件技术进步、新的通信体制以及新的系统设计理念的采用，激光通信终端的体积、重量和功耗将会进一步减小。目前我国对地球静止同步轨道卫星上通信速率 5Gbit/s 量级的激光终端，已经实现了高集成度设计，重量可以做到 50kg 左右。终端的轻量化、小型化也极大地促进了激光通信在卫星上的应用。

（4）激光通信从单链路向网络化发展

随着激光通信链路的工程应用，将激光通信技术应用于空间宽带网络成为激光通信技术发展的必然趋势。与卫星微波通信网络相比，激光通信网络具有保密性、宽带性、抗干扰性，具有重要的应用前景。激光通信链路波束窄，主要用于星间骨干链路，可以和卫星微波通信网络相结合，最终构建空天地一体化立体网络。目前国外正在构建基于激光链路的空间宽带网络，以满足人们不断增长的大容量信息的需求。我国科技创新 2030 重大项目"天地一体化信息网络"也将激光通信作为其重点突破和应用的方向，在高轨卫星间、高低轨卫星间以及星地之间均设计了激光通信链路，通过激光链路构成了一个高低轨混合、天地一体的激光通信网络。

| 7.6　太赫兹载荷 |

随着卫星通信网络的快速发展，现有的 S、C、Ku、Ka 等通信频段的能力已趋于饱和，为了支持不断增加的通信速率、频率及带宽需求，急切需要使用更高的载波频率作为通信载波。大带宽的太赫兹频段则是一个全新的频谱空间，在通信领域拥有广泛的应用前景，是很有潜力的解决方案。通过将卫星网络的频段扩展至太赫兹频段，不仅能够应对未来超高速率的网络应用，实现全频谱接入，还可以支撑天地一体化的全覆盖需求。

随着移动互联网的飞速发展，由高清视频传输带来的增强现实/虚拟现实等技术和高保真度全息通信技术将会应用在生活的各个角落，这些技术对未来的卫星通信传输速率也提出了更高的要求。与传统无线通信中的速率需求不同，未来网络的应用要求能够随时随地实现 Tbit/s 量级的数据传输速率，这是未来天地一体化信息网络需要面对和解决的巨大挑战。太赫兹通信凭借其传输速率高、带宽大及频谱资源丰富等优点，成为未来卫星通信中极具优势的通信技术，可以应对未来通信的巨大挑战。

未来的天地一体化信息网络可以充分利用太赫兹频段的超高频无线频谱资源，同时融合微波网络及地面移动通信等技术，形成一个具备数据智能感知、万物群体协作、安全实时评估和天地协同覆盖的一体化网络。未来通信网络所关注的主要目标不再仅仅是数据传输的性能，它将向全维度感知世界、空天地海外太空和网络空间不断延伸，更安全、更灵活、更智能地为人类提供全天候、全地域、全天时的信息基础设施服务。

太赫兹作为一个介于微波与光波之间的全新频段，目前尚未被完全开发，是未来无线通信中极具优势的宽带无线接入载体。2018 年 9 月，美国联邦通信委员会专员 Jessica Rosenworcel 在美国移动通信世界大会上表示，6G 可以采用基于太赫兹频谱的网络和空间复用技术。此外，当前大部分低轨通信卫星星座设计轨道高度均在 1000km 左右，与遥感卫星 500～800km 的轨道高度相差不大，在这个距离上可以充分利用太赫兹链路通信天线口径小、速率高、能量集中的特点，使用太赫兹链路将遥感卫星节点接入低轨通信卫星节点，以相对较低的代价实现遥感信息高速、大容量回传。同时，低轨卫星星座的星间通信也可以利用和发挥太赫兹的优势，基于太赫兹频段进行通信设计。因此，太赫兹通信凭借频段优势，可以被广泛应用于未来卫星间的高速通信中。

国际电信联盟已指定 0.12THz 和 0.22THz 频段分别用于下一代地面无线通信和卫星间通信。2013 年 7 月，太赫兹无线通信国际标准小组将 IEEE 802.15 IGTHz 升级为 SGTHz。因此，太赫兹科学已逐渐发展成为新一代无线通信产业发展的重要基础科学。世界各国一直致力于发展太赫兹高速无线通信技术，抢占太赫兹频段的重要通信资源。

美国 DARPA 更是投入了大量研究经费以研制 0.3～1THz 频段太赫兹无线通信关键器件和系统，在 2013 年 DARPA 提出了 100Gbit/s 骨干网计划，用于开发机载通信链路实现远距离大容量无线通信，其目标是在 2015 年前使其通信卫星具备 10Gbit/s 量级的传输速率，2020 年具备 50Gbit/s 以上的传输速率。

欧盟合作项目 WANTED 也将太赫兹星际通信列为其太空计划最主要的研究内

容。2013 年德国卡尔斯鲁厄理工学院（KIT）已经实现了 0.24THz、100Gbit/s 的无线通信系统，传输距离为 20m，该系统刷新了目前无线通信的最高速率记录。

日本 NTT 公司也长期从事通信系统的研究与开发，其无线局域网（LAN）技术更是全球领先。NTT 公司率先研制出了太赫兹无线通信样机，频率为 0.12THz，如图 7-27 所示，目前 NTT 公司正在全力研究 0.5～0.6THz 大容量高速率无线通信系统。日本总务省在 2020 年东京奥运会上采用太赫兹无线通信系统实现 100Gbit/s 的高速无线局域网服务，该传输速率是目前 LTE 传输系统速率的 1000 倍左右。

图 7-27　NTT 公司研制的世界首台太赫兹无线通信样机

早在 2011 年，中国工程物理研究院基于太赫兹电子学半导体器件，采用"16QAM 高速矢量调制+谐波混频+放大"的高速信息传输技术，研制了国内首个 10Gbit/s、0.14THz 高速通信传输系统实验样机，完成了 500m 距离下的实时无线传输和软件化事后解调实验；2012 年中国工程物理研究院进一步实现了 0.34THz/16QAM/3Gbit/s 的实时解调通信系统，完成了 50m 距离下的传输实验；2015 年，完成 0.14THz 频段的太赫兹通信极化复用验证，实现了 2×40Gbit/s 的无线通信，大幅度提升了系统的通信容量；2017 年完成了 0.14THz、21km、5Gbit/s 无线通信系统设计与试验，并开展了太赫兹通信中高速数字信号的并行化处理研究，进一步提升了太赫兹高速通信的实用化水平。

太赫兹通信技术已经取得了一定的成绩，但更多的是近距离的试验验证。在未来的发展过程中，太赫兹在卫星通信上的应用还面临一些挑战，特别是在应用于地球静止同步轨道卫星通信时，还需要研究解决以下 3 个方面的技术问题。

（1）太赫兹频段的功放功率相对较低，输出的功率难以达到满足 40000km 远距离无线通信所需要的载波功率，因此需要进一步研制出可不间断工作的大功率太赫兹源。此外，由于技术基础的不足，现有的太赫兹通信信号源与本振源不具备良好的相干性和稳定的频率，从而导致太赫兹接收系统灵敏度相对较低。

（2）太赫兹频段高，因此太赫兹通信受大气衰减和闪烁特性的影响较大，还需要进一步开展更多的实验研究探索适应星地间太赫兹频段通信的大气传输模型，以便将太赫兹频段推广到星地间的通信，从而利用大带宽提升传输的信息速率。同时在太赫兹通信链路引入高码率调制解调技术，研制高性能的太赫兹调制解调器件，实现更高的频谱利用率和调制增益，从而实现复杂环境下的信道传输。

（3）太赫兹高性能器件目前仍然需要创新研究。目前太赫兹的探测技术、辐射技术和光谱技术等重大基础研究领域还缺乏原创性的重大基础研究成果，亟须研制新体制太赫兹通信。同时，还需要建立太赫兹通信系统性能指标及参数的测试评估和计量技术手段，为太赫兹频段通信系统参数值的准确可靠作技术支撑。

当太赫兹技术应用于低轨卫星星座组网通信时，特别是使用太赫兹频段作为用户接入频段时，还需要解决以下工程实现上的难题。

1）极窄波束的空间多用户同时接入问题。在低轨卫星星座上应用太赫兹频段进行用户接入时，与激光通信类似，由于太赫兹天线的波束极窄，所以对于用户终端而言，低轨通信卫星具有有限的可服务时长和稀缺的接入时空窗口。在同一个低轨通信卫星视距范围内，可能存在多个用户终端等待接入的情况，并且当用户的业务数据量大时又容易造成网络拥塞的问题。因此低轨通信卫星在接收到用户终端的接入请求后，需要利用灵活性和自适应性强的多址接入技术，在单波束场景下控制天线波束转向，合理调度分给待接入用户终端的波束覆盖时长；在多波束场景下，设计合理的调度配对方式，实现低轨通信卫星波束与用户终端业务之间的灵活调配，以保证通信的实时性、连续性和可靠性，在提升卫星资源利用率的同时，满足用户传输业务对吞吐量、时延、可靠性与持续服务时间的需求。

2）自适应波束对准的控制方法。太赫兹通信距离有限、通信波束较窄，特别是在高纬度区域与极地区域，用户终端与通信卫星之间的接入存在波束对准问题。同时卫星在实际运行中可能会受到多种摄动力的共同作用，信号发送和接收方之间的距离不断变化，容易造成波束的指向误差和指向损耗，因此需要实时进行波束的跟踪对准。针对卫星网络节点运行轨迹可预测、时钟高度统一的场景特点以及卫星摄动因素已知的先决条件，基于带外信令进行信息交互，结合人工智能方法设计控制算法实时预测摄动方向，进而进行动态调整以保证波束方向对齐，实现自适应的波束对准。

天地一体化信息网络架构与技术

3）异质异构网络的速率适配。用户终端通过太赫兹频段接入卫星通信网络，此时用户端的通信速率较高，而当星座间或者星座与地面间链路工作在 Ku 或 Ka 频段时，卫星通信网络整体速率较低，难以满足用户的高速通信接入需求。在此异质异构网络中，当多个用户终端同时接入网络进行高速数据传输时，为避免速率不适配导致卫星网络负载过重，影响卫星网络通信服务质量，须解决"高速转低速"流量适配问题，需要研究异质异构网络的协同缓存策略，对高速并发数据流进行降速处理。为满足多种类型用户应用需求，协同缓存策略应根据数据流速率、星间链路状态及用户请求内容在多节点间协同分配与更新缓存，并通过多星协作回传，实现多级流量适配。

太赫兹通信系统可分为发射系统和接收系统两个组成部分。目前 3 种典型的太赫兹发射子系统方案分别是基于电子器件的太赫兹发射子系统、基于光电子学器件的太赫兹发射子系统和基于半导体激光器的太赫兹发射子系统。基于电子器件的太赫兹发射子系统由太赫兹射频信号发生器、电调制器和前置放大器组成，如图 7-28（a）所示。通常太赫兹信号为多倍放大耿氏振荡器信号，或者由 30～100GHz 的微波/毫米波发生器合成得到。而集成电路振荡器作为一种新太赫兹发射源，也是目前的研究热点。基于光电子学器件的太赫兹发射子系统如图 7-28（b）所示。两个红外激光器产生的两束光信号，利用光学外差法并通过单行载流子光电二极管（Uni-Traveling-Carrier PhotoDiode，UTC-PD）转换为太赫兹信号。该太赫兹发射子系统的载波频率在 1THz 以下。基于半导体激光器的太赫兹发射子系统如图 7-28（c）所示。最常见的太赫兹半导体激光器是量子级联激光器（Quantum Cascade Laser，QCL）。太赫兹量子级联激光器能耗低、体积小、便于集成，可以用于产生 1THz 以上的太赫兹辐射信号。通过外调制器，太赫兹量子级联激光器可实现调制频率在 10GHz 以上的直接调制。

太赫兹接收子系统有两种典型方案，分别是直接探测系统和相干探测系统。太赫兹接收子系统结构如图 7-29 所示，两种方案都使用电子或光电子器件搭建系统平台。直接探测系统结构简单，能非常容易检测并通过太赫兹频率的载波，而相干探测系统结构较复杂。直接探测方式需要较高的信噪比，因此只能近距离实现高速率通信，在距离较远的情况下，接收端信噪比达不到高速率通信的要求。与直接探测相比，相干探测精确度更高，对接收端信噪比的要求较低，可探测到非常微弱的信号，受背景噪声影响较小，本振功率和输入信号功率的比值与转换增益成比例。但目前采用相干探测方式的太赫兹无线通信系统缺乏具有良好相干性和频率稳定性的信号源与本振源、高速率的太赫兹外调制器与混频器等。

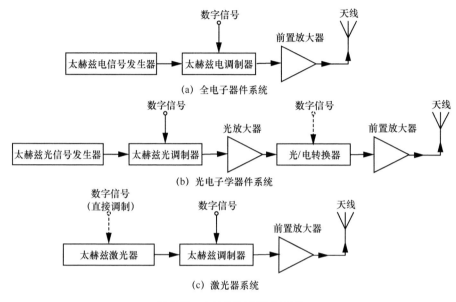

图 7-28 太赫兹发射子系统结构

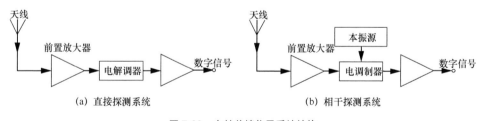

图 7-29 太赫兹接收子系统结构

7.7 有效载荷发展趋势分析

有效载荷的能力是决定天地一体化信息网络能力的核心，有效载荷的技术发展将推进网络能力的提升，网络需求的不断演进也将推进有效载荷技术的不断发展进步。综合来看，可软件定义功能的灵活相控阵多波束天线、数字阵列天线、星上灵活数字交换以及 SDN 空间网络将成为未来的发展方向。

（1）可软件定义功能的有源相控阵多波束天线将极大提升系统的灵活性

有源相控阵多波束天线具备覆盖灵活性，发展潜力巨大，从星载天线技术的发展趋势来看，随着高通量卫星系统的快速发展，采用多波束天线技术实现多次频率和极化复用从而成倍地提高卫星容量，已经成为重点的技术方向。而相控阵多波束天线在波束形成、波束重构、波束扫描以及波束跳变等方面具备很强的技术应用潜力，可以满足各种不规则覆盖区域的应用需求，使其成为促进未来通信卫星系统实现波束覆盖灵活性的关键。在未来的多波束天线方案中，基于相控阵馈源的反射面天线和直接辐射式有源相控阵都将获得大量应用，且近年来随着微波集成、低温共烧陶瓷等基础工艺以及一些关键器件和先进技术的发展，此类天线的研制成本已在逐步降低。随着低轨通信星座建设热潮的推进，在更适合相控阵应用的低轨系统中实现规模化的生产，将进一步削减成本，推动更广泛的应用。

（2）星上数字信号处理将成为主流方向

数字阵列天线将大规模应用。通信卫星在模拟和数字波束成形网络选择上的不同，对载荷的灵活性产生较大影响。事实上，从地面通信系统的发展情况来看，数字化技术在处理方面的兼容性、信号传输、灵活性和经济性都要明显优于模拟系统，而在生产制造方面，数字系统的重复生产要比模拟系统容易得多。随着数字信号处理技术的发展，利用软件无线电实现卫星通信应用，已经逐步克服质量、功率、尺寸以及太空环境（如单粒子效应）等因素的影响。对于卫星而言，随着星上处理要求的不断增加，如编码译码、调制解调、变频和滤波等功能也都可以通过数字信号处理器完成，这样原来需要用多个硬件设备实现的功能模块就可以集成在一个硬件平台上实现，大幅节约星上质量消耗，减少硬件规模，提升系统效率。此外，数字信号处理芯片的处理能力也更强，下一代星载数字处理器将能支持数百吉赫兹的通信容量，也将支持载荷实现更好的灵活效果。

星上数字交换技术的发展将推进网络灵活应用，协议体制灵活应用与网络的互联互通依赖于不同程度的星上处理能力，代表了更高层次的载荷要求，是未来地球静止轨道通信卫星的主要发展方向。随着星载数字器件的发展，星上数字处理能力逐渐增强，以前只能在地面上实现的复杂信号处理以及路由交换等技术也将在星上大规模应用。星上数字交换处理能力的提升，也将促进卫星网络的建设，从传统的单颗卫星通过信关站进行交换处理，发展为星间组网应用，提升用户的服务体验与应用灵活性。比如利用完全再生式的星载处理器进行解调、译码后进行数据处理和分组交换路由支持相应的网络协议。

（3）太赫兹以及微波光子技术将获得应用

随着频谱资源越来越紧张，人们对通信带宽的需求越来越大，卫星载荷也将朝着太赫兹或更高的频段发展。近年来国内外开始关注通过星上光域的载荷技术实现一定的灵活性。随着通信卫星载荷大容量、轻量化、小型化、高速处理转发等趋势发展，传统电域微波信号处理与传输技术在有效载荷系统中的局限日益凸显，如微波变频载荷、多级结构复杂，高频微波信号传输载荷的质量重、损耗高，微波交换与处理载荷的电磁干扰等。因此通过引入微波光子技术克服传统电域微波信号处理与传输的局限，可以在完成相同功能的基础上节省大量空间，还可以升级卫星容量，在星间激光通信中，波分复用（WDM）技术也可以应用于激光载荷中，进一步提高灵活的交叉连接能力，使载荷通信容量和性能均优于传统载荷。

（4）软件定义网络等新技术将应用于天地一体化网络建设，提升网络灵活性

通过将 SDN 的核心技术思想应用于卫星通信网络设计，将卫星中的控制平面和数据平面分离，使卫星只需要实施简单的硬件配置和转发功能，以解决卫星节点造价高、设计复杂的弊端；全网的配置生成、路由计算以及资源管理等事项均交由地面控制中心完成，统一下发，这样可以有效减轻卫星节点的负担，同时有利于资源的统一管理。通过集中化的管理，软件定义卫星网络架构能够实时地优化路由表、部署细粒度的管理策略，同时能够达到更灵活的通信和协议配置。另外，将传统卫星网络软件定义化后，卫星节点将与其他普通交换节点无差，不同网络所带来的异同能够通过模块化进行统一实现，这使得多种网络的融合变得更加容易。

▏参考文献▕

[1]　彭成荣. 大型通信卫星平台技术发展研究[J]. 航天器工程, 2000, 9(4): 6-15.

[2]　杨军, 周志成, 李峰, 等. BSS-702 系列平台低成本设计分析及启示[J]. 航天器工程, 2016, 25(1): 141-146.

[3]　阳光. "空间客车"卫星平台介绍[J]. 中国航天, 2013(1): 28-33.

[4]　王余涛. 浩瀚天宇中的"欧洲之星"-"欧洲星"系列卫星平台发展简述[J]. 国际太空, 2012(11): 29-33.

[5]　翟峰, 朱贵伟. 洛马公司 A2100 卫星平台的设计与应用[J]. 国际太空, 2012(11): 27-31.

[6]　刘悦. 波音公司打造全新的 BSS-702 卫星平台型谱[J]. 国际太空, 2012(11): 38-40.

[7] 高宇. 劳拉公司 LS-1300 卫星平台硕果累累[J]. 国际太空, 2012(11).

[8] 庞之浩. 中国的东方红 4 号通信卫星平台[J]. 卫星应用, 2012(5): 15-18.

[9] 白照广. 中国现代小卫星发展成就与展望[J]. 航天器工程, 2019, 28(2): 1-8.

[10] 朱振才, 张科科, 陈宏宇, 等. 微小卫星总体设计与工程实践[M]. 北京: 科学出版社, 2016.

[11] 刘海洋, 张磊, 张珣. 我国微小业余卫星的发展及应用[J]. 数字通信世界, 2019(8): 43-44.

[12] 陈长春. 基于云模型的小卫星总体优化设计[D]. 哈尔滨: 哈尔滨工业大学, 2012.

[13] RENDLEMAN J. Why SmallSats? [C]//Proceedings of AIAA SPACE 2009 Conference & Exposition. Reston: AIAA, 2009: 1-7.

[14] GUELMAN M, ORTENBERG F. Small satellite's role in future hyperspectral earth observation missions[C]//Proceedings of 57th International Astronautical Congress. Reston: AIAA, 2006.

[15] 庞之浩. 我国通信卫星平台与应用发展[J]. 现代电信科技, 2014, 44(7): 13-17.

[16] 郁丰. 微小卫星姿轨自主确定技术研究[D]. 南京: 南京航空航天大学, 2008.

[17] 魏冰洁, 孙小菁, 王小永. 全电推进卫星平台现状与进展[J]. 真空与低温, 2016(5): 301-305.

[18] 张伟文, 张天平. 空间电推进的技术发展及应用[J]. 国际太空, 2015(3): 1-8.

[19] 谭永华. 航天推进技术[M]. 北京: 中国宇航出版社, 2016.

[20] 杭观荣, 洪鑫, 康小录. 国外空间推进技术现状和发展趋势[J]. 火箭推进, 2013, 39(5): 7-15.

[21] 任亚军, 王小永. 高性能电推进系统的发展及在 GEO 卫星平台中的应用[J]. 真空与低温, 2018, 24(1): 60-65.

[22] 杭观荣, 康小录. 国外多模式霍尔电推进发展概况及启示[J]. 火箭推进, 2014, 40(2): 1-6.

[23] 康小录, 张岩, 刘佳, 等. 大功率霍尔电推进研究现状与关键技术[J]. 推进技术, 2019, 40(1): 1-11.

[24] 韩天龙, 杜刚, 陆宏伟, 等. 国外通信卫星公用平台发展趋势及启示[J]. 航天工业管理, 2015(3). 35-38.

[25] 刘悦. 国外中低轨高通量通信卫星星座发展研究[J]. 国际太空, 2017(5): 59-63.

[26] 张宇萌. 多波束卫星通信系统预编码技术研究[D]. 哈尔滨: 哈尔滨工业大学, 2018.

[27] 齐真. 2016 年全球地球静止轨道商业通信卫星市场综述[J].国际太空, 2017(3): 16-21.

[28] 徐玉奇. 卫星移动通信系统多波束形成技术研究[D]. 哈尔滨: 哈尔滨工业大学, 2017.

[29] 郭林. 高通量卫星通信应用若干问题的思考[J]. 卫星应用, 2018(9): 56-61.

[30] 陈修继. 通信卫星多波束天线的发展现状及建议[J]. 空间电子技术, 2016(4): 54-60.

[31] 黄明.多波束透镜天线理论与应用技术研究[D]. 成都: 电子科技大学, 2014.

[32] 白胜美. 星载 AIS 多波速天线的研究与仿真[D]. 北京: 北京邮电大学, 2017.

[33] 王艺鹏. 多波束卫星通信系统中的动态波束调度技术研究[D]. 北京: 北京邮电大学, 2019.

[34] 丁伟. 高轨道高通量卫星多波束天线技术研究进展[J]. 空间电子技术, 2019(2): 62-69.

[35] 韩慧鹏. 国外高通量卫星发展概述[J]. 卫星与网络, 2018(8): 34-38.

[36] 王丽君. 高通量卫星通信系统设计因素分析[J]. 卫星应用, 2016(5): 38-39.

[37] 谭庆贵, 李小军, 胡渝, 等. 卫星相干光通信原理与技术[M]. 北京: 北京理工大学出版社, 2019.

[38] 刘盛纲. 太赫兹科学技术的新发展[J]. 中国基础科学, 2006, 8(1): 7-12.

[39] 刘盛纲, 钟任斌. 太赫兹科学技术及其应用的新发展[J]. 电子科技大学学报, 2009, 38(5): 481-486.

[40] 姚建铨, 迟楠, 杨鹏飞, 等. 太赫兹通信技术的研究与展望[J]. 中国激光, 2009, 36(9): 2213-2233.

[41] 顾立, 谭智勇, 曹俊诚. 太赫兹通信技术研究进展[J]. 物理, 2013, 42(10): 695-707.

[42] 王佳佳, 陈琪美, 江昊, 等. 太赫兹空间接入技术[J]. 无线电通信技术, 2019, 45(6): 88-92.

[43] PAWAR A Y, SONAWANE D D, ERANDE K B, et al. Terahertz technology and its applications[J]. Drug Invention Today, 2013, 5(2): 157-163.

[44] 李少谦, 陈智, 文岐业. 太赫兹通信技术导论[M]. 北京: 国防工业出版社, 2016.

第 8 章

信关站技术

介绍了海事卫星、铱星星座、iDirect 等典型卫星通信系统信关站,对 GEO 高通量信关站以及卫星地面网络虚拟化等关键技术进行了重点叙述,涉及信关站部署、馈电链路抗雨衰、信关站虚拟化等内容。

| 8.1　信关站概述 |

信关站是一个卫星通信系统或卫星通信网络中地面段的关键部分，一般为大型卫星通信固定站，应该具备卫星链路收/发（包括调制解调）、无线链路协议处理、无线资源控制与分配等功能，并具备与地面网络（包括 PSTN、互联网、地面专网等）互联互通的能力。

不同的卫星通信系统或卫星通信网络，地面段对应信关站的功能实体名称可能是不同的，但主要功能基本相同。如在 Iridium 中，信关站具体名称为 Gateway。在 Inmarsat-4 BGAN 中，信关站具体名称为 SAS，中文翻译为卫星接入站。在基于 DVB-S2/DVB-RCS 的典型 VSAT 系统中，信关站有的具体名称为 Hub（在星状结构的卫星通信网络中），一般中文翻译为中心站，有的具体名称为 Gateway（在网状结构的卫星通信网络中）。

Inmarsat-4 BGAN：一个典型的卫星移动通信系统，地面段主要由卫星接入站（SAS）、网络操作中心（NOC）、卫星控制中心（SCC）和测控站组成。其中，卫星接入站主要包括无线电接入网（Radio Access Network，RAN）、核心网（Core Network，CN）和数据通信网络（Data Communication Network，DCN）。

Iridium：一个典型的 LEO 卫星移动通信系统，地面段由信关站（Gateway）、卫星网络运行中心（SNOC）、测控站（TTAC）及运行支撑网络（OSN）等组成。

其中，信关站负责与空间段 Iridium 卫星、地面网络的连接。

iDirect：一个基于 DVB-S2/DVB-RCS 的典型 VSAT 宽带卫星通信系统，地面段又称为中心站或主站（VAST Hub），具备网络管理控制、通信协议处理、前/反向链路收/发等功能；并具备与地面网络（PSTN、互联网、地面专网等）的连接功能。

|8.2　典型系统信关站|

8.2.1　Inmarsat-4 BGAN 信关站

（1）架构

Inmarsat-4 BGAN 称为第四代海事卫星宽带通信系统，空间段卫星采用数字化透明转发，所有的信令及业务处理交换均由地面信关站完成。Inmarsat-4 BGAN 地面段组成如图 8-1 所示，包括提供海事宽带业务服务的 4 座信关站，称为卫星接入站（SAS，以下简称信关站）；另外还包括在伦敦部署的 2 个（主备）网络操作中心和 2 个（主备）卫星控制中心。

图 8-1　Inmarsat-4 BGAN 地面段组成

- 位于荷兰的布鲁姆的信关站主要负责欧非星（I4 EMEA）的业务接入处理及交换。
- 位于美国夏威夷的信关站负责亚太星（I4 ASIA-Pasific）和美洲星（I4

Americas）的业务接入处理及交换。

位于意大利的佛希罗的信关站是布鲁姆的备份站。

位于中国北京的信关站是 Inmarsat-4 BGAN 全球第 4 个卫星信关站，它与亚太星对接，负责该星覆盖范围内中国地区海事宽带业务的业务接入处理。

4 个信关站通过统一的接入点（全球分设 3 个）接入海事卫星公司的 IP 主干网，与空间段 3 颗卫星，共同构成覆盖全球的卫星接入网络。

Inmarsat-4 BGAN 系统采用类似地面 3G UMTS 的网络架构，卫星接入主要包括无线电接入网（RAN）、核心网（CN）以及数据通信网络（DCN）子系统，SAS 组成架构如图 8-2 所示。

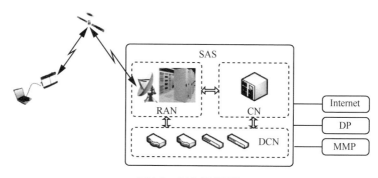

图 8-2　SAS 组成架构

SAS 是移动终端与陆地网络通信的信关，承担着移动终端信道资源分配、终端管理与认证、无线链路的建立与释放、电路交换和包交换的管理、提供陆地侧网络接口等诸多功能，这些功能分别由相关的子系统负责完成，各个子系统通过 DCN 共同协作完成整个通信过程。

（2）RAN

RAN 由多个无线电网络子系统（Radio Network Subsystem，RNS）构成，RNS 主要完成卫星无线接入和无线资源管理。RNS 主要由 5 个功能单元子系统构成，分别是 RAN 主机（RAN Host）系统、天线射频子系统（Radio Frequency Subsystem，RFS）、信道单元设备（Channel Unit Equipment，CUE）子系统、核心网关（Core Network Gateway，CNGW）、全球资源管理（Global Resource Management，GRM）系统，如图 8-3 所示。

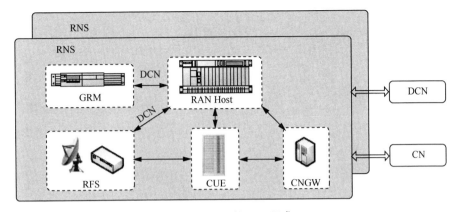

图 8-3　SAS 的 RAN 组成

1）RAN 主机：协调控制 RAN 各功能子系统，完成卫星侧无线通信接续工作。它是 RAN 系统中唯一的存储装置，存有系统软件、通信控制软件、信道单元硬件驱动程序和用户配置信息数据库等，主要负责软硬件安装、配置和监控 RNS 设备，承担网络管理、接入层会话管理、CUE 管理、无线资源管理、UE 管理、处理主备 RNS 切换等。

2）全球资源管理（GRM）：GRM 的主要功能是根据 SOC 及 NOC 信息，对本信关站可用的通信资源如带宽、频率等进行协调和管理，根据频段计划、业务负载等条件，自动按系统设定方案调整和配置各种无线通信资源。当遇到特殊情况时，如特定地区的资源不足，可采用预先设定好的策略，以自动或人工方式对该区域内的载波进行调整、扩容等工作。

3）天线射频系统（RFS）：RFS 提供了 SAS 与卫星之间的无线通道，主要由天线、功放、低噪声放大器、上下变频器、信标接收机、功率自动控制系统、天线跟踪控制器、信号处理等设备组成。天线工作在 C 频段，为直径 16m、圆极化的卡塞格林天线；信号处理部分主要完成接收信号解调、滤波，发射基带信号的调制。Inmarsat-4 BGAN 布鲁姆信关站天线如图 8-4 所示。

4）信道单元设备（CUE）：该系统负责信道的编码和解码、承载控制、物理帧传输、CRC 计算、帧时钟、收集状态和数据记录、控制射频的上下变频器、处理空中接口协议、信息广播、加密和解密、控制链路适配器、无线资源管理等。CUE 是一组信道板的集群，可分为发送、接收信道单元，每个信道单元可以处理 96 路物理接收载波或 32 路物理发送载波，可根据实际并发的通信量选择 CUE 的数量。

图 8-4　Inmarsat-4 BGAN 布鲁姆信关站天线

5）核心网关（CNGW）：CNGW 是 RNS 和 CN 之间的信关，一方面它通过 IP 网络连接 RNS 中的服务器和信道单元；另一方面通过 IP 与 CN 连接。CNGW 在 RNS 和 CN 两者之间起到了重要的桥梁作用，它完成了业务的分离与协议转换，具体就是将来自 RNS 的电路交换（Circuit Switching，CS）数据和包交换（Packet Switching，PS）数据业务封装为 IP 包，再转发至 CN 的移动服务交换中心、网关移动交换中心、媒体网关等设备。

（3）CN

Inmarsat-4 BGAN 系统的核心网（CN）与 UMTS 标准的第四版架构基本一致。按业务分为电路交换域和包交换域，其基本功能是承担系统内的语音、数据处理以及与外部网络的交换和路由分配。CN 包含了所有的交换和路由单元，这些单元负责与公共交换电话网及包交换 IP 网之间建立连接。CS 域网络单元负责处理电路交换业务流如语音等，主要包括媒体网关（Media Gateway，MGW）、移动交换中心服务器（Mobile Switching Center Server，MSC-Server）、移动交换中心（Mobile Switching Center，MSC）、漫游位置寄存器（Visitor Location Register，VLR）等设备。PS 域网络单元负责处理包交换业务处理如上网、多媒体视频等，主要包括 GPRS 服务支持节点（Serving GPRS Support Node，SGSN）和 GPRS 网关支持节点（Gateway GPRS Support Node，GGSN）等设备。其他网络单元设备，如归属位置寄存器（Home Location Register，HLR）、鉴权中心（Authentication Center，AuC）等由这两个域共享，SAS 的 CN 组成结构如图 8-5 所示。

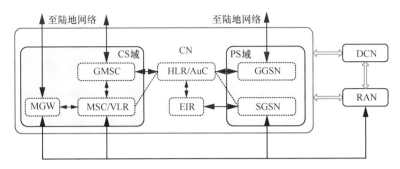

图 8-5　SAS 的 CN 组成结构

1）归属位置寄存器/鉴权中心（HLR/AuC）。HLR 是一种用来存储本地用户信息的数据库。登记的内容分为两种：一种是永久性的参数，如用户号码、移动设备号码、接入优先等级、预定的业务类型等；另一种是暂时性、需要随时更新的参数，即用户当前所处位置的有关参数、补充业务、鉴权参数等，即使用户漫游到了 HLR 所服务的区域外，HLR 也要登记由该区传送来的位置信息。AuC 的作用是可靠地识别用户的身份，只允许有权用户接入网络并获得服务。由于要求 AuC 必须连续访问和更新系统用户记录，因此 AuC 一般与 HLR 处于同一位置。

2）设备识别寄存器（EIR）。EIR 是终端参数的数据库，用于对移动终端设备的鉴别和监视，并拒绝非法移动终端进入网络。EIR 数据库由国际移动设备识别码表组成。

3）移动服务交换中心（MSC）与漫游位置寄存器（VLR）。MSC 是海事宽带 CS 域的核心部件，负责处理电路域控制平面信息，完成呼叫处理和交换控制，实现移动用户的寻呼接入、信道分配、呼叫接续、话务量控制和计费管理等功能。MSC 与其他网络部件协同工作，实现移动用户位置登记、越区切换、自动漫游、用户鉴权和服务类型控制等功能。

VLR 是存储用户位置信息的动态数据库，当用户漫游进入某个 MSC 管辖区域时，必须在与 MSC 相关的 VLR 中进行登记，并由 VLR 分配给该移动用户一个漫游号码。

4）网关移动交换中心（GMSC）。GMSC 是宽带移动网 CS 域与外部网络之间的网关节点，主要功能是充当海事卫星 BGAN 和陆地网之间的移动信关局，完成固定用户呼叫移动用户时的路由分析、网间接续、网间结算等重要功能。

5）媒体网关服务器（MGW）。MGW 是 UMTS R4 版本中新增的网络单元，用于 CS 业务。它包括无线网接入网关和中继接入网关，主要完成各种业务流的接入、传输和转换，实现了 CS 域控制平面和业务平面的分离。

6）GPRS 服务支持节点（SGSN）。SGSN 作为核心网分组域设备的重要组成部分，主要完成数据包的路由转发、移动性管理、会话管理、逻辑链路管理、鉴权和加密、话单产生和输出计费等功能。

7）GPRS 网关支持节点（GGSN）。GGSN 是 GPRS 网络与外网的分界线，对外是一台互联网路由器。GGSN 通过基于 IP 的 GPRS 骨干网与其他 GGSN 和 SGSN 相连。GGSN 主要起到协议转换的作用，可以把海事卫星 BGAN 网络中的 GPRS 分组数据包转化成适当的分组数据协议（Packet Data Protocol，PDP）格式并将其发送给相应的分组数据网络。

（4）DCN

数据通信网络（DCN）是 Inmarsat-4 BGAN 系统专用的综合数据通信网络，其作为一个业务传送平台，为整个网络的运行提供支撑和保障，DCN 系统是由分布在各地的数据终端设备、数据传输链路、数据交换设备（路由器、交换机和防火墙）等所构成的网络，其功能是在网络协议的支持下，实现数据终端间的数据传输和交换。DCN 可分为多个工作区，按照不同的功能划分为多个硬件区域，它们分别是核心层区、管理层区、用户层区，除此之外还包括多吉比特传输隔离区（Multi-Gigabit Transceiver-Demilitarized Zone，MGT-DMZ）、客户端隔离区（Client-DMZ-Gn/Gi）接口以及其他接入区，DCN 系统组成结构如图 8-6 所示。

1）核心层区（Backbone Traffic DCN，BTDCN）的路由器是整个 DCN 的对外出口，通过该路由器经香港汇接中心连入 Inmarsat 骨干网，同时还提供到各个国家的区域认证系统的接口以及 Internet 出口。

2）信令层区（Management Traffic DCN，MTDCN）由多个防火墙和交换机构成，负责各系统间的信令和消息的交换与传输，网管系统、域名服务器、认证服务器等都连接到该区域，电路交换设备 MGW、MSC，包交换的 SGSN、GGSN，RAN 系统的控制部分也连接到该区域。

3）用户层区（User Traffic DCN，UTDCN）也是由多个防火墙和交换机构成的，负责各系统间用户数据的交换与传输，包交换设备 GGSN、SGSN 也连接到该区域，RAN 的用户数据信息也连接到该区域。

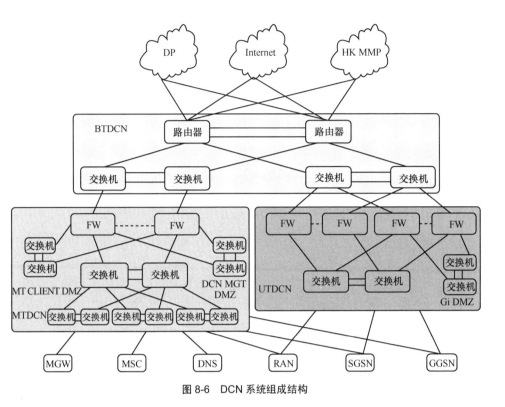

图 8-6 DCN 系统组成结构

DCN 提供统一的网络管理平台，使 Inmarsat-4 BGAN 系统的网络控制中心和本地网络控制系统都能管理 DCN 设备，确保在不影响业务流的情况下实现系统平滑升级，在本地的 CS、PS 的网络单元间及全球的 SAS 站间保证可靠的 IP 路由连接，确保业务流能传送到全球的其他 SAS。

8.2.2 Iridium 信关站

（1）信关站部署

一代铱星系统共部署 2 个信关站（Gateway）。一个信关站，设在美国亚利桑那州，主要在卫星和地面通信网络之间提供中继连接。此信关站还承担管理铱星系统内部网络节点和链路的功能。另一个是美国国防部（DoD）信关站，部署在夏威夷。

在美国弗吉尼亚州设有卫星网络运行中心（SNOC），提供卫星网络的运行控制和支持服务，并在亚利桑那州设有备用支持中心，公司还在美国阿拉斯加州费尔班克斯市，加拿大黄刀市、伊魁特市，挪威斯瓦尔巴特群岛部署了测控站。其地面信关站及测控站部署分布如图 8-7 所示。一代铱星系统信关站及卫星网络运行中心外观如图 8-8 所示。

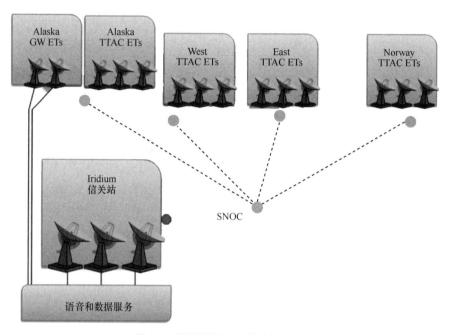

图 8-7　地面信关站及测控站部署分布

图 8-8　一代铱星系统信关站及卫星网络运行中心外观

（2）信关站组成及功能

信关站是铱星系统的重要组成部分，铱星信关站是支持铱星网络的陆地基础设施，响应用户的呼叫处理，提供基础电话呼叫服务，支持用户终端的漫游，提供用户业务的管理，负责将陆地 PSTN 与铱星卫星星座进行连接，维护信关站的用户数据；信关站还为自身的网络单元以及自身内部和外部的链路提供网络管理功能。铱星系统组成及互联关系如图 8-9 所示。

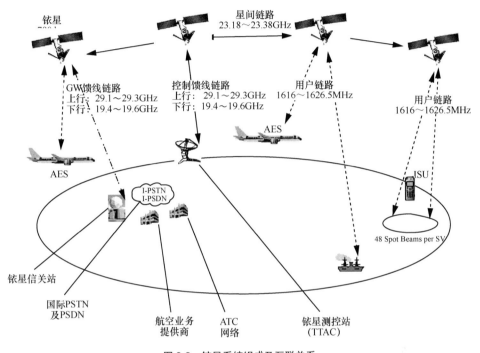

图 8-9　铱星系统组成及互联关系

　　一代铱星信关站基于地面移动通信 GSM 结构进行设计，但与 GSM 不一样的是，铱星信关站除管理铱星移动用户之间的连接以及铱星系统与 PSTN 之间的连接外，还需要针对卫星星座动态运动对通信带来的影响进行管理。因此，大多数呼叫处理功能在 GSM 系统和铱星系统是一样的，但铱星系统针对一些底层软件和硬件做了适应性修改。

　　信关站在呼叫处理中的主要功能包括建立呼叫控制、呼叫拆除、移动用户支持和计费支持。①与 PSTN 的接口，通过国际交换中心（ISC），铱星信关站实现铱星系统与 PSTN 互联互通。②移动管理：信关站存储和管理漫游用户终端（ISU）的相关信息；每个铱星用户都分配有一个准许接入系统的归属信关站。归属信关站存储与呼叫处理、鉴权、特征和位置等铱星用户专用信息；访问信关站作为漫游用户的暂时主站，为铱星用户提供呼叫控制服务，并更新其位置信息和执行鉴权工作。

③路由：信关站路由一个电话的信令和数据，不论铱星用户终端（ISU）在任何位置，信关站都为其主叫及被叫通信的数据和信令提供路由。④接入控制：在基础电话呼叫上，针对一个铱星用户终端（ISU）接入，决策是否被允许接入铱星网络，以及由哪个信关站为其服务。⑤切换：信关站协助执行用户星间切换。⑥计费支持：信关站跟踪每个电话使用的资源，用于对用户的计费。

铱星信关站主要包括 5 部分，分别为地面终端（ET）设施、地面终端控制器（ETC）、交换子系统（D900）、消息发起控制器（MOC）、信关站管理子系统（GMS）等，铱星信关站的组成如图 8-10 所示。

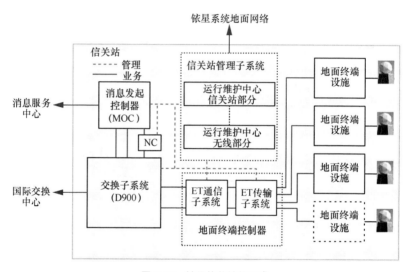

图 8-10　铱星信关站的组成

地面终端（ET）设施：实现信关站和卫星之间的物理数据链路，包括卫星跟踪捕获、上下行信号发送及接收、调制解调及编/译码。完成 3 个基本的任务：链路捕获，当卫星从地平线上升时，与之建立通信；跟踪卫星，维持合适的电平保障通信的连续；重捕获，重新建立卫星和 ET 之间的失锁链路。

地面终端控制器（ETC）：主要管理地面与卫星间的射频信道，提供包括用户星间切换、铱星数据格式和标准 GSM/PSTN 格式之间的语音数据互联等与呼叫相关的功能。其中，ETS 负责信关站与地面终端的接口，具体包括物理帧到链路层分组的封装路由、上下行业务数据的分段处理、呼叫控制支持、地面终端管理。ECS 主要负责语音源的数字编码和译码、用户位置定位信息获取；连接建立信息的路由管理；不落地语音数据的星地信令交互；执行用户的星间切换；主信关站与访问信关站之间关于用户接入限制的信息交互等。

交换子系统（D900）：负责呼叫处理和交换功能，具体包括移动用户是否被授权建立一个通话的检查；检查移动用户设备的状态，如是否被批准操作或被阻止服务；与铱用户之间进行路由的业务；收集呼叫计费数据；连接铱网络和 PSTN；为网络提供特别的协作功能 IWF（如信令控制与速率适配等）。

消息发起控制器（MOC）：提供发起消息的网络访问点，提供已发送消息的状态和更新用户资料。MOC 也授权用户维护用户位置、控制监视和整理寻呼消息传输状态和系统使用记录。具体功能包括提供发起消息的网络接入点，查询已发送消息的状态，更新用户资料，负责授权用户维护用户位置消息传输状态和系统使用记录以及编辑消息业务。

信关站管理子系统（GMS）：管理信关站的操作，确保用户电话和消息的服务质量（QoS）在持续过程中保持不变。完成的具体工作包括收集服务质量的性能和相关统计数据；配合 SCS 维护信关站，如给 SCS 提供卫星数据；收集和分发计费数据。

信关站与星座接口由馈电链路来完成，一个信关站可以与同一颗卫星同时维持两条馈电链路，当信关站与卫星之间的工作仰角大于 8°时保持连续的连接，信关站总是在拆除原来馈电链路之前建立一个新的链接，信关站一般配置 4 个地面终端：第 1、2 个地面终端与正在其上空的卫星进行连接；第 3 个地面终端准备与将要到达的卫星建立连接；第 4 个地面终端作为备份。

8.2.3 iDirect 系统主站

（1）iDirect 系统简介

iDirect 卫星通信系统的前向链路采用 DVB-S2 标准，反向链路采用高效的 Turbo 编码和 D-TDMA 快速跳频技术。单主站可支持多达 5 颗卫星或 5 个不同的频段，因此 iDirect 运营网络的覆盖区域大、用户结构复杂，可组成跨星、跨频段、跨洋/洲的多种网络拓扑结构，给运营商用户提供强大的组网灵活性，而且节省投资。同一设备支持星状、网状、SCPC 混合网络结构。

iDirect 卫星通信系统采用高效的私有 IP 数据封装协议，反向载波 IP 数据速率可达 10Mbit/s 以上；内置 cRTP 压缩、UDP 包头压缩、UDP 数据包压缩、TCP 数据包压缩，可大大降低对带宽的需求；具有多种 IP QoS 级别，可保障用户多种 IP 通信需求。

2011 年 2 月 18 日，Inmarsat 宣布由 iDirect 公司为海事五代 Global Xpress 卫星通信网络提供地面网络基础设施的核心模块技术。iDirect 公司负责设计、开发、制造、测试 Global Xpress 地面网络基础设施，并提供集海事卫星终端一体的 Global Xpress 海事卫星核心模块。iDirect 公司同时还计划设计和生产一系列专门用于航空和政府的 Global Xpress 的核心模块。

（2）iDirect 主站组成及功能

iDirect 卫星通信系统的地面段主站负责组建、控制、监控和管理网络，包括终端的管理、频率资源的管理、通信链路的监督和管理、前向链路信令的发送等，并完成服务提供商与终端之间的业务数据通信等多项功能，提供与外网（PSTN、ISDN、互联网、其他卫星专用网）的连接。

iDirect 卫星通信系统主站的核心组成包括主站中频机箱、网络管理系统（NMS）服务器、协议处理（Protocol Processor，PP）服务器，通过以太网接口连接到外部网络，iDirect 卫星通信系统的主站设备如图 8-11 所示。根据使用 GEO 天线卫星工作频段，可以配置不同频段的室外单元及天线。

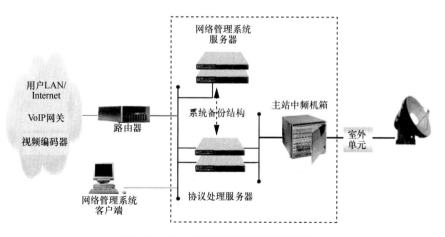

图 8-11　iDirect 卫星通信系统的主站设备

1）主站中频机箱

iDirect 主站中频机箱采用插卡式，具备电信级标准的冗余能力，其中可插入多个 Evolution 和 iNFINITI 线路卡，支持 Evolution 系列和 iNFINITI 系列的卫星路由器（终端）。

iDirect 主站中频机箱有多种类型，如 iDirect 12100/12200 系列、iDirect 15000/15100 系列等，根据插卡不同，可以支持若干个独立的网络以及不同的组网拓扑，包括星状、网状、SCPC 等。

iDirect 12100/12200 系列的主站中频机箱如图 8-12 所示，是一个低成本的、易于升级的、紧凑型的卫星主站中频机箱，包含 4 个线路卡插槽，可支持多达 4 颗不同的卫星，或 4 个不同的频段。

图 8-12　iDirect 12100/12200 系列的主站中频机箱

iDirect 15000/15100 系列主站中频机箱如图 8-13 所示，是 iDirect 公司最大的、最灵活的卫星主站中频机箱，包含 20 个插槽，可以安装多达 20 块 iNFINITI 系列或 Evolution 系列的线路卡，支持多达 20 个独立网络，并且支持多达 5 颗不同卫星，多个主站机箱可以级联，无限制地支持用户网络的扩大，并且由同一套 NMS 服务器提供管理。

图 8-13　iDirect 15000/15100 系列主站中频机箱

另外 iDirect 公司还包含一款 iSCPC 主站机箱，其可插入 20 块 M1D1-iSCPC 调制解调卡，网络完全采用 SCPC 接入体制，每载波的数据速率可达 20Mbit/s。

主站机箱中线路卡从功能上可划分为调制解调卡、调制卡、解调卡。各型号的主站机箱既可支持 Evolution 系列的线路卡，也可以支持 iNFINITI 系列的线路卡。线路卡可以通过软件设置灵活地用于接收、发射、接收/发射，还可以配置为备用卡。支持主卡/备卡的自动切换与热插拔，以提高系统的可靠性。不同型号的线路卡支持的调制/解调载波数、前/反向体制、主站、线路卡、卫星路由器型号及部分的功能特点和参数不同。

Evolution 系列的线路卡有 5 种型号，即 eM1D1、XLC-11、XLC-10、eM0DM 和 XLC-M，包括调制解调卡、调制卡、解调卡。Evolution 系列中型号为 XLC-11 的单载波调制解调卡，如图 8-14 所示。调制卡和解调卡可与其他具有解调或调制功能的线路卡配合使用。各型号的线路卡支持的前/反向体制、主站、线路卡、卫星路由器型号及功能特点见表 8-1。

图 8-14　Evolution 系列中型号为 XLC-11 的单载波调制解调卡

表 8-1　Evolution 系列的线路卡参数

序号	型号	名称	前向体制	反向体制	功能特点
1	eM0DM	多载波解调卡（1、4、8）	—	• A-TDMA • D-TDMA • SCPC	L 频段 IF 范围兼容 WGS 卫星
2	XLC-M	多载波解调卡（1、4、8、16）			—
3	eM1D1	单载波调制解调卡	• DVB-S2 ACM • TDM	—	同 eM0DM，添加前/反向扩频
4	XLC-11	单载波调制解调卡		• A-TDMA • D-TDMA	添加前/反向扩频
5	XLC-10	单载波调制卡	• DVB-S2 ACM		

2）主网络管理系统服务器

网络管理系统（NMS）服务器基于客户机—服务器方式架构。集中管理所有远端站和主站配置，可以通过卫星链路对远端站进行软件升级、配置更改，实施维护和监控。NMS 服务器采用"1+1"热备工作模式，基于运行 Linux 操作系统的 IBM 刀片服务器。客户端软件分为 iBuilder 和 iMonitor 两个软件，iBuilder 主要完成网络配置，iMonitor 完成网络监控。

3）协议处理服务器

协议处理器服务器为运行 Linux 操作系统的 IBM 刀片服务器，上面运行 iDirect 主站系统的核心软件，如卫星带宽动态分配、网络时隙计划定制、QoS 实现、TCP 加速等功能。

iDirect 核心软件实现的主要功能包括基于数据包和网络的 QoS、TCP 加速、AES 链路加密、本地 DNS 缓存、端到端 VLAN 标记、卫星网络动态路由协议（RIPv2、IGMPv2、IGMPv3 多播协议）、采用 cRTP 压缩对 VoIP 业务进行优化等。

| 8.3　GEO 高通量卫星信关站技术 |

8.3.1　高通量卫星信关站部署方法

随着多波束高通量卫星（HTS）技术的发展，单颗 HTS 卫星的容量可提高到 1Tbit/s，也称为超高通量卫星（VHTS）系统。为支撑 HTS、VHTS 系统的实现和灵活应用，地面信关站系统必须经过精心设计和部署。原则上一个 VHTS 系统可用容量与整个网络中信关站的总数成正比。

当 HTS 运营商在考虑实际业务部署时，由于容量需求在不同时间和不同区域的差异性，从确保服务质量、降低投资风险以及系统可持续性发展考虑，要求系统在覆盖范围、波束容量、信关站部署等方面具备一定的弹性和可扩展性。卫星寿命周期内容量需求变化趋势如图 8-15 所示。

图 8-15 比较了两种情况下卫星容量资源供求的关系：一种是一开始就部署完成全部信关站；另一种是逐步部署信关站。从图 8-15 中可以看出，如果没有合理考虑用户需求增长，那么在业务发展的初期会有大量的容量浪费。

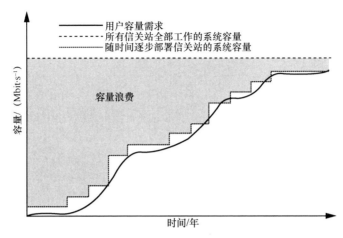

图 8-15　卫星寿命周期内容量需求变化趋势

实际信关站部署需要与卫星有效载荷设计以及星地管理控制相关。根据卫星载荷配置及资源划分方式，信关站部署方法主要有频域、空域、时域、跳波束等分配方案。

（1）频域分配法

以一个 750Gbit/s 的 HTS 说明如何在频域进行信关站的部署。

假设前向（FWD）和反向（RTN）业务比率为 2:1，至少有 4GHz 的信关站前向带宽 4GHz（考虑双极化）、反向带宽 2GHz（考虑双极化），假设平均频谱效率为 2bit/(s·Hz)。以此进行计算，一个信关站的容量为（4+2）×2 = 12Gbit/s，为了实现 750Gbit/s 的容量，VHTS 运营商必须在卫星发射之前建设大约 64 个信关站，这将是一笔巨大的 CAPEX 投资。

为了最大限度地减少地面设施的初始投资，可以在合理设计卫星有效载荷系统的情况下考虑信关站在频域的渐进式部署。假设该 HTS 产生 512 个用户波束，每个用户波束前向带宽 500MHz、反向带宽 250MHz。前向带宽可以进一步细分为 4 个 125MHz 的信道，512 个波束，每个波束前向带宽 125MHz，16 个信关站即可完成。在初始阶段（阶段 1），只需要部署 16 个信关站，即可实现所有波束的信号处理，信关站设施投资仅仅为全部的 1/4。

同样，反向带宽也可以按照频分方式，将用户波束映射到馈电链路波束。

基于频域分阶段实施方法需要卫星有效载荷进行配合。以下给出了基于星上数字信道化处理器的一种实现技术途径。通过灵活的星上数字信道化处理器，馈电链路波束与用户链路波束不再绑定，任意馈电链路波束信号可以通过数字信道化及变频，搬移到任意用户波束对应的 125MHz 带宽。数字卫星有效载荷设计示例如图 8-16 所示。

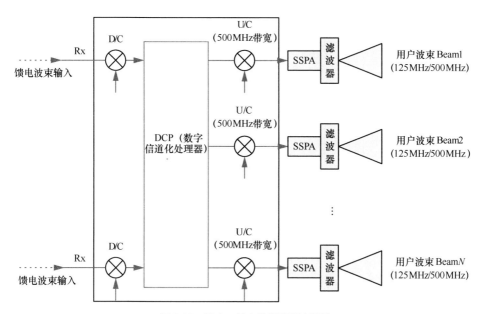

图 8-16 数字卫星有效载荷设计示例

（2）空域分配法

为了适应在网络中添加信关站的灵活性和可扩展性，可以考虑基于相控阵天线技术，控制形成波束的增益和方向图，该技术被业内认为是下一代 HTS 的基本要素。当它应用于 HTS 时，可以选择性地调整每个点波束的波束大小。不同天线波束宽度的天线增益和波束宽度比较如图 8-17 所示。较小的波束宽度可以提供更集中的波束，从而获得更高的增益。在相同的理想覆盖区域内，可以通过减小波束布局中的波束大小获得更多数量的波束，总吞吐量也可以得到相应的增加。

在初始阶段，当需求最小时，波束成形可以将波束调整为相对较大的尺寸。当需求增长时，可以通过波束成形调整，以较小的波束宽度进行定位和调整，并部署更多的信关站，从而实现网络容量的动态增强，直到达到设计的最大能力。当容量需求增加时，使用这种方法可以实现信关站的分阶段部署。不同波束宽度下的信关站部署示意图对比如图 8-18 所示。

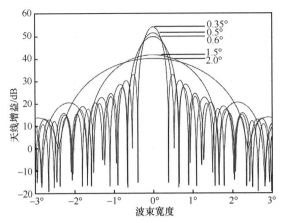

图 8-17　不同天线波束宽度的天线增益和波束宽度比较

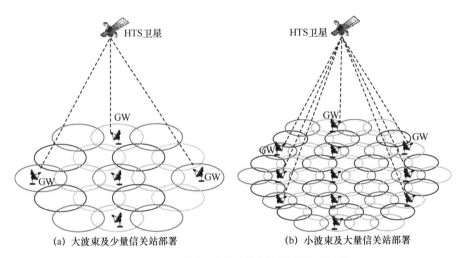

(a) 大波束及少量信关站部署　　　　　(b) 小波束及大量信关站部署

图 8-18　不同波束宽度下的信关站部署示意图对比

（3）时域分配法

借助星载数字信道化处理器（DCP），HTS 的容量部署还可以通过时域法有效实现。DCP 对输入信号进行数字化和信道化，并在数字域中对其进行处理。

地面信关站前向采用 TDM（时分复用）体制，载波从唯一的信关站上行传输，该载波被 DCP 复制并以不同射频频率多播到所有用户下行链路点波束，如图 8-19 所示。不同波束中的用户终端（UT）将锁定载波，并只提取指定的数据流。时域数据流的长度及信息速率可以根据不同的波束而变化，以满足不同能力用户终端接收及传输时延的需求。

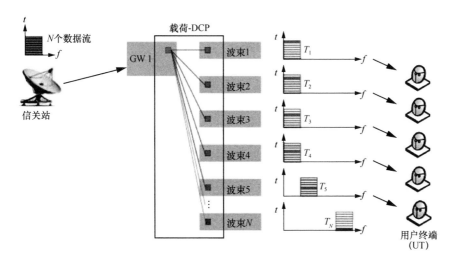

图 8-19　初始阶段时域分配应用示意图

在扩容阶段，可采用以下两种技术途径实现。

第一种是扩展信关站的可用频谱，增加 TDM 载波数量，可以实现到所有用户波束的多播。如图 8-20 所示，从 1 个 TDM 载波增加到 4 个载波，系统的总吞吐量也成为原来的 4 倍。为了实现该方案,信关站频谱可以不限于传统的 Ku 和 Ka 频段，而是可以利用诸如 Q 和 V 频段甚至光链路等更高频段。该方案的优点是只需要一个或少数几个信关站来为整个 HTS 服务。

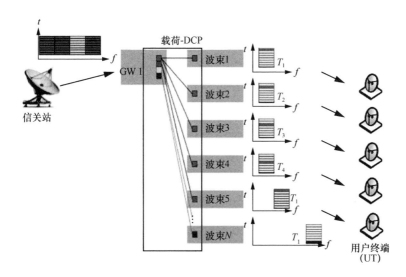

图 8-20　增加信关站 TDM 载波数量进行容量扩展的示意图

第二种是增加信关站的数量，结合馈电链路波束空间隔离，提升信关站可用频谱的重用系数，增加更多 TDM 载波，提高 HTS 的吞吐量。如图 8-21 所示，两个信关站发射 8 个上行载波，系统的总吞吐量也成为原来的 8 倍。该方案的优点是，随着信关站数量的增加，可以降低对每个单独信关站（射频和基带设备）的要求，以降低系统的总成本。

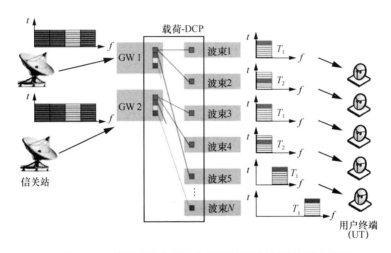

图 8-21　（基于 TDM）增加信关站数量进行容量扩展的示意图

时域部署方案必须在地面网管系统控制下完成，以便在扩容阶段可以监控信关站和用户波束之间的业务。

（4）跳波束分配法

跳波束法是频域、时域和空域的组合用法，也可用于 HTS 信关站的弹性部署过程中。跳波束 HTS 有效载荷可以通过全模拟射频组件实现所需的灵活性，但需要更复杂的地面系统与星上有效载荷之间的协同工作。

信关站前向采用 TDM（时分复用）体制，但与 HTS TDM 时域分配法不同，该载波在星上不会复制到所有的用户波束，而是按事先设定的时间顺序和工作周期在多个用户波束之间切换（或"跳变"）。通过控制驻留时间长度和间隔，可以相应地满足来自每个波束的吞吐量需求。若想增加容量，可以针对每个用户波束增加更多的带宽。为确保用户波束下行链路与信关站上行链路保持时间同步，星上的输出切换开关的驱动必须与信关站发送以及用户波束接收的时间同步。这意味着必须建立一个非常复杂的"载荷—信关站—用户波束"的管理控制系统，严格满足时间同步的要求。现有的 DVB-S2X 标准具有超帧结构的可选特性，支持实施 HTS 跳波束功能，可以被 HTS 设备制造商以及 HTS 运营商采用。基于星上跳变的跳波束前向链路工作示意图如图 8-22 所示。

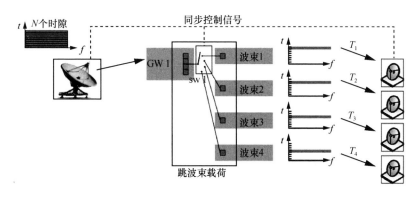

图 8-22　基于星上跳变的跳波束前向链路工作示意图

为了扩大跳波束 HTS 的容量，可以采用多个信关站，每个信关站服务一部分用户波束。为了减少波束间干扰，可以优化每个信关站的波束跳变顺序，使得没有相邻波束被同时驻留。传统的频率复用方案也可以用于不同的用户波束，使得每个信关站可以同时驻留多个用户波束，并减少同一波束上两个连续驻留之间的时间间隔。

8.3.2　信关站馈电链路抗雨衰技术

（1）雨衰影响

目前 GEO 高通量卫星信关站馈电链路一般选择 Ka 频段，随着 HTS 容量增长对馈电链路带宽需求的增长，Q/V 频段已成为扩展馈电链路带宽的关键资源。

Ka 频段虽然频谱可用率高，但是雨衰对该频段卫星通信影响很大。有数据表明，在大于 0.1% 的时间内对于 30GHz 的上行频率雨衰可超过 40dB，而 20GHz 的下行频率雨衰也将超过 20dB。降雨除了直接使信号的功率下降以外，还会产生极化损失，增大地面站天线的噪声、温度等，这些因素都会使得 Ka 频段卫星通信的可靠性降低。Q/V 频段受到雨衰的影响更严重，随着频率升高，信号波长接近于雨滴的大小（1.5mm），衰减变得更加严重。

表 8-2 中以北京、西安、乌鲁木齐等站点为例，使用 ITU 模型计算出馈电链路

天地一体化信息网络架构与技术

上行@50GHz 的衰减量。从表 8-2 中可以看出，若北京、西安信关站馈电链路可用
度达到 99.9%@50GHz，则雨衰减值在 25dB 以上，雨天链路总衰减近 40dB，其中
广州信关站总衰减近 70dB，即使采用传统的自动上行增益控制（AUPC）和 ACM
（自适应编码调制），无法完全补偿雨天链路的衰减量。

表 8-2　典型城市馈电链路上行@50GHz 衰减值

站点位置	气衰/dB	云衰/dB	雨衰（0.1%）/dB	总衰减/dB
北京	3.63	6.5	29.81	39.94
西安	3.036	7.26	26.66	36.956
乌鲁木齐	4.135	3.02	12.31	19.465
喀什	5.425	1.24	10.38	17.045
广州	2.542	8.72	57.39	68.652

为了保证系统运行可靠，同时尽量降低高通量地面系统投资，馈电链路的可用
度通常在 99.9%以上，也就是不可用时间概率要小于 0.1%。北京（40GHz、50GHz）
信关站雨天链路总衰减累计分布如图 8-23 所示，可以看出在 50GHz、不可用时间概
率不大于 0.1%的情况下，信关链路备余量需要达到 40dB 以上。

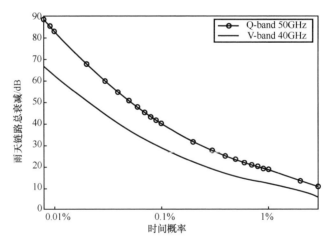

图 8-23　北京信关站雨天链路总衰减累计分布

（2）信关站分集技术

1）1+1 备份模式

1+1 备份模式是指每个主用信关站均配备一个备用站，备用站可只配置天线和

射频链路，两者之间使用光纤网络相连。主用站和备用站之间，相隔足够远，以降低其降雨相关性。当主用信关站因降雨量过大链路中断时，天线和射频链路切换到备用站，基带设备仍然使用主用站，信关站 1+1 备份模式如图 8-24 所示。

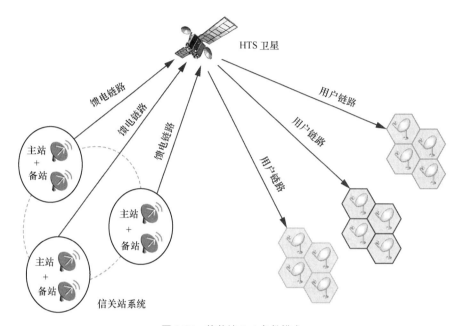

图 8-24　信关站 1+1 备份模式

根据相隔距离 D（km）的主备站相关系数 ρ 的计算式：

$$\rho=0.94\exp\left(-D/30\right)+0.06\exp\left[-\left(D/500\right)^2\right] \tag{8-1}$$

可知当主备站间的距离大于 100km 时，可认为两者空间不相关。

在海事五代卫星馈电链路中，信关站就采用 1+1 备份模式的位置分集技术抵抗雨衰影响。在每颗卫星覆盖区域布设 2 个信关站，每对信关站地理上相距几百千米。其中位于希腊的 Nemea 信关站和意大利的 Fucino 信关站将负责印度洋卫星的业务接续，位于美国的 LinoLakes 和加拿大的 Winnipeg 将负责大西洋卫星的业务接续，位于新西兰的 Warkworth 和 Auckland 负责太平洋卫星的业务接续。

每个洋区的 2 个信关站通过网络汇接点连接到海事卫星全球网络，互为备份，能够自动切换，保证卫星通信与卫星控制不中断。海事五代信关站部署示意图如图 8-25 所示。

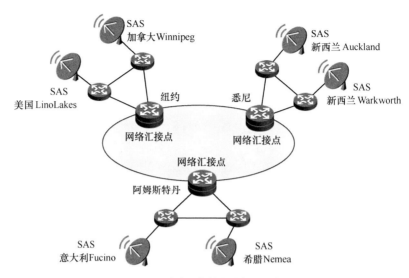

图 8-25　海事五代信关站部署示意图

2）*N+P* 备份模式

N+P 备份模式是指 *N* 个信关站同时工作，当 *N* 个信关站中的 *P* 个因降雨量过大链路中断时，链路切换到备用站，备用站数量最多为 *P* 个。当 *P=N* 时，该模式等同于 1+1 备份。

N+P 配置下，当 *P=1* 时，也就是在只有一个备份站的系统中，如果两个信关站同时中断，那么只有一个信关站下的用户中断可以在备份站的支持下继续工作。这种方案充分利用了不同信关站降雨的统计无关性。根据前面主备站相关系数 ρ 的计算式，通过加大信关站之间的距离，可以大大降低两个信关站同时经历大雨衰的概率。在保证馈电链路可用度的要求下，备用站的数量，取决于对可靠性的要求和网络的规模。

3）馈电链路可用度计算

假定一个场景，在 *N+P* 的配置下，每一个用户波束内的所有用户终端工作在 *N* 个信关站中的某一个下，有 *P* 个信关站作为备份。假定用户波束链路是完全正常的，造成用户终端服务中断的原因是馈电链路；所有 *N+P* 个信关站失效为等概率，均为 *p*。

在 *N+P* 个信关站中，有 *k* 个信关站同时失效的概率 *P*（*k* Gateways to Outage）可以表示为：

$$P_{(k \text{ Gateways to Outage})} = \binom{N+P}{k+P} \times p^{k+P} \times (1-p)^{N-k} \qquad （8-2）$$

在 *N+P* 配置的系统中，假定用户链路理想的情况下，造成用户波束内用户终端服务中断（由于馈电链路问题）的原因，是其所属的信关站失效，且 P 个备用站全部不可用（服务于其他用户波束，或者因为强雨衰）。针对用户波束内用户终端服务的可用度就等效于为其服务的馈电链路可用度。信关站不可用概率可以表示为：

$$
\begin{aligned}
P_{\text{Outage}} &= \frac{1}{N} \times P_{(1 \text{ Gateway to Outage})} + \frac{2}{N} \times P_{(2 \text{ Gateways to Outage})} + \cdots + \\
&\quad \frac{i}{N} P_{(i \text{ Gateways to Outage})} = \\
&\quad \sum_{i=0}^{N} \frac{i}{N} \times P_{(i \text{ Gateways to Outage})} = \\
&\quad \sum_{i=0}^{N} \frac{i}{N} \times \binom{N+P}{k+P} \times p^{i+P} \times (1-p)^{N-i}
\end{aligned}
$$

（8-3）

当备用信关站数量 $P=0$ 时，针对用户波束内用户终端服务的可用度就等于对应的信关站馈电链路的可用度。

$N+P$ 模式下可以达到的馈电链路可用度取决于系统的网络规模（主用站数量）和备用站数量。根据式（8-3），仿真给出了 $N+P$ 系统馈电链路可用度与每个信关站主备配置之间的关系，如图 8-26 所示。可以看出，随着备用信关站数量的增加，系统可用度迅速增加。

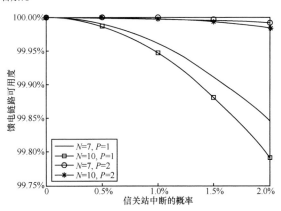

图 8-26　$N+P$ 模式下系统可用度与信关站主备配置的关系

在单个信关站可用度为 99% 的情况下，对于 7（主）+1（备）及 10（主）+1（备）模式来说，系统链路可用度分别为 99.96% 和 99.95%（假设用户链路为理想情况）。即使在单个信关站可用度为 98% 的情况下，对于 7（主）+2（备）及 10（主）+2（备）模式来说，系统链路可用度可达 99.99% 和 99.98%（假设用户链路为理想情况）。

| 8.4 卫星地面网络虚拟化技术 |

8.4.1 网络虚拟化相关技术

（1）软件定义网络（SDN）

SDN 技术通过对网络进行抽象以屏蔽底层复杂度，为上层提供简单的、高效的配置与管理，从而减小了网络的复杂度。SDN 旨在实现网络互联和网络行为的定义和开放式的接口，从而支持未来各种新型网络体系结构和新型业务的创新。SDN 架构如图 8-27 所示。

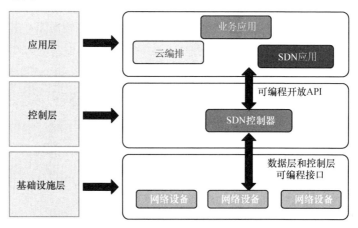

图 8-27 SDN 架构

SDN 与以往网络的最大差别在于网络控制模式，将底层网络分成控制层与转发层。控制层采用集中式控制器控管不同的网络设备，使得网络更易于被控制与管理，并且让比特在转发层顺利传输。控制器通过安全通道与 OpenFlow 交换机进行通信，下发流表与控制原则决定流量的流向，以此达到路由机制、封包分析、网络虚拟化等功能的实现。SDN 可针对不同的使用需求，建立服务层级协议，让使用者存取服务时，获得应有的保障。

（2）网络功能虚拟化（NFV）

目前的通信硬件设备无非包含了计算、存储和交换等硬件资源，这些硬件资源和网络功能软件绑定在一起,如同一个封闭的盒子,各种盒子之间的资源是无法通用的。NFV 通过软/硬件解耦及功能抽象,使网络设备功能不再依赖于专用硬件,资源可以充分灵活共享,实现新业务的快速开发和部署,是未来通信网络的基础技术。

NFV 于 2013 年在 ETSI 由 13 家运营商发起研究,是使用 x86 等通用性硬件及虚拟化技术,基于通用硬件实现电信功能节点的软件化,承载多种网络功能的软件处理,从而降低网络昂贵的设备成本。

ETSI NFV 参考框架如图 8-28 所示,NFV 参考框架主要包括 NFV 基础设施(Network Function Virtualization Infrastructure,NFVI)、虚拟化网络功能和 NFV 管理与编排(NFV Management and Orchestration,NFV MANO)。

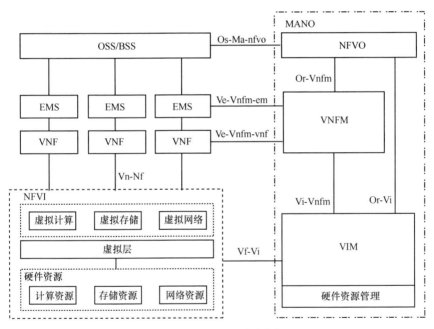

图 8-28　ETSI NFV 参考框架

1)NFV 基础设施

NFVI 包括各种计算、存储、网络等硬件设备以及相关的虚拟化控制软件,将与硬件相关的计算、存储和网络资源全面虚拟化,实现资源池化。NFV 设施包括硬件基础资源、虚拟化层和虚拟化资源。硬件基础资源通过虚拟化层向 NFV 提供计算资源、存储资源和网络资源等。虚拟化层负责硬件资源的抽象,同时也起到了对虚拟化网络功能与底层硬件资源的解耦功能。通过虚拟化层抽象和分配物理资源，VNF 的部署不需要考虑物理设备，只关心逻辑分配的虚拟化资源。虚拟化资源包括虚拟计算资源、存储资源和网络资源。虚拟计算资源和虚拟存储资源通常以虚拟机或容器的形式向虚拟化网络功能提供计算资源和存储资源。虚拟化网络资源以虚拟网络链路的形式为虚拟化网络功能或虚拟机提供通信链路。

2）虚拟化网络功能

VFN 运行在 NFVI 之上，它旨在将基于硬件的网络功能通过软件实现，并部署于虚拟化资源（如虚拟机）中。1 个 VNF 可能包含多个功能组件，每个功能组件部署于单独的虚拟机中，因而 1 个 VNF 可能部署于多个虚拟机。多个 VNF 构成 1 个服务链以实现服务功能。常见的网络功能有用于提升网络安全的网络功能（如防火墙、入侵检测系统、入侵防护系统等）和提升网络性能的网络功能（如代理、负载均衡器等）。

3）NFV 管理与编排

NFV 管理与编排负责对整个 NFVI 资源的管理和编排及业务网络和 NFVI 资源的映射和关联。主要包含虚拟化设施管理器、虚拟化网络功能管理器和虚拟化网络功能调度器。其中，虚拟化设施管理器的功能是进行资源管理和虚拟设施监控。虚拟化网络功能管理器的功能是进行虚拟化网络功能生命周期的管理。虚拟化网络功能调度器主要协调虚拟化网络功能管理器和虚拟化设施管理器，实现网络功能服务链在虚拟化设施上的部署和管理。

VIM 主要负责基础设施层虚拟化资源、硬件资源的管理、监控和故障上报等，面向上层 VNFM 和 NFVO 提供虚拟化资源池，负责虚拟机和虚拟网络的创建和管理。同时，VIM 提供虚拟机镜像管理功能。VIM 通过 Nf-Vi 接口与 NFVI 进行交互，实现资源的管理；通过 Vi-Vnfm 和 Or-Vi 接口向上层提供虚拟层平台能力。目前，业界 VIM 多基于 OpenStack 社区进行产品化，且采用 OpenStack 标准 API 进行互通。

VNFM 负责 VNF 的生命周期管理，包括网元创建、扩/缩容、升级、治愈、回滚、终止等。VNFM 通过 Or-Vnfm 接口将 VNF 的管理能力提供给 NFVO，通过 Vi-Vnfm 接口完成 VNF 生命周期所需的虚拟资源操作和监控，通过 Ve-Vnfm-vnf 接口完成对与 VNF 相关的配置和管理，通过 Ve-Vnfm-em 接口向 EM 暴露网元生命周期管理能力。

NFVO 负责网络服务的生命周期管理和全局跨域资源调度。NFVO 通过

Or-Vnfm 接口控制 VNFM 完成网元的创建和生命周期管理，通过 Or-Vi 接口控制
VIM 完成虚拟资源的调度和调整。

作为运营商网络管理的"大脑"，业界编排器的设计借鉴了 NFVO 的基础架构，
并结合实际网络管理需求和场景进行了不同程度的扩充和变种，并在模块实现层面
呈现一定规律。在管理范畴上，基于 ETSI 标准要求，重点考虑了与网元应用层管
理的协同和 SDN 的支持；在模块设计上，多分为设计态和运行态两类。两类模块协
同作用，实现整体网络的自动化智能化管控。

8.4.2　地面信关站组网的网络虚拟化技术

（1）相关技术简介

地面信关站组网涉及大二层互联技术、软件定义网络控制技术。大二层互联要
解决网络扩展问题，通过大规模二层网络和 VLAN 延伸，实现虚拟机载信关站内、
站间的大范围迁移。软件定义网络控制技术主要用于大二层网络的控制面，实现大
二层网络的隧道控制。

（2）大二层互联技术

大二层互联技术主要是在二层环境中实现类似三层 IP 的路由行为，能实现设
备间多路径负载分担，均衡网络流量。大二层技术消除了传统二层技术效率低、
扩展性差等问题，使二层网络具有与三层网络一样的高扩展性和高可靠性，同时
提供了三层网络无法完成的虚拟机迁移、资源扩展等功能。大二层与三层（IP）
技术比较结果见表 8-3。

表 8-3　大二层与三层（IP）技术比较结果

特性	大二层	三层（IP）
带宽利用率	高	高
可靠性	高	高
互通性/兼容性	存在兼容性问题	无互通问题
扩展性	高	高
虚拟化支持	是（满足 VNF 迁移等应用的二层需求）	否
跨信关站二层互通	是	否

• 高带宽利用率、高扩展性：消除了传统交换网络中带宽利用率低以及 MAC
地址容量所带来的对于网络容量的限制等问题。

- 高可靠性、高性能：具备负载分担和快速收敛等特性，解决了传统二层网络链路阻塞、链路收敛慢的问题，同时消除了传统二层的环路问题和广播风暴。
- 易管理性：消除了生成树，配置简单，网络规划得到简化。

可见，大二层技术消除了传统二层技术效率低、扩展性差等问题，使得二层网络具有和三层网络一样的高扩展性和高可靠性，同时提供了三层网络无法完成的虚拟机迁移、资源扩展等功能，是卫星地面网络虚拟化的发展趋势。

（3）跨信关站大二层组网技术

目前，大二层技术主要有 VPLS、覆盖传输虚拟化（Overlay Transport Virtualization，OTV）、以太网虚拟化互联（Ethernet Virtual Interconnection，EVI）、虚拟扩展局域网（Virtual extensible Local Area Network，VxLAN）、NvGRE、L2TPv3等，其中，OTV 属于思科的私有协议，EVI 属于华三的私有协议。本文主要对VxLAN 做相关介绍。

VxLAN 很早就被用来分隔数据流，但是 IEEE 802.1Q VLAN 规范仅支持4094 个 VxLAN 标识符。一个顶级接入交换机可能会连接 40 多台服务器，每台服务器可能运行多个虚拟机，每个虚拟机都会与多个 VxLAN 通信。信关站可能包含许多个接入交换机，所以 VxLAN 总数可能会超过 4094 个。此外，由一个应用程序组成的虚拟机可能位于地理位置不同的信关站,这些虚拟机必须通过二层网络连接，所以 VLAN 标识符必须在地理上保证唯一性。随着 IT 组织向聚合基础架构和面向服务的模式转移，人们逐渐发现目前的连接体系结构是一个限制因素。

VxLAN 又称为可扩展 VLAN 标准，由思科、VMware、Arista 网络、Broadcom公司、Citrix 系统和红帽等公司共同制订的 VxLAN 草案，创建一个逻辑网络（或扩展 VLAN），支持地理分散的信关站之间实现远距离虚拟机迁移。VxLAN 最终会实现多租户云网络所需要的远距离分割支持。VxLAN 标准能实现应用程序数据分离，提供跨信关站创建隔离式多租户广播域的功能，并且使客户能够创建可跨物理网络边界的弹性逻辑网络。

VxLAN 分为两种实现方式：一种是 IETF 基本的 VxLAN；另一种是基于BGP_EVPN 的 VxLAN。第一种主要是基于 Flood 的 L2 学习 VxLAN，IETF 定义的VxLAN 只有数据平面，没有控制平面，所有 MAC 表项的学习都是基于洪泛转发方式的学习，因此效率较低；第二种是基于 EVPN 的 VxLAN，这种方式有专门的控制平面，基于类似于 MPLS VPN 的 MPBGP 的属性扩展实现 MAC 表项的主动发布和更新，采用路由反射器 RR 的方式实现 VxLAN 交换机 MAC 表项的更新和发布，效率更高，扩展性更好，目前主流厂商主要采取这种方式。

（4）基于 VxLAN 的站间大二层互联

地面多个信关站之间采用 VxLAN 实现大二层互联，主要目的如下。

1）解决信关站流量的负载均衡问题

多个信关站之间进行流量调度，需要通过隧道的方式将流量从源信关站重新定向到目的信关站，需要采用二层隧道的方式，以 SDN 控制器的方式实现。

2）解决移动性管理问题

卫星终端跨信关站切换会引起反向流量从原来上星的信关站重定向到切换后的信关站，由于 IP 路由收敛，从切换前信关站到切换后信关站的流量重新调度只能通过打隧道的方式实现。基于 SDN 技术解决终端的移动性管理问题，需要采用 VxLAN 技术实现，即由 SDN 控制器动态构建隧道的方式解决卫星终端跨信关站切换导致的移动性问题。卫星终端跨信关站的移动性管理示意图如图 8-29 所示。

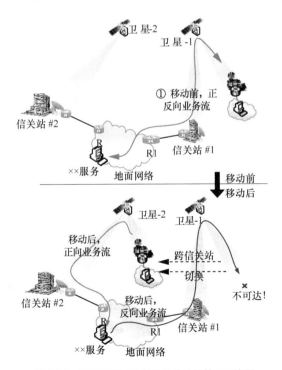

图 8-29　卫星终端跨信关站的移动性管理示意图

地面多个信关站之间采用 VxLAN 实现大二层互联,以卫星终端的移动性管理为例,基于 VxLAN 的信关站间大二层互联架构如图 8-30 所示。

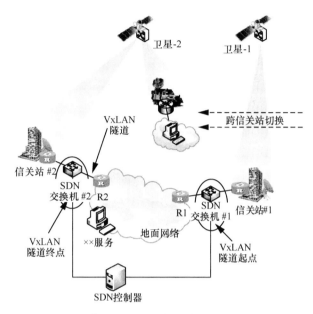

图 8-30　基于 VxLAN 的信关站间大二层互联架构

各个信关站通过地面网络互联起来,在地面网络的出口路由器与信关站之间部署 SDN 交换机。各个信关站的 SDN 交换机通过网络与 SDN 控制器相连,受 SDN 控制器的控制。利用预先/业务驱动下发的流表实现移动节点的位置管理(即节点在哪个信关站);利用 VxLAN 隧道实现反向业务流的重定向;采用业务驱动方式动态绑定业务流到具体 VxLAN 隧道。

8.4.3　信关站功能虚拟化技术

当前正在建设的复杂卫星网络将加快朝着"完全虚拟化地面网络"方向努力。这种完全虚拟化的地面网络将需要由通用服务定义管理和编排多个抽象层,满足容量、灵活性、成本、服务创建和韧性方面的新需求。传统和虚拟地面网络子系统如图 8-31 所示。

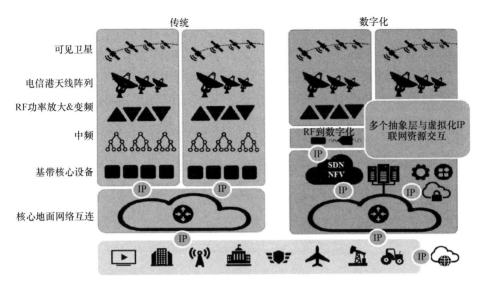

图 8-31　传统和虚拟地面网络子系统

虚拟网络功能：要卫星通信地面网络中达到一定的规模后，要达到经济性和功能部署的灵活性实现平衡，卫星通信硬件必须从专用硬件单元转变为 SDN 架构和标准。VNF 可以跨电信港和数据中心类设施在虚拟化商业计算资源上运行。远程卫星通信终端也可能在标准化计算和存储方面利用 SDN 概念。应用到电信领域的软件定义无线接入网（SD-RAN）理念也可以应用于未来远程站点卫星设备设计。

网络管理和资产编排：在空间和地面可以动态分配所需网络资源的背景下，一种对物理和虚拟网络功能进行实时、策略驱动的编排和自动化的综合平台就变得至关重要。SES 公司在 2019 年宣布计划利用开源 ONAP（开源网络自动化平台）架构进行资产编排。

目前，卫星信关站内一种典型的 NFV 编排架构如图 8-32 所示。

- 硬件资源层，包括计算资源、存储资源、网络资源等底层的各类硬件资源。
- NFVI 层，虚拟化层采用基于 Linux 操作系统的虚拟化层实现，虚拟计算采用 KVM、Docker；虚拟存储采用 Ceph，虚拟网络采用 OVS。
- VNF 层，VNF 实例化包括 IMS、移动性管理、IP 增强、资源分配、入网认证、星地鉴权、会话管理等。
- 网元管理与综合网管，综合网管与 MANO 具有接口，完成对 VNF 的管理。网元管理模块与 VNF 是一对一的关系，主要负责 VNF 的全生命周期管理。

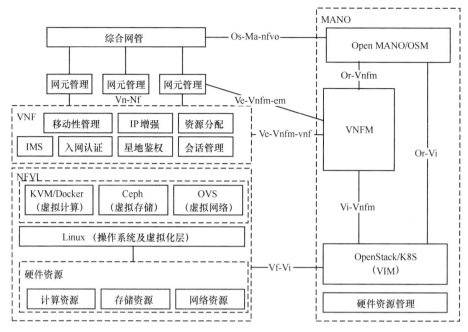

图 8-32 卫星信关站典型 NFV 编排架构

- VIM，VIM 可采用 OpenStack 或 K8S。
- VNFM，VNFM 根据具体的虚拟化技术进行适配选型。
- MANO，NFVO 采用定制化的 OpenMANO 或开源的 OSM。

参考文献

[1] KYRGIAZOS A, EVANS B, THOMPSON P, et al. Gateway diversity scheme for a future broadband satellite system[C]//Proceedings of 2012 6th Advanced Satellite Multimedia Systems Conference (ASMS) and 12th Signal Processing for Space Communications Workshop (SPSC). Piscataway: IEEE, 2012: 363-370.

[2] ITU-R. Recommendation ITU-R P.1815-1: Differential rain attenuation[R]. 2009.

[3] 陶孝锋, 李雄飞. 铱(Iridium)系统介绍[J]. 空间电子技术, 2014, 11(3): 43-48.

[4] 刘荣和. 第四代海事卫星通信系统的结构与功能[J]. 数字通信世界, 2016(10): 1-5.

[5] 中信卫星. 未来 VHTS 系统的信关站网络部署方法[Z]. 2019.

[6] 北京米波通信技术有限公司. 现代商用卫星通信系统[M]. 北京: 电子工业出版社, 2019.

[7] 李若可, 李新华, 李集林, 等. Q/V 频段高通量卫星通信系统抗雨衰设计[J]. 数字通信世界, 2020(2): 10-13.

第 9 章

工程保障

围绕工程保障，首先介绍了卫星轨道的基本概念、轨道设计方法以及典型的轨道特点，接着对频率规划与协调涉及的概念、相关国际规则和条款进行了描述，对运载火箭、发射场的概念以及典型系统进行了描述，最后对航天器测控系统组成、测控体制、测量体制进行了深入的介绍。

| 9.1 卫星轨道 |

卫星围绕地球运动的规律与行星围绕太阳飞行的规律是相同的，早期人们通过大量的观察，取得了大量的经验和数据。约翰尼斯·开普勒（1571—1630 年）通过观察行星绕太阳的运动，并总结取得的观察数据，提出了行星绕太阳运行规律的假设，后来成为著名的开普勒定律。艾萨克·牛顿（1643—1727 年）根据自己的力学原理，并采纳了与开普勒同一时代的伽利略的研究成果，对开普勒定律进行了证明，发表了万有引力定律。本节从行星围绕太阳运动的规律出发，说明了描述卫星轨道的术语和方法，并对卫星通信常用的卫星轨道类型和特性进行了描述。

9.1.1 轨道特性

开普勒定律普遍适应于空间中通过万有引力相互作用的任意两个物体，两个物体中质量较大的为"主体"，质量较小者为"副体"。牛顿扩展了开普勒的工作，揭示了开普勒定律中两物体间相对运动规律。认为质量大的主体是固定的，质量较小的副体绕着它运动（因为两个物体的引力是相同的，其结果是副体相对主体的加速度大），并在 1687 年发表了万有引力定律。该定律表述为：两个质量为 m 和 M 的物体相互吸引，吸引力的大小和它们的质量成正比，和它们之间距离 r 的平方成反比，如式（9-1）所示：

$$F = GMm / r^2 \qquad\qquad （9-1）$$

其中，G 为常数，称作万有引力常数，且 $G = 6.672 \times 10^{-11} \mathrm{m}^3 / (\mathrm{kg} \cdot \mathrm{s}^2)$。

地球质量 $M = 5.974 \times 10^{24} \mathrm{kg}$，GM 的积为：$\mu = GM = 3.986 \times 10^{14} \mathrm{m}^3/\mathrm{s}^2 = 3.986 \times 10^5 \mathrm{km}^3/\mathrm{s}^2$，通常把 μ 叫作开普勒常数。

在研究卫星绕地球的运动规律时，也认为是一个符合开普勒定律的"二体问题"，即首先假设地球是质量均匀的理想球体，并忽略太阳、月亮等其他星体对卫星引力的影响（单独对这些因素的影响进行考虑）。

（1）开普勒第一定律

开普勒第一定律指出：行星在一个平面上运动，运行轨道为太阳是其一个焦点的椭圆。

开普勒第一定律表明小物体（卫星）绕大物体（地球）运行的轨道是一个椭圆，地球的质心是卫星运动椭圆轨道的一个焦点，卫星轨道示意图如图 9-1 所示。

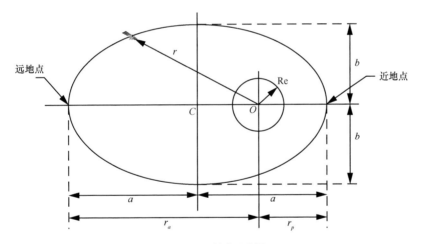

图 9-1　卫星轨道示意图

由于地球和卫星的质量悬殊，图 9-1 中地球的质心（或地心）O 是椭圆轨道的一个焦点，C 是椭圆轨道的中心，r 为卫星到地心的距离，r_a 是远地点距离，r_p 是近地点距离，a 为椭圆轨道半长轴，b 为半短轴，e 为偏心率。

偏心率 e 是一个非常重要的参数，它决定了轨道的形状，并且：

$$e = \frac{\sqrt{a^2 - b^2}}{a}$$ （9-2）

- 如果 $e = 0$，$V = \sqrt{(\mu/r)}$，则轨道为圆形。
- 如果 $e < 1$，$V < \sqrt{(2\mu/r)}$，则轨道为一个椭圆。
- 如果 $e = 1$，$V = \sqrt{(2\mu/r)}$，则轨道为一个抛物线。
- 如果 $e > 1$，$V > \sqrt{(2\mu/r)}$，则轨道为一个双曲线。

其中，V 是卫星运行速度，由此可见，只有 $e < 1$ 时才是一个围绕地球的闭环轨道，才能成为有用的通信卫星。如果 $e \geqslant 1$，会导致卫星从陆地引力中脱离，比如说月球和火星探测器，它们运行轨道的偏心率 $e \geqslant 1$。

（2）开普勒第二定律

开普勒第二定律指出：从太阳到行星的连线在相同时间内扫过相同的面积（面积定律），该定律也称为面积定律。

开普勒第二定律表明卫星在椭圆轨道上的运动是非匀速的，靠近近地点的速度快，靠近远地点的速度慢，如图 9-2 所示。这就表明，卫星在离地球较远时的速度慢，可以利用这一特性，提高地球上某一区域对卫星的能见度。

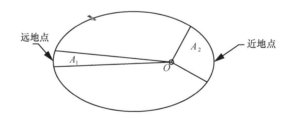

图 9-2　卫星单位时间内扫过的面积 A_1 和 A_2 相同

根据运动方程和机械能守恒原理，可以推导出卫星在椭圆轨道上与地心距离为 r 处的瞬时运行速度：

$$V = \sqrt{\mu\left(\frac{2}{r} - \frac{1}{a}\right)}$$ （9-3）

根据式（9-3）可以算出卫星在近地点、远地点的瞬时速度。

在近地点，$r_p = a(1 - e)$：

$$V_p = \sqrt{\frac{\mu}{a}\left(\frac{1+e}{1-e}\right)}$$ （9-4）

在远地点，$r_a = a(1+e)$：

$$V_a = \sqrt{\frac{\mu}{a}\left(\frac{1-e}{1+e}\right)} \qquad (9\text{-}5)$$

圆形轨道是 $e = 0$ 的特殊情况，这时 $r = a$，理论上卫星具有恒定的速度，从式（9-3）得：

$$V = \sqrt{(\mu / r)} \qquad (9\text{-}6)$$

（3）开普勒第三定律

开普勒第三定律指出：对于所有的行星，围绕太阳运行周期 T 的平方与椭圆半长轴 a 的立方的比值相同。

卫星在轨道上的持续时间或周期（T）与由面积定律决定的椭圆面积总和 A 有关。

$$A = (H / m)(T / 2) \qquad (9\text{-}7)$$

$$H / m = \sqrt{[a\mu(1-e^2)]} \qquad (9\text{-}8)$$

其中，H 是卫星对应于图 9-1 中点 O 的角动量，m 是卫星质量。

椭圆面积由 $\pi a^2 \sqrt{(1-e^2)}$ 给出，因而：

$$T = 2\pi\sqrt{(a^3 / \mu)} \qquad (9\text{-}9)$$

依据式（9-9）可以计算出各种卫星轨道的运行周期。

特殊情况下，对于圆形轨道：

$$T = 2\pi\sqrt{\frac{(R_e + h)^3}{\mu}} \qquad (9\text{-}10)$$

这里 R_e 是地球半径（一般取 6378km），h 是卫星轨道离地面的高度。因此圆形轨道的周期 T 和速度 V 的值是卫星高度的函数，根据式（9-6）和式（9-10），给出了一些圆形轨道的高度、半径和周期的例子，见表 9-1。

表 9-1　一些典型圆形轨道的高度、半径和周期的例子

高度/km	半径/km	周期/s	速度/($m \cdot s^{-1}$)
200	6578	5309	7784
340	6718	5478	7703
780	7158	6024	7462
1450	7828	6889	7136
20000	26378	42636	3887
35786	42164	86164	3075

综上所述，有以下结论：不管轨道形状如何，只要半长轴相同，它们就有相同的运行周期；卫星轨道的形状和大小由它的半长轴和半短轴数值决定；半长轴和半短轴的数值越大，轨道越高；半长轴和半短轴的数值相差越多，轨道的椭圆形状越扁，半长轴和半短轴相等时则为圆形轨道。

9.1.2　描述轨道的术语和方法

（1）几个术语

由于卫星绕地球旋转，地球绕太阳旋转，同时地球还有自转，因此描述卫星在空间上的运动还是比较复杂的，这必须在一定的空间坐标和时间参考上进行。在对卫星轨道描述之前，需要明确一些基本概念。

- 黄道面（Plane of the Ecliptic）：地球围绕太阳公转所在的平面。由于其他行星等天体的引力对地球的影响，黄道面的空间位置有持续的不规则变化，但其总是通过太阳中心。

- 春分点（Vernal Equinox）：太阳从南向北越过赤道上的那一点，就是春分点，是赤道平面和黄道平面的两个相交点之一。

- 升交点（Ascending Node）：卫星由南向北穿过赤道平面的点。

- 降交点（Descending Node）：卫星由北向南穿过赤道平面的点。

- 交点线（Line of Nodes）：升交点和降交点之间穿越地心的连线。

- 升交点赤经（Right Ascension of Ascending Node）：赤道平面内从春分点到轨道面交点线间的角度（按地球自转方向度量），一般用 Ω 表示。

- 拱线（Apsidal Line）：轨道近地点到远地点之间的连线。

- 轨道倾角（Orbital Inclination）：轨道平面与赤道平面的夹角，一般用 i 表示，这是升交点的角度，在赤道平面的法线（指向东）和轨道平面上点的法线（在速度方向）之间，从前向开始计算 0º～180º。

- 近地点辐角（Argument of Perigee）：从升交点到近地点的夹角，沿卫星运动方向在轨道平面上的地心处进行测量，一般用 ω 表示。

- 平近点角（Mean Anomaly）：假设卫星经过近地点的时刻是 t_p，平近点角就是卫星在时间（$t-t_p$）离开近地点以平均角速度运动时其向径扫过的角度，一般用 M 表示。对于圆形轨道，假设轨道周期是 T，则：

$$M = (2\pi / T)(t - t_p) \tag{9-11}$$

- 真近点角（True Anomaly）：真近点角是从地心测量的从近地点到卫星的夹角，一般用 ν 表示。
- 偏近点角（Eccentric Anomaly）：偏近点角是把卫星在轨道上的位置投影在垂直椭圆半长轴的外接圆上，并从椭圆的中心量度和近拱点方向之间的角度，一般用 E 表示，偏近点角示意图如图 9-3 所示。

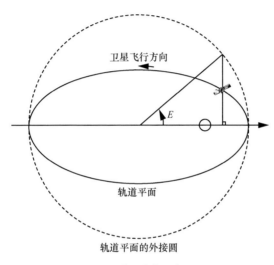

图 9-3　偏近点角示意图

平近点角与偏近点角的关系为：

$$M = E - e\sin E \tag{9-12}$$

- 顺行轨道（Prograde Orbit）：卫星的运动方向与地球的自转方向相同的轨道称为顺行轨道。顺行轨道也叫直接轨道，顺行轨道的倾角为 $0° \sim 90°$。多数卫星在顺行轨道上发射，因为地球的旋转速度能够为卫星提供部分轨道速度，所以有利于节约发射能量。
- 逆行轨道（Retrograde Orbit）：卫星的运动方向与地球自转方向相反的轨道称作逆行轨道。逆行轨道的倾角为 $90° \sim 180°$。

（2）坐标系

在描述天体运动时，根据不同的需要可以采用不同的坐标系，也就是说可以建立多种坐标系。研究地球卫星一般常用的有 3 种：日心坐标系、近焦点坐标系和地心赤道坐标系。

1）日心坐标系

以太阳的中心为坐标系原点，XY 基准平面为黄道面。X 轴定义为指向春分点方向，Y 轴的正向指向 X 轴的正东方，Z 轴指向原点的北方，日心坐标系如图 9-4 所示。

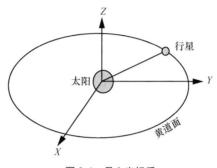

图 9-4　日心坐标系

一般研究行星绕太阳的运行要用到该坐标系，对于星际探测器在远离地球以后的运动规律也在此类坐标系中描述。

2）近焦点坐标系

近焦点坐标系的原点是地心，该坐标系 XY 基准平面为卫星轨道平面，X 轴定义为指向卫星轨道近地点，Y 轴是在轨道平面内顺着卫星运动方向旋转 90°，Z 轴指向使该坐标系能构成一个右手坐标系的方向。由于该坐标系的原点是卫星轨道的一个焦点，轨道上与原点（焦点）最近的点是近地点，因此该坐标系叫作近焦点坐标系。该坐标系是实际中经常用到的坐标系，近焦点坐标系如图 9-5 所示。

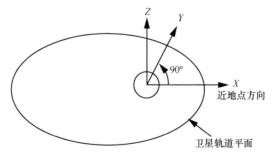

图 9-5　近焦点坐标系

3）地心赤道坐标系

地心赤道坐标系的原点自然是地心，XY 基准平面为地球的赤道平面，X 轴定义为指向春分点方向，Y 轴的正向指向春分的正东方，Z 轴指向北极。地心赤道坐标系如图 9-6 所示。

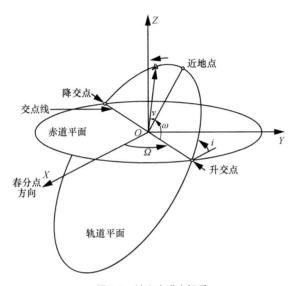

图 9-6　地心赤道坐标系

地心赤道坐标系是研究地球卫星运动规律最常用的坐标系之一。可以使用地心赤道坐标系描述任意时刻卫星在空间中的位置。卫星在太空的轨道由 6 个参数（a,e,i,Ω,ω,M）定义。对于圆形轨道，偏心率 $e=0$，近地点与升交点重合，因此只需要用（i,Ω,v,h）便可描述，关于这几个参数的定义前面有说明。

此外，根据研究目的的需要，还有以地面观测点为原点来定义的站心赤道坐标系和站心地平坐标系等，它们之间是可以通过变换相互转换的，在此不一一讨论。

（3）时间参考

1）恒星日与太阳日

恒星日就是以无限远处的恒星作为参考，地球自转一圈所用的时间；太阳日就是以太阳作为参考，地球自转一圈所用的时间。显然由于参考点的不同，地球自转一圈（一天）所用的时间是不一样的。这主要是由于地球在自转的同时，还要绕太阳公转，这样在以太阳为参考时，地球自转一圈就超过了 360°。具体就是地球相对于恒星自转时，与太阳自转相比少了 0.9856°。

一个太阳日是 24h，或 86400s；一个恒星日为 23 小时 56 分 4 秒，或 86164s。对于对地静止的同步卫星，它的运行周期应该是一个恒星日。

2）时间参考

世界时（也叫格林尼治平太阳时间）是由太阳时增加 12h。为了定义一个和本地无关的时间，采用了格林尼治平太阳时间或世界时（Universal Time，UT）。

恒星时（Sidereal Time，ST）可由世界时通过公式计算得到，如果选择的时间参考点不同，表达式会不一样，式（9-13）采用和 J2000（2000 年 1 月 1 日中午时间）相一致的时间参考点。

$$ST=UT \times 1.0027379+6h41min50.548s+$$
$$8640184.813\,T +0.093104\,T^2 -6.2 \times 10^{-6}\,T^3 \qquad (9\text{-}13)$$

其中，$T=D/36525$ 是从参考时间 J2000（2000 年 1 月 1 日中午时间）到所计算那一天的 12:00 UT 的儒略世纪（1 儒略世纪=36525 天）数；D 是从 2000 年 1 月 1 日到所计算日子的 00:00 UT 所过去的天数。

儒略历是从公元前 4713 年 1 月 1 日 12:00 作为时间表达系统开始的基准，它是天文计算中经常使用的时间标准，一个儒略历世纪是 36525 天，例如从 2000 年 1 月 1 日 12:00 开始的儒略历天数为 JD0 = 2451545。

多数国家按照他们所处的经度区域使用一个时间，就是法定时间，它可以根据世界时结合时区修改得到。有些国家出于各方面的考虑还按季节使用夏令时。

9.1.3 轨道类型

卫星的轨道类型是由其完成任务的需要而定的，反之卫星轨道的特征也决定了其任务特性。从不同的视角来看，对卫星轨道的分类也有多种。

（1）按形状区分

可以分为圆形轨道和椭圆轨道。圆形轨道上的卫星围绕地球等速运动，是通信卫星最常用的轨道；椭圆轨道在近地点附近的运行速度快，在远地点的运行速度慢，可以利用在远地点速度慢这一特点，满足特定区域的通信，特别是通过调整轨道参数，使其满足地球高纬度区域的通信。

（2）按轨道高度区分

按卫星轨道高度分，有低轨、中轨和高轨。

低轨系统的卫星轨道高度为 700～2000km，卫星对地球的覆盖范围小，一般用于特种通信，或由多颗卫星组成星座，卫星之间由星间链路连接，可以实现全球的无缝覆盖通信，例如铱星系统就是轨道高度为 780km，由 66 颗卫星组成的星座通信系统。低轨星座系统具有信号传播衰减小、时延短、可实现全球覆盖的优点，但实现的技术复杂度高，运行维护成本高。此外随着轨道的降低，大气阻力就变成了影响卫星轨道参数的重要因素。一般来讲，卫星轨道高度低于 700km 时，大气阻力对轨道参数的影响就比较严重，修正轨道参数会影响到卫星的寿命。轨道高度高于 1000km 时，大气阻力的影响就可以忽略。

高轨卫星通信系统一般选用高度为 35786km 的同步卫星轨道（GSO），卫星位于赤道平面，是最常用的轨道。高轨卫星的单颗卫星覆盖范围大，传播信道稳定，理论上有 3 颗卫星便可覆盖除两极之外的所有地区。但高轨卫星系统的信道传播信号衰减大、时延长，并且只有一个轨道平面，容纳的卫星数量有限。目前运营的 Intelsat、Inmarsat、Thuraya 等很多系统都是高轨系统。大椭圆轨道可以为高纬度地区提供高仰角的通信，对地理上处于高纬度的地区也是一种选择。

中轨系统的卫星轨道高度为 8000～20000km，具有低轨和高轨系统的折中性能，中轨卫星组成的星座也能实现全球覆盖，信号传播衰减、时延和系统复杂度等介于低轨和高轨系统之间。ICO 就是一个由 12 颗卫星组成的中轨系统。

（3）按轨道倾角分

按卫星轨道倾角来分可分为赤道轨道、极轨道和倾斜轨道。赤道轨道的倾角为 0°，当轨道高度为 35786km 时，卫星运动速度与地球的自转速度相同，从地球上看卫星处于"静止"状态，这也是通常所讲的静止轨道。当卫星轨道倾角与赤道成 90° 时，卫星穿越两极，因此也叫极轨道。对于顺行轨道，轨道倾角为 0°（不含）～90°（不含）；对于逆行轨道，轨道倾角为 90°（不含）～180°（不含），此时称作倾斜轨道。不过，一般而言通信卫星都是采用顺行轨道。

（4）按星下点轨迹分

如果在卫星和地心之间作一条连线，该连线与地面的交点就叫作星下点，将这些星下点连接起来就是星下点轨迹。

由于在卫星围绕地球转动的同时，地球本身也在自转，所以卫星绕地球运行的星下点轨迹不一定每一圈都是重复的。将星下点轨迹在 M 个恒星日绕地球 N 圈后重复的轨道叫作回归/准回归轨道（这里 M、N 是整数），其余的轨道叫作非回归轨道。如果 $M=1$，叫回归轨道，若 $M>1$，叫准回归轨道。

轨道类型之间一般还会有混合交叉，所以分类只是对卫星轨道观察角度的不同。

9.1.4　通信卫星可用的轨道

（1）范·艾伦辐射带

理论上，轨道平面可以有任何方向和任何形式，轨道参数是由卫星进入轨道的初始条件决定的，实际上卫星轨道的高度也是有窗口的。

1958 年美国第一颗人造地球卫星"探险者一号"升空，首先观测到地球上空的内辐射带，由美国物理学家詹姆斯·范·艾伦发现，因此地球上空的辐射带被叫作范·艾伦辐射带。

范·艾伦辐射带分为内、外两层，并且在内、外层之间存在带缝，带缝中的辐射很少，范·艾伦辐射带把地球包围在中间。范·艾伦辐射带如图 9-7 所示。其实，在 20 世纪初挪威空间物理学家斯托默就从理论上证明，地球存在一个带电粒子捕获区。它是由地球磁场俘获太阳风中的带电粒子所形成的。一般来讲，内辐射带里的高能质子多，外辐射带里的高能电子多。范·艾伦内辐射带距地面 2000~8000km，并在 3700km 的高度达到最大值；范·艾伦外辐射带的高度距地面 15000~20000km，在 18500km 的高度达到最大值。由于辐射带会对电子元器件造成伤害，因此在选择卫星轨道时应尽量避开范·艾伦辐射带。

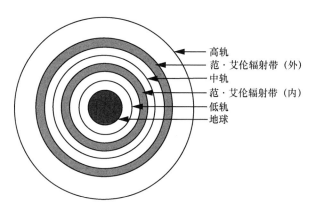

图 9-7　范·艾伦辐射带

（2）同步轨道

卫星轨道周期与地球自转周期相等时就称作同步轨道，当轨道的偏心率 $e=0$ 时为圆轨道，因此卫星在轨道上以恒定的角速度运动。卫星的星下点轨迹是以赤道为中心的 8 字形状，轨道倾角不同，8 字形状的大小不同，如图 9-8 所示。

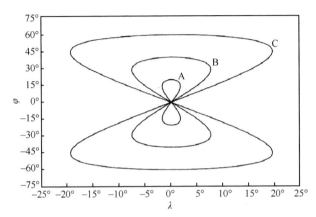

图 9-8　不同倾角时的星下点轨迹（A：$i=20°$；B：$i=40°$；C：$i=60°$）

从图 9-8 可以看出，随着倾角 i 的变小，8 字形状变小，当 $i=0°$ 时，星下点轨迹就简化为一个点，卫星永久保持在该位置，从地球上看去，卫星好像是固定在天空，这时的轨道叫作地球静止轨道。

地球静止轨道具有非常多的优良性能，是卫星通信最常用的轨道类型之一，主要优点如下。

1）从地球站看上去，卫星是静止不动的，因此地球站只需要一副天线和相对简单的跟踪系统，对于小型固定地球站甚至不需要自动跟踪系统，因此降低了地球站的制造成本。

2）单颗卫星的覆盖范围大。除去 76°N 和 76°S 以上的两极地区，理论上采用彼此间隔 120°的 3 颗静止卫星就可以覆盖整个地球表面。因此，目前的多数商用系统采用地球静止轨道卫星。

3）卫星到地球站的距离基本固定，因此信号传播时延和多普勒频移的变化小，便于系统设计并简化技术复杂度。

4）由于具有广域覆盖特性，非常便于卫星电视广播。

由于静止卫星的轨道面与赤道平面重合，同时静止卫星的高度和速度都是固定的，因此一般只用星下点在赤道上的经度描述卫星位置即可。由于静止轨道只有一条，是稀缺资源，要想使用，必须按照 ITU-R 的有关规则和程序进行申请和协调。

（3）大椭圆轨道

大椭圆轨道是轨道倾角不为零的椭圆轨道，也叫倾斜椭圆轨道。倾斜椭圆轨道对区域通信是非常有用的，服务范围在轨道的远地点下面区域，这种轨道对于区域通信需要卫星数量较少，并且在该区域，可以以高仰角看到卫星，但远地点的高度较高也带来了较大的路径损耗和时延。

在椭圆轨道内，卫星的速度不是恒定的，由式（9-4）和式（9-5）可知，卫星速度在近地点最大，在远地点最小。因而，在给定的周期内，卫星在远地点附近保持的时间比近地点附近保持的时间长，并且这种影响会随着轨道偏心率的增加而增加。因而，地球站若处远地点区域，建立的通信链路可以保持较长的时间。

为建立重复使用的卫星通信链路，卫星需要返回远地点相同的区域。对于一个非零倾角的轨道，卫星通过赤道两边的区域，如果轨道倾角接近 90º，甚至可通过极轨地区。向东调整拱线（近地点到远地点的连线）到与交点线接近垂直时，卫星能够返回到给定半球的上面区域。这使处在高纬度地区的地球站建立通信链路成为可能。

卫星能提供持续稳定通信服务的条件就是其轨道在平面内不会旋转，轨道的远地点永远处于同一半球内，也就是说轨道半长轴的指向不变，这就要求轨道近地点辐角 ω 不变。实际上，各种摄动因素会引起轨道参数的改变。当轨道倾角为 63.4º 时，地球上影响轨道近地点辐角位移变化率为零，轨道平面趋于稳定。因此 63.4º 的倾角也称作临界倾角，这时的轨道叫作冻结轨道。

虽然卫星在远地点附近区域能保持几个小时，但它仍在绕地球运动，在经过一段时间后，卫星会在地球站的视线中消失，从而影响通信服务。为了能够建立持续的通信链路，需要在相同的轨道平面上提供几个相位合适的卫星，这些卫星保持一定的间隔绕地球转动。当一颗卫星在地球站能看见的远地点区域消失后，由另一颗卫星取而代之出现在该区域。在这种方式下，因为那颗卫星的出现是可以预测的，因而可实现地球站对卫星的捕获和跟踪。问题是需要从一颗卫星切换到另一颗卫星，为实现对卫星的切换势必会提高地球站的复杂度，一般的方法可以是地球站采用两副天线实现通信链路的不间断工作。

由于俄罗斯处于北半球的高纬度地区，使用静止轨道卫星通信时的天线仰角低，因此常采用这样的通信卫星系统。下面介绍两种实际使用的这类轨道。

1）"闪电"（Molnya）轨道

这个轨道的名字来自苏联建立的"闪电"通信系统，轨道周期 T 为半个恒星日，即 11 小时 58 分 2 秒（约 12h），属于回归轨道。这种轨道类型的参数见表 9-2。该系统可以覆盖高纬度地区，轨道形状如图 9-9 所示。

表 9-2　"闪电"轨道参数

参数	取值
周期（T）（半个恒星日）	约 12h
半长轴（a）	26556km
倾角（i）	63.4º
偏心率（e）	0.6～0.75
近地点高度 h_p（$e=0.71$）	$a(1-e)-R_e$（1250km）
远地点高度 h_a（$e=0.71$）	$a(1+e)-R_e$（39105km）

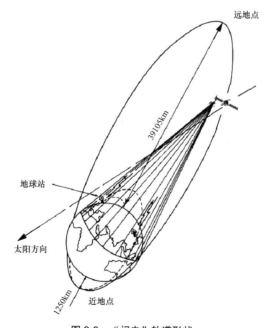

图 9-9　"闪电"轨道形状

上述轨道的远地点处于北纬 63º 以上的区域，当近地点辐角等于 270º 时，最高纬度等于倾角的值，并且远地点与轨迹最高点一致。这样的大椭圆轨道使得卫星在北半球比在南半球经过的时间长。

卫星在南半球的保持时间为 $2t_{N'}$ 或 1h，在北半球的保持时间是 $T-2t_{N'}$ 或 11h。卫星保持在远地点附近的时间有几个小时，在这段时间内，在该区域下面的地球站可以利用该卫星进行通信。

2）"冻原"（Tundra）轨道

轨道周期等于一个恒星日，接近 24h，属于回归轨道。这种轨道类型典型的参数见表 9-3。该系统可以覆盖高纬度地区。

表 9-3　"冻原"轨道参数

参数	取值
周期（T）（等于恒星日）	约 24h
半长轴（a）	42164km
倾角（i）	63.4º
偏心率（e）	0.25～0.4
近地点高度 h_p（例：$e=0.25$）	$a(1-e)-R_e$（25231km）
远地点高度 h_a（例：$e=0.25$）	$a(1+e)-R_e$（46340km）

若 $\omega=270^\circ$ 和 $i=63.4^\circ$，对于不同的偏心率给出了 λ 和 φ 的变化情况，如图 9-10 所示。依照偏心率的值，北半球上的环的大小在一定范围内变化。如果偏心率等于 0，轨迹对应于赤道成两环相等的 8 字形。当偏心率增加时，上环减小，并且轨迹交叉点趋向于北方。

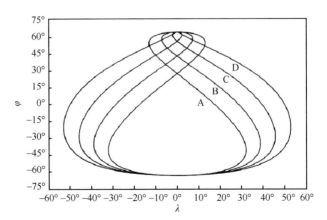

图 9-10　"冻原"轨道星下点轨迹随偏心率 e 的变化（$\omega=270^\circ$，$i=63.4^\circ$）

（A：$e=0.15$；B：$e=0.25$；C：$e=0.35$；D：$e=0.45$）

改变近点角 ω 和偏心率 e ，对应于最大纬度点的环路位置可以向西或向东移动。"冻原"轨道星下点轨迹随 ω 和 e 的变化如图 9-11 所示，这里不同的近点角和偏心率代表了轨道的变化。

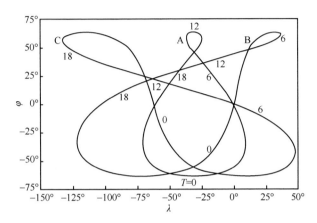

图 9-11　"冻原"轨道星下点轨迹随 ω 和 e 的变化（i=63.4º）

（A：$e=0.25$ ， $\omega=270°$ ；B：$e=0.6$ ， $\omega=315°$ ；C：$e=0.6$ ， $\omega=202.5°$ ）

3）轨道的可用性

对于可用的大椭圆轨道，地球站仰角和可视时间是两个必须要考虑的因素。对于一个可以实际使用的系统，要使对天顶指向角的变化在可接受的范围内，或采用跟踪系统，或采用宽波束的天线。在一个地理区域，对于处在给定轨道特定点上的卫星，指向角允许的变化范围是：在其范围内卫星是可见的，且其仰角大于某一个值。当卫星离地球较远时，该区域就大一些。但在这些区域内，所有的地球站看到卫星的持续时间不同。处于该卫星轨道的地球站，在远地点附近看到卫星的时间较长，卫星的可视时间也随所处的位置而变化。

为实现通信的不间断，需要实现对通信区域的连续覆盖，这样系统中需要多颗卫星，对于处于该区域内的地球站，当一颗卫星因低于最低仰角而消失，会有另一颗卫星出现。这些卫星的轨道参数（ a,e ）和倾角 i 通常是根据具体应用背景进行设计的。但对应于每颗卫星的轨道平面的升交点是不同的，因为考虑了地球的自转，这些卫星轨道一定处在不同的轨道平面上。

对于 Molnya 类型轨道（周期=12h），在远地点下面区域，高仰角的可视时间可达 8h。一个拥有 3 颗轨道升交点相差 120º 的卫星可实现对该区域的连续覆盖。

对于 Tundra 类型轨道（周期=24h），高仰角的可视持续时间可能大于 12h，因而，升交点相差 180º 的两颗卫星就可以满足要求。

4）大椭圆轨道的优缺点

大椭圆轨道的主要应用是覆盖高纬度地区。

在高纬度地区，地球站对卫星有一个大的仰角且卫星运动速度较慢。尤其是对于卫星移动通信系统，大仰角对由建筑物和树林引起的卫星信号遮蔽最小。相对于低仰角系统（例如同步卫星系统），地面或建筑物的反射造成的多径效应小；由地球站天线引起的噪声温度和来自地面无线电系统的干扰较小。信号穿越大气的倾斜路径短，大气中的降雨、雾、雪等对信号传播的影响小；此外，相对于静止轨道，卫星的数量不受限制。这些优势使俄罗斯在长时间内使用这种轨道为高纬度地区提供覆盖。

这种轨道的缺点也是很明显的。为实现在特定地理区域的连续通信服务，轨道上需要多颗卫星，地球站需要在卫星之间做周期性的切换，这将提高空间段的成本，也使得卫星的在轨控制变得复杂。为实现不间断通信，每个地球站需要安装两副天线，并同时指向两颗卫星，也使得地球站的技术复杂度和成本增加；在工作期间，由于卫星沿轨道运动，那么卫星与地球站之间的距离是随时变化的，这种变化带来信号传播时延的起伏，也会产生较大的多普勒频移和多普勒频移变化率，这给系统设计带来了一定的难度，对于某些体制（比如 TDMA）的系统，不但提高了技术复杂度，也会使得传输效率降低。此外这种轨道使得卫星在轨道上运行时每一圈穿越范·艾伦辐射带 4 次，在该辐射带内，高能辐射使卫星的半导体元件效能降级甚至降低卫星的寿命。

（4）倾斜圆轨道

具有一定倾角的圆形轨道是构成星座的卫星移动通信系统常用的轨道。一般来讲，星座系统是由多颗卫星组成的，卫星的相互配合可以完成单颗卫星难以实现的功能。理论上，包含在一个星座内的卫星可以位于任何轨道上。但从实际应用的角度考虑，星座具有较稳定的构型。星座的概念最早是在 1961 年由美国人路德（Luder）提出的。

现在投入使用的星座系统有低轨星座和中轨星座，轨道高度为 600～2000km 的一般叫作低轨星座，轨道高度为 5000～20000km 的一般叫作中轨星座。铱星系统的轨道高度是 780km，全球星（Globalstar）系统的轨道高度是 1414km，它们都是低轨星座；ICO（Intermediate Circular Orbit）系统的轨道高度是 10390km，是中轨系统。此外，全球定位系统（GPS）等全球定位系统的卫星轨道高度是 20200km，也属于中轨星座系统。

为纪念英国人 Walker J.G.对星座系统设计做出的贡献，把采用倾斜圆轨道的卫星星座叫作 Walker 星座。通常采用 Walker 代码（$T/P/F$）来表示星座结构，其中，T 为系统中的总卫星数，P 为轨道面数，F 是相邻轨道面卫星之间的相位因子。如果定义轨道上卫星的相位角是 $360°/T$，F 的意义就是当第一个轨道面上第一颗卫星处于升交点时，下一个轨道面上的第一颗卫星超过升交点 F 个相位角。Walker 星座中每个轨道面的卫星数是 T/P，各轨道面在赤道面上均匀分布，每个轨道面内的卫星也是均匀分布的。用轨道高度、轨道倾角和 $T/P/F$ 就可以描述 Walker 星座。

星座系统轨道高度的选择要有效避开范·艾伦辐射带。轨道高度越高，单颗卫星对地面的覆盖区域越大，系统需要的卫星数量越少，但卫星的轨道高度越高，电波传播的损耗越大。轨道越低，系统需要的卫星越多，信号传播损耗越小，但当轨道高度低于 700km 时，大气阻力加大，这会影响卫星的寿命。

（5）极轨道和太阳同步轨道

极轨道是指卫星的轨道倾角是 90°，极轨卫星可以覆盖地球两极区域。极轨卫星受各种摄动力的影响较小，理论上极轨道有无数条。极轨卫星一般用于特种通信，或用于对地球两极的冰川、海洋气象和其他环境进行遥感、遥测。一般极轨卫星为高度 800～900km 的圆形轨道。

太阳同步轨道指的是卫星的轨道平面和太阳始终保持相对固定的取向，轨道的倾角接近 90°，卫星在两极附近通过，因此又称之为近极地太阳同步轨道。为使轨道平面始终与太阳保持固定取向，轨道平面每天平均向地球公转方向（自西向东）转动 0.9856°，即每年 360°。太阳同步轨道卫星总是在相同的当地时间从相同的方向经过同一纬度，例如卫星从南向北经过北纬 40°的当地时间是上午 9:00，以后也总是在这一时间经过北纬 40°，这样的卫星就像太阳一样，在同一季节里总是在当地同一时间从相同方向出现，因此称为太阳同步轨道。只要设计好轨道和发射时间，就可以使某一地区在卫星经过时总处于阳光照射下，太阳能电池不会中断工作。利用太阳同步轨道卫星可以方便地实现对地球上某地的持续观察和监视；太阳同步轨道也经过地球两极地区，实际上，太阳同步轨道的很多特性与极轨道是类似的。

9.1.5 轨道的摄动

到目前为止，描述和分析的卫星开普勒轨道均是在理想的条件下进行的，即卫星在轨道上的运动由作用在其质心上的力确定。按照开普勒假设，球形的均匀物体只有中心之间的引力，它们定义了一个守恒的引力场（式（9-1）），轨迹是固定在空间的平面，且轨道特征由一系列恒定的轨道参数确定。实际上地球是一个质量分布并不均匀的球体，形状呈扁椭圆状，地球的赤道半径（6378km）要比极半径长出大约 21km，另外地球的表面是不均匀的；卫星在空间运行时会受到太阳和月球等天体引力的影响，对于低轨卫星，地球的引力占有绝对的优势，但对于高轨卫星，其他天体的引力因素便不能忽略；空气阻力和太阳光压也会对卫星轨道产生影响，空气阻力对低轨卫星的影响大一些，太阳光压对高轨卫星的影响大，特别是对于大功率的卫星（太阳能帆板面积很大，太阳光压的影响便不可忽略）。这些都是引起轨道摄动的因素。在摄动轨道情况下，轨道参数不再是恒定的，它是一个时变函数。在考虑了摄动因素后，表达卫星轨道的运动方程是非常复杂的，这里不做过多的理论分析，只是给出一些结论。

（1）地球质量和形状不均匀性的影响

由于地球不是一个均匀球体，对于在空间某一点对卫星的引力，不仅依赖于到质心的距离 r ，而且还和所处的经/纬度以及时间有关。这是由地球的自转和质量分布的不规则性决定的。

地球引力场的不均匀导致卫星轨道的近地点辐角在轨道面内向前或向后旋转，旋转速度为：

$$\varpi = -\frac{4.982}{\left(1-e^2\right)^2}\left(\frac{R_e}{a}\right)^{3.5}\left(5\cos^2 i-1\right) \tag{9-14}$$

从式（9-14）中可以看出，当倾角 $i=63.4°$ 时， $\varpi=0$ 。这样就不会再有近地点——远地点连线在轨道平面内的旋转，且远地点永远保持在同一个半球，这就是为什么 Molnya 和 Tundra 轨道的倾角选择为 63.4° 的原因。

（2）空气阻力的影响

尽管在卫星的高度上大气的密度是很低的，但由于卫星速度高，在低轨道（轨道高度 700km 以下）上，由空气阻力拖曳引起的摄动也是可观的，只有在高于 1000km 才可以忽略。空气动力产生的力与卫星速度的运动方向相反，其形式是：

$$F_{AD} = -0.5\rho_A C_D A_e V^2 \tag{9-15}$$

其中，ρ_A 是大气密度，C_D 是空气动力拖曳系数，A_e 是与速度正交的卫星等效面积，V 是卫星相对于大气的速度。

对于质量为 m 的卫星，由空气动力拖曳引起的加速度是：

$$\Gamma_{AD} = -0.5\rho_A C_D V^2 A_e / m \tag{9-16}$$

空气阻力会使得轨道的半长轴减小，远地点的高度降低，对于一个近地点高度为 200km、远地点高度为 36000km 的椭圆轨道，远地点上的高度降低大概在 5km。对于圆形轨道，会使得轨道高度降低，卫星速度加快。

（3）月球和太阳引力的影响

月球和太阳均产生万有引力势能，它们的表达形式是：

$$U_p = \mu_p \{1/\Delta - [(r_p \cdot r)/|r_p|^3]\}, \Delta^2 = |r_p - r| \tag{9-17}$$

其中，r 是从地心到卫星的矢量，r_p 是从地心到摄动体（月球或太阳）的矢量，$\mu_p = GM_p$（M_p 是摄动体的质量）是摄动体的引力常数。对于月球，$\mu_p = 4.899\,9 \times 10^{12}$ m^3/s^2；对于太阳，$\mu_p = 1.345 \times 10^{20}$ m^3/s^2。月球和太阳对卫星的引力分别为地球对卫星引力的 1/6800 和 1/37，月球和太阳引力的联合作用会带来卫星轨道倾角的变化，对于静止轨道，每年带来的轨道倾角变化平均约为 0.85°，如不进行校正，则在 26.6 年内倾角从 0°变化到 14.67°，然后再经过 26.6 年变化到 0°。从地球上看，这种摄动作用使得静止卫星的位置在南北方向上漂移。

月球和太阳的引力还会带来轨道椭圆率的变化，假设一个质量为 1000kg 的静止轨道卫星，初始椭圆率在 5×10^{-4} 量级，那么月球和太阳引力引起的变化幅度在 3.5×10^{-5} 量级，周期为一个月。

（4）太阳辐射压力

如果卫星在太阳方向上呈现的面积为 S_a，那么卫星承受的辐射压力产生的摄动力为：

$$F_P = -1.5(W/c)S_a \tag{9-18}$$

如果卫星质量为 m ，辐射压力产生的加速度为：

$$\Gamma = 6.67 \times 10^{-6} S_a / m \qquad (9\text{-}19)$$

太阳能帆板实际上构成了卫星的整个面积的主要部分。对于小功率（低于 1kW）的卫星，太阳能帆板的面积小（约 20m^2），S_a / m 的量级是 $2 \times 10^{-2} \text{m}^2/\text{kg}$，对于这些卫星，辐射压力产生的加速度是 10^{-7}m/s^2，影响是有限的。对于大功率的卫星，安装了非常大的太阳能帆板（面积约 100m^2），S_a / m 是 10^{-1} 量级，辐射压力产生的摄动力还是很可观的。

太阳辐射压力最大的影响是改变轨道的椭圆率，变化的周期为 1 年。

9.1.6 静止卫星的位置保持

地球静止轨道（GEO）卫星（简称静止卫星）的轨道是一个在赤道平面内（$i = 0$）的顺行圆形轨道（$e = 0$），它的周期等于地球的自转周期（$T = 86164 \text{ s}$），这样，其半长轴 a_s 由开普勒定律可以计算出为 42164.2km。

由于摄动的影响，静止卫星轨道实际参数与开普勒定律计算结果存在一定误差，不能严格保持恒定，具体表现为：静止卫星的经度位置会发生变化，产生东西方向的位移；另外相对于赤道平面会产生南北方向位移。摄动的结果是静止卫星的轨道参数与正常的参数不同，其轨道特征参数倾角 i、椭圆率 e 和经度偏移 $d\lambda / dt$ 虽然很小但不为零，卫星不再继续保持同步。为了维持卫星位置，必须采取轨道修正措施。

（1）位置保持盒

为执行通信任务使命，静止卫星必须保持与地球相对稳定并占据赤道上一个确定的位置。可是，卫星轨道倾角、椭圆率和经度存在长期漂移、短期（24h）振荡等综合影响，导致卫星相对于它的正常位置是处于运动状态的。而在实践中，保持卫星和地球之间不动是不可能的，因此给出了位置保持盒的概念。

位置保持盒代表卫星在经度和纬度方向最大的允许偏移值，它也可被表示为锥体角，顶点在地球中心，卫星必须时刻保持在它的内部。卫星保持盒由在顶点的两个半角定义，一个在赤道平面（东西宽度），另一个在卫星子午线面内定义（南北宽度）。椭圆率变化的最大值决定了径向距离变化是 $2ae$。图 9-12 表示的是卫星相对于原点中心位置的有效位移量的典型值：经度和纬度变化为 $\pm 0.05°$，椭圆率为 4×10^{-4}。

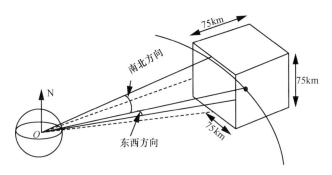

图 9-12　位置保持盒

卫星保持精确的位置可以更好地利用静止卫星轨道位置和无线电频谱。ITU-R《无线电规则》规定，对于固定和广播业务卫星，位置保持精度在经度方向为 ±0.1°。对于不使用固定和广播业务频段的卫星，位置经度误差允许 ±0.5°。

（2）轨道修正

轨道修正是通过在卫星轨道的某一点上施以速度增量 ΔV 实现。在短时间内（相对于轨道周期）通过在卫星质心的特定方向上增加推力，产生速度增量。推力可以作用在径向、切线方向和法线方向，推力可以改变与轨道调整有关的速度分量。

卫星的速度可以分解为垂直于轨道平面的北向分量 V_N，地心—卫星连线方向的分量 V_R 和在轨道平面内该速度方向垂直于半径矢量的分量 V_T。

假设地球的自转速度为 Ω_E，同步卫星的速度矢量是 V_S：

$$V_R = V_S(e_x \sin\alpha_{SL} - e_y \cos\alpha_{SL}) \tag{9-20}$$

$$V_T = a_s[(\mathrm{d}\lambda_m / \mathrm{d}t)/3 + a_s\Omega_E] + V_S(e_x \cos\alpha_{SL} + e_y \sin\alpha_{SL}) \tag{9-21}$$

$$V_N = V_S(i_x \cos\alpha_{SL} + i_y \sin\alpha_{SL}) \tag{9-22}$$

其中，α_{SL} 是卫星赤经，当倾角 i 很小时，$\alpha_{SL} = v + \omega + \Omega$；$a_s$ 是轨道半长轴；λ_m 是卫星的平均经度。由于常规参数不能很好地适应准同步卫星的轨道特征，当倾角趋向于零时，升交点的位置不能确定；当椭圆率趋向于零时，近地点的位置也不能确定。因而，i 和 Ω 以及 e 和（$\Omega + \omega$）同时发生变化是可能的。

可引入倾角 i 矢量，成分为：

$$\begin{aligned} i_x &= i\cos\Omega, \\ i_y &= i\sin\Omega \end{aligned} \tag{9-23}$$

椭圆率 e 矢量，成分为：

$$e_x = e\cos(\omega + \Omega),$$
$$e_y = e\sin(\omega + \Omega)$$

(9-24)

在图 9-13 中，倾角矢量由沿着点线到升交点方向的矢量表达，其模等于倾角；椭圆率矢量由沿拱线指向近地点的矢量表达，其模等于椭圆率。

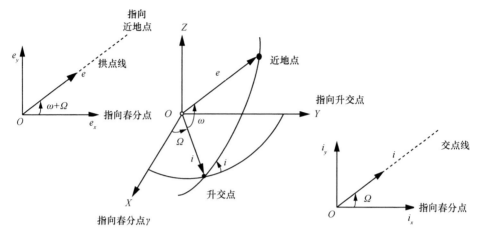

图 9-13　准同步卫星轨道的倾角和椭圆率矢量

角度（$\Omega + \omega$）是平面上两个角度的和，这两个平面从原理上讲是不同的，但由于倾角保持很小所以很靠近。倾角矢量的其他定义可以通过模等于倾角的轨道角动量轴的矢量进行延伸。

对卫星质心施加推力产生的速度增量对轨道参数的影响由式（9-20）～式（9-23）决定，从其可以看出，法向推力可以改变倾角，径向推力可以改变经度和椭圆率。安装在卫星上的助推器能够产生与轨道垂直的推力以控制倾角和轨道的切向推力。切向推力可以通过产生的位移调整经度，也可以控制椭圆率。

助推器可以对轨道平面卫星的运动进行控制，控制倾角可进行南北位置的保持，南北位置保持是通过向轨道平面施以垂直作用力从而改变倾角达到的。由于倾角矢量的周期性摄动幅度很小（0.02°），低于正常值（0.1°），所以一般只对它的长期偏移进行纠正。

控制位移和椭圆率可进行东西方向的控制。东西方向的位置保持是由作用在轨道切线方向的推力提供的，一个独立的切向推力可以改变半长轴和轨道椭圆率两个参数。切向推力可以分成偏移控制（平均经度保持）推力和椭圆率控制推力。经度保持包括补偿由赤道椭圆率引起的经度偏移，因而其值与卫星轨道位置有关。

最常用的助推器是靠燃烧推进剂产生推力，如果位置保持精度要求高，那么进行保持的频度就高，从而消耗的燃料就多，这会影响到卫星的在轨寿命。

静止卫星的位置保持（或轨道参数调整）是一个复杂的过程，启动某一方向的助推器往往会对轨道参数产生组合影响，因此需要仔细核算并掌握好时机。

此外，在卫星发射时，选择合适的发射窗口，使得卫星入轨时的倾角最小，从而节约燃料。

∣9.2　频率规划与协调∣

国际电信联盟（International Telecommunication Union，简称国际电联）是联合国下属的政府间负责全球电信业务的分支机构，国际电联下设秘书处、发展局、标准化局和无线电局等，其中无线电局按照《无线电规则》的规定，负责全球无线电的业务、频率和规则等技术方面的管理。

9.2.1　卫星通信业务

为了规划全球范围内的频率管理，国际电联将全球划分为 3 个区域，分别为独联体、欧洲和非洲的 1 区、美洲的 2 区以及亚洲和大洋洲的 3 区，各分区在世界范围内又形成了六大电信区域组织，协调和统一各区域电信组织内各国的频率使用，这六大电信区域组织分别是：位于 1 区的独联体国家 RCC（Regional Commonwealth in the Field of Communications Common）、欧洲地区 CEPT（Confederation of European Posts and Telecommunications）和非洲地区 ATU（African Telecommunications Union），位于 2 区的美洲地区 CITEL（Inter-American Telecommunication Commission），位于 3 区的亚太地区 APT（Asia-Pacific Telecommunication）和阿拉伯国家 ASMG（Arab Spectrum Management Group）。各区域组织都定期召开区域电信大会，讨论、研究和决定各区域组织内在频率划分、管理和使用中的共同立场，以在国际电联的框架下，获取各区域在频率资源的利益。

国际电联《无线电规则》对各种电信业务都有专门的定义、相关频率使用划分、使用规则与条款以及业务的操作技术条件等，用于指导各个国家有序、正常地使用频率资源。与卫星通信系统有关的业务为固定卫星业务、移动卫星业务、广播卫星业务、卫星间业务和空间操作业务等，其定义如下（以下定义引用了国际电联《无线电规则》2020 中文版中第一章术语和技术特性内容。

（1）固定卫星业务（Fixed Satellite Service，FSS）

利用一个或多个卫星在处于给定位置的地球站之间的无线电通信业务;该给定位置可以是一个指定的固定地点或指定地区内的任何一个固定地点; 在某些情况下, 这种业务包括亦可运用于卫星间业务的卫星至卫星链路;固定卫星业务亦可包括其他空间无线电通信业务的馈线链路。

（2）移动卫星业务（Mobile Satellite Service，MSS）

在移动地球站与一个或多个空间电台之间的一种无线电通信业务，或在这种业务所利用的各空间电台之间的无线电通信业务；或利用一个或多个空间电台在移动地球站之间的无线电通信业务。这种业务可包括其运营所必需的馈线链路。

（3）广播卫星业务（Broadcast Satellite Service，BSS）

是利用空间电台发送或转发信号，以供一般公众直接接收的无线电通信业务。在广播卫星业务中，"直接接收"一词应包括个体接收和集体接收两种。

（4）卫星间业务（Inter-Satellite Service，ISS）

指在人造地球卫星间提供链路的无线电通信业务。

（5）空间操作业务（Space Operation Service，SOS）

指仅与空间飞行器相关的操作，特别是与空间跟踪、空间遥测和空间遥令有关的无线电通信业务。

在卫星通信业内，大众对固定卫星业务、移动卫星业务和广播卫星业务的关系始终存在一些模糊的认识，认为从无线电技术的实现上，上述业务的传输本质是技术一致的，多数卫星地球站应用属于固定卫星业务，包括 Ku 或 Ka 频段的"动中通"站型；而移动卫星业务可理解为频段低于 3GHz 的，可在移动过程中，不依靠辅助设备进行的卫星通信业务；广播卫星业务更多地强调其广播业务的性质，强调面向公众接收，涉及国家意识形态、信息安全等敏感问题，因此在业务种类划分上单独列为一种，便于各国政府机构根据自身需要制定相应的管理措施。多年来卫星通信领域大规模普遍应用的 DTH（Dirtect to Home）和 DBS（Direct Broadcasting Satellite），在用户体验上已基本没有区别，而在规则上前者属于固定卫星业务，后者则属于广播卫星业务。实际上，随着目前卫星互联网接入业务的不断成熟，通信、广播、互联网的概念和实际业务都将进一步融合，界限越来越模糊，这已经是信息网络发展到目前阶段的不争事实。

9.2.2　卫星通信的频率划分

《无线电规则》第 5 条频率划分，规定了各类业务使用的无线电频段，对固定卫星业务、移动卫星业务、广播卫星业务、卫星间业务和空间操作业务等使用频率进行了划分，使用的主要频段的具体划分详见表 9-4。

表 9-4　《无线电规则》有关空间业务频段的划分

频 段	上 行	下 行	业务种类
L	1610～1626.5MHz(16.5MHz) 1626.5～1660.5MHz(34MHz) 1668～1675MHz(7MHz)	2483.5～2500MHz(16.5MHz) 1525～1559MHz (34MHz) 1518～1525MHz(7MHz)	MSS
S	2025～2110MHz(85MHz)	2200～2290MHz(90MHz)	SOS
S	1980～2010MHz(30MHz)	2170～2200MHz(30MHz)	MSS
Ext. C	6425～7075MHz(650MHz)	3400～3700MHz(300MHz)	FSS
C	5850～6425MHz(575MHz)	3700～4200MHz(500MHz)	FSS
X	7900～8400MHz(500MHz)	7250～7750MHz(500MHz)	FSS
Ku	13.75～14.8GHz(1050MHz)	10.95～11.2，11.45～11.7 12.25～12.75GHz(1000MHz)	FSS、BSS
Ka	27.5～31GHz(3.5GHz)	17.7～21.2GHz(3.5GHz)	FSS、MSS
Ka	22.55～23.55GHz，24.45～24.75GHz，25.5～27.5GHz，32.3～33GHz		ISS
Q	42.5～43.5GHz，47.5～51.2GHz，51.4～52.4GHz	37.5～42.5GHz	FSS、MSS、BSS

9.2.3　规则与条款

《无线电规则》中与卫星通信系统有关的内容，主要涉及空间业务，这些规则和要求如下。

- 第 9 条协调程序明确了涉及空间业务的协调程序。
- 第 11 条通知程序明确了空间业务在投入使用期间，需履行的有关程序。
- 第 21 条规定了同频段地面与空间业务的兼容条件。
- 第 22 条规定了空间业务操作条件。

第 9 条是"与其他主管部门进行协调或达成协议的程序"，分为两部分，第一部分是"卫星网络或卫星系统资料的提前公布"，该部分明确规定申报的卫星网络资料的有效期为 7 年，并规定不按第二部分"协调"执行的频段，按"提前公布—投入使用"这类协调程序执行。

第二部分是"开始协调的程序"，规定了卫星网络资料间的协调关系、协调关系的确认、应采取的行动和处罚 4 部分内容。重点是确定协调关系；明确了在启用频率指配之前，空间业务需要进行协调的相互关系；明确协调对象。协调关系共分为 4 类状态，一是卫星间协调，二是卫星与地球站或地面固定站间协调，三是地球站与地面固定站间协调，四是其他协调，共涉及 15 个条款。

空间业务主要涉及的协调状态包括如下条款。

- 9.7 条，GSO 卫星间协调（按时间优先级协调）。
- 9.12 条，NGSO 间协调（根据第 5 条频率划分角注执行）。
- 9.12A 条，NGSO 与 GSO 间协调（根据第 5 条频率划分角注执行）。
- 9.13 条，GSO 与 NGSO 间协调（根据第 5 条频率划分角注执行）。
- 9.14 条，卫星下行功率触发协调门限时卫星与地面协调（根据第 5 条频率划分角注执行）。

《无线电规则》第 5 条的频率划分部分，对于每段频率，以角注方式，规定了不同业务的协调程序。

在明确了协调关系后，国际电联通过国际频率信息通报（International Frequency Information Circular）的方式，由各相关主管部门确认其申报资料的协调关系，并要求各主管部门按照不同的协调关系，采取对应的措施开展协调工作，对于没有按国际电联规定时间回复或采取相应措施的主管部门，提出了相应的处理意见。

第 11 条是"频率指配的通知和登记"，包括"通知"和"通知的审查和频率指配的登记"两部分。需要向国际电联报送"通知"的频率，主要指下列情况：

- 可能对另一个主管部门产生有害干扰；
- 用于国际无线电通信；
- 第 9 条明确的协调关系；
- 希望获得国际认可。

向国际电联报送"通知"不应早于频率投入使用的 3 年前，且不应在申报资料的 7 年后报送"通知"。

频率登记包括完成协调（与所有列出的卫星网络资料）和没有完成协调两种情况的登记，对于没有完成协调的频率登记，国际电联将询问提出"通知"的主管部门协调情况，在没有产生实际有害干扰的条件下，主管部门可以再次提交"通知"申请进行频率登记，国际电联将按"不合格"资料进行频率登记，确保实际卫星可长期、正常和有效地使用卫星网络资料。

目前国际电联已收到的卫星网络资料超过了 3000 份，国际电联鼓励各主管部门积极开展频率协调工作，避免在卫星实际操作中产生有害干扰。由于在实际频率协调中，要完成与所有卫星网络资料的频率协调是非常困难的，因此在实际论证、分析和申报卫星网络资料时，应以实际在轨运营的卫星系统为基础，通过梳理分析选取风险低的轨位和可用的频段进行申报和卫星的设计，确保在卫星投入使用后，不产生实际的有害干扰，保障通信卫星系统的正常工作。

根据轨道特性，一般 1 颗同步静止轨道卫星只激活 1 份卫星网络资料，而每份同步静止轨道卫星网络资料也只申报 1 个轨位。但是随着低轨互联网星座的发展，适用于同步静止轨道卫星的"投入使用"规则，若用于 NGSO 系统，将出现使用 1 颗卫星可以激活全网卫星的状况。为了解决低轨星座在卫星投入使用中，1 颗卫星"激活"全网卫星的规则漏洞，2019 年世界无线电通信大会对 NGSO 投入使用规则进行了修改，提出了以 2021 年 1 月 1 日为时间节点的投入使用卫星数量里程碑与 NGSO 全网卫星数量的关系，完善了 NGSO 系统投入使用规则，具体要求见表 9-5。可以简单地理解为，对于 GSO 卫星系统，应在 7 年内发射完，对于 NGSO 系统，应在 14 年内将整个系统的卫星全部发射。

表 9-5　NGSO 卫星网络资料里程碑与卫星数量的关系

卫星网络资料 7 年到期日	里程碑一	里程碑二	里程碑三
在 2021 年 1 月 1 日之前	2023 年 1 月 1 日 卫星总数的 10%	2026 年 1 月 1 日 卫星总数的 50%	2028 年 1 月 1 日 卫星总数的 100%
在 2021 年 1 月 1 日之后	7 年到期后 2 年 卫星总数的 10%	7 年到期后 5 年 卫星总数的 50%	7 年到期后 7 年 卫星总数的 100%

《无线电规则》第 21 条是"共用 1GHz 以上频段的地面业务和空间业务"，提出了空间业务和地面业务同频兼容的条件，特别提出了"空间电台的功率通量密度的限值"，明确了某一空间电台的发射在地球表面所产生的功率通量密度，在所有条件和各种调制方法下均不得超过第 21 条中表 21-4 所规定的限值。（该表为《无线电规则》中的表格，不是本文中的表格。）

《无线电规则》第 22 条提出了空间业务间的同频兼容条件。为了保护 GSO 卫星系统的使用，第 22.2 条规定了"非对地静止卫星系统不得对按照规定工作的固定卫星业务和广播卫星业务的对地静止卫星网络造成不可接受的干扰，亦不得寻求得到这些网络的保护，除非上述规则另有规定"，这条规定明确了 NGSO 低轨星座系统须保护同频段的 GSO 卫星系统。

为了指导 NGSO 低轨星座系统与 GSO 卫星系统在有关频段的同频兼容操作，提出了 NGSO 低轨星座系统中卫星的下行信号对地面、地面站的上行信号对同步静止轨道任何点以及卫星的下行信号对同步静止轨道任何点产生的等效功率通量密度限值（Equivalent Power Flux Density），满足第 22.5C 条、第 22.5D 条和第 22.5F 条限值，可实现 NGSO 与 GSO 在相应频段的兼容操作。同时 22.5I 条明确指出，如果 NGSO 系统能按照上述要求的条件操作，则不管 NGSO 系统是否与 GSO 系统完成协调，国际电联认为 NGSO 已执行了第 22.2 条规定的义务，不会对 GSO系统产生有害干扰。

频率轨道资源是低轨星座发展的基础，包括轨道（轨道模型、高度、倾角等）和频率（L、Ku、Ka、Q 频段等）资源两部分，相对于频率资源，NGSO 的轨道资源还是比较宽松的。NGSO 系统使用 Ka 频段，可追溯到 20 世纪 90 年代的第一轮低轨星座热潮，最典型的低轨星座是铱星系统。国际电联在 1995 年世界无线电通信大会上，明确提出："需要在 GSO 和 NGSO 系统间以及 NGSO 与 NGSO 间在竞争的基础上通过频率共用实现相应业务的使用。"到 1997 年世界无线电通信大会通过了著名的 22.2 条款，即 NGSO 卫星系统使用 FSS 和 BSS 划分的频段不得对使用 GSO的 FSS 和 BSS 卫星系统造成不可接受的干扰并不得要求其保护。同时铱星系统为自己争取到了使用 18.8～19.3GHz/28.6～29.1GHz 频段与 GSO 相同的协调地位，不对之后的 GSO 卫星提供保护，而是按《无线电规则》第 9.11A 条款进行协调（即所谓的先登先占），第 22.2 条不适用。

低轨星座频率轨道资料，轨道高度一般为 600～2000km，频段为 Ku 和 Ka 频段居多。其中英国于 2013 年 6 月 27 日最早申报了 Ku 频段的低轨星座频率资源，由于 Ku 频段可用带宽仅 500MHz，因此"一网"系统利用其天线系统具有专利的"渐进倾斜"技术，"独享"了 Ku 频段 500MHz 资源。由于 Ka 频段可用带宽达到了 3500MHz，美国 FCC 对 Ka 频段使用进行了国内划分，规定高端 1000MHz 频段划分给美国政府和美军（含北约）专用，拟在美国境内提供商业服务的系统，只能使用低端 2500MHz（相对于美军使用高端 1GHz 而言）。虽然美国 FCC 对 Ka 频段的使用进行了规定，但是当 Ka 频段用于 NGSO 应用时，各主管部门间的频率协调工作应该按照《无线电规则》第 9 条规定开展。

Ka 频段中不同频率的卫星网络资料申报可分为两种程序：

- 提前公布资料→通知登记（A-N），不强制要求开展频率协调工作，但不应产生有害干扰；
- 协调资料→通知登记（C-N），鼓励各主管部门开展频率协调工作。

Ka 频段中的不同频段需要采取不同的程序，对应的协调优先地位和协调方法都是不同的，Ka 频段中具体频段的协调程序详见表 9-6。

表 9-6　Ka 频段中具体频段的协调程序

序号	频段/GHz	方向	说明
1	17.8～18.6（800MHz）	下行	C-N 程序，NGSO 间有优先级，保护 GSO 应用
2	18.8～19.3（500MHz）	下行	C-N 程序，与 GSO 同等地位，按"先登先占"
3	19.3～19.7（400MHz）	下行	采用 C-N 程序，用于 MSS 的馈线，与 GSO 同等地位，按"先登先占"； 采用 A-N 程序，当用于 NGSO 的 FSS 时，应保护 GSO 应用
4	19.7～20.2（500MHz）	下行	C-N 程序，NGSO 间有优先级，保护 GSO 应用
5	20.2～21.2（1000MHz）	下行	A-N 程序，保护 GSO 应用
6	27.5～28.6（1100MHz）	上行	C-N 程序，NGSO 间有优先级，保护 GSO 应用
7	28.6～29.1（500MHz）	上行	C-N 程序，与 GSO 同等地位，按"先登先占"
8	29.1～29.5（400MHz）	上行	采用 C-N 程序，用于 MSS 的馈线，与 GSO 同等地位，按"先登先占"； 采用 A-N 程序，当用于 NGSO 的 FSS 时，保护 GSO 应用
9	29.5～30（500MHz）	上行	C-N 程序，NGSO 间有优先级，保护 GSO 应用
10	30～31（1000MHz）	上行	A-N 程序，保护 GSO 应用

可将表 9-6 中各频段协调情况分为以下 4 类。

（1）与 GSO 同等地位

序号为 2 与 7，双向占有带宽 500MHz。

（2）保护 GSO，NGSO 间优先地位

序号为 1 与 6 和 4 与 9，双向占有带宽共 1300MHz。

（3）用于 NGSO 的 MSS 馈线，与 GSO 间协调地位平等，先登先占；用于 NGSO 的 FSS 应用，保护 GSO 应用

序号为 3 与 8，双向占有带宽 400MHz。

（4）A-N 程序

序号 5 与 10，双向占有带宽 1000MHz，要求不产生有害干扰，保护 GSO 应用。

目前国际上使用 Ka 频段的中低轨星座运营情况见表 9-7。

表 9-7　具有 Ka 频段的中低轨星座运营和计划情况

系统	频段/GHz	轨道特性	应用
Iridium	28.6～29.1（上行） 18.8～19.3（下行）	781×11×6 共 66 颗	1997 年运营
O3b（SES）	27.6～28.4 28.6～29.1 29.5～30 17.8～18.6 18.8～19.3 19.7～20.2	8062×24 （赤道上空 24 颗）	2010 年运营
OneWeb	27.5～29.1 29.5～30 17.8～18.6 18.8～19.3 19.7～20.2	1200×18×40 共 720 颗	2019 年 2 月发射首星
Kuiper	用户端 28.35～29.1 29.5～30 17.7～18.6 18.8～19.4 19.7～20.2 馈线链路 27.5～29.1 29.1～30 17.7～18.6 18.8～19.4 19.7～20.2	630×17×34 共 578 颗	
StarLink	27.5～29.1 29.3～30 17.8～18.6 18.8～19.3 19.7～20.2 18.55～18.6（测控）	1110×83×53 4399 颗	2018 年 2 月 22 日发射 2 颗试验卫星
TeleSat	27.5～29.1 29.5～30 17.8～18.6 18.8～19.3 29.5～30	1000×6×12 1248×5×9 共 117 颗	2018 年 1 月 12 日发射 首星

采用先进相控阵波束成形和星载数字处理等技术，实现对频谱资源的高效使用

以及与其他授权系统的灵活共享频谱。也就是说，频率轨道资源并不会因为低轨星座系统和卫星数量的增加而产生资源枯竭，利用卫星通信系统的新体制、新技术和新频段，可以解决频率轨道资源紧缺的问题。

|9.3 火箭和发射场|

9.3.1 运载火箭

（1）概念

运载火箭是用来把卫星、飞船、空间站等航天器送入太空的运输工具，它通过火箭发动机喷出高速工质，形成反作用推力，使火箭沿工质流运动的反方向加速运动。

对运载火箭可以有多种分类方法，人们通常从火箭级数、火箭动力能源等方面对火箭进行分类。从火箭级数角度，火箭可以分为单级火箭和多级火箭，多级火箭按照各级之间的连接方式又可以分为串联火箭、并联火箭和串并联火箭；从火箭动力来源角度，火箭可以分为化学火箭、核火箭、电火箭、光子火箭、太阳能火箭，化学火箭又包括液体推进剂火箭、固体推进剂火箭和固液混合火箭。

运载火箭是一个复杂庞大的系统，主要包括结构系统、动力系统、控制系统、地面测发控系统、地面发射支持系统等。其中，结构系统、动力系统和控制系统是火箭的主要组成部分，也称为火箭的主系统。结构系统是运载火箭的壳体，用来把有效载荷、推进系统、控制系统等联结成一个完整的整体，保护箭体内部的各种设备，并适时分离完成使命的子级和整流罩。动力系统是火箭赖以飞行的动力源，用于推动运载火箭以一定速度飞行。液体火箭的动力系统由推进剂输送、增压系统和液体火箭发动机组成，固体火箭的动力系统主要是固体火箭发动机。控制系统用于控制运载火箭沿预定轨道正常可靠飞行，把有效载荷送到预定的空间位置并使之准确进入轨道。

（2）国内外典型运载火箭

1）我国典型运载火箭

我国航天运载技术的发展起步于 20 世纪 50 年代，先后成功研制了"长征一号"至"长征七号"以及"长征十一号"等多个型号的"长征"运载火箭，实现了从常温推进剂到低温推进剂、从串联到捆绑、从一箭单星到一箭多星、从发射卫星到发射载人飞船的跨越式发展，组成了相对完备的运载火箭系统。

长征系列运载火箭由我国独立自主研制，具有完全自主知识产权，总体技术性能达到国际先进水平，并已在国际商业卫星发射服务市场中占有一席之地。长征系列运载火箭可用于发射近地轨道、太阳同步轨道和地球同步轨道的多种卫星及载人飞船，也可以进行深空发射任务。根据研制生产的时间，长征系列运载火箭可分为两代，2000 年以前研制的为第一代，2000 年以后研制的为新一代/第二代。

① 第一代长征系列运载火箭

第一代长征系列运载火箭主要于 20 世纪 70 年代至 90 年代研制发射，涵盖了"长征一号"至"长征四号"系列运载火箭。

"长征一号"运载火箭是长征系列火箭发展的基础，主要用于发射近地轨道小型有效载荷，曾将"东方红一号"卫星送入预定轨道。

"长征二号"系列运载火箭，包括"长征二号"（CZ-2）、"长征二号丙"（CZ-2C）、"长征二号丙改进型"（CZ-2C/SD）、"长征二号丁"（CZ-2D）、"长征二号 E"（CZ-2E）以及"长征二号 F"（CZ-2F）等多个型号。其中，除"长征二号 F"（CZ-2F）专门用于神舟载人飞船发射，其余型号主要用于将各类有效载荷送入近地轨道。"长征二号"F 型运载火箭如图 9-14 所示。

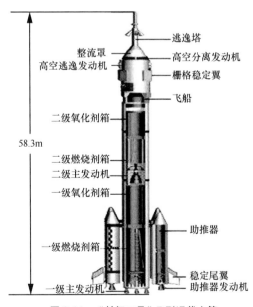

图 9-14 "长征二号"F 型运载火箭

"长征三号"系列运载火箭包括"长征三号"（CZ-3）、"长征三号甲"（CZ-3A）、"长征三号乙"（CZ-3B）、"长征三号丙"（CZ-3C）等多种型号，主要用于发射地球同步轨道或地球同步转移轨道航天器，如通信卫星、北斗导航卫星。其中，"长征三号"火箭在"长征二号"的二级火箭基础上，增加了一个以液氢、液氧为推进剂的第三级；"长征三号甲"（CZ-3A）在"长征三号"的基础上提高了氢氧发动机的助推力；"长征三号乙"（CZ-3B）是以"长征三号甲"的芯级为芯级，再捆绑了 4 个与"长征二号"捆绑运载火箭（CZ-2E）类似的液体助推器；"长征三号丙"是单枚三级火箭捆绑 2 个助推器而成，运载能力介于"长征三号甲"和"长征三号乙"之间，如图 9-15 所示。

"长征四号"系列运载火箭包括"长征四号"（CZ-4）、"长征四号甲"（CZ-4A）、"长征四号乙"（CZ-4B）、"长征四号丙"（CZ-4C）等多种型号，主要用于发射太阳同步轨道卫星和极轨道应用卫星。其中，"长征四号甲"（CZ-4A）是采用常规推进剂的三级火箭，"长征四号乙"（CZ-4B）在"长征四号甲"火箭的基础上增加了运载能力，"长征四号丙"（CZ-4C）是常温液体推进剂三级运载火箭，在"长征四号乙"运载火箭的基础上提高了火箭的任务适应性和测试发射可靠性，"长征四号丙"运载火箭发射如图 9-16 所示。

图 9-15　"长征三号丙"运载火箭　　　　图 9-16　"长征四号丙"运载火箭发射

② 新一代/第二代长征系列运载火箭

新一代/第二代长征系列运载火箭主要于 2000 年以后研制发射，涵盖了"长征五号""长征六号""长征七号""长征八号"以及"长征十一号"运载火箭，新一代运载火箭型谱如图 9-17 所示。

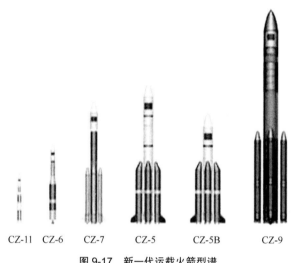

图 9-17　新一代运载火箭型谱

"长征五号"系列运载火箭，又称"冰箭""胖五"，是一次性大型低温液体捆绑式运载火箭，火箭中芯级直径为 5m，如图 9-18 所示。"长征五号"系列包括"长征五号"（CZ-5）、"长征五号甲"（CZ-5A 或 CZ-5M）、"长征五号乙"（CZ-5B）、"长征五号/远征二号"（CZ-5/YZ-2）、"长征五号登月"（CZ-5DY）。其中，"长征五号"（CZ-5）采用二级半构型，"长征五号乙"（CZ-5B）采用不加第二级的一级半构型，"长征五号/远征二号"（CZ-5/YZ-2）添加了"远征二号"上面级，它们的地球同步转移轨道和近地轨道运载能力将分别达到 14t 级、25t 级；"长征五号甲"（CZ-5A 或 CZ-5M）和"长征五号登月"（CZ-5DY）是为新一代载人飞船、载人登月设想的大型载人运载火箭，在"长征五号乙"运载火箭的基础上改变了整流罩形状并增加了逃逸塔。

"长征六号"系列运载火箭是新一代运载火箭系列中的小型运载火箭，具备一箭双星或多星的发射能力，包括"长征六号"（CZ-6）和"长征六号甲"（CZ-6A）。"长征六号"是采用液氧/煤油的新一代无毒无污染小型液体运载火箭，全箭长 29.3m，起飞质量约 103000kg，700km 太阳同步轨道运载能力为 1000kg。"长征六号甲"（CZ-6A）是我国首枚固液结合的捆绑式火箭，主要用于近地轨道和太阳同步轨道发射任务。全箭长 50m，起飞质量约 530000kg。

图 9-18　"长征五号"运载火箭

　　"长征七号"运载火箭（如图 9-19 所示）是中国载人航天工程为发射货运飞船研制的新一代中型运载火箭。"长征七号"采用"两级半"构型，箭体总长 53.1m，芯级直径 3.35m，捆绑 4 个直径 2.25m 的助推器。近地轨道运载能力不低于 13500kg，700km 太阳同步轨道运载能力达 5500kg。

图 9-19　"长征七号"运载火箭

"长征八号"运载火箭是一型针对新型太阳同步轨道设计的中型运载火箭,主要面向具有国际竞争力的商业卫星发射任务。"长征八号"运载火箭为两级半构型,700km 太阳同步轨道运载能力 4500kg,近地轨道运载能力 7600kg,地球同步转移轨道运载能力 2500kg。火箭年执行发射能力为 10 发,任务准备周期为 8~15 天。

"长征十一号"运载火箭是新型四级全固体运载火箭,也是中国长征系列运载火箭家族第一型固体运载火箭。该火箭主要用于快速机动发射应急卫星,满足自然灾害、突发事件等应急情况下微卫星发射需求。火箭全长 20.8m,重 58000kg,起飞推力 120000kg,700km 太阳同步轨道运载能力 400kg,低轨运载能力可达 700kg。火箭在接到任务命令后,24h 内完成星箭技术准备和发射任务,其中在发射点的发射准备时间不大于 1h,具备"日发射"能力。"长征十一号"运载火箭发射如图 9-20所示。

图 9-20 "长征十一号"运载火箭发射

2)国外典型运载火箭

1957 年 10 月 4 日,苏联利用运载火箭首先把人类历史上第一颗人造地球卫星送入太空,从此苏联(俄罗斯)、美国、中国、日本和欧洲航天局等国家和组织相继成功地研制了 20 多个系列,140 多种大、中、小型运载火箭。

① 美国的运载火箭

美国是最早发展运载火箭的国家之一。从 20 世纪 50 年起,美国陆续研制了德尔塔系列、大力神系列等几十种运载火箭。

德尔塔系列运载火箭包括"德尔塔一号"至"德尔塔四号"多种型号。其中,

"德尔塔一号"和"德尔塔二号"具有中等运载能力，"德尔塔三号"可运输中大型商业火箭，"德尔塔四号"可完成大型运载任务，能将约 14220kg 载荷送入 GTO，将约 28790kg 载荷送入 LEO。

大力神系列火箭由大力神-2 洲际导弹发展而来，包含"大力神二号""大力神三号""大力神四号"等多种型号，主要用于发射地球卫星和空间探测器。目前较先进的大力神 4 系列运载火箭能将约 22200kg 的载荷送入 LEO，将 5760kg 载荷送入地球静止轨道，将最大 17252kg 载荷送入近地极轨。

② 苏联（俄罗斯）的运载火箭

苏联作为最早研制运载火箭的国家之一，陆续发展了东方号系列、联盟号系列、质子号系列、卫星号系列、天顶号系列等十几种运载火箭，其中最典型的是联盟号系列运载火箭和质子号系列运载火箭。

联盟号系列运载火箭是东方号的一个子系列，主要用于发射载人飞船和载货飞船。

质子号系列运载火箭（如图 9-21 所示）是目前世界上运载能力最大的火箭之一，分为二级型、三级型和四级型 3 种型号。质子号系列运载火箭能将约 20000kg 载荷送入 LEO，将约 5700kg 载荷送入月球转移轨道，将约 5500kg 载荷送入地球转移轨道，将约 2800kg 载荷送入太阳同步极地轨道。

图 9-21　质子号系列运载火箭

③ 日本的运载火箭

日本的航天技术在亚洲甚至世界都处于领先地位，先后研制了 L 系列、M 系列、N 系列以及 H 系列等十余种运载火箭。其中，L 系列和 M 系列运载火箭全部使用固体推进剂发动机。目前仍在使用的有 H 系列中的 H2 运载火箭等。

H2 型运载火箭是日本自行研制的运载火箭，主要承担高轨道卫星的发射任务。火箭全长 50m，最大直径 7.6m。火箭的助推器都是使用固体发动机，而一级和二级使用液氧和液氢推进剂。H2 型运载火箭发射如图 9-22 所示。

图 9-22　H2 型运载火箭发射

④ 欧洲航天局的运载火箭

欧洲航天局的运载火箭主要有欧洲号系列和阿里安系列，特别是阿里安系列运载火箭，目前已成为占据当今世界卫星发射市场主要份额的运载火箭。阿里安系列运载火箭已有 1~5 共 5 个系列，目前正在使用的是阿里安-4 和阿里安-5。主要用于发射地球同步转移轨道卫星。阿里安系列运载火箭如图 9-23 所示。

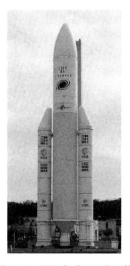

图 9-23　阿里安系列运载火箭

9.3.2　发射场

（1）概念

航天发射场又称为航天发射中心、航天港、卫星发射基地等，是保障运载火箭、航天器的装配、测试、加注、发射、弹道测量与安全控制、测量信息接收与处理及相应勤务等地面设施设备的总称。

航天发射场的主要任务包括：牵头组织航天工程各系统在发射场的试验活动；对运载火箭和航天器及其有效载荷进行发射前的各项测试与检查；实施点火发射，把航天器按预定时间、方位和程序成功地送入预定轨道；在运载火箭、航天器飞行的上升段对其飞行状况实施跟踪测量与安全控制。此外，航天发射场还可进行火箭发动机试车等单项试验，各种设备的检验及推进剂的生产、存储和化验，并可以开展部分运载火箭和航天器研制试验工作。

按区域划分，航天发射场由发射准备区、发射区、试验技术区等组成；按系统划分，航天发射场包括测试发射系统、指挥控制系统、测量控制系统、通信保障系统及时统、气象、运输、特征燃料等技术勤务保障系统等。

（2）国内外典型发射场

1）我国典型发射场

我国的典型发射场包括酒泉卫星发射中心（Jiuquan Satellite Launch Center，JSLC）、太原卫星发射中心（Taiyuan Satellite Launch Center，TSLC）、西昌卫星发射中心（Xichang Satellite Launch Center，XSLC）以及文昌航天发射中心。

① 酒泉卫星发射中心

酒泉卫星发射中心又称"东风航天城"，分布于酒泉市及阿拉善盟两市盟方圆 $2800km^2$ 范围内，是中国创建最早、规模最大的综合型导弹、卫星、运载火箭发射中心，担负着长征系列运载火箭、中低轨道的各种试验卫星、应用卫星、载人飞船以及导弹的测试和发射任务，另外还担负残骸回收、航天员应急救生等任务。

② 太原卫星发射中心

太原卫星发射中心位于山西省忻州市岢岚县神堂坪乡的高原地区，是中国试验卫星、应用卫星和运载火箭的发射试验基地之一，具备多射向、多轨道、远射程和高精度测量的能力，担负着太阳同步轨道气象、资源、通信等多种型号的中、低轨道卫星和运载火箭的发射任务。

③ 西昌卫星发射中心

西昌卫星发射中心，又称"西昌卫星城"，位于四川省凉山彝族自治州冕宁县，是中国目前对外开放的规模最大、设备技术最先进、承揽卫星发射任务最多、具备发射多型号卫星能力的新型航天器发射场。主要担负广播、通信和气象等地球同步轨道卫星发射的组织指挥、测试发射、主动段测量、安全控制、数据处理、信息传递、气象保障、残骸回收、试验技术研究等任务。

④ 文昌航天发射中心

文昌航天发射中心位于中国海南省文昌市龙楼镇，发射场区地理位置居北纬19°左右，是中国首个开放性滨海航天发射基地，也是世界上为数不多的低纬度发射场之一。作为低纬度滨海发射基地，文昌航天发射中心的优势在于借助接近赤道的较大线速度以及惯性带来的离心现象，使火箭燃料消耗大大减少（同型号火箭运载能力可增加 10%），亦可通过海运解决巨型火箭运输难题并提升残骸坠落的安全性。该发射中心可以发射"长征五号"系列火箭与"长征七号"运载火箭，主要承担地球同步轨道卫星、大质量极轨卫星、大吨位空间站以及深空探测卫星等航天器的发射任务。

2）国外典型发射场

世界的著名发射中心主要包括美国的肯尼迪航天中心、俄罗斯的拜科努尔发射场、欧洲的圭亚那航天中心和日本的种子岛航天中心等。

① 肯尼迪航天中心

肯尼迪航天中心，是美国宇航局进行航天器测试、发射的重要场所。该中心位于美国东部佛罗里达州东海岸的梅里特岛，与卡纳维拉尔角相邻。场区总面积约560km²，有 14 个发射区。中心建成以来，完成了美国第一颗人造卫星、"阿波罗"载人飞船、航天飞机、全部地球同步轨道卫星和各类行星际探测器等多种航天装备的发射任务，是美国最大的载人航天基地。

② 拜科努尔发射场

拜科努尔发射场位于哈萨克斯坦拜科努尔镇西南 288km 处，东西长约 80km，南北约 30km，是俄罗斯最大的航天器和导弹发射试验基地，其规模相当于美国的肯尼迪航天中心。拜科努尔发射场的主要任务是发射载人飞船、卫星、月球探测器和行星探测器，进行各种导弹和运载火箭的飞行试验。

③ 圭亚那航天中心

圭亚那航天中心也称库鲁发射场，是目前法国唯一的航天发射场，也是欧洲航天局开展航天活动的主要场所。它位于南美洲北部法属圭亚那中部的库鲁地区，主要担负着静止轨道卫星的发射任务。

④ 种子岛航天中心

种子岛航天中心，位于日本本土最南部种子岛的南端，是日本最大的航天发射场。它在竹崎、大崎和吉信有 3 个发射场地，占地 8.64km^2，拥有发射塔、控制中心、静态点火试车台和火箭与卫星装配车间等技术设施，担负着日本大多数试验卫星和应用卫星的发射任务。

|9.4　航天器测控 |

9.4.1　概念

航天器测控主要包括跟踪测轨、遥测与遥控三大功能，即对航天器的飞行轨迹进行跟踪测量，对航天器的姿态以及各分系统工作状态进行遥测监视，以及对航天器的飞行轨道、姿态以及其上各分系统进行指令控制。在国际上，通常称"测控"为 TT&C（Telemetery Tracking and Command），其中第一个"T"是指遥测，第二个"T"是指跟踪测轨，"C"是指"指令遥控"。

跟踪测轨功能是指利用测量站从角度、距离、速度 3 个方面对航天器的飞行轨道进行跟踪测量。根据测量数据的来源不同，可以分为外测和内测两种方式。其中，利用航天器外的设备，对航天器的飞行轨道参数（如坐标、速度、加速度等）进行测量的方式称为外测；通过航天器自身的仪表、设备对某些轨道参数进行测量，再将测量数据发回地面进行处理、计算，推算出航天器的轨道变化等数据的方式称为内测，内测通常通过遥测实现。

遥测功能的内涵是"近测远传"，即在航天器内采用各种测量手段就近采集它的工作状态、工作参数等数据，然后将这些数据转换为无线电信号传输到地面测控站，由测控站接收处理还原出原始数据，再基于原始数据进行记录、显示和分析。

遥控功能的含义是对航天器进行远距离控制，即将地面的控制指令变换为无线电信号，远距离传输到航天器上，实现对航天器飞行轨道、姿态以及各分系统的控制。

跟踪测轨、遥测、遥控这 3 个功能中，跟踪测轨和遥测实现了数据测量、采集和反馈，遥控实现了控制，它们共同构成了一个闭环控制系统，协同完成各类航天器测控任务。

9.4.2　测控系统组成

航天器的测控由航天器的测控分系统和地面的测控系统共同实现，这里主要介绍地面测控系统的组成。从系统架构看，地面测控系统可以看作一张由多个测控节点通过通信链路相互连接而成，专用于完成航天器测控任务的测控网络，通常也称为航天测控网，它具有数据可靠互通、时间高度统一等特点。测控节点按职能不同可以分为测控中心节点和测控单元节点两类。测控中心节点又可以进一步分为指挥控制中心、操作控制中心等多个不同职能的中心节点，测控单元节点根据其位置不同又可以进一步分为地基测控单元节点和天基测控单元节点，地基测控单元包括地面上的固定/机动测控/测量站、海上的测量船、空中的测量飞机，天基测控单元主要是指运行于地球同步轨道上的跟踪与数据中继卫星。

（1）测控中心

测控中心节点集任务指挥、数据处理、航天器运行管理、测控网运行管理为一体，是航天测控网的核心。

测控中心的主要职能包括：一是航天器飞行任务的计划与组织；二是航天器发射和在轨运行期间的测量、监视与操作控制；三是航天测控网各测控单元节点的组织调度和运行管理。其中，航天任务指挥控制中心主要担负前两项职能，航天测控网操作控制中心担负航天测控网自身的调度和管理。根据航天任务和航天测控节点的规模，航天任务指挥控制中心和航天测控网操作控制中心可以分别设立，也可以合并为一个中心。

从功能组成上看，测控中心节点通常由通信系统、信息处理系统、指挥控制中心、模拟（仿真）系统、时间统一系统和辅助系统 6 个功能部分组成，测控中心功能结构如图 9-24 所示。其中，通信系统用于提供各类通信链路，实现航天发射场、各测控中心、各测控单元节点间的专业通信，同时也保障测控中心的公众通信；信息处理系统用于提供遥控指令操作、测控单元节点远程管控、收发信息处理、遥测遥控处理、轨道分析处理等功能；模拟（仿真）系统用于模拟各型号航天器的运动学、动力学和主要分系统本质特性、各测控单元节点相对于航天器的观测几何特性，为航天测控中心构造一个"模拟任务"环境；任务指挥中心用于完成对航天器和整个测控网的监视、控制作业；时间统一系统由定时校频设备、频率标准、标频放大器、时间码产生器和放大匹配等设备组成，用于提供标准化时间；辅助系统用于提供水、电、通风空调等基本建设保障。

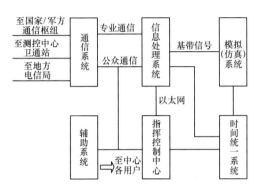

图 9-24 测控中心功能结构

（2）测控单元

测控单元是航天测控网直接与航天器进行无线电联系的节点，完成对航天器的跟踪测量、监视控制、通信数传等任务。

测控单元的职能可概括为在航天器应答机的配合下，跟踪测量航天器的轨道、接收航天器的遥测参数、向航天器发送遥控指令以及注入数据等。具体来说，一是跟踪测量航天器的轨道，对测轨数据加时标并实时向测控中心发送；二是接收航天器的遥测参数并加时标，挑点或全波道实时向测控中心发送；三是接收测控中心发来的测控计划和控制参数，根据测控计划操作测控设备的跟踪测量与接收，并按测控计划规定的控制要求，生成指令链或控制链；四是按时向航天器发送本站生成遥控指令链和注入数据，并判断发送结果。

从功能组成上看，测控单元节点由引导系统、跟踪测量系统、遥测系统、遥控系统、时间统一系统、数据处理系统、通信系统和辅助系统 8 个功能部分组成，测控单元功能结构如图 9-25 所示。其中，引导系统通过接收航天器的信标信号或依据航天器轨道数据计算天线指向数据，引导测控单元的测控天线或测量设备指向并捕获目标航天器；跟踪测量系统在航天器应答机配合下，采用测距技术、测速技术和测角技术测量航天器的视在运动参数；遥测系统用于获取航天器的工程遥测参数和飞行姿态参数；遥控系统用于控制航天器轨道、姿态运动状态和各分系统的工作状态；时间统一系统用于提供标准时间信号和标准频率信号；数据处理系统用于遥测数据、测控计划、轨道根数、测控设备工作状态等数据/指令的处理；通信系统用于建立与测控中心的通信链路和保障站内用户通信；辅助系统除常规提供电、水、通风空调外，还具有气象参数探测和测量标校等功能。

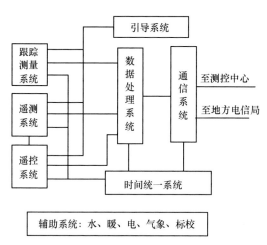

图 9-25　测控单元功能结构

9.4.3　测控体制

航天测控体制涵盖测控单元与航天器间通过上行/下行信道传送测距、遥测/遥控等信号所采用的数据格式、基带信号波形（码型）、调制/解调、载波（副载波）等多方面内容。因此，可以从数据格式、载波利用方式等不同角度对测控体制进行分类。

（1）按遥控遥测数据格式分类

根据遥测遥控数据格式的不同，可以分为脉冲编码调制（Pulse-Code Modulation，PCM）遥测遥控和分包遥测遥控两类。

1）PCM 遥测遥控

PCM 遥测遥控是基于时分复用的方式，将各路遥测数据/遥控指令形成一个具有特定格式的比特流，调制到相干副载波上进行发射。

PCM 遥测遥控的数据格式是按照数据格式、遥测帧、遥测字和比特 4 个层次生成的。数据格式由多个遥测帧（最大不超过 256 个帧，且不超过 2^{15} 个遥测字）组成，每个遥测帧中又包含帧同步码、帧计数和多个遥测字（最大帧长 1024 个），遥测字长固定为 8bit，PCM 遥测数据流格式如图 9-26 所示。对 PCM 遥测来说，需要根据遥测参数变化的快慢进行遥测信息设计。

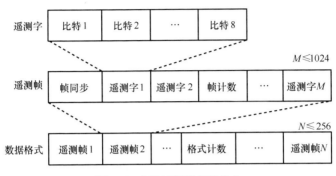

图 9-26　PCM 遥测数据流格式

在一个遥控发送工作期内，PCM 遥控数据流格式如图 9-27 所示。PCM 遥控的数据结构以载波和引导序列作为起始，接着是多个遥控帧序列，帧序列与帧序列之间插入空闲序列。遥控帧序列中以启动序列开头，以结束序列结尾，中间为多个遥控帧。各遥控帧都按照地址同步字、方式字和遥控信息序列的顺序构成。其中，遥控信息包括开关命令和注入数据，开关命令为 72bit，注入数据长度可变，但最长不超过 4088bit。

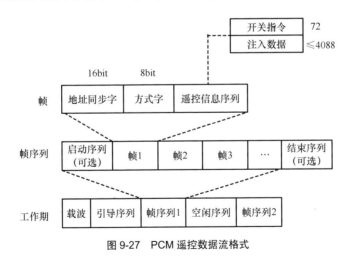

图 9-27　PCM 遥控数据流格式

从 PCM 遥测遥控的数据格式可以看出，PCM 遥测遥控采用固定采样率和静态格式编排测控信息，具有受控对象明确、测遥控数据量小、数据传输速率低的特点。

因此 PCM 遥测遥控主要适用于点对点的单航天器单任务系统，不能适应信号变化的情况，灵活性受到较大局限。

2）分包遥测遥控

随着航天技术的发展和新型航天器、新业务的应用，固定格式的 PCM 遥测遥控体制已无法满足复杂多变的测控数据传输需求，因此正逐步被分包遥测遥控所取代。

分包遥测遥控采用了与 OSI 开放模型对应的分层思想，依照 CCSDS 提出的空间数据链路协议实现，分包遥测遥控数据流如图 9-28 所示。

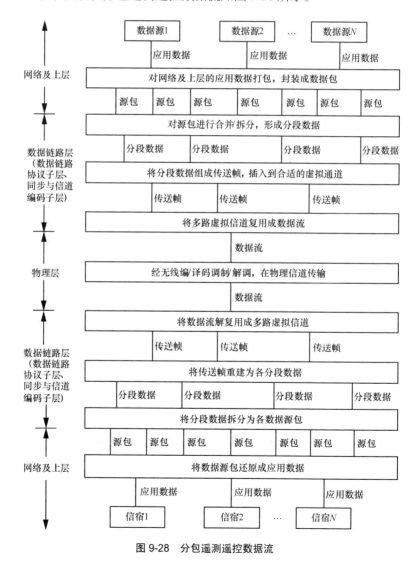

图 9-28　分包遥测遥控数据流

在发送端，分包遥测遥控将来自网络及上层的遥测遥控数据/指令封装成数据包（源包），经数据链路层（包含数据链路协议子层和同步与信道编码子层）对源包进行成帧、分段、重组、传输控制、差错控制等操作形成可变长度的传送帧，分配到对应的虚拟信道上，然后将多路虚拟信道复用形成数据流，最后通过物理层对数据流进行编码调制传送到星地链路，接收端采用相反的流程解出遥测遥控源包。

分包遥测遥控实现灵活、可扩展的测控数据传输，遥测源包生成和虚拟信道传送是两个关键环节。

遥测源包是分包遥测端到端传输的实体，由主包头和包数据域两大部分组成，如图 9-29 所示。主包头标明了源包的来源和特性，用于在系统中路由数据。包数据域的内容和构造完全由信源决定，单个信源可以按照特有的工作方式和频率响应生成数据包，数据包大小、数据构造形式、精度要求等均相互独立。可见，与 PCM 遥测基于统一的采样速率产生遥测数据不同，分包遥测极大地增加了系统设计的灵活性，减小了数据冗余度。

主包头						包数据域		
版本号	包标识			包序列控制		包数据长度	副包头	源数据
	类型指示符	副包头标识	应用过程标识符	分组标志	源序列计数			

图 9-29　分包遥测源包格式

虚拟信道实质是一种对多数据流信道的动态管理机制，即将物理信道划分为多个虚拟的逻辑信道，各传送帧根据自身特性在对应的逻辑信道上传输，通过对各逻辑信道的动态调度实现多数据流共享同一物理信道。在实现中，为满足不同类型遥测遥控数据对传输的不同要求，一方面可以按照不同数据的特性和不同操作划分虚拟信道；另一方面可以采用静态、动态以及静态动态相结合等多种策略调度虚拟信道。可见，采用虚拟信道可以根据任务需求灵活设计调度算法和系统参数配置，保证数据传输的实时性、高效性和完整性。

分包遥测遥控与传统的 PCM 遥测遥控相比有显著的优越性，主要体现在：各数据源根据自身特性独立生成源包，系统的标准化程度高，自适应能力强；通过虚拟信道机制可以为不同传输需求的数据提供不同等级的服务，兼容性好；多个数据流动态共享同一物理信道，信道利用率大幅提高。因此，分包遥测遥控逐步成为多航天器多任务测控的主要测控体制。

（2）按载波利用方式分类

按载波利用方式划分，测控体制可以分为独立载波测控体制和统一载波测控体制两类，其中，统一载波测控体制可以分为标准统一载波测控体制和扩频统一载波测控体制。

1）独立载波测控体制

独立载波测控体制是指跟踪测量、遥测、遥控各自采用独立载波的多载频测控体制，对应于跟踪测轨设备、遥测设备、遥控设备相互分离的分离测控系统。在独立载波测控体制中，测距采用单脉冲雷达测距，调制方式为 ASK；遥测遥控码型采用不归零电平码（NRZ-L）或归零电平码（RZ-L）；遥测调制体制采用 PCM/FSK/PM 或 PCM/FSK/FM，遥控调制体制采用 PAM/PCM/FM 或 PAM/PCM/PM。独立载波测控体制为早期采用的测控体制，适用于近地轨道航天器，且测控精度要求不高的场合。

2）标准统一载波测控体制

随着高轨卫星测控和深空探测的发展，对航天器测控提出了距离远、精度高、测控设备体积小、重量轻且电磁兼容性好等要求，独立载波测控体制逐渐被统一载波测控体制所取代。后续随着抗干扰等测控需求的提出，基于统一载波测控体制又发展出了扩频统一载波测控体制。为了与扩频统一载波测控体制相区别，将非扩频的统一载波测控称为标准统一载波测控。

标准统一载波测控的实质是频分多路，即将多个副载波统一调制在一个载波上，每个副载波实现跟踪测量、遥测、遥控中的一个测控功能。如果一个载波不够，也可以采用同一频段内的多个载波。当采用 S 频段载波时称为统一 S 频段测控（USB）系统，当采用 C 频段载波时称为统一 C 频段测控（UCB）系统。

与独立载波测控体制相比，统一载波测控体制的优势主要体现在：一是实现了测轨（测距、测速、测角）、遥控、遥测等多种功能的综合；二是减少了星载测控设备的体积和重量，降低了电磁兼容性要求；三是简化了地面测控设备，降低了使用、维护难度；四是 USB、UCB 测控系统已被纳入国际标准，应用和合作范围广；五是采用锁相接收、连续波雷达信号、伪码测距等技术，可实现远距离捕获和跟踪测量。

同样，统一载波测控体制也存在一定的问题，主要有：一是多个载波/副载波工作时容易产生组合干扰；二是传输速率受限于副载波频率；三是采用单站定位体制，远距离测轨只能达到中等精度。

3）扩频统一载波测控体制

与标准统一载波测控中各副载波采用频分多路不同，扩频统一载波测控的各种测控数据采用时分多路传输体制。也就是说，在发送端，各种测控数据先按一定格式封装成帧，经伪码扩频后再调制到统一的载波上，然后送入信道进行传输。在接收端先进行伪码捕获和跟踪，再对接收信号进行解扩、相干解调获得帧标志和测控信息。

根据扩频技术的不同，扩频统一载波测控可以包括直接序列（DS）扩频、跳频（FH）、跳时（TH）或它们组合而成的混合扩频等多种方式。当频谱扩展通过相位调制实现时，称为 DS 扩频信号；当频谱扩展通过载频跳变实现时，称为跳频（FH）扩频信号；当同时使用直接序列扩频和跳频技术时，称为 DS-FH 混合扩频信号。

由于扩频统一测控系统采用了伪随机码作为扩频调制的基本信号，它具有很多独特的技术优势。主要体现在：一是具有优越的抗干扰性，可以对抗或部分对抗单频干扰、阻塞干扰、脉冲干扰等多种干扰；二是测控信号发射功率低，可以隐藏在扩谱信号中，不易被检测和识别，具有良好的抗截获性和保密性能；三是采用码钟频率较高的伪随机码进行测距，可以显著提高测距精度；四是可以通过码分多址实现多目标测控。

扩频统一测控系统也存在一些问题。主要体现在：一是扩频码的快速捕获对硬件复杂度、成本提出了更高的要求；二是存在远近效应，将对多目标测控引入多址干扰；三是角度捕获与跟踪要在低信噪比条件下完成；四是扩频码片速率较高，抗频率选择性衰落的能力有限。

9.4.4　测量体制

航天器测量体制是指测量航天器在视在空间位置时所采用的测量元素以及测量元素的组合方式，也称为测量方法。

（1）测量元素

测量元素是指在地面站测量坐标系中,通过地面测量点对航天器进行跟踪测量,可直接获得的反映航天器运动状态的测量参数的总称。常用的测量元素有：距离 R、径向速度 $\dot{R}$、方位角 A、俯仰角 E、方向余弦（l, m）、距离和 s、距离差 r 7 种。

它们定义如下。

取法线测量坐标系 *O-XYZ*，测量坐标系及相关测量元素如图 9-30 所示。原点 *O* 位于测量点测量天线的旋转中心，其地心大地经纬度为 L_o、B_o。*OY* 轴与过 *O* 点的地球椭球面法线相重合，指向椭球面外；*OX* 轴在垂直于 *OY* 轴的平面（地平面）内，由原点指向大地北；*OZ* 轴与 *OX*、*OY* 轴构成右手系，即指向本地正东。

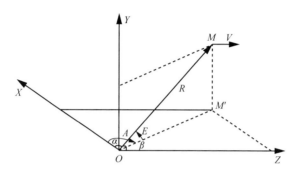

图 9-30　测量坐标系及相关测量元素

航天器沿轨道运动，在某时刻 *t* 位于测量坐标系 *O-XYZ* 中的 *M* 点，航天器相对位置矢量为 *OM*，相对速度矢量为 *MV*，则各测量元素可定义如下。

- 距离 *R*：位置矢量 *OM* 的大小，等于测量点至目标航天器的最短距离。
- 径向速度 $\dot{R}$：为距离 *R* 的变化速率，等于相对速度矢量 *MV* 沿位置矢量 *OM* 方向的分量。
- 方位角 *A*：位置矢量 *OM* 在地平面内的投影 *OM'* 与 *OX* 轴之间的夹角，从 *OX* 轴方向顺时针计量为正。
- 俯仰角 *E*：位置矢量 *OM* 与 *OM'* 之间的夹角，由地平面向上为正。
- 距离和 *s*：发测量点至目标航天器的距离 R_1 与目标航天器至收测量点的距离 R_2 之和，即 $s=R_1+R_2$。
- 距离差 *r*：发测量点至目标航天器的距离 R_1 与目标航天器至收测量点的距离 R_2 之差，即 $r=R_2-R_1$。
- 方向余弦 *l*、*m*：*l* 为位置矢量 *OM* 与 *OX* 轴之间夹角 α 的余弦，即 $l=\cos\alpha$，当航天器在测站以北时，余弦为正。*m* 为位置矢量 *OM* 与 *OZ* 轴之间夹角 β 的余弦，即 $m=\cos\beta$，当航天器在测站以东时为正。

在上述测量元素中，*s*、*r*、*l*、*m* 为 *R*、*A*、*E* 的演变形式。

（2）测量体制

要确定航天器的空间位置，至少需要 3 个独立的测量元素。航天器定位的几何原理就是利用这 3 个测量元素，确定 3 个几何平面，其交点即航天器的空间位置。通过对同一测量点不同测量元素的组合以及同一测量元素不同测量点的组合，可以构成多种测量体制。常用的测量体制有以下 5 种。

1）RAE 体制

RAE 体制也称为单站制或测距、测角制。这种体制通过获取航天器与测量点的距离 R、方位角 A、俯仰角 E 来确定航天器的位置。由于 RAE 体制的测角精度有限，对远距离目标的测量精度较差，属于中、低精度测量体制。目前，RAE 体制是卫星测控系统中的一种常用测轨体制。

2）多 $R\dot{R}$ 体制

多 $R\dot{R}$ 体制也称为距离交会体制。测量中每个测量点都独立获取航天器与测量点的距离 R 及径向速度 $\dot{R}$，进而确定航天器的位置。这种体制通常需要设置多个测量点（测量点数≥3），基线一般为几百千米或几千千米，且航天器要具有多通道应答机。如果各测量点的测量精度够高，可实现高、中精度测量。目前，多 $R\dot{R}$ 体制在卫星测控、卫星导航等系统中都得到了广泛的应用。

3）Rlm 体制

Rlm 体制又称为短基线干涉仪体制。测量系统由一个主站和两个副站组成，通过获取主站至航天器的距离 R，主、副站间距离差的方向余弦 l 和 m 以及 $\dot{R}$、$\dot{l}$、$\dot{m}$ 确定航天器的位置。在短基线（数十米至几千米）条件下，方向余弦 l 和 m 可以通过距离差除以基线长度计算得到，但精度较低，故 Rlm 体制属于中精度测量。

4）Rr_i 体制

Rr_i 体制又称为中、长基线干涉仪体制。Rr_i 体制测量系统通常由一个主站和多个副站（基线长度一般为几十千米）组成，通过获取主站至航天器的距离 R、主站与各副站的距离差 r_i 以及 $\dot{R}$、$\dot{r}_i$（$i=1,2,\cdots,n$；$n \geq 2$）确定航天器的位置。主站完成主、副站测速和测距信息的提取、记录并实时传输至数据处理中心，副站只完成测量信息的接收和转发。

5）多 AE 体制

多 AE 体制又称角度交会体制。这种体制采用雷达、经纬仪、干涉仪等多个独立装置，分别获取各测量点至航天器的方位角 A 和俯仰角 E，再将多组 A、E 数据联合使用确定航天器的位置。多 *AE* 体制只需要航天器发射信标，由地面测量点被动跟踪、单向测量即可实现，有效简化了航天器上的测量装置。

从上述各种测量体制可见，不同测量体制在测量精度、测量装置、应用范围等方面各有特色。工程中要综合考虑测量时段、航天器承载能力、初轨测定、轨道改进等方面的要求，合理选择测量体制。

| 参考文献 |

[1] MARAL G, BOUSQUET M, SUN Z L. Satellite communications systems[M]. Hoboken: John Wiley & Sons Inc, 2020.

[2] 朱立东, 吴廷勇, 卓永宁. 卫星通信导论(第三版)[M]. 北京:电子工业出版社, 2010.

[3] 张更新, 张杭. 卫星移动通信系统[M]. 北京: 人民邮电出版社, 2001.

[4] 郭庆, 王振永, 顾学迈. 卫星通信系统[M]. 北京: 电子工业出版社, 2010.

[5] 郑林华, 韩方景, 聂皞. 卫星移动通信原理与应用[M]. 北京: 国防工业出版社, 2000.

[6] RODDY D. Satellite communication (fourth edition)[M]. New York: McGraw-Hill, 2006.

[7] 罗迪. 卫星通信(原书第4版)[M]. 郑宝玉, 译. 北京: 机械工业出版社,2011.

[8] 夏克文. 卫星通信[M]. 西安: 西安电子科技大学出版社, 2008.

[9] 吴诗其, 胡剑浩, 吴晓文, 等. 卫星移动通信新技术[M]. 北京: 国防工业出版社, 2001.

[10] 汪春霆, 张俊祥, 潘申富, 等. 卫星通信系统[M]. 北京: 国防工业出版社, 2012.

[11] 周红伟, 李琦. 基于云计算的空间信息服务系统研究[J]. 计算机应用研究, 2011, 28(7): 2586-2588.

[12] 国际电信联盟. 无线电规则[S]. 2020.

[13] 曾志. 云格环境下海量高分遥感影像资源与服务高效调配研究[D]. 杭州: 浙江大学, 2012.

[14] 李霖. 测绘地理信息标准化教程[M]. 北京: 测绘出版社, 2016.

[15] 赵少奎. 导弹与航天技术导论[M]. 北京: 中国宇航出版社, 2008.

[16] 郑晓虹, 余英. 航天概论[M]. 北京: 人民邮电出版社, 2013.

[17] 杨毅强. 运载火箭的产业化之路[J]. 卫星与网络, 2019(9): 30-34.

[18] 崔吉俊. 航天发射试验工程[M]. 北京: 中国宇航出版社, 2010.

[19] 刘嘉兴. 飞行器测控与信息传输技术[M]. 北京: 国防工业出版社, 2011.

[20] 刘嘉兴. 飞行器测控通信工程[M]. 北京: 国防工业出版社, 2010.

[21] 郝岩. 航天测控网[M]. 北京: 国防工业出版社, 2004.

[22] 夏南银, 张守信, 穆鸿飞. 航天器测控系统[M]. 北京: 国防工业出版社, 2002.

名词索引